JN231910

手順通りに
操作するだけ！

Excel 基本＆時短ワザ

完全版

国本温子 Atsuko Kunimoto

SB Creative

本書に関するお問い合わせ

この度は小社書籍をご購入いただき誠にありがとうございます。小社では本書の内容に関するご質問を受け付けております。本書を読み進めていただきます中でご不明な箇所がございましたらお問い合わせください。なお、お問い合わせに関しましては以下のガイドラインを設けております。恐れ入りますが、ご質問の際は最初に下記ガイドラインをご確認ください。

ご質問の前に

小社Webサイトで「正誤表」をご確認ください。最新の正誤情報を下記のWebページに掲載しております。

本書サポートページ	https://isbn2.sbcr.jp/00822/

上記ページの「正誤情報」のリンクをクリックしてください。なお、正誤情報がない場合、リンクをクリックすることはできません。

ご質問の際の注意点

- ご質問はメール、または郵便など、必ず文書にてお願いいたします。お電話では承っておりません。
- ご質問は本書の記述に関することのみとさせていただいております。従いまして、○○ページの○○行目というように記述箇所をはっきりお書き添えください。記述箇所が明記されていない場合、ご質問を承れないことがございます。
- 小社出版物の著作権は著者に帰属いたします。従いまして、ご質問に関する回答も基本的に著者に確認の上回答いたしております。これに伴い返信は数日ないしそれ以上かかる場合がございます。あらかじめご了承ください。

ご質問送付先

ご質問については下記のいずれかの方法をご利用ください。

Webページより	上記のサポートページ内にある「この商品に関する問い合わせはこちら」をクリックすると、メールフォームが開きます。要綱に従ってご質問をご記入の上、送信ボタンを押してください。
郵送	郵送の場合は下記までお願いいたします。 〒106-0032 東京都港区六本木2-4-5 SBクリエイティブ　読者サポート係

■ 本書内に記載されている会社名、商品名、製品名などは一般に各社の登録商標または商標です。本書中では®、™マークは明記しておりません。

■ 本書の出版にあたっては正確な記述に努めましたが、本書の内容に基づく運用結果について、著者およびSBクリエイティブ株式会社は一切の責任を負いかねますのでご了承ください。

はじめに

Excelは、日々の作業で必要不可欠なものになっています。Excelには、表作成機能、データ分析機能、関数、グラフ、マクロなど多岐にわたる機能が搭載されています。これらの機能すべてを覚える必要はありませんが、すぐに仕事に役立つ便利機能は押さえておきたいですね。

本書は、「Excelを使っているけれど、作業に時間がかかってしまう。もっと時短につながる機能を知りたい」と思っている方や、「SUM関数のような初歩的な機能は知っているけれど、もっと時短できるような関数や機能を知って、残業を減らしたい」と思っている方を対象にしています。

本書では、Excelの基本を押さえつつ、ショートカットキーを初め、素早く正確に入力する機能、思い通りの表を作成するための機能、データの整理、集計のための機能や関数など、時短につながり、かつ、即効性のある機能を具体例を挙げて紹介しています。また、各ページ下にメモを配置し、陥りがちなトラブル対策やプラスαとなる知識も盛り込んでいます。

このように、本書では基本的なものから究極のプロ技まで、幅広く網羅していますので、ページをめくるだけで、今さら人に聞けない基本ワザや「これやってみよう！」と思っていただける時短ワザを見つけることができると思います。

本書により、Excelの機能を上手に使い、これからの仕事をより効率よく、時短に結び付けていただけたら幸いです。

末筆になりますが、編集作業でご尽力くださいましたすべての方々に心より感謝申し上げます。

2019年4月　国本 温子

ー本書の読み方ー

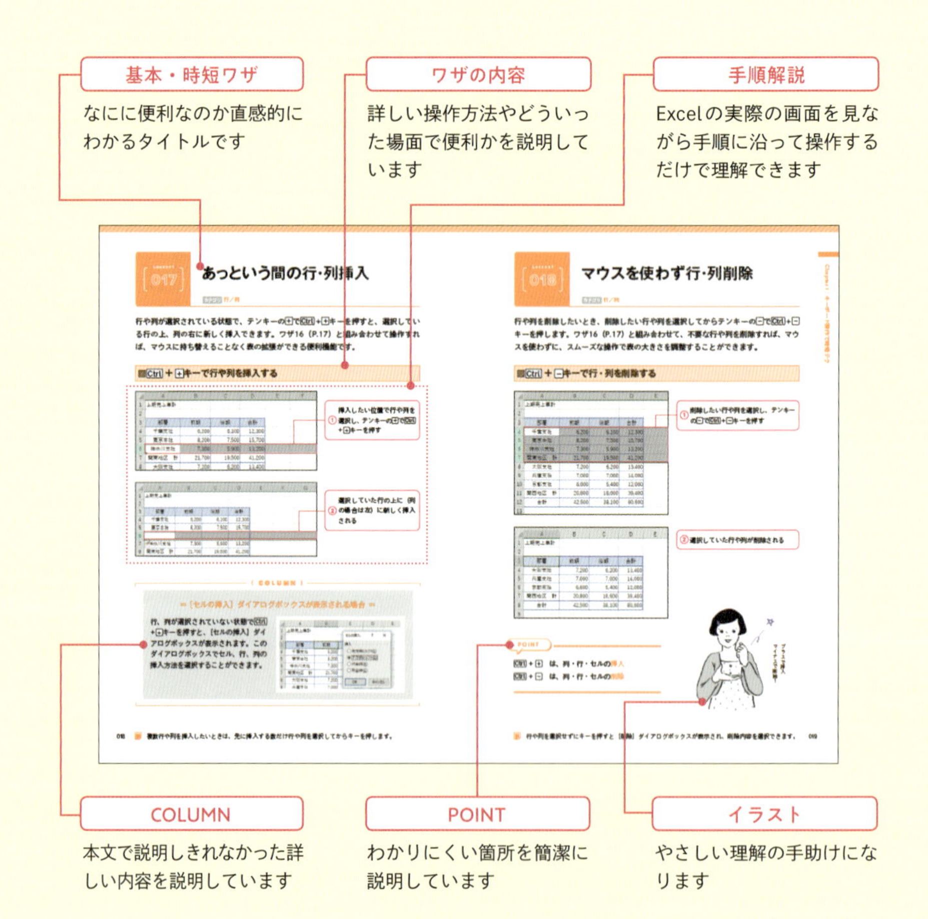

サンプルファイルのダウンロード

URL **https://isbn2.sbcr.jp/00822/**

上記URLにアクセスして、リンク「ダウンロード」をクリックし、説明に従ってサンプルファイルをダウンロードしてください。サンプルファイルを使うと、本書で使用している内容をそのまま操作できるので、ぜひ利用してください。

CONTENTS

Chapter3 正確で効率的な文書作成の時短術 59

Chapter3
正確で効率的な文書作成の時短術 85

Chapter4
数式と関数で集計する時短ワザ

Chapter6 魅力的なグラフの作成ワザ 219

Chapter7 ピボットテーブルで分析の達人になる 249

Chapter8 マクロを使った処理の自動化で究極の時短術 277

Chapter 1

キーボード操作で時短テク

かんたんなショートカットキーをほんの少し使うだけで、
作業効率はぐっとアップします。
ショートカットキーを覚えるのはなんとなく面倒そう、
という考えはポイッと捨てて、ショートカットキーを使いこなしましょう！

日付や時刻を速攻入力

カテゴリ 入力

今日の日付は Ctrl + ; （セミコロン）キー、現在の時刻は Ctrl + : （コロン）キーで入力できます。「今日何日だっけ？」とか「今何時？」とカレンダーや時計を見なくても、即入力できる便利ワザです。

Ctrl ＋ ; キーで今日の日付を入力する

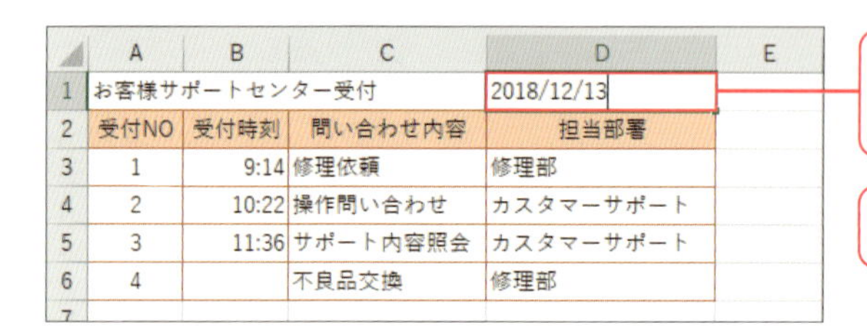

	A	B	C	D	E
1	お客様サポートセンター受付			2018/12/13	
2	受付NO	受付時刻	問い合わせ内容	担当部署	
3	1	9:14	修理依頼	修理部	
4	2	10:22	操作問い合わせ	カスタマーサポート	
5	3	11:36	サポート内容照会	カスタマーサポート	
6	4		不良品交換	修理部	
7					

① 入力位置をクリックし、Ctrl + ; キーを押す

② 今日の日付が入力される

Ctrl ＋ : キーで現在の時刻を入力する

	A	B	C	D	E
1	お客様サポートセンター受付			2018/12/13	
2	受付NO	受付時刻	問い合わせ内容	担当部署	
3	1	9:14	修理依頼	修理部	
4	2	10:22	操作問い合わせ	カスタマーサポート	
5	3	11:36	サポート内容照会	カスタマーサポート	
6	4	19:29	不良品交換	修理部	
7					

① 入力位置をクリックし、Ctrl + : キーを押す

② 現在の時刻が入力される

POINT

以下を覚えておけばOKです！

Ctrl + ; （セミコロン）キー　今日の日付を入力

Ctrl + : （コロン）キー　現在の時刻を入力

今日の日付や現在の時刻は、作業しているパソコンのシステム日付や時刻に基づきます。

隣のセルに同じデータを1秒で入力

カテゴリ 入力

Excelでのデータ入力は、できるだけ効率的にしたいものです。特に隣のセルと同じ値をもう一度入力するときは、面倒に思うことも少なくないでしょう。Ctrl+Dキーはすぐ上の値、Ctrl+Rキーはすぐ左のデータをコピーします。

Ctrl + Dキーですぐ上の値をコピーする

	A	B	C	D	E	F	G
1	スポーツクラブ会員種別利用日・会費一覧						
2	会員種別	曜日	日	祝日	利用時間	月会費	
3	ナイト会員		×	×	19：00～22：00	4,800	
4	ホリデー会員	土	○	○	10：00～22：00	5,000	
5	ジュニア会員		○	○	15：00～20：00	5,500	
6	デイタイム会員	月－金	×	×	10：00～17：00	5,500	
7	レギュラー会員		○		10：00～22：00	9,000	
8	ゴールド会員		○		10：00～22：00	70,000	
9	プレミアム会員				10：00～22：00	12,000	
10							

① 入力位置をクリックし、Ctrl+Dキーを押す

② すぐ上の値がコピーされる

Ctrl + Rキーですぐ左の値をコピーする

	A	B	C	D	E	F	G
1	スポーツクラブ会員種別利用日・会費一覧						
2	会員種別	曜日	日	祝日	利用時間	月会費	
3	ナイト会員		×	×	19：00～22：00	4,800	
4	ホリデー会員	土	○	○	10：00～22：00	5,000	
5	ジュニア会員		○	○	15：00～20：00	5,500	
6	デイタイム会員	月－金	×	×	10：00～17：00	5,500	
7	レギュラー会員		○	○	10：00～22：00	9,000	
8	ゴールド会員		○		10：00～22：00	70,000	
9	プレミアム会員				10：00～22：00	12,000	
10							

① 入力位置をクリックし、Ctrl+Rキーを押す

② すぐ左の値がコピーされる

POINT

以下を覚えておけばOKです！

Ctrl + Dキー　すぐ上の値をコピー

Ctrl + Rキー　すぐ左の値をコピー

コピー・ペーストを繰り返すのって大変だからとっても便利！

行選択後 Ctrl+Dキーで上の行、列選択後 Ctrl+Rキーで左の列をコピーできます。

離れたセルと同じデータをまとめて一瞬で入力

カテゴリ 入力

離れた場所にある複数のセルに同じデータを入力したいとき、一つずつ入力していては時間がかかります。そんなときは、先に複数のセルを選択してからデータを入力し、Ctrl＋Enterキーで確定すれば、同じデータが一瞬で入力できます。

Ctrl ＋ Enterキーで離れた複数のセルに同じデータを入力する

	A	B	C	D	E	F	G
1	スポーツクラブ会員種別利用日・会費一覧						
2	会員種別	曜日	日	祝日	利用時間	月会費	
3	ナイト会員		×	×	19：00～22：00	4,800	
4	ホリデー会員	土	○	○	10：00～22：00	5,000	
5	ジュニア会員		○	○	15：00～20：00	5,500	
6	デイタイム会員	月－金	×	×	10：00～17：00	5,500	
7	レギュラー会員		○	○	10：00～22：00	9,000	
8	ゴールド会員		○	○	10：00～22：00	70,000	
9	プレミアム会員		○	○	10：00～22：00	12,000	
10							

① 1か所目をクリックして選択

② 2か所目以降はCtrlキーを押しながらクリックして選択

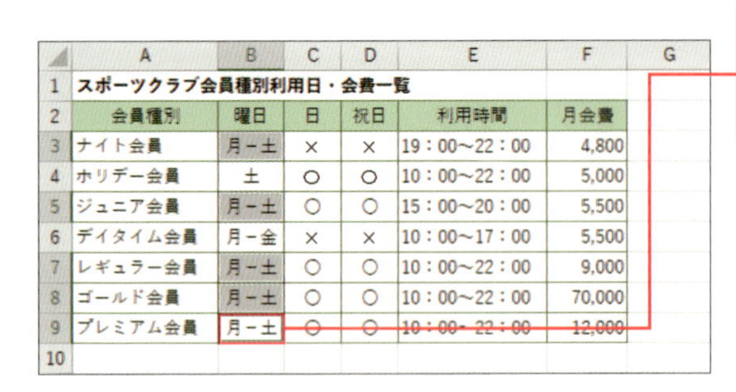

	A	B	C	D	E	F	G
1	スポーツクラブ会員種別利用日・会費一覧						
2	会員種別	曜日	日	祝日	利用時間	月会費	
3	ナイト会員	月－土	×	×	19：00～22：00	4,800	
4	ホリデー会員	土	○	○	10：00～22：00	5,000	
5	ジュニア会員	月－土	○	○	15：00～20：00	5,500	
6	デイタイム会員	月－金	×	×	10：00～17：00	5,500	
7	レギュラー会員	月－土	○	○	10：00～22：00	9,000	
8	ゴールド会員	月－土	○	○	10：00～22：00	70,000	
9	プレミアム会員	月－土	○	○	10：00～22：00	12,000	
10							

③ 入力したい文字列を入力し、Ctrl＋Enterキーを押して入力を確定

(COLUMN)

＝ 入力済みのセルの値を別のセル範囲に一気に入力する ＝

すでに入力されているセルの値と同じ値を離れたセルに一気に入力するには、①、②の手順で入力したいセルを選択し、最後に値が入力されているセルを選択します。F2キーを押してセルにカーソルを表示したら、Ctrl＋Enterキーを押してください。

 ショートカットキーとは、各機能が割り当てられたキーの組み合わせで、作業の時短化に使えます。

コメントをササッと入力する

カテゴリ 入力

セルに入力された内容に関する意見や修正内容など書き留めておきたいときは、セルにコメントを追加するといいでしょう。コメントを追加するには Shift + F2 キーを押すだけです。マウスを持たずにすばやく追加できます。

Shift + F2 キーでセルにコメントを挿入する

	A	B	C	D	E
1	お客様サポートセンター受付			2018/12/13	
2	受付NO	受付時刻	問い合わせ内容	担当部署	
3	1	9:14	修理依頼	修理部	
4	2	10:22	操作問い合わせ	カスタマーサポート	
5	3	11:36	サポート内容照会	カスタマーサポート	
6	4	19:29	不良品交換	修理部	
7					

① 入力位置をクリックし、Shift + F2 キーを押す

	A	B	C	D	E	F	G
1	お客様サポートセンター受付			2018/12/13			
2	受付NO	受付時刻	問い合わせ内容	担当部署			
3	1	9:14	修理依頼	修理部	Kunimoto Atsuko: 斉藤さん担当		
4	2	10:22	操作問い合わせ	カスタマーサポート			
5	3	11:36	サポート内容照会	カスタマーサポート			
6	4	19:29	不良品交換	修理部			
7							

② セルにコメントが挿入されるので入力

COLUMN

＝ コメントに表示される名前を変更する ＝

コメントに表示される表示名を変更したい場合は、コメントの名前を削除して入力し直すか、［ファイル］－［オプション］をクリックして表示される［Excelのオプション］ダイアログボックスの［基本設定］にある［ユーザー名］で変更します。

図 コメントに表示されるユーザー名の変更

Microsoft Office のユーザー設定

ユーザー名(U): Kunimoto Atsuko

□ Office へのサインイン状態にかかわらず、常にこれらの設定を使用する(A)

コメントを削除するには、セルを右クリックし、メニューから［コメントを削除］をクリックします。

同じ列の文字列を一覧から選択入力

カテゴリ 入力

名前や分類など、表の同じ列に繰り返し入力する値がある場合、Alt+↓キーを押すと、同じ列にある値が一覧で表示されます。そのため、一覧から値を選択するだけで入力でき、頻繁にデータを追加するような表で入力の手間が省けます。

Alt + ↓キーで同じ列の文字列を一覧から選択入力する

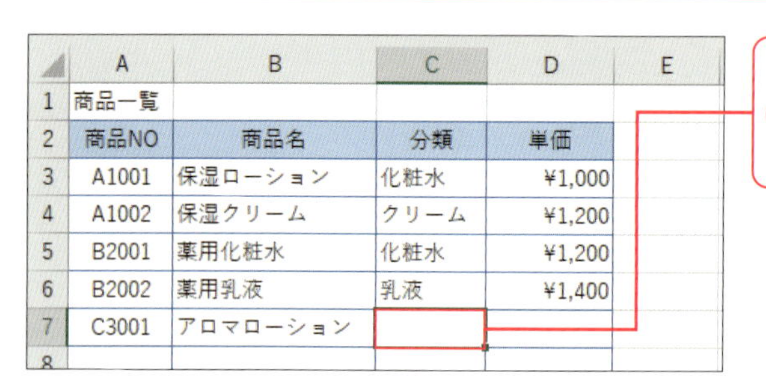

	A	B	C	D	E
1	商品一覧				
2	商品NO	商品名	分類	単価	
3	A1001	保湿ローション	化粧水	¥1,000	
4	A1002	保湿クリーム	クリーム	¥1,200	
5	B2001	薬用化粧水	化粧水	¥1,200	
6	B2002	薬用乳液	乳液	¥1,400	
7	C3001	アロマローション			

①入力するセルをクリックして選択し、Alt+↓キーを押す

	A	B	C	D	E
1	商品一覧				
2	商品NO	商品名	分類	単価	
3	A1001	保湿ローション	化粧水	¥1,000	
4	A1002	保湿クリーム	クリーム	¥1,200	
5	B2001	薬用化粧水	化粧水	¥1,200	
6	B2002	薬用乳液	乳液	¥1,400	
7	C3001	アロマローション			

クリーム
化粧水
乳液
分類

②同じ列に入力されている文字列が一覧で表示される

③↓キーを押して入力する文字列を選択し、Enterキーを押す

	A	B	C	D	E
1	商品一覧				
2	商品NO	商品名	分類	単価	
3	A1001	保湿ローション	化粧水	¥1,000	
4	A1002	保湿クリーム	クリーム	¥1,200	
5	B2001	薬用化粧水	化粧水	¥1,200	
6	B2002	薬用乳液	乳液	¥1,400	
7	C3001	アロマローション	化粧水		

④一覧から入力できた

同じ列内のすべての文字列が一覧に表示されます。数式、数値、日付は一覧に表示されません。

表の最終行に瞬間移動

カテゴリ セル移動

表の端まで移動したいときは、Ctrl＋矢印キーで表の上端、下端、左端、右端に移動できます。売上表のような大きな表で移動する場合などいろいろな場面で活躍します。絶対使える、是非とも覚えておきたいお勧めショートカットキーです。

Ctrl ＋ 矢印キーで表の端まで移動する

① 表内にアクティブセルがある状態でCtrlキーを押しながら↑↓←→を押す

1	売上表						
2	No	日付	商品NO	商品	単価	数量	金額
3	1	3月1日	A1001	保湿ローション	1,000	3	3,000
4	2	3月2日	B2001	薬用化粧水	1,200	4	4,800
5	3	3月3日	A1002	保湿クリーム	1,200	2	2,400
6	4	3月4日	A1001	保湿ローション	1,000	2	2,000
7	5	3月5日	C3002	アロマクリーム	1,500	3	4,500
8	6	3月6日	C3001	アロマローション	1,300	4	5,200
9	7	3月7日	B2001	薬用化粧水	1,200	3	3,600
10	8	3月8日	A1001	保湿ローション	1,000	3	3,000
11	9	3月9日	A1002	保湿クリーム	1,200	2	2,400
12	10	3月10日	C3001	アロマローション	1,300	2	2,600
13							

② 表の上端、下端、左端、右端のセルに移動

(COLUMN)

＝ 空白セルが途中にある場合は手前のセルまで移動 ＝

空白のセルが途中にある場合は、空白セルの手前まで移動します。なお、関数（P.154）が入力されている場合、空白に見えても関数が入力されている終端のセルまで移動します。

E	F	G	H
単価	数量	金額	
1,000	3	3,000	
1,200			
1,200	2	2,400	
1,000	2	2,000	

空白セルの手前まで移動する

空白に見えても計算式が設定されている場合は関数が入力されている終端まで移動する

表の終端セルや表がない場所でCtrl＋↓、→を押すと、シートの下端、右端に移動します。

表の右下端に1ステップ移動

カテゴリ セル移動

表の右下隅に移動したいときは、Ctrl + End キーを押します。例えば、右端列、下端行に合計などの計算結果が表示されている表で、このキーを押せば、あっという間に計算結果を確認できるセルに移動できます。

Ctrl ＋ End キーで表の右下隅へ移動する

売上表

No	日付	商品NO	商品	単価	数量	金額
1	3月1日	A1001	保湿ローション	1,000	3	3,000
2	3月2日	B2001	薬用化粧水	1,200	4	4,800
3	3月3日	A1002	保湿クリーム	1,200	2	2,400
4	3月4日	A1001	保湿ローション	1,000	2	2,000
5	3月5日	C3002	アロマクリーム	1,500	3	4,500
6	3月6日	C3001	アロマローション	1,300	4	5,200
7	3月7日	B2001	薬用化粧水	1,200	3	3,600
8	3月8日	A1001	保湿ローション	1,000	3	3,000
9	3月9日	A1002	保湿クリーム	1,200	2	2,400
10	3月10日	C3001	アロマローション	1,300	2	2,600

① 表内にアクティブセルがある状態でCtrl + End キーを押すと、表の右下隅のセルに移動

(COLUMN)

＝ 表の右下隅に移動しない場合 ＝

Ctrl + End キーは、入力済みの最後のセルに移動します。つまり、ワークシート内で入力された右下端のセルに移動します。表より右や下に別の表が作成されていたりすると、そのセルも含めて一番右下のセルが最後のセルとなるため、表の右下隅に移動されない場合があります。

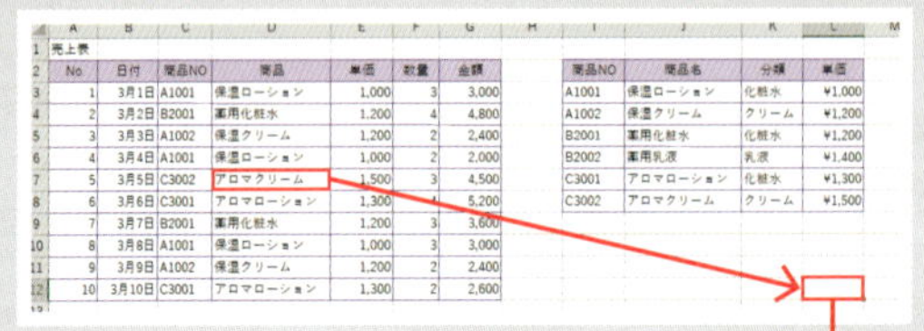

売上表

No	日付	商品NO	商品	単価	数量	金額
1	3月1日	A1001	保湿ローション	1,000	3	3,000
2	3月2日	B2001	薬用化粧水	1,200	4	4,800
3	3月3日	A1002	保湿クリーム	1,200	2	2,400
4	3月4日	A1001	保湿ローション	1,000	2	2,000
5	3月5日	C3002	アロマクリーム	1,500	3	4,500
6	3月6日	C3001	アロマローション	1,300	4	5,200
7	3月7日	B2001	薬用化粧水	1,200	3	3,600
8	3月8日	A1001	保湿ローション	1,000	3	3,000
9	3月9日	A1002	保湿クリーム	1,200	2	2,400
10	3月10日	C3001	アロマローション	1,300	2	2,600

商品NO	商品名	分類	単価
A1001	保湿ローション	化粧水	¥1,000
A1002	保湿クリーム	クリーム	¥1,200
B2001	薬用化粧水	化粧水	¥1,200
B2002	薬用乳液	乳液	¥1,400
C3001	アロマローション	化粧水	¥1,300
C3002	アロマクリーム	クリーム	¥1,500

別の表が右側に作成されているので、その表も含めて一番右の列の一番下のセルが最後のセルとなり、そのセルに移動する

End やHome キーが単独で用意されていない場合は、Fn キーと組み合わせて押す必要があります。

すばやくセルA1に戻す

カテゴリ セル移動

ワークシートの左上角にあるセルA1は、Excelの基本となるセルです。アクティブセルがワークシート上のいずれかの場所にあるとき、セルA1に戻すには、Ctrl+Homeキーを押します。画面スクロールすることなく、すばやくセルA1に移動します。

Ctrl + Homeキーでセル A1に移動する

	A	B	C	D	E	F	G	H
1	売上表							
2	No	日付	商品NO	商品	単価	数量	金額	
3	1	3月1日	A1001	保湿ローション	1,000	3	3,000	
4	2	3月2日	B2001	薬用化粧水	1,200	4	4,800	
5	3	3月3日	A1002	保湿クリーム	1,200	2	2,400	
6	4	3月4日	A1001	保湿ローション	1,000	2	2,000	
7	5	3月5日	C3002	アロマクリーム	1,500	3	4,500	
8	6	3月6日	C3001	アロマローション	1,300	4	5,200	
9	7	3月7日	B2001	薬用化粧水	1,200	3	3,600	
10	8	3月8日	A1001	保湿ローション	1,000	3	3,000	
11	9	3月9日	A1002	保湿クリーム	1,200	2	2,400	
12	10	3月10日	C3001	アロマローション	1,300	1	1,300	
13	11	3月11日	C3002	アロマクリーム	1,500	4	6,000	
14	12	3月12日	A1001	保湿ローション	1,000	1	1,000	
15	13	3月13日	C3001	アロマローション	1,300	2	2,600	
16	14	3月14日	C3002	アロマクリーム	1,500	3	4,500	
17	15	3月15日	B2001	薬用化粧水	1,200	4	4,800	
18	16	3月16日	B2002	薬用乳液	1,400	3	4,200	
19	17	3月17日	A1002	保湿クリーム	1,200	2	2,400	

Sheet1

① Ctrl+Homeキーを押すと、セルA1にアクティブセルが移動

(COLUMN)

＝ ウィンドウ枠が固定されている場合 ＝

大きな表になると、列見出しや行見出しがスクロールすると見えなくなります。そんな時はウィンドウ枠を固定してスクロールしても常に見出しを表示しておくことができる（P.79）のですが、その場合は、Ctrl+Homeキーを押すと、セルA1ではなく、固定されていない左上隅のセルに移動します。

	A	B	C	D	E	F	G	H
1	売上表							
2	No	日付	商品NO	商品	単価	数量	金額	
3	1	3月1日	A1001	保湿ローション	1,000	3	3,000	
4	2	3月2日	B2001	薬用化粧水	1,200	4	4,800	
5	3	3月3日	A1002	保湿クリーム	1,200	2	2,400	
6	4	3月4日	A1001	保湿ローション	1,000	2	2,000	
7	5	3月5日	C3002	アロマクリーム	1,500	3	4,500	
8	6	3月6日	C3001	アロマローション	1,300	4	5,200	
9	7	3月7日	B2001	薬用化粧水	1,200	3	3,600	
10	8	3月8日	A1001	保湿ローション	1,000	3	3,000	
11	9	3月9日	A1002	保湿クリーム	1,200	2	2,400	

ウィンドウ枠を固定しているので、固定されていない左上隅のセルに移動する

Homeキーを押すと、現在のセルの行頭となるセル（＝A列）に移動します。

マウスを持たずに
アクティブセルに画面移動

カテゴリ 画面移動

画面だけをスクロールしてアクティブセルから離れた場所を見た後で、アクティブセルに戻りたい場合は、Ctrl+Backspaceキーを押してみましょう。瞬時にアクティブセルに画面が戻ります。

Ctrl ＋ Backspace キーでアクティブセルに画面を戻す

	A	B	C	D	E	F	G	H
16	14	3月14日	C3002	アロマクリーム	1,500	3	4,500	
17	15	3月15日	B2001	薬用化粧水	1,200	4	4,800	
18	16	3月16日	B2002	薬用乳液	1,400	3	4,200	
19	17	3月17日	A1002	保湿クリーム	1,200	2	2,400	
20	18	3月18日	C3001	アロマローション	1,300	3	3,900	
21	19	3月19日	B2001	薬用化粧水	1,200	4	4,800	
22	20	3月20日	A1001	保湿ローション	1,000	2	2,000	
23								

① 画面内をスクロールしてアクティブセルが見えていない状態で、Ctrl+Backspaceキーを押す

	A	B	C	D	E	F	G	H
1	売上表							
2	No	日付	商品NO	商品	単価	数量	金額	
3	1	3月1日	A1001	保湿ローション	1,000	3	3,000	
4	2	3月2日	B2001	薬用化粧水	1,200	4	4,800	
5	3	3月3日	A1002	保湿クリーム	1,200	2	2,400	
6	4	3月4日	A1001	保湿ローション	1,000	2	2,000	
7	5	3月5日	C3002	アロマクリーム	1,500	3	4,500	
8	6	3月6日	C3001	アロマローション	1,300	4	5,200	
9	7	3月7日	B2001	薬用化粧水	1,200	3	3,600	
10	8	3月8日	A1001	保湿ローション	1,000	3	3,000	
11	9	3月9日	A1002	保湿クリーム	1,200	2	2,400	
12	10	3月10日	C3001	アロマローション	1,300	1	1,300	
13	11	3月11日	C3002	アロマクリーム	1,500	4	6,000	

② アクティブセルに画面が戻る

(COLUMN)

＝ Shift ＋ Backspace キーで選択解除 ＝

Shift+Backspaceキーを押すと、複数セルの選択を解除し、アクティブセルだけが選択された状態になります。アクティブセルの位置を変えることなく、複数セルの選択状態を解除する便利ワザです。

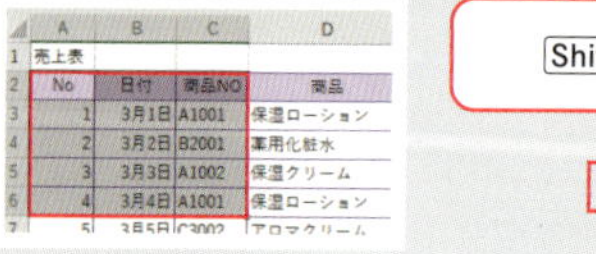

	A	B	C	D
1	売上表			
2	No	日付	商品NO	商品
3	1	3月1日	A1001	保湿ローション
4	2	3月2日	B2001	薬用化粧水
5	3	3月3日	A1002	保湿クリーム
6	4	3月4日	A1001	保湿ローション

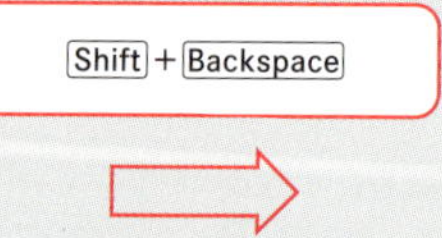

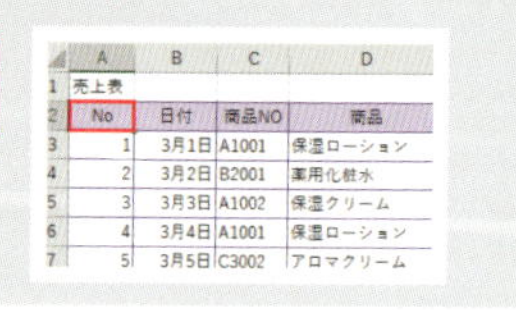

	A	B	C	D
1	売上表			
2	No	日付	商品NO	商品
3	1	3月1日	A1001	保湿ローション
4	2	3月2日	B2001	薬用化粧水
5	3	3月3日	A1002	保湿クリーム
6	4	3月4日	A1001	保湿ローション
7	5	3月5日	C3002	アロマクリーム

PageUpやPageDownキーを押すと画面のスクロールと一緒にアクティブセルも移動します。

キーボードだけで範囲選択

カテゴリ セル選択

Shift＋矢印キーを押すと、行方向、列方向に1つずつ選択範囲を大きくしたり、小さくしたりできます。マウスを持つことなく、１つずつ確認しながら確実に選択できるため、日常使いのキー操作として覚えておきましょう。

Shift ＋ 矢印キーで複数範囲を選択する

	A	B	C	D	E	F
1	月別売上報告					
2		1月	2月	3月	合計	
3	デスクトップパソコン	120	100	150	370	
4	ノートパソコン	250	220	300	770	
5	タブレット	200	260	250	710	
6	合計	570	580	700	1850	
7						

① セルをクリック

	A	B	C	D	E	F
1	月別売上報告					
2		1月	2月	3月	合計	
3	デスクトップパソコン	120	100	150	370	
4	ノートパソコン	250	220	300	770	
5	タブレット	200	260	250	710	
6	合計	570	580	700	1850	
7						

② Shift＋→キーを押すと、右方向にセル範囲が広がる

	A	B	C	D	E	F
1	月別売上報告					
2		1月	2月	3月	合計	
3	デスクトップパソコン	120	100	150	370	
4	ノートパソコン	250	220	300	770	
5	タブレット	200	260	250	710	
6	合計	570	580	700	1850	
7						

③ Shift＋↓キーを押すと下方向にセル範囲が広がる

基本の操作ですが
知っているのと知らないのとでは
格段に作業効率が違いますよ

Shift＋↑キー、Shift＋←キーで、現在の選択範囲を減らすことができます。

表の行、列を一気に選択

カテゴリ セル選択

Ctrl+Shift+↑、↓、←、→キーを押すと、アクティブセルから上端、下端、左端、右端まで選択します。たとえば、行の左端から右方向に選択すれば行選択、列の上端から下方向に選択すれば列選択できます。

Ctrl + Shift + →キーで表内の行選択

	A	B	C	D	E
1	在庫チェック表				
2	日付	商品NO	商品名	在庫数	
3	3月15日	A1001	保湿ローション	35	
4	3月15日	A1002	保湿クリーム	20	
5	3月15日	B2001	薬用化粧水	10	
6	3月16日	B2002	薬用乳液	0	
7	3月16日	C3001	アロマローション	15	
8	3月16日	C3002	アロマクリーム	25	
9					

① 表の左端のセルをクリックし、Ctrl+Shift+→キーを押す

② 表の右端まで選択される

Ctrl + Shift + ↓キーで表内の列選択

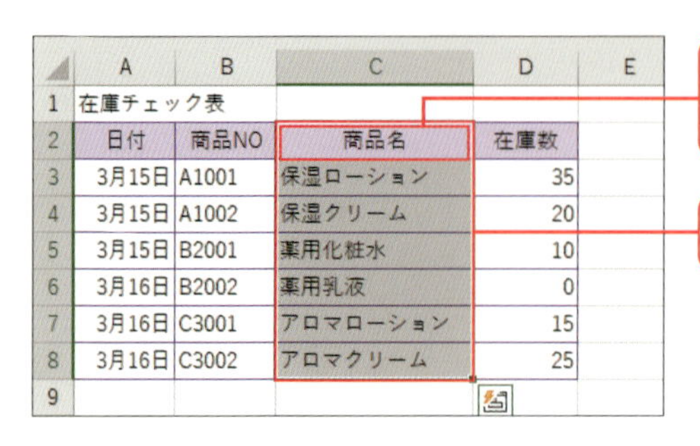

	A	B	C	D	E
1	在庫チェック表				
2	日付	商品NO	商品名	在庫数	
3	3月15日	A1001	保湿ローション	35	
4	3月15日	A1002	保湿クリーム	20	
5	3月15日	B2001	薬用化粧水	10	
6	3月16日	B2002	薬用乳液	0	
7	3月16日	C3001	アロマローション	15	
8	3月16日	C3002	アロマクリーム	25	
9					

① 表の上端のセルをクリックし、Ctrl+Shift+↓キーを押す

② 表の下端まで選択される

POINT

表の端に移動するCtrl
複数セル選択のShift
の合わせ技です。

表の途中に空欄セルがあると、その手前まで選択されます。

表を斜めに選択

カテゴリ セル選択

Ctrl+Shift+Endキーを押すとアクティブセルから右下隅のセルまで選択でき、Ctrl+Shift+Homeキーを押すとアクティブセルからセルA1まで選択できます。表を斜めに一気に選択できる早ワザです。

Ctrl + Shift + End キーで斜め下に選択する

	A	B	C	D	E
1	在庫チェック表				
2	日付	商品NO	商品名	在庫数	
3	3月15日	A1001	保湿ローション	35	
4	3月15日	A1002	保湿クリーム	20	
5	3月15日	B2001	薬用化粧水	10	
6	3月16日	B2002	薬用乳液	0	
7	3月16日	C3001	アロマローション	15	
8	3月16日	C3002	アロマクリーム	25	
9					

① 表内のセルをクリックし、Ctrl+Shift+Endキーを押すとアクティブセルから表の右下隅のセルまで選択される

Ctrl + Shift + Homeキーで斜め上に選択する

	A	B	C	D	E
1	在庫チェック表				
2	日付	商品NO	商品名	在庫数	
3	3月15日	A1001	保湿ローション	35	
4	3月15日	A1002	保湿クリーム	20	
5	3月15日	B2001	薬用化粧水	10	
6	3月16日	B2002	薬用乳液	0	
7	3月16日	C3001	アロマローション	15	
8	3月16日	C3002	アロマクリーム	25	
9					

① 表内のセルをクリックし、Ctrl+Shift+Homeキーを押すと、アクティブセルからセルA1まで選択される

POINT

Ctrl + Shift + Endキー　斜め下に選択

Ctrl + Shift + Homeキー　斜め上に選択

ワザ10（P.25）のShiftキーによる選択とワザ7（P.22）、ワザ8（P.23）の組み合わせによるキー操作です。

表全体を瞬時に選択

カテゴリ セル選択

表内をクリックして Ctrl + Shift + : （コロン）キーを押すと、表全体を選択します。表全体を選択してコピーする、罫線を引くなどの操作をするときに使えます。マウスを持つことなく素早く表全体を選択できる超便利時短テクです。

Ctrl + Shift + : キーで表全体を選択する

	A	B	C	D	E	F	G
1	アンケート集計						
2							
3	コース名	日程	価格	食事	添乗員	観光	
4	北海道グルメツアー	5	4	5	4	3	
5	東北絶景めぐり	5	4.5	4	3	5	
6	伊豆温泉ゆったりツアー	4	4	3.5	3.5	3	
7	大阪USJと食い倒れツアー	5	4	2.5	5	3.5	
8	広島宮島とカキ食べ放題	3	3	4	4.5	4	
9	沖縄離島めぐり	4.5	5	5	5	5	
10							

① 表内セルをクリックし（ここではB6）、Ctrl + Shift + : キーを押すと、表全体が選択される

(COLUMN)

＝ 空白行と空白列に囲まれたデータ範囲が選択される ＝

Ctrl + Shift + : キーで選択するのは、アクティブセルを含み、空白行と空白列に囲まれたデータ範囲（アクティブセル領域）です。通常、アクティブセル領域は表の範囲と同じですが、表に隣接したセルにタイトルなどの文字列が入力されるなどして、空白行や空白列で囲まれていない場合、下図のようにその部分も含めて選択してしまうので注意しましょう。

	A	B	C	D	E	F	G
1	アンケート集計						
2					調査日	3月8日	
3	コース名	日程	価格	食事	添乗員	観光	
4	北海道グルメツアー	5	4	5	4	3	
5	東北絶景めぐり	5	4.5	4	3	5	
6	伊豆温泉ゆったりツアー	4	4	3.5	3.5	3	
7	大阪USJと食い倒れツアー	5	4	2.5	5	3.5	
8	広島宮島とカキ食べ放題	3	3	4	4.5	4	
9	沖縄離島めぐり	4.5	5	5	5	5	
10							

テンキーの * を使って、Ctrl + * キーでも選択できます。

ワークシート全体を一瞬で選択

カテゴリ セル選択

表の外にアクティブセルがある状態で Ctrl + A キーを押すとワークシート全体を選択できます。ワークシート全体に対してコピーしたり、消去したりするときに覚えておくと便利なキー操作です。

▨ Ctrl + A キーでワークシート全体を選択する

① 表の外をクリックし、Ctrl + A キーを押す

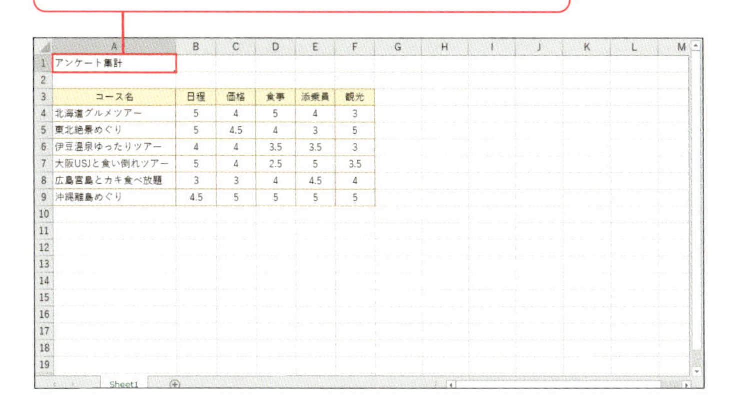

	A	B	C	D	E	F
1	アンケート集計					
2						
3	コース名	日程	価格	食事	添乗員	観光
4	北海道グルメツアー	5	4	5	4	3
5	東北絶景めぐり	5	4.5	4	3	5
6	伊豆温泉ゆったりツアー	4	4	3.5	3.5	3
7	大阪USJと食い倒れツアー	5	4	2.5	5	3.5
8	広島宮島とカキ食べ放題	3	3	4	4.5	4
9	沖縄離島めぐり	4.5	5	5	5	5

② ワークシート全体が選択される

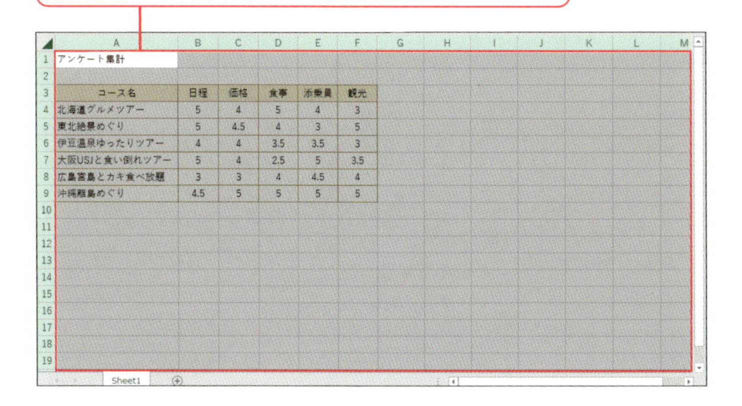

	A	B	C	D	E	F
1	アンケート集計					
2						
3	コース名	日程	価格	食事	添乗員	観光
4	北海道グルメツアー	5	4	5	4	3
5	東北絶景めぐり	5	4.5	4	3	5
6	伊豆温泉ゆったりツアー	4	4	3.5	3.5	3
7	大阪USJと食い倒れツアー	5	4	2.5	5	3.5
8	広島宮島とカキ食べ放題	3	3	4	4.5	4
9	沖縄離島めぐり	4.5	5	5	5	5

表内をクリックしてキーを押すと表全体が選択され、再度押すとワークシート全体が選択されます。

表示されているセルだけ選択

カテゴリ セル選択

行や列が非表示（P.77）の表や、アウトライン（P.134）が設定されている表で、表示されているセルだけを別の場所にコピーしたいときは、セル範囲を選択して Alt + ; （セミコロン）キーを押します。見えているセルだけが選択できます。

Alt + ; キーで可視セルを選択する

① アウトライン（P.134）が設定されている表が折りたたまれている状態にしておく

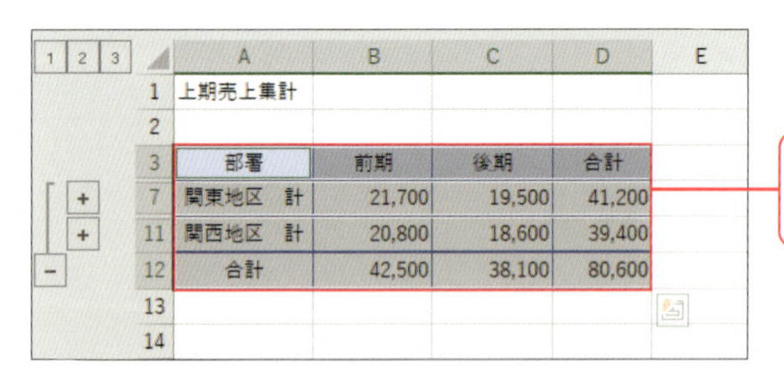

② 表を選択し、Alt + ; キーを押す

	A	B	C	D	E
1	上期売上集計				
2					
3	部署	前期	後期	合計	
4	千葉支社	6,200	6,100	12,300	
5	東京本社	8,200	7,500	15,700	
6	神奈川支社	7,300	5,900	13,200	
7	関東地区　計	21,700	19,500	41,200	
8	大阪支社	7,200	6,200	13,400	
9	兵庫支社	7,000	7,000	14,000	
10	京都支社	6,600	5,400	12,000	
11	関西地区　計	20,800	18,600	39,400	
12	合計	42,500	38,100	80,600	
13					

③ アウトラインを展開すると、表示されていたセルだけが選択されていることが確認できる

見えるセルだけコピーしたり編集でき～る

アウトラインなどで折りたたまれている表で非表示になっていないセルのことを可視セルといいます。

ワークシートの行・列をパッと選択

カテゴリ 行／列

行や列を挿入、削除するときに、まず行うのが対象となる行や列の選択です。Shift+Spaceキーで行全体、Ctrl+Spaceキーで列全体が選択されます。行や列を操作したいときに、簡単に選択できるので覚えておくと便利です。

Shift ＋ Spaceキーで行全体を選択する

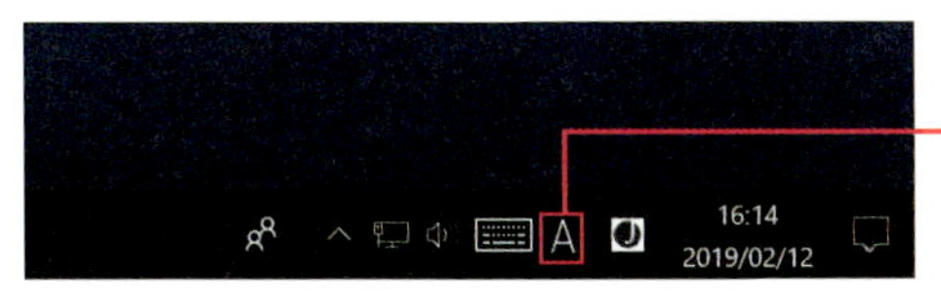

① 日本語入力システムをオフの状態にしておく

	A	B	C	D	E	F	G
1	上期売上集計						
2							
3	部署	前期	後期	合計			
4	千葉支社	6,200	6,100	12,300			
5	東京本社	8,200	7,500	15,700			
6	神奈川支社	7,300	5,900	13,200			
7	関東地区　計	21,700	19,500	41,200			
8	大阪支社	7,200	6,200	13,400			
9	兵庫支社	7,000	7,000	14,000			
10	京都支社	6,600	5,400	12,000			
11	関西地区　計	20,800	18,600	39,400			
12	合計	42,500	38,100	80,600			
13							

② 選択したい行にあるセルをクリックし、Shift+Spaceキーを押すと行全体が選択される

Ctrl ＋ Spaceキーで列全体を選択する

	A	B	C	D	E	F	G
1	上期売上集計						
2							
3	部署	前期	後期	合計			
4	千葉支社	6,200	6,100	12,300			
5	東京本社	8,200	7,500	15,700			
6	神奈川支社	7,300	5,900	13,200			
7	関東地区　計	21,700	19,500	41,200			
8	大阪支社	7,200	6,200	13,400			
9	兵庫支社	7,000	7,000	14,000			
10	京都支社	6,600	5,400	12,000			
11	関西地区　計	20,800	18,600	39,400			
12	合計	42,500	38,100	80,600			
13							
14							

② 選択したい列にあるセルをクリックし、Ctrl+Spaceキーを押すと、列全体が選択される

行や列が選択されているとき、Shift+矢印キーを押すと、選択している行数、列数を増減できます。

あっという間の行・列挿入

カテゴリ 行／列

行や列が選択されている状態で、テンキーの + で Ctrl + + キーを押すと、選択している行の上、列の左に新しく挿入できます。ワザ16と組み合わせて操作すれば、マウスに持ち替えることなく表の拡張ができる便利機能です。

Ctrl ＋ + キーで行や列を挿入する

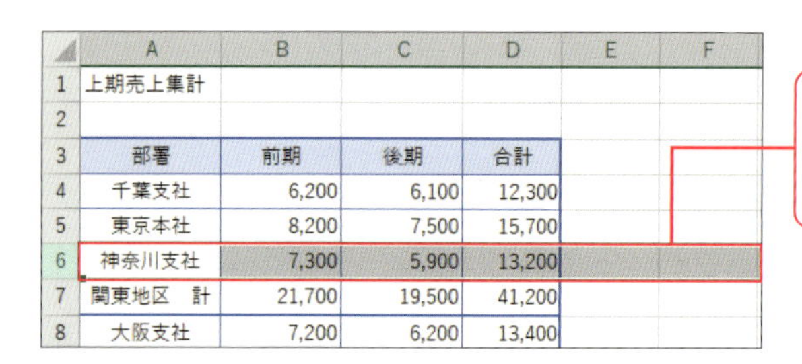

① 挿入したい位置で行や列を選択し、テンキーの + で Ctrl + + キーを押す

	A	B	C	D	E	F	G
1	上期売上集計						
2							
3	部署	前期	後期	合計			
4	千葉支社	6,200	6,100	12,300			
5	東京本社	8,200	7,500	15,700			
6							
7	神奈川支社	7,300	5,900	13,200			
8	関東地区　計	21,700	19,500	41,200			

② 選択していた行の上（列の場合は左）に新しく挿入される

(COLUMN)

＝［セルの挿入］ダイアログボックスが表示される場合＝

行、列が選択されていない状態で Ctrl + + キーを押すと、［セルの挿入］ダイアログボックスが表示されます。このダイアログボックスでセル、行、列の挿入方法を選択することができます。

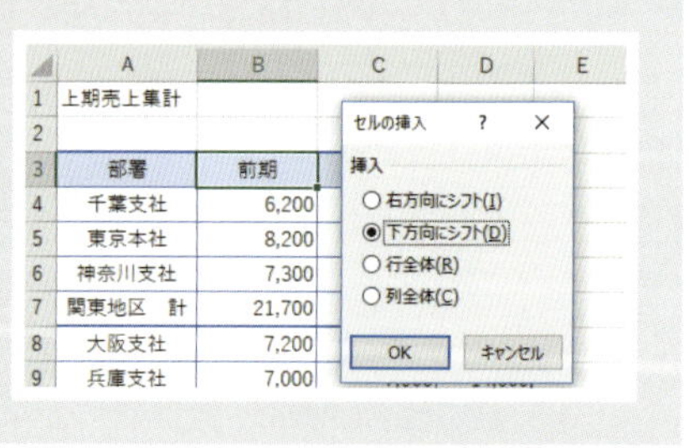

複数行や列を挿入したいときは、先に挿入する数だけ行や列を選択してからキーを押します。

マウスを使わず行・列削除

カテゴリ 行／列

行や列を削除したいとき、削除したい行や列を選択してからテンキーの [-] で [Ctrl]+[-] キーを押します。ワザ16と組み合わせて、不要な行や列を削除すれば、マウスを使わずに、スムーズな操作で表の大きさを調整することができます。

Ctrl + - キーで行・列を削除する

	A	B	C	D	E
1	上期売上集計				
2					
3	部署	前期	後期	合計	
4	千葉支社	6,200	6,100	12,300	
5	東京本社	8,200	7,500	15,700	
6	神奈川支社	7,300	5,900	13,200	
7	関東地区　計	21,700	19,500	41,200	
8	大阪支社	7,200	6,200	13,400	
9	兵庫支社	7,000	7,000	14,000	
10	京都支社	6,600	5,400	12,000	
11	関西地区　計	20,800	18,600	39,400	
12	合計	42,500	38,100	80,600	
13					

① 削除したい行や列を選択し、テンキーの [-] で [Ctrl]+[-] キーを押す

	A	B	C	D	E
1	上期売上集計				
2					
3	部署	前期	後期	合計	
4	大阪支社	7,200	6,200	13,400	
5	兵庫支社	7,000	7,000	14,000	
6	京都支社	6,600	5,400	12,000	
7	関西地区　計	20,800	18,600	39,400	
8	合計	42,500	38,100	80,600	
9					

② 選択していた行や列が削除される

POINT

[Ctrl] + [+] は、列・行・セルの挿入

[Ctrl] + [-] は、列・行・セルの削除

行や列を選択せずにキーを押すと［削除］ダイアログボックスが表示され、削除内容を選択できます。

操作の取り消し・やり直しをする

カテゴリ 編集

間違ってセルを削除してしまったり、データを消去してしまったとき、慌てることはありません。Ctrl+Zキーを押せば取り消すことができます。また、Ctrl+Yキーを押すと、取り消した操作をやり直すこともできます。

Ctrl + Zキーで直前の操作を元に戻す

	A	B	C	D	E	F
1	月別売上報告					
2		1月	2月	3月	合計	
3		120	100	150	370	
4		250	220	300	770	
5		200	260	250	710	
6	合計	570	580	700	1850	
7						

① データを消去してしまったが、取り消したいのでCtrl+Zキーを押す

	A	B	C	D	E	F
1	月別売上報告					
2		1月	2月	3月	合計	
3	デスクトップパソコン	120	100	150	370	
4	ノートパソコン	250	220	300	770	
5	タブレット	200	260	250	710	
6	合計	570	580	700	1850	
7						

② 直前の操作が取り消され、データが復活する

Ctrl + Yキーで直前の操作をやり直す

	A	B	C	D	E	F
1	月別売上報告					
2		1月	2月	3月	合計	
3		120	100	150	370	
4		250	220	300	770	
5		200	260	250	710	
6	合計	570	580	700	1850	
7						

① Ctrl+Yキーを押すと、取り消した操作がやり直される（ここでは再びデータが消去される）

Ctrl+Zキーを押すごとに1つずつ前の操作が順番に取り消されます。保存は取り消せません。

セルを別の場所にコピーする

カテゴリ 編集

セルを別の場所にコピーするには、Ctrl＋Cキーでコピーし、Ctrl＋Vキーで貼り付けます。ESCキーを押すまでは、Ctrl＋Vキーで連続して貼り付けることができます。マウス操作よりも素早くコピーできる便利なキー操作です。

Ctrl ＋ C キーでコピーし、Ctrl ＋ V キーで貼り付ける

	A	B	C	D	E	F	G
1	成績表						
2	学生名	英語	数学	国語	平均点	合計点	
3	田中　慎吾	76	80	94	83.3	250	
4	藤川　凛子	99	83	77	86.3	259	
5	斉藤　玲奈	62	72	66	66.7	200	
6							

①コピーしたいセルを選択し、Ctrl＋Cキーを押す

	A	B	C	D	E	F	G
1	成績表						
2	学生名	英語	数学	国語	平均点	合計点	
3	田中　慎吾	76	80	94	83.3	250	
4	藤川　凛子	99	83	77	86.3	259	
5	斉藤　玲奈	62	72	66	66.7	200	
6							
7	学生名	英語	数学	国語	平均点	合計点	
8	田中　慎吾	76	80	94	83.3	250	
9	藤川　凛子	99	83	77	86.3	259	
10	斉藤　玲奈	62	72	66	66.7	200	
11							(Ctrl)▾

②コピー先のセルをクリックし、Ctrl＋Vキーを押すと、表がコピーされる

(COLUMN)

＝ コピーできる間は周囲が点滅している ＝

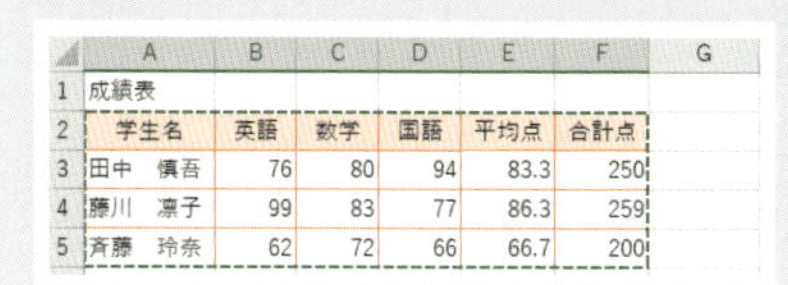

	A	B	C	D	E	F	G
1	成績表						
2	学生名	英語	数学	国語	平均点	合計点	
3	田中　慎吾	76	80	94	83.3	250	
4	藤川　凛子	99	83	77	86.3	259	
5	斉藤　玲奈	62	72	66	66.7	200	

周囲が点滅している間は、続けて別の箇所にコピーできます。
ESCキーを押すと、コピー状態が解除され周囲の点滅が消えます。

1回限りのコピーであれば、②で Enterキーを押すだけでコピーできます。

セルを別の場所に移動する

カテゴリ 編集

セルを別の場所に移動したいときは、Ctrl+Xキーで切り取り、移動先のセルをクリックしてCtrl+Vキーで貼り付けます。移動の場合、Ctrl+Vキーで貼り付けられるのは1回限りです。

Ctrl + X キーで切り取り、Ctrl + V キーで貼り付ける

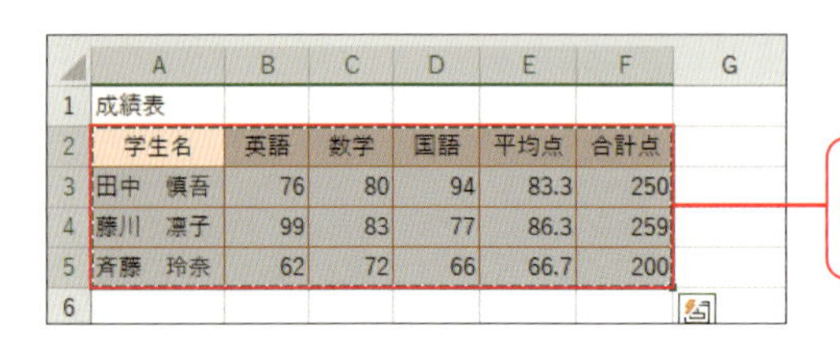

	A	B	C	D	E	F	G
1	成績表						
2	学生名	英語	数学	国語	平均点	合計点	
3	田中　慎吾	76	80	94	83.3	250	
4	藤川　凛子	99	83	77	86.3	259	
5	斉藤　玲奈	62	72	66	66.7	200	
6							

① 移動したいセルを選択し、Ctrl+Xキーを押す

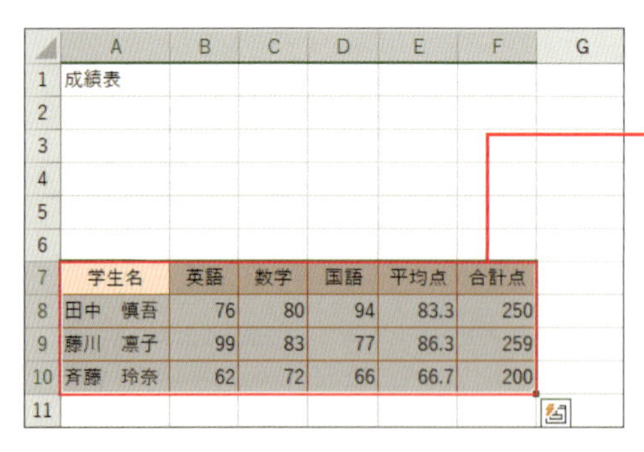

	A	B	C	D	E	F	G
1	成績表						
2							
3							
4							
5							
6							
7	学生名	英語	数学	国語	平均点	合計点	
8	田中　慎吾	76	80	94	83.3	250	
9	藤川　凛子	99	83	77	86.3	259	
10	斉藤　玲奈	62	72	66	66.7	200	
11							

② 移動先のセルをクリックして、Ctrl+Vキーを押すと、表が移動する

(COLUMN)

＝ ショートカットメニューと組み合わせ技で切り取ったセルを挿入する ＝

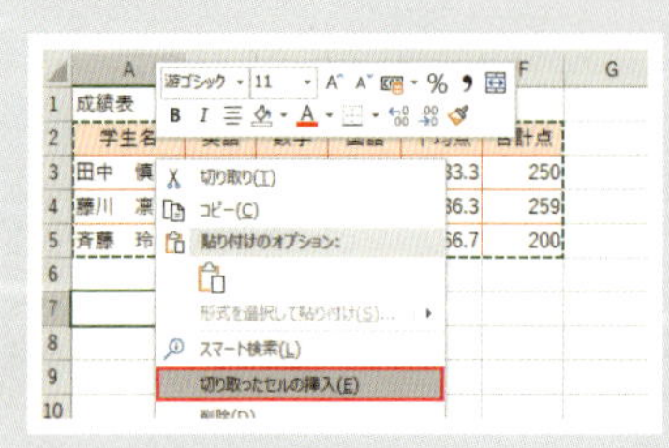

Ctrl+Vキーを押す代わりに右クリックからも移動できます。Ctrl+Xキーでセルを切り取った後、貼り付け先のセルで右クリックして表示されるメニューから［切り取ったセルの挿入］を選択すると、切り取ったセルが挿入され、元のセルが削除されます。

Ctrl+Vキーを押す代わりに、Enterキーを押しても同じ移動ができます。

直前の操作をキーひとつで繰り返す

カテゴリ 編集

F4キーを押すと、直前に行った操作を繰り返すことができます。F4キーを使えば、設定するのに手間のかかった書式を別のセルにあっという間に設定できます。作業の効率化にもっとも有効な、必ず使いこなしたいキー操作です。

F4キーで直前の操作を繰り返す

	A	B	C	D	E
1	会員一覧				
2	会員NO	会員名	種別	生年月日	
3	1001	坂崎　洋子	ホリデー会員	1976/06/04	
4	1002	山本　浩介	ジュニア会員	2003/04/12	
5	1003	佐々木　和義	プレミアム会員	1962/01/07	
6	1004	田中　隆	ゴールド会員	1994/08/22	
7	1005	鈴木　紀子	プレミアム会員	1966/12/23	
8	1006	岡崎　孝之	レギュラー会員	1993/07/15	
9					

①セルをクリックし、塗りつぶしの書式を設定する

	A	B	C	D	E
1	会員一覧				
2	会員NO	会員名	種別	生年月日	
3	1001	坂崎　洋子	ホリデー会員	1976/06/04	
4	1002	山本　浩介	ジュニア会員	2003/04/12	
5	1003	佐々木　和義	プレミアム会員	1962/01/07	
6	1004	田中　隆	ゴールド会員	1994/08/22	
7	1005	鈴木　紀子	プレミアム会員	1966/12/23	
8	1006	岡崎　孝之	レギュラー会員	1993/07/15	
9					

②別のセルをクリックしてF4キーを押すと、直前に操作した塗りつぶしの書式設定が行われる

(COLUMN)

＝ もう一つのF4キー ＝

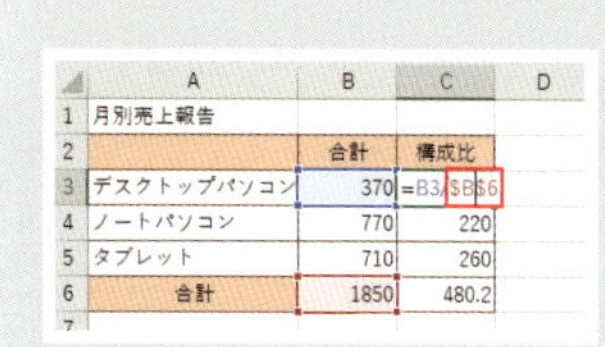

	A	B	C	D
1	月別売上報告			
2		合計	構成比	
3	デスクトップパソコン	370	=B3/$B$6	
4	ノートパソコン	770	220	
5	タブレット	710	260	
6	合計	1850	480.2	
7				

F4キーにはもう一つの機能が割り当てられています。数式入力中に、F4キーを押すと、セルの参照方法が絶対参照に変わります。このキー操作はセル内にカーソルが表示されている場合のみ有効です。よく使用されるキー操作なので、合わせて覚えておきましょう（P.158参照）。

他の操作をしない限り、別のセルをクリックしてF4キーを押すと続けて同じ操作を繰り返せます。

セル内の文字や数式をサクサク修正

カテゴリ 編集

セル内の文字や数式を修正する場合は、セルをクリックし F2 を押しましょう。編集モードになり、セルの一番後ろにカーソルが表示されて修正できる状態になります。入力作業中に修正したい場合、マウスに持ち替える手間なくササッと修正できます。

F2 キーでセルにカーソルを表示する

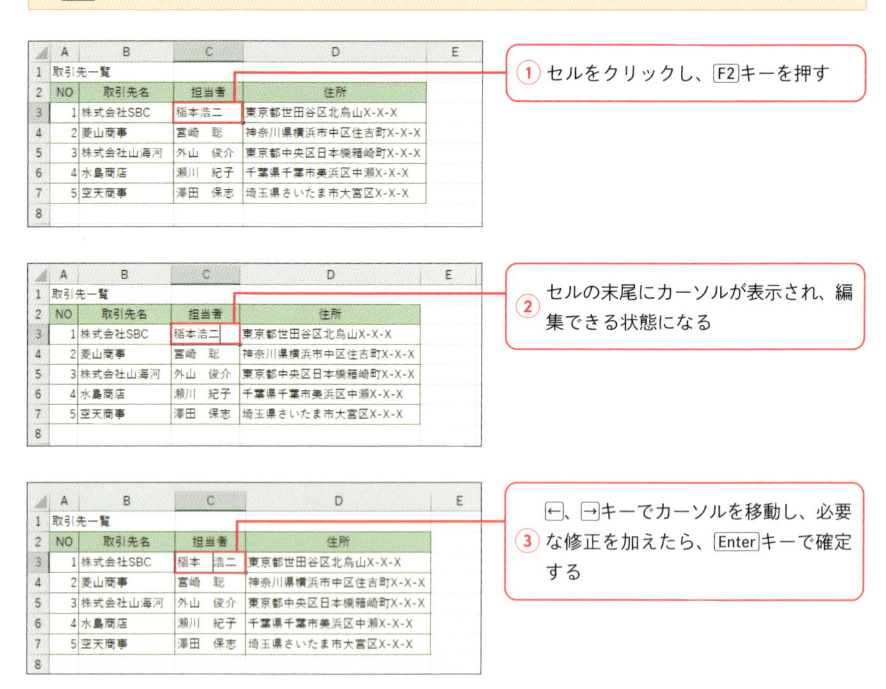

	A	B	C	D	E
1	取引先一覧				
2	NO	取引先名	担当者	住所	
3	1	株式会社SBC	稲本浩二	東京都世田谷区北烏山X-X-X	
4	2	菱山商事	宮崎　聡	神奈川県横浜市中区住吉町X-X-X	
5	3	株式会社山海河	外山　俊介	東京都中央区日本橋箱崎町X-X-X	
6	4	水島商店	瀬川　紀子	千葉県千葉市美浜区中瀬X-X-X	
7	5	空天商事	澤田　保志	埼玉県さいたま市大宮区X-X-X	
8					

(COLUMN)

= セル内の文字を即・全選択！ =

F2キーでセル内にカーソルを表示した後、Ctrl+Aキーを押すと、セル内の全文字列を一気に選択できます。セル内の全文字列を別の文字列に置き換えたいときに活用できます。

F2キーを押すごとに編集モードと入力モードが切り替わります。画面左下でモード確認できます。

カーソルより後ろの文字を一気に削除

カテゴリ 編集

文字を修正したいとき、カーソルを移動して Backspace キーや Delete キーを何度も押して1文字ずつ消すのは手間がかかるし、消しすぎることもあります。Ctrl + Delete キーを押せば、カーソルより後ろの文字を一気に削除できます。

Ctrl ＋ Delete キーでカーソルから後ろの文字を削除する

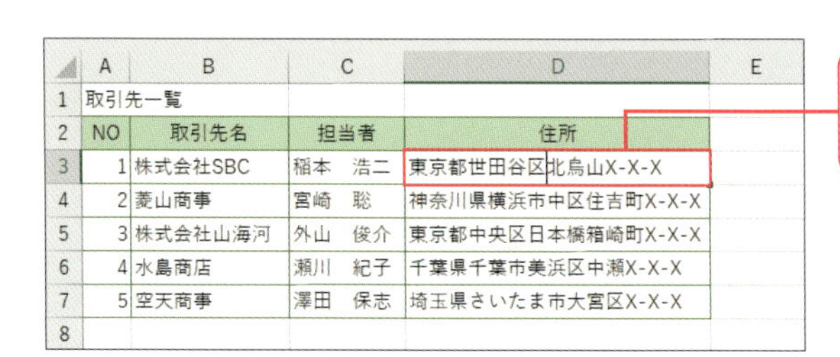

	A	B	C	D	E
1	取引先一覧				
2	NO	取引先名	担当者	住所	
3	1	株式会社SBC	稲本　浩二	東京都世田谷区北烏山X-X-X	
4	2	菱山商事	宮崎　聡	神奈川県横浜市中区住吉町X-X-X	
5	3	株式会社山海河	外山　俊介	東京都中央区日本橋箱崎町X-X-X	
6	4	水島商店	瀬川　紀子	千葉県千葉市美浜区中瀬X-X-X	
7	5	空天商事	澤田　保志	埼玉県さいたま市大宮区X-X-X	
8					

① 修正箇所にカーソルを移動し、Ctrl + Delete キーを押す

	A	B	C	D	E
1	取引先一覧				
2	NO	取引先名	担当者	住所	
3	1	株式会社SBC	稲本　浩二	東京都世田谷区	
4	2	菱山商事	宮崎　聡	神奈川県横浜市中区住吉町X-X-X	
5	3	株式会社山海河	外山　俊介	東京都中央区日本橋箱崎町X-X-X	
6	4	水島商店	瀬川　紀子	千葉県千葉市美浜区中瀬X-X-X	
7	5	空天商事	澤田　保志	埼玉県さいたま市大宮区X-X-X	
8					

② カーソルより後ろの文字が削除される

(COLUMN)

＝ 単語単位で選択する ＝

	A	B	C
1	取引先一覧		
2	NO	取引先名	担当者
3	1	株式会社SBC	稲本　浩二
4	2	菱山商事	宮崎　聡

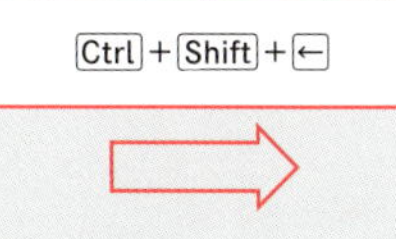

	A	B	C
1	取引先一覧		
2	NO	取引先名	担当者
3	1	株式会社SBC	稲本　浩二
4	2	菱山商事	宮崎　聡

カーソルがセル内で表示されている状態で、Ctrl + Shift + ← または → キーを押すと、セル内の文字が単語単位で選択できます。単語単位で修正したいときに使ってみましょう。

Ctrl + Delete キーで削除した後、すぐに ESC キーを押せば、削除した文字を復活できます。

カーソル内で改行して複数行で表示する

カテゴリ 編集

セルにカーソルが表示されているとき、Alt+Enterキーを押すと、セル内で改行し、カーソルを次の行に表示することができます。セルから文字がはみ出てしまう場合に、文字列を思い通りの位置で改行し、見やすくできます。

Alt ＋ Enterキーでセル内で改行する

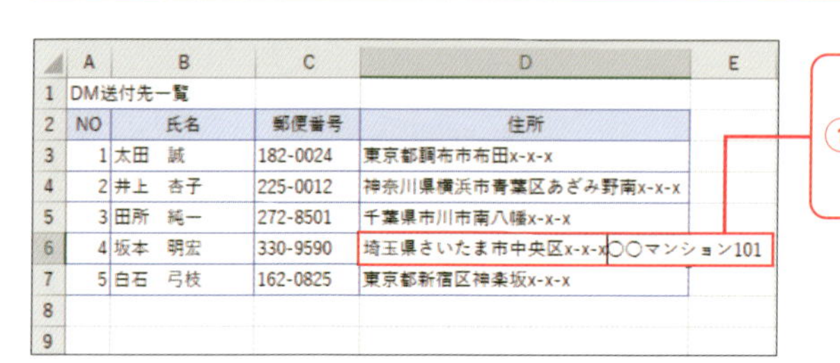

	A	B	C	D	E
1	DM送付先一覧				
2	NO	氏名	郵便番号	住所	
3	1	太田　誠	182-0024	東京都調布市布田x-x-x	
4	2	井上　杏子	225-0012	神奈川県横浜市青葉区あざみ野南x-x-x	
5	3	田所　純一	272-8501	千葉県市川市南八幡x-x-x	
6	4	坂本　明宏	330-9590	埼玉県さいたま市中央区x-x-x○○マンション101	
7	5	白石　弓枝	162-0825	東京都新宿区神楽坂x-x-x	
8					
9					

① 改行したい位置にカーソルを表示し、Alt+Enterキーを押す

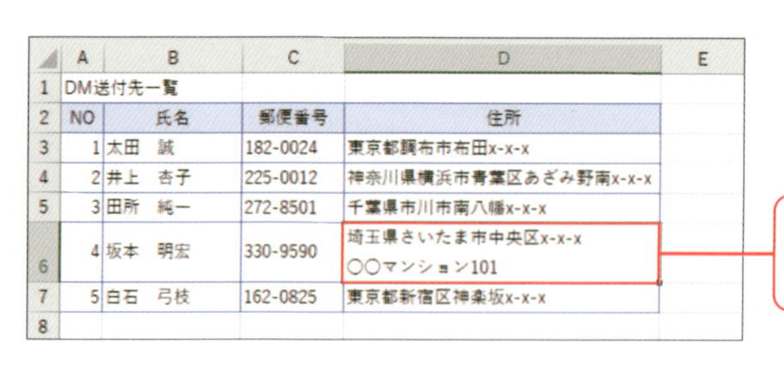

	A	B	C	D	E
1	DM送付先一覧				
2	NO	氏名	郵便番号	住所	
3	1	太田　誠	182-0024	東京都調布市布田x-x-x	
4	2	井上　杏子	225-0012	神奈川県横浜市青葉区あざみ野南x-x-x	
5	3	田所　純一	272-8501	千葉県市川市南八幡x-x-x	
6	4	坂本　明宏	330-9590	埼玉県さいたま市中央区x-x-x ○○マンション101	
7	5	白石　弓枝	162-0825	東京都新宿区神楽坂x-x-x	
8					

② カーソル位置で改行され、複数行で表示される

(COLUMN)

＝ 改行を消すにはDeleteまたはBackspaceキーを押す ＝

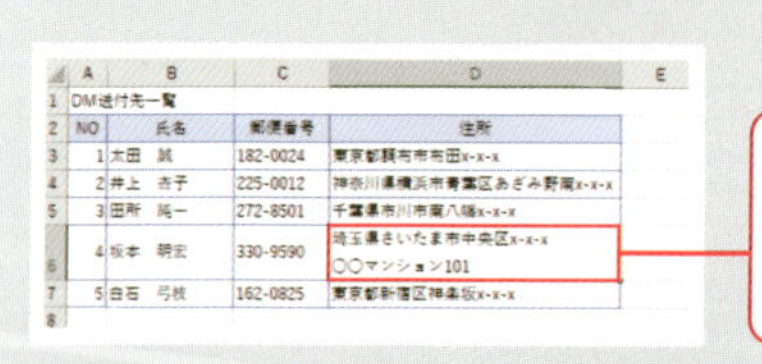

	A	B	C	D	E
1	DM送付先一覧				
2	NO	氏名	郵便番号	住所	
3	1	太田　誠	182-0024	東京都調布市布田x-x-x	
4	2	井上　杏子	225-0012	神奈川県横浜市青葉区あざみ野南x-x-x	
5	3	田所　純一	272-8501	千葉県市川市南八幡x-x-x	
6	4	坂本　明宏	330-9590	埼玉県さいたま市中央区x-x-x ○○マンション101	
7	5	白石　弓枝	162-0825	東京都新宿区神楽坂x-x-x	
8					

① 改行している行の1つ前の行の末尾でDeleteキーを押す　または改行している行の文頭でBackspaceキーを押す

アルファベットや日本語、記号などと同じようにDeleteキーやBackspaceキーで改行は消せます。

［ホーム］タブの［折り返して全体を表示する］で自動的に複数行で表示されます。

ワンタッチでデータを検索、置換

カテゴリ 検索／置換

Ctrl+Fキーで、［検索と置換］ダイアログボックスの［検索］タブが表示され、探している文字列を素早く見つけられます。また、Ctrl+Hキーで、同じく［置換］タブが表示され、指定した文字列を別の文字列に一気に置き換えられます。

Ctrl + Fキーで文字列を検索する

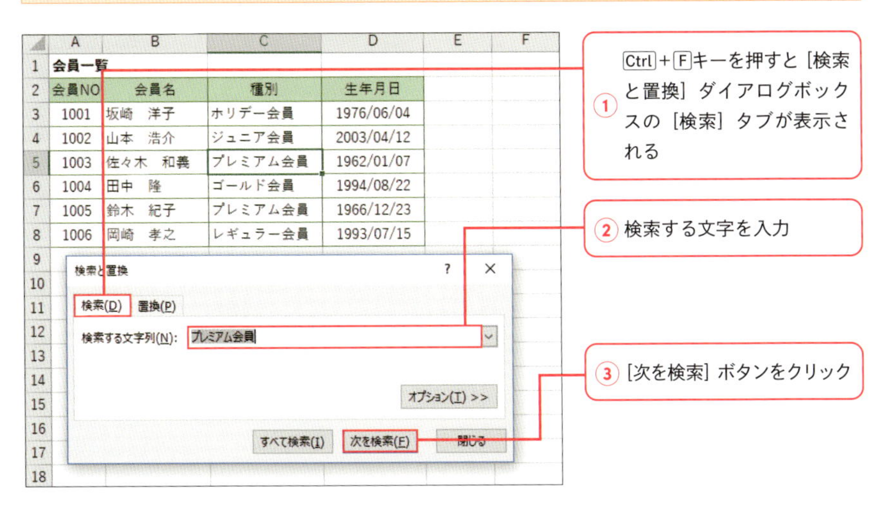

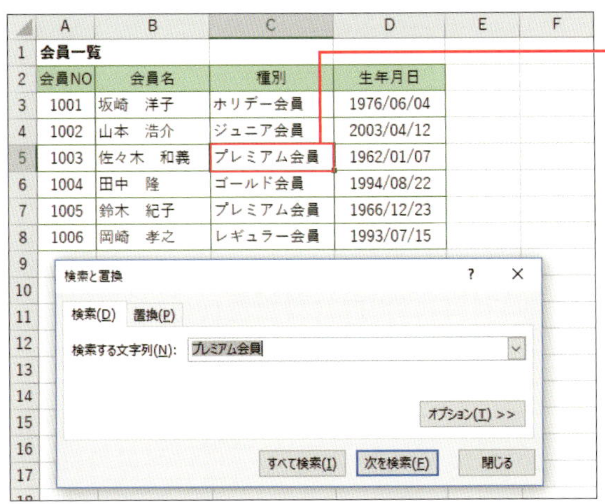

4 検索した文字が入力されているセルが選択される

Ctrl + Hキーで文字列を置換する

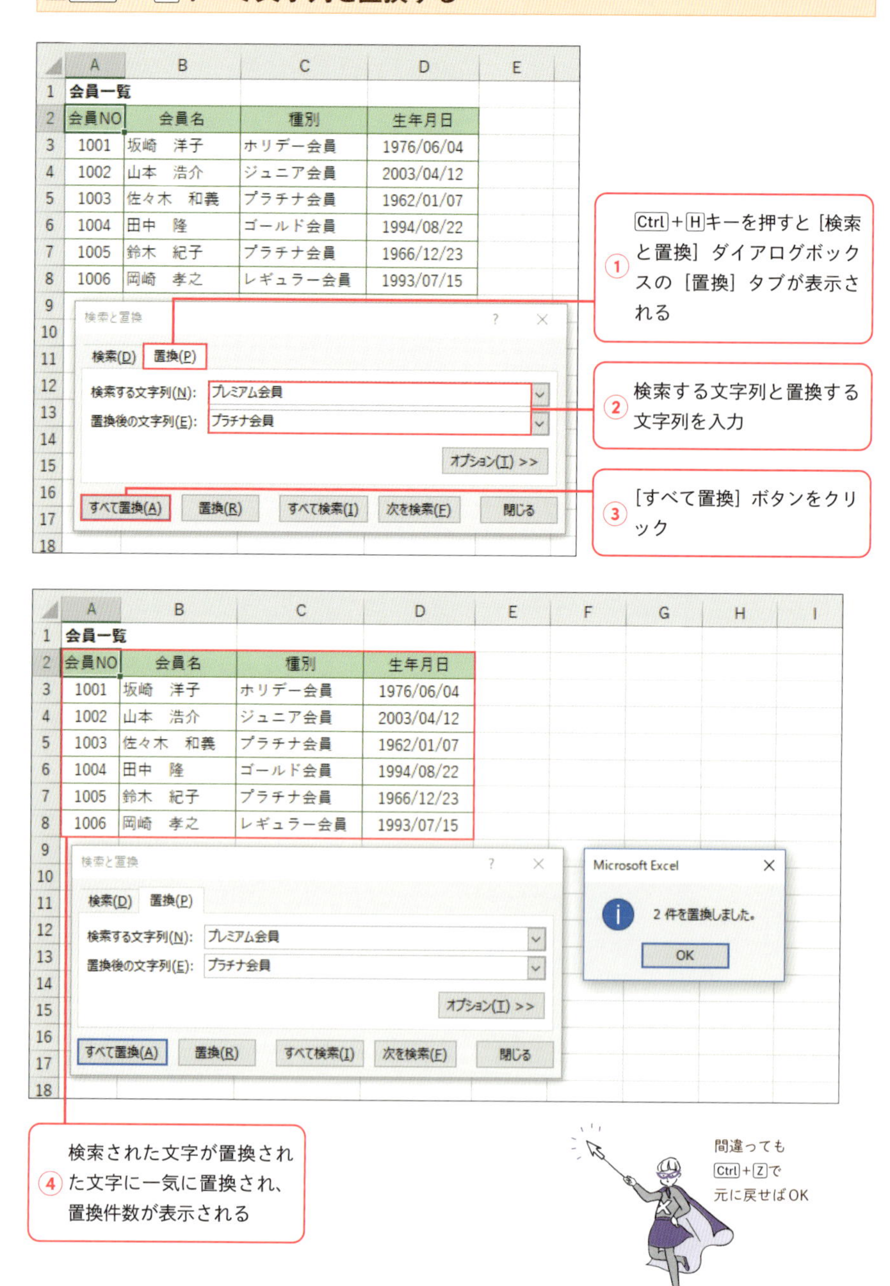

 ［すべて検索］ボタンで見つかったセルを一覧で表示できます（P.129）。

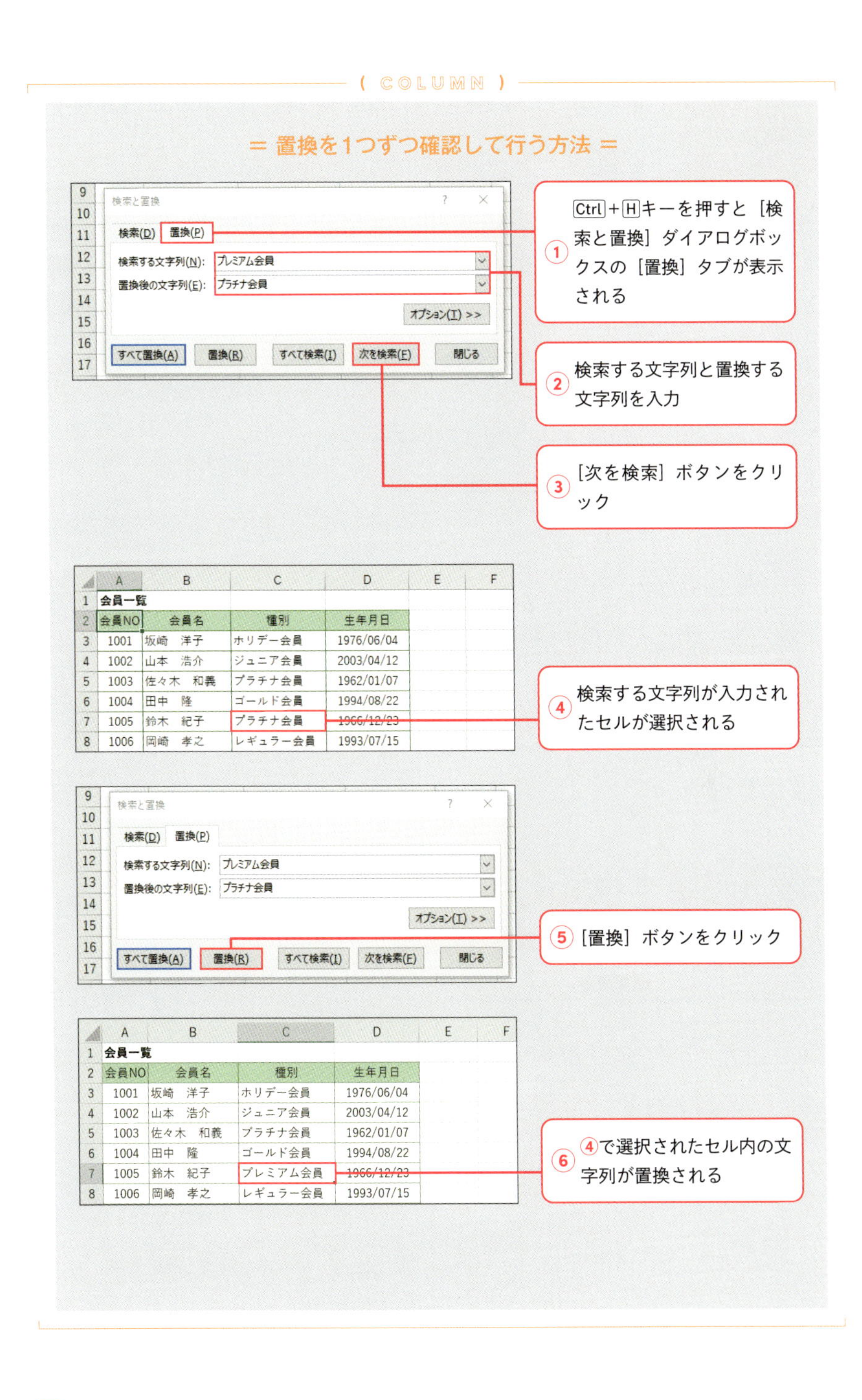

検索についても同じように［次を検索］で1つずつ確認できます。

太字・斜体・下線で文字列を強調

カテゴリ 書式

太字、斜体、下線は、文字列を強調するのに使う基本的な書式です。それぞれ、Ctrl+Bキー、Ctrl+Iキー、Ctrl+Uキーで簡単に設定できます。キーを押すごとに設定と解除を繰り返すことができます。

Ctrl + Bキーで太字に設定する

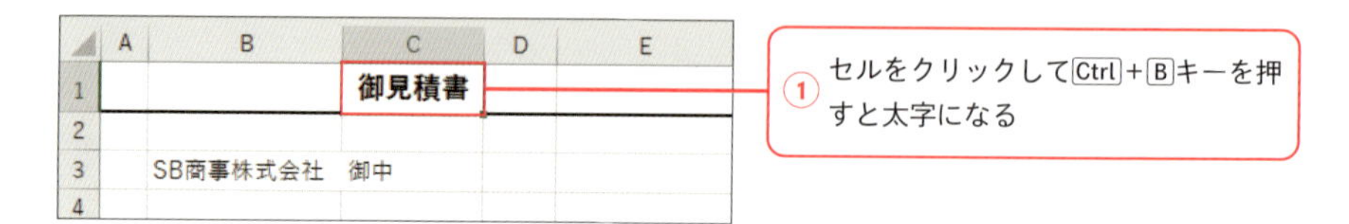

Ctrl + Iキーで斜体に設定する

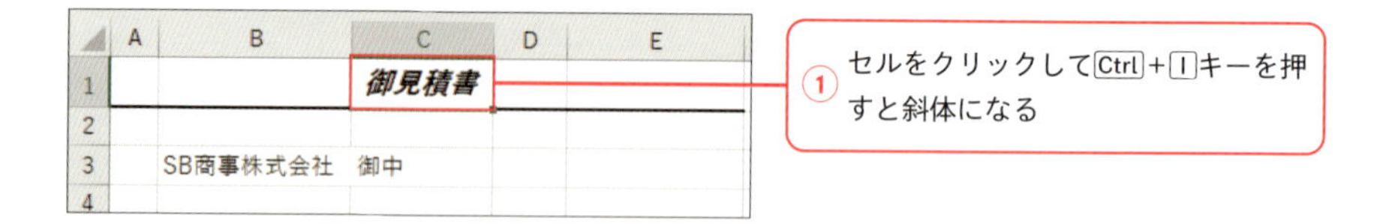

Ctrl + Uキーで下線を設定する

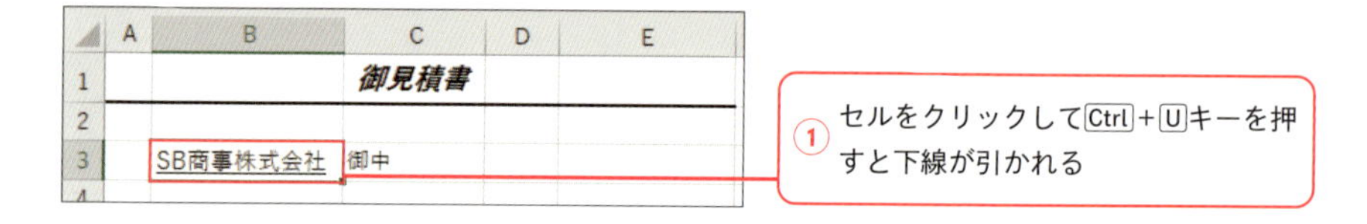

COLUMN

＝ セル中の一部の文字の書式を設定する方法 ＝

SB商事株式会社 御中

左図のようにセル内を編集状態にし、書式を設定したい文字列のみを選択してから設定します。

二重下線を設定するには、［ホーム］タブの［下線］の［▼］をクリックし、［二重下線］を選択します。

数値に桁区切りカンマ、通貨、パーセント表示をパッと設定

カテゴリ 書式

桁区切りカンマ、通貨、パーセント表示は、数値の表示形式で最もよく設定する書式です。それぞれCtrl+Shift+!キー、Ctrl+Shift+$キー、Ctrl+Shift+%キーで設定できます。

Ctrl + Shift + !キーで数値を桁区切りカンマの書式に設定する

	A	B	C	D	E	F
1	年度別売上結果			単位：千円		
2	年度	売上数	売上金額	目標額	達成率	
3	2017年	2,000	350000	400000	0.875	
4	2018年	1,000	650000	500000	1.300	
5	合計	3,000	1000000	900000	1.111	
6						

① セル範囲を選択し、Ctrl+Shift+!キーを押すと、桁区切りカンマの書式が設定される

Ctrl + Shift + $キーで数値を通貨の書式に設定する

	A	B	C	D	E	F
1	年度別売上結果			単位：千円		
2	年度	売上数	売上金額	目標額	達成率	
3	2017年	2,000	¥350,000	¥400,000	0.875	
4	2018年	1,000	¥650,000	¥500,000	1.300	
5	合計	3,000	¥1,000,000	¥900,000	1.111	
6						

① セル範囲を選択し、Ctrl+Shift+$キーを押すと、通貨の書式が設定される

Ctrl + Shift + %キーで数値をパーセント表示の書式に設定する

	A	B	C	D	E	F
1	年度別売上結果			単位：千円		
2	年度	売上数	売上金額	目標額	達成率	
3	2017年	2,000	¥350,000	¥400,000	88%	
4	2018年	1,000	¥650,000	¥500,000	130%	
5	合計	3,000	¥1,000,000	¥900,000	111%	
6						

① セル範囲を選択し、Ctrl+Shift+%キーを押すと、パーセント表示の書式が設定される

CtrlとShiftキーを両方押します。どちらか一方を忘れると別の設定になるので気を付けましょう。

標準的な日付や時刻の表示形式にしたい!

カテゴリ 書式

Ctrl+Shift+#キーを押すと日付が「yyyy/m/d」の形式で表示され、Ctrl+@キーを押すと時刻が「h：mm」の形式で表示されます。簡単に標準的な日付、時刻の形式にできます。

Ctrl ＋ Shift ＋ #キーで日付の表示形式を設定する

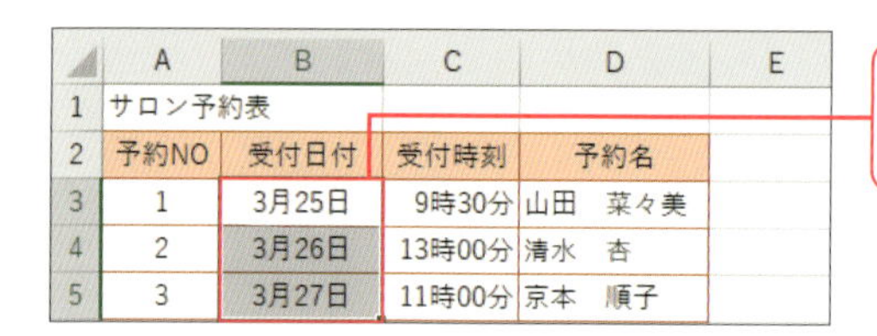

	A	B	C	D	E
1	サロン予約表				
2	予約NO	受付日付	受付時刻	予約名	
3	1	3月25日	9時30分	山田　菜々美	
4	2	3月26日	13時00分	清水　杏	
5	3	3月27日	11時00分	京本　順子	

①セルを選択し、Ctrl+Shift+#キーを押す

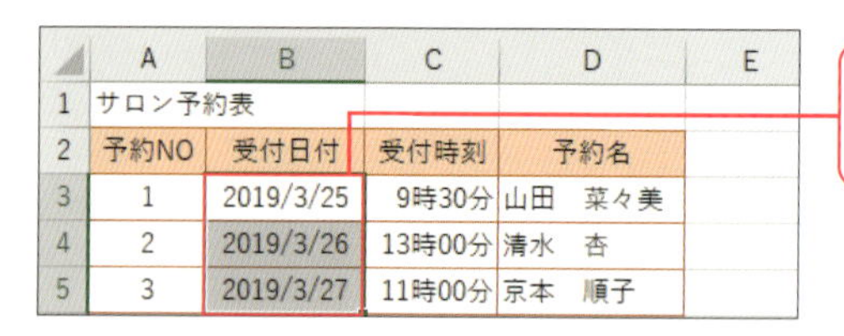

	A	B	C	D	E
1	サロン予約表				
2	予約NO	受付日付	受付時刻	予約名	
3	1	2019/3/25	9時30分	山田　菜々美	
4	2	2019/3/26	13時00分	清水　杏	
5	3	2019/3/27	11時00分	京本　順子	

②「2019/3/25」の形式で日付の表示形式が設定される

Ctrl ＋ @キーで時刻の表示形式を設定する

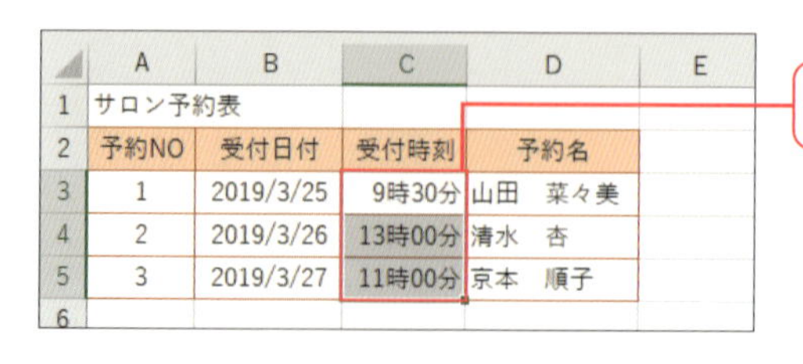

	A	B	C	D	E
1	サロン予約表				
2	予約NO	受付日付	受付時刻	予約名	
3	1	2019/3/25	9時30分	山田　菜々美	
4	2	2019/3/26	13時00分	清水　杏	
5	3	2019/3/27	11時00分	京本　順子	
6					

①セルを選択し、Ctrl+@キーを押す

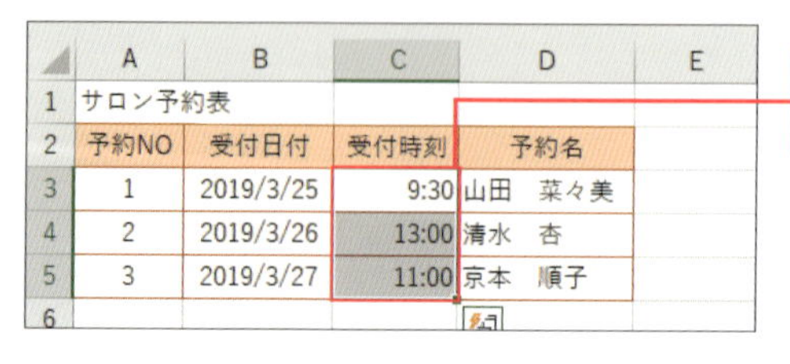

	A	B	C	D	E
1	サロン予約表				
2	予約NO	受付日付	受付時刻	予約名	
3	1	2019/3/25	9:30	山田　菜々美	
4	2	2019/3/26	13:00	清水　杏	
5	3	2019/3/27	11:00	京本　順子	
6					

②「9：30」の形式で時刻の表示形式が設定される

シリアル値とは、日付や時刻に割り当てられている数値のことです。詳細はP.200を参照してください。

表示形式を一気に標準に戻す

カテゴリ 書式

桁区切りカンマや通貨などの表示形式が設定されているセルを標準の表示形式に戻すには、Ctrl + Shift + ~ キーを押します。いろいろ設定したけれど、いったん標準の形式に戻したいときに使うといいでしょう。

Ctrl ＋ Shift ＋ ~ キーで標準の書式設定にする

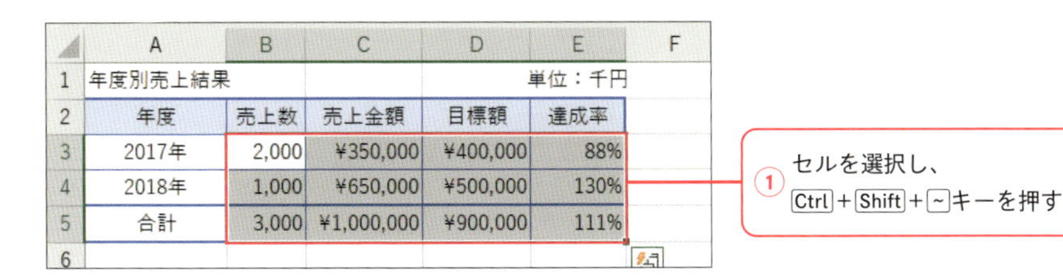

	A	B	C	D	E	F
1	年度別売上結果			単位：千円		
2	年度	売上数	売上金額	目標額	達成率	
3	2017年	2,000	¥350,000	¥400,000	88%	
4	2018年	1,000	¥650,000	¥500,000	130%	
5	合計	3,000	¥1,000,000	¥900,000	111%	
6						

	A	B	C	D	E	F
1	年度別売上結果			単位：千円		
2	年度	売上数	売上金額	目標額	達成率	
3	2017年	2000	350000	400000	0.875	
4	2018年	1000	650000	500000	1.3	
5	合計	3000	1000000	900000	1.111111	
6						

② 表示形式が標準に戻る

(COLUMN)

＝ 標準に戻すと日付や時刻は数値で表示されてしまう ＝

表示形式を標準に戻すと、日付や時刻は数値で表示されてしまいます。これは「シリアル値」という日付や時刻を管理するための値です。詳細はP.200を参照してください。シリアル値になってしまった場合は、P.46のショートカットキーを利用して日付や時刻の表示形式に戻すといいでしょう。

図 日付や時刻のシリアル値

	A	B	C	D	E
1	サロン予約表				
2	予約NO	受付日付	受付時刻	予約名	
3	1	43549	0.395833	山田　菜々美	
4	2	43550	0.541667	清水　杏	
5	3	43551	0.458333	京本　順子	
6	4	43552	0.645833	市川　真由美	

~ キーはひらがなの「へ」のキーになります。

表の外枠罫線をサッと設定

カテゴリ 書式

Ctrl + Shift + & キーを押すと、選択しているセル範囲の周囲に黒い実線の罫線が設定されます。表全体だけでなく、見出し行を選択してこのキーを押せば、見出し行の周りだけ罫線を引けます。選択範囲を工夫すれば活用の幅が広がります。

Ctrl + Shift + & キーで外枠罫線を設定する

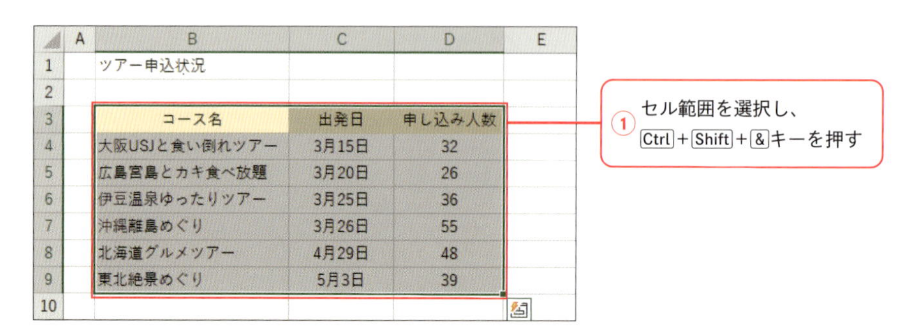

	A	B	C	D	E
1		ツアー申込状況			
2					
3		コース名	出発日	申し込み人数	
4		大阪USJと食い倒れツアー	3月15日	32	
5		広島宮島とカキ食べ放題	3月20日	26	
6		伊豆温泉ゆったりツアー	3月25日	36	
7		沖縄離島めぐり	3月26日	55	
8		北海道グルメツアー	4月29日	48	
9		東北絶景めぐり	5月3日	39	
10					

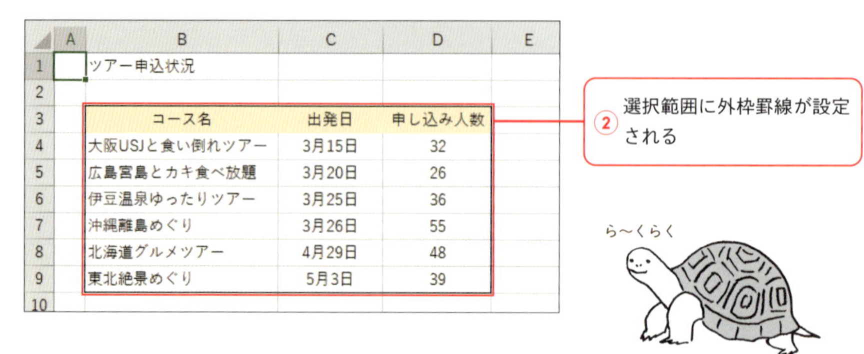

	A	B	C	D	E
1		ツアー申込状況			
2					
3		コース名	出発日	申し込み人数	
4		大阪USJと食い倒れツアー	3月15日	32	
5		広島宮島とカキ食べ放題	3月20日	26	
6		伊豆温泉ゆったりツアー	3月25日	36	
7		沖縄離島めぐり	3月26日	55	
8		北海道グルメツアー	4月29日	48	
9		東北絶景めぐり	5月3日	39	
10					

ら〜くらく

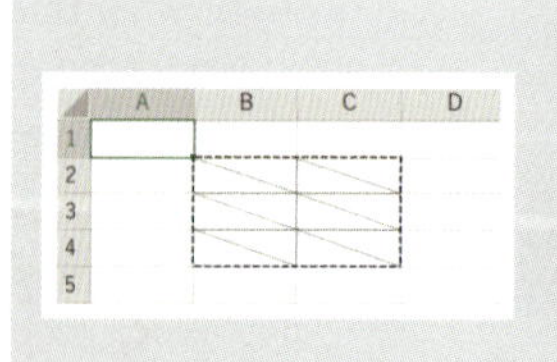

＝ 罫線の書式設定 ＝

左図のように詳細に罫線を設定したい場合は、セルを選択→右クリック→[セルの書式設定]をクリックして表示される[セルの書式設定]ダイアログで設定しましょう。

色、太さ、線種を設定したい場合は、[セルの書式設定] ダイアログボックスを開いて設定します。

表の罫線を一発削除

カテゴリ 書式

表に設定している罫線を一括してすべて削除するには、Ctrl＋Shift＋_キーを押します。外枠罫線だけでなく、選択されているセルの上下左右に設定されている罫線すべてが削除されます。

Ctrl ＋ Shift ＋ _キーですべての罫線を解除

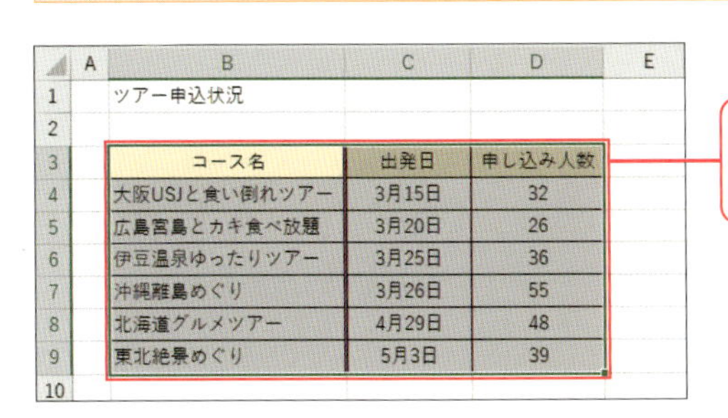

	A	B	C	D	E
1		ツアー申込状況			
2					
3		コース名	出発日	申し込み人数	
4		大阪USJと食い倒れツアー	3月15日	32	
5		広島宮島とカキ食べ放題	3月20日	26	
6		伊豆温泉ゆったりツアー	3月25日	36	
7		沖縄離島めぐり	3月26日	55	
8		北海道グルメツアー	4月29日	48	
9		東北絶景めぐり	5月3日	39	
10					

① セル範囲を選択し、Ctrl＋Shift＋_キーを押す

	A	B	C	D	E
1		ツアー申込状況			
2					
3		コース名	出発日	申し込み人数	
4		大阪USJと食い倒れツアー	3月15日	32	
5		広島宮島とカキ食べ放題	3月20日	26	
6		伊豆温泉ゆったりツアー	3月25日	36	
7		沖縄離島めぐり	3月26日	55	
8		北海道グルメツアー	4月29日	48	
9		東北絶景めぐり	5月3日	39	
10					

② セル範囲に設定されていた罫線が削除される

(COLUMN)

＝ 斜線はショートカットキーで削除できない ＝

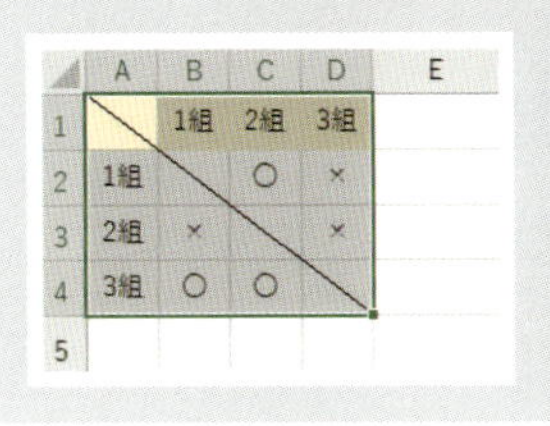

	A	B	C	D	E
1		1組	2組	3組	
2	1組		○	×	
3	2組	×		×	
4	3組	○	○		
5					

斜線はショートカットキーでは削除できません。［ホーム］タブの［罫線］の［▼］ボタンをクリックし、［枠なし］を選択すると、斜線も含めてすべての罫線が削除されます。

_キーはひらがなのろのキーになります。

［セルの書式設定］ダイアログボックスをさらりと表示

カテゴリ 書式

セルにいろいろな書式設定をする場合は、［セルの書式設定］ダイアログボックスを表示します。これは、Excel操作でも最もよく使用される設定画面の一つです。よく使う画面なので Ctrl ＋ 1 キーでさらりと表示してしまいましょう。

Ctrl ＋ 1 キーで［セルの書式設定］ダイアログボックスを表示する

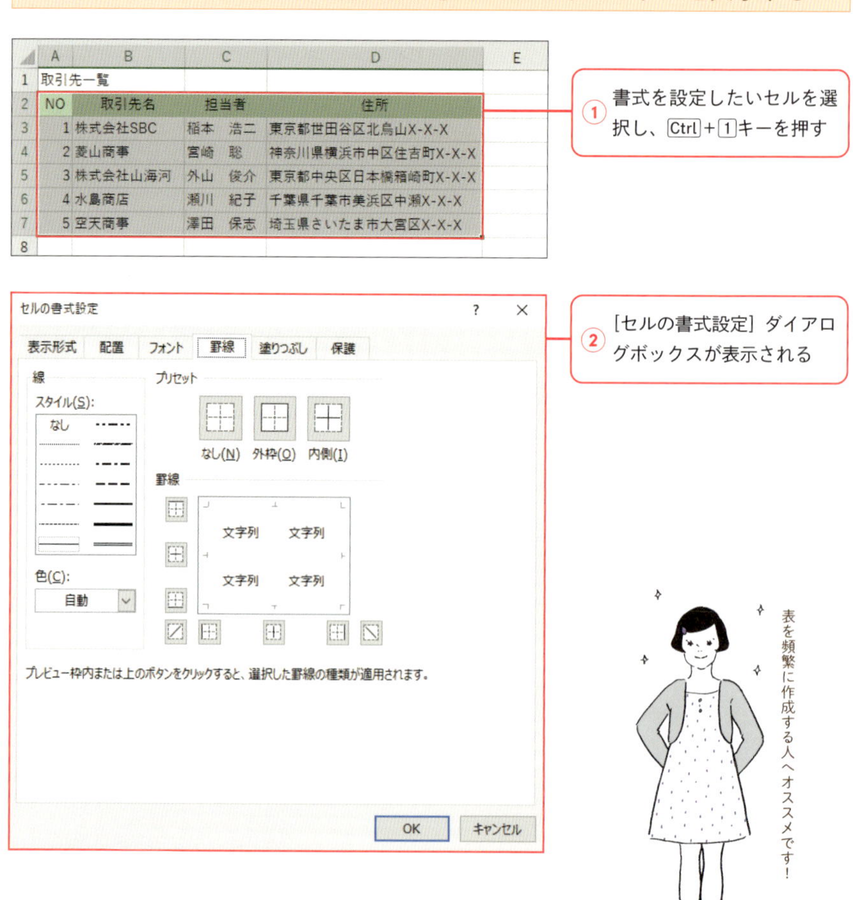

Ctrl＋1キーの1は、テンキーは使えません。文字キーの1キーを押します。

ラクラク新規シート追加

カテゴリ シート・ブック操作

新たにシートを追加するには、Shift＋F11キーを押します。現在表示されているシートの左側に新規シートが1つ追加されます。複数のシートを選択してShift＋F11キーを押すと、選択しているシートの数だけ新規シートが追加されます。

Shift ＋ F11キーでシートを追加する

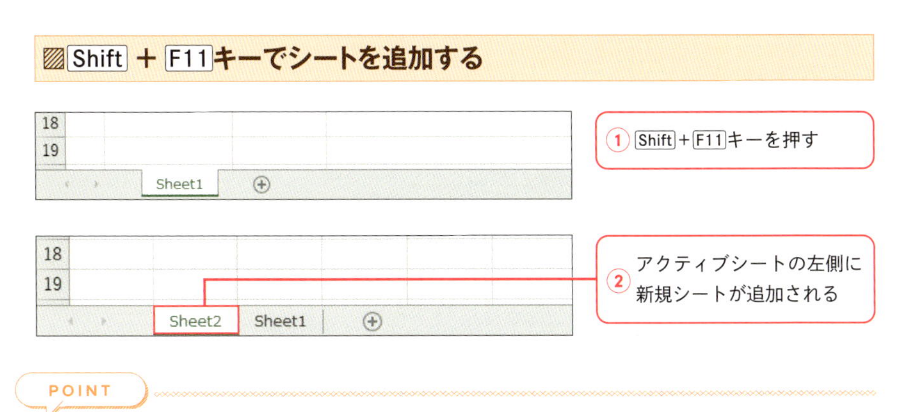

POINT

現在表示されているシートのことをアクティブシートといいます

COLUMN

＝ 間違って追加したシートを削除する ＝

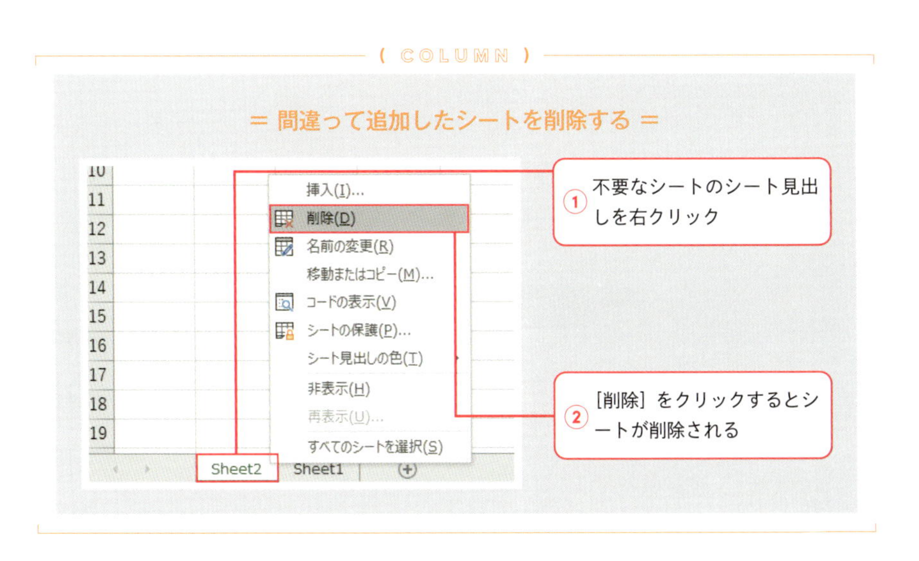

シート見出しの右側にある［+］ボタンをクリックしても追加できます。

グラフシートを挿入して標準グラフの簡単作成

カテゴリ シート・ブック操作

グラフにしたいデータが入力されているセル範囲を選択して F11 キーを押すと、グラフ用のシートが挿入され、標準グラフである集合縦棒グラフが作成されます。グラフがあっという間に作成できる便利なショートカットキーです。

F11 キーでグラフシートを追加する

	A	B	C	D	E	F	G
1	営業成績						
2	支社	4月	5月	6月	7月	合計	
3	千葉支社	1,200	1,800	1,500	2,200	6,700	
4	東京本社	2,600	3,000	3,600	3,400	12,600	
5	神奈川支社	1,800	2,600	3,000	3,300	10,700	
6	大阪支社	2,400	2,200	3,800	3,000	11,400	
7	合計	8,000	9,600	11,900	11,900	41,400	
8							

① グラフにしたいセル範囲を選択し、F11 キーを押す

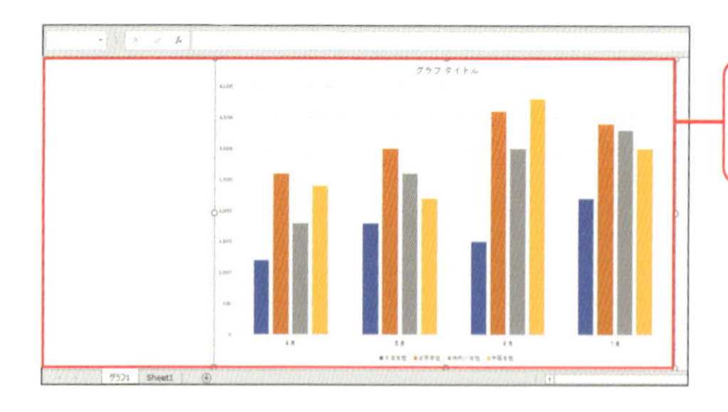

② グラフシートが挿入され、標準グラフ（集合縦棒グラフ）が作成される

(COLUMN)

= グラフ範囲を変更するには？ =

グラフ範囲を変更するには、［グラフツール］の［デザイン］タブにある［データの選択］をクリックして、［データソースの選択］ダイアログボックスの［グラフデータの範囲］で範囲を指定し直します。

セル範囲を選択しないで F11 キーを押すと、何もないグラフシートが挿入されます。

一発操作で新規ブック作成

カテゴリ シート・ブック操作

Ctrl+Nキーを押すと、新しいブックを追加できます。メニューをクリックする手間なく、スピーディーに追加できて便利です。また、Excelでは複数のブックを同時に開けられるため、別のブックが開いていてもそのまま新規ブックが追加されます。

Ctrl + Nキーでブックを新規で作成する

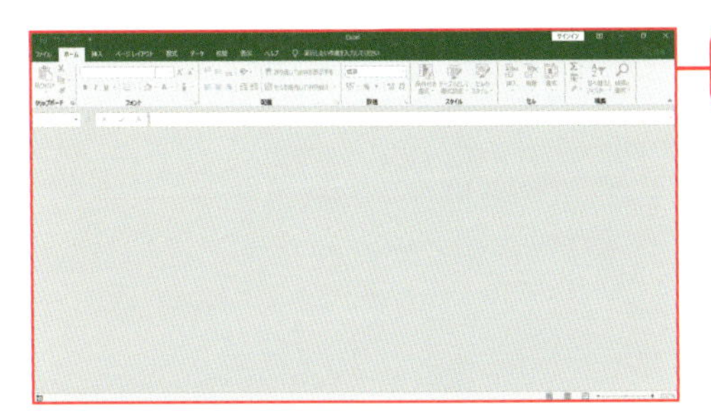

① Excelを起動しておく

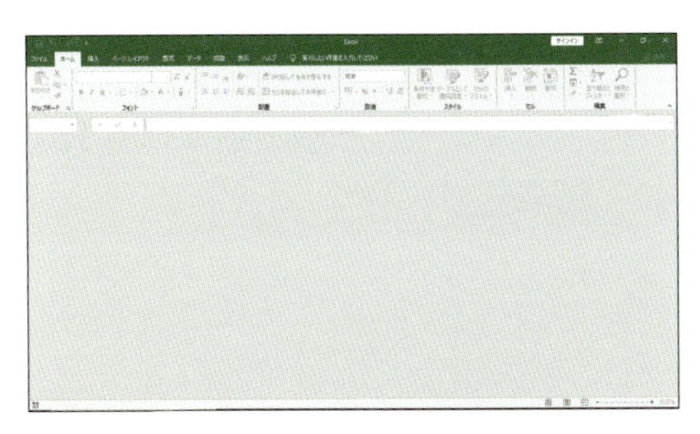

② Ctrl+Nキーを押す

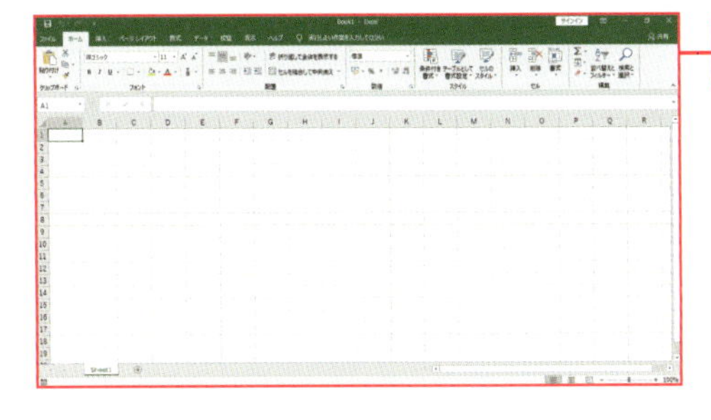

③ 新しいブックが追加される

複数のブックを開いているときに、Ctrl+F6キーを押すと、別のブックに切り替えられます。

すばやく印刷するワンタッチキー

カテゴリ シート・ブック操作

Ctrl+Pキーを押すと、[印刷] 画面が表示されます。この画面で [印刷] ボタンをクリックすればすぐに印刷実行できますが、印刷イメージを確認し、必要な印刷設定をしてから印刷することもできます。

Ctrl + Pキーで印刷画面を表示する

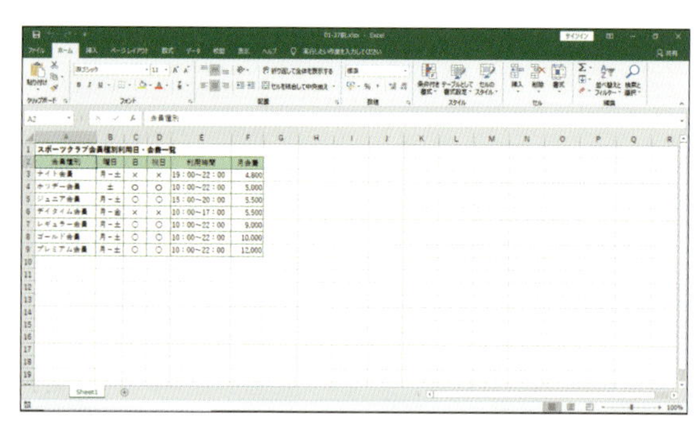

① 印刷したいシートが表示されている状態でCtrl+Pキーを押す

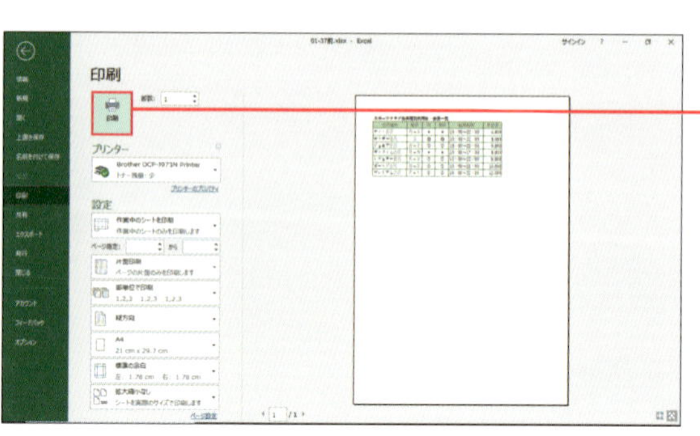

② 印刷画面が表示される。[印刷] ボタンをクリックして印刷を実行

POINT

印刷設定を変更したい場合は、すぐに [印刷] ボタンをクリックせずに、画面左の印刷に関する設定メニューを調整してから印刷を行いましょう。

[印刷] 画面が表示されたとき、Enterキーを押しても印刷をすぐに実行することができます。

保存済みのブックを開く

カテゴリ シート・ブック操作

Ctrl + O キーを押すと、［開く］画面が表示されます。［最近使ったアイテム］で表示されるブックの一覧に開きたいブックがあれば、クリックだけで開けます。また、［参照］をクリックすると［ファイルを開く］ダイアログボックスが表示されます。

Ctrl ＋ O キーで開く画面を表示する

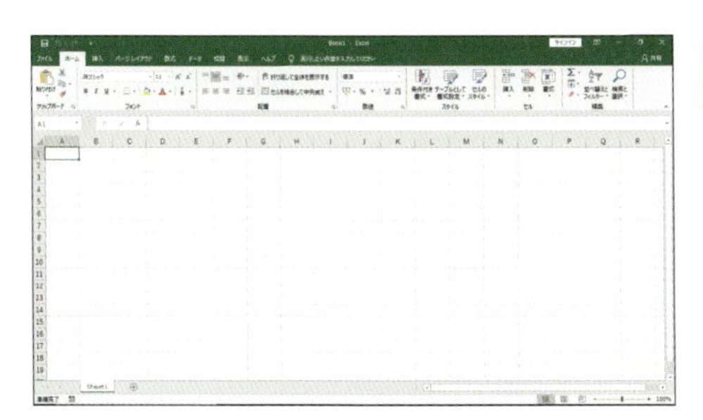

① Ctrl + O キーを押す

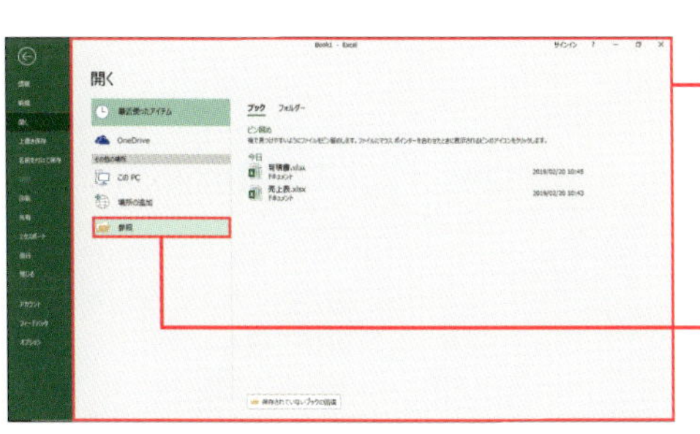

② ［開く］画面が表示される。最近開いたブックの一覧が右側に表示される。ここに開きたいブックがあればクリックし、なければ③へ

③ ［参照］をクリック

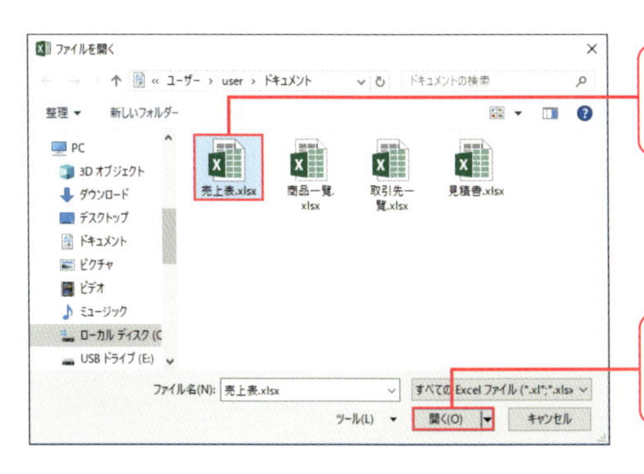

④ ［ファイルを開く］ダイアログボックスが表示される。開くブックを選択

⑤ ［開く］ボタンをクリックしてブックを開く

④で Ctrl キーを押しながらブックをクリックして複数選択すれば、複数ブックをまとめて開けます。

ブックを素早く保存する

カテゴリ シート・ブック操作

Ctrl+Sキーを押すとブックを上書き保存し、F12キーを押すと［名前を付けて保存］ダイアログボックスが表示されます。マウスに持ち替えることなく、データ保存ができるため、日常的に使ってほしい便利なキー操作です。

Ctrl + Sキーで上書き保存する

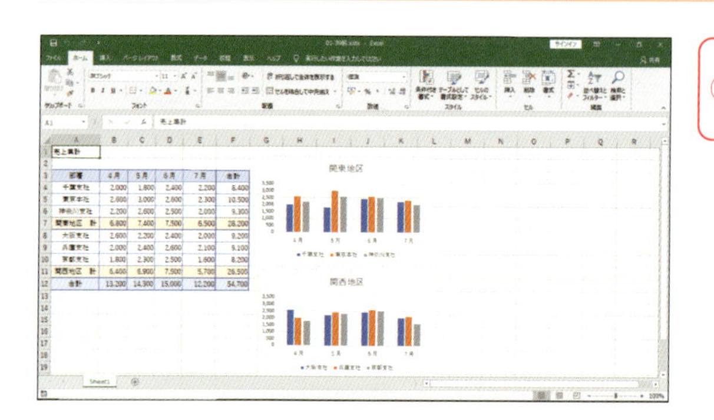

① Ctrl+Sキーを押すと、上書き保存される

F12キーで［名前を付けて保存］ダイアログボックスを表示する

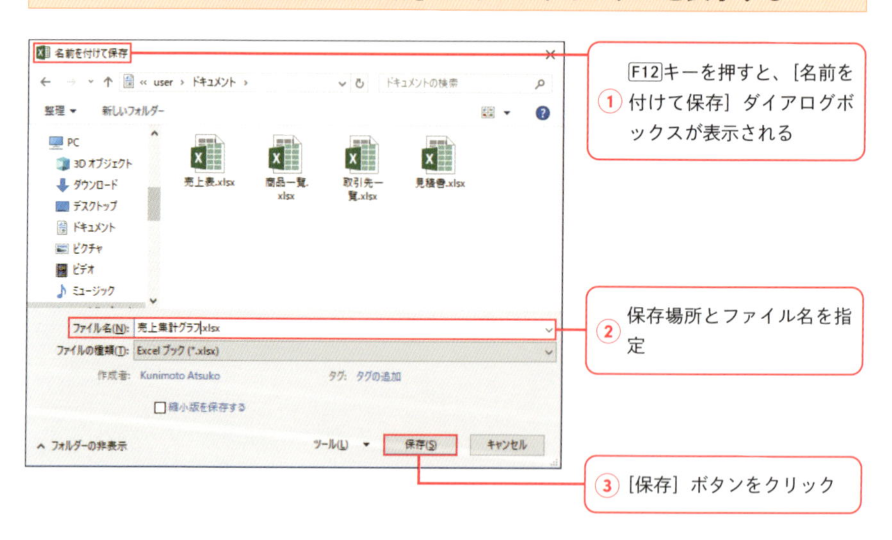

新規追加したブックでCtrl+Sキーを押すと、［名前を付けて保存］画面が表示されます。

ブックを閉じて、Excelも終了する

カテゴリ シート・ブック操作

Ctrl＋F4キーを押すと、開いているブックを順番に閉じます。すべてのブックを閉じてもExcelは終了しません。Alt＋F4キーを押すと、開いているブックを順番に閉じますが、開いているブックが1つの場合、ブックを閉じると同時にExcelが終了します。

Ctrl ＋ F4キーでブックを閉じる

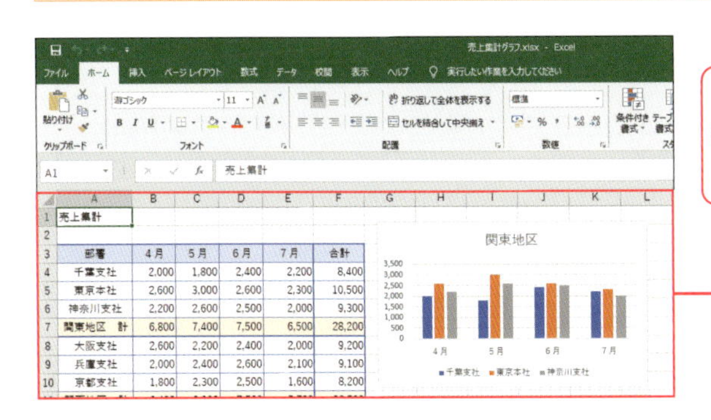

部署	4月	5月	6月	7月	合計
千葉支社	2,000	1,800	2,400	2,200	8,400
東京本社	2,600	3,000	2,600	2,300	10,500
神奈川支社	2,200	2,600	2,500	2,000	9,300
関東地区　計	6,800	7,400	7,500	6,500	28,200
大阪支社	2,600	2,200	2,400	2,000	9,200
兵庫支社	2,000	2,400	2,600	2,100	9,100
京都支社	1,800	2,300	2,500	1,600	8,200

① Ctrl＋F4キーを押すと、現在表示されているブックが閉じる

Alt ＋ F4キーでExcelを閉じる

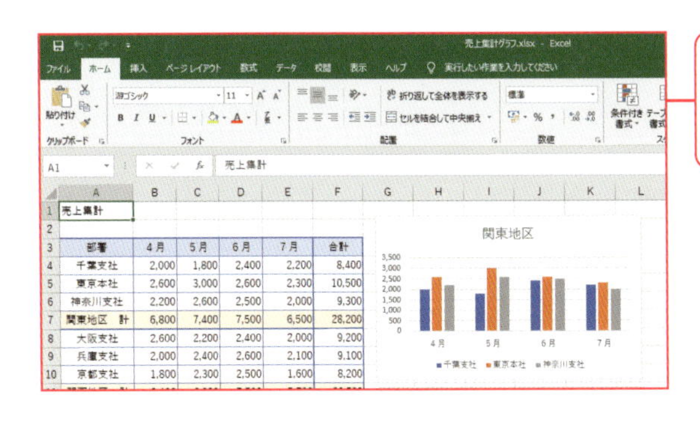

部署	4月	5月	6月	7月	合計
千葉支社	2,000	1,800	2,400	2,200	8,400
東京本社	2,600	3,000	2,600	2,300	10,500
神奈川支社	2,200	2,600	2,500	2,000	9,300
関東地区　計	6,800	7,400	7,500	6,500	28,200
大阪支社	2,600	2,200	2,400	2,000	9,200
兵庫支社	2,000	2,400	2,600	2,100	9,100
京都支社	1,800	2,300	2,500	1,600	8,200

① 開いているブックが1つの場合、Alt＋F4キーを押すと、Excelが終了する

な〜るほど

ブックを閉じるときに編集内容が保存されていない場合は、保存確認のメッセージが表示されます。

COLUMN

フォルダのショートカットを作成して ファイルの保存先への近道を用意する

ExcelやWordなど、[ファイルを開く]ダイアログボックスや[名前を付けて保存]ダイアログボックスを開くと、通常、ユーザーの[ドキュメント]フォルダが表示されます。ブックの保存先が[ドキュメント]フォルダ以外の場合、保存先のフォルダまでたどるのは面倒です。
そこで、保存先のフォルダのショートカットを[ドキュメント]フォルダに配置することをお勧めします。
ショートカットとは、元のフォルダを開くための連絡口のようなものです。ショートカットをダブルクリックすると、元のフォルダが開きます。
ショートカットを[ドキュメント]フォルダに置いておけば、ダブルクリックするだけでいつも使うフォルダが開き、ファイルを選択することができます。
なお、ショートカットを削除しても、元のフォルダやフォルダ内のファイルは削除されません。

図 ショートカットの作成方法とドキュメントフォルダへの配置方法

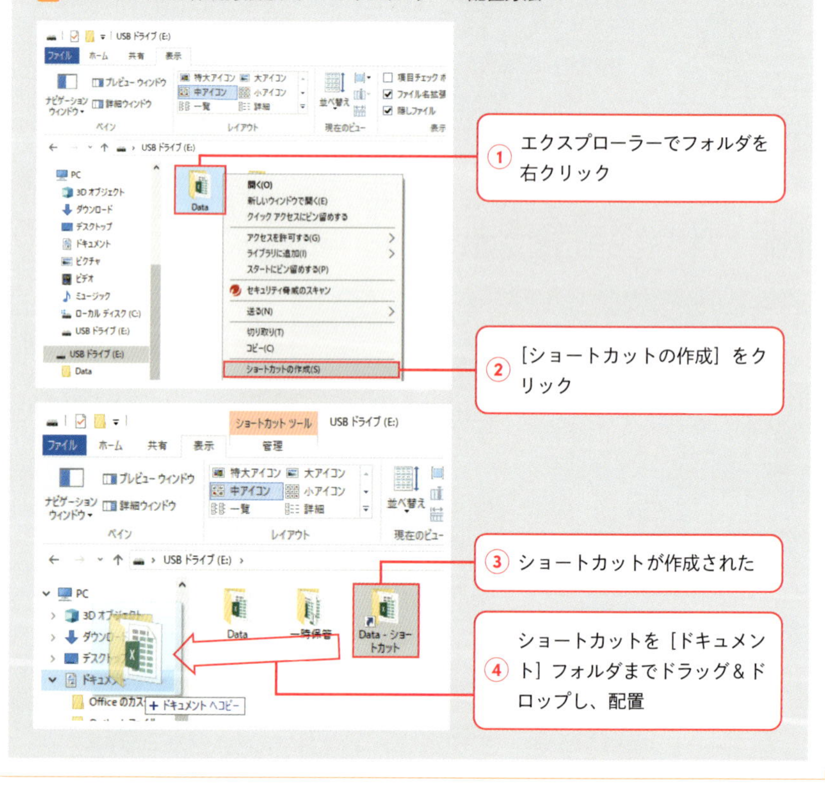

押さえておきたい基本操作の時短ワザ

基本だからといって軽く見てはいけません。
基本操作は時短テクのベースとなります。
さらなるスキルアップのために使いこなしましょう！

マウスクリックで大きな範囲も簡単選択

カテゴリ キー操作

複数セルを選択する際にキーボードを使えば、大きなセル範囲も、離れたセル範囲も簡単に選択できます。始点でクリック、終点で Shift キーを押しながらクリックでセル範囲の選択、Ctrl キーを押しながらクリックで離れたセルを選択できます。

▨始点でクリック、終点でShift + クリックで複数セルの選択

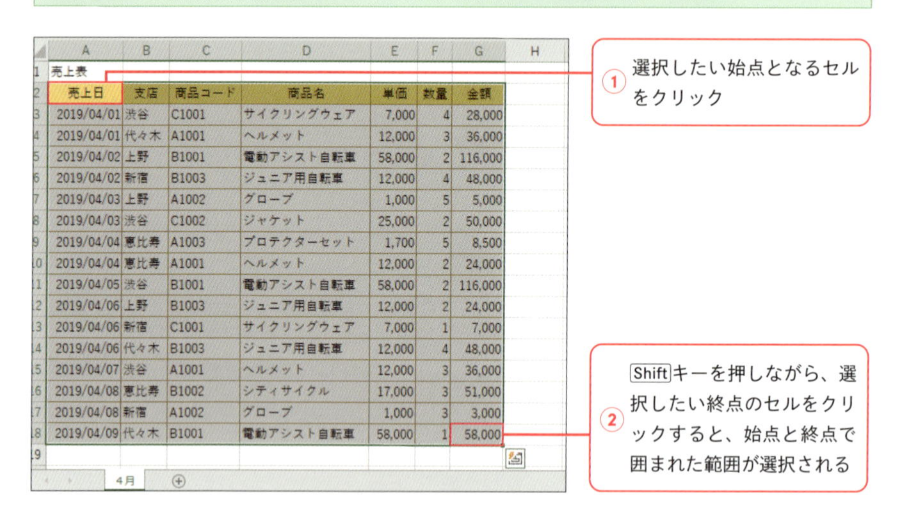

	A	B	C	D	E	F	G
1	売上表						
2	売上日	支店	商品コード	商品名	単価	数量	金額
3	2019/04/01	渋谷	C1001	サイクリングウェア	7,000	4	28,000
4	2019/04/01	代々木	A1001	ヘルメット	12,000	3	36,000
5	2019/04/02	上野	B1001	電動アシスト自転車	58,000	2	116,000
6	2019/04/02	新宿	B1003	ジュニア用自転車	12,000	4	48,000
7	2019/04/03	上野	A1002	グローブ	1,000	5	5,000
8	2019/04/03	渋谷	C1002	ジャケット	25,000	2	50,000
9	2019/04/04	恵比寿	A1003	プロテクターセット	1,700	5	8,500
10	2019/04/04	恵比寿	A1001	ヘルメット	12,000	2	24,000
11	2019/04/05	渋谷	B1001	電動アシスト自転車	58,000	2	116,000
12	2019/04/06	上野	B1003	ジュニア用自転車	12,000	2	24,000
13	2019/04/06	新宿	C1001	サイクリングウェア	7,000	1	7,000
14	2019/04/06	代々木	B1003	ジュニア用自転車	12,000	4	48,000
15	2019/04/07	渋谷	A1001	ヘルメット	12,000	3	36,000
16	2019/04/08	恵比寿	B1002	シティサイクル	17,000	3	51,000
17	2019/04/08	新宿	A1002	グローブ	1,000	3	3,000
18	2019/04/09	代々木	B1001	電動アシスト自転車	58,000	1	58,000

▨クリック、Ctrl + クリックで離れたセルを選択

	A	B	C	D	E	F	G
1	売上表						
2	売上日	支店	商品コード	商品名	単価	数量	金額
3	2019/04/01	渋谷	C1001	サイクリングウェア	7,000	4	28,000
4	2019/04/01	代々木	A1001	ヘルメット	12,000	3	36,000
5	2019/04/02	上野	B1001	電動アシスト自転車	58,000	2	116,000
6	2019/04/02	新宿	B1003	ジュニア用自転車	12,000	4	48,000
7	2019/04/03	上野	A1002	グローブ	1,000	5	5,000
8	2019/04/03	渋谷	C1002	ジャケット	25,000	2	50,000
9	2019/04/04	恵比寿	A1003	プロテクターセット	1,700	5	8,500
10	2019/04/04	恵比寿	A1001	ヘルメット	12,000	2	24,000
11	2019/04/05	渋谷	B1001	電動アシスト自転車	58,000	2	116,000
12	2019/04/06	上野	B1003	ジュニア用自転車	12,000	2	24,000

① 1つ目のセルをクリックして選択

② 2か所目以降をCtrlキーを押しながらクリックすると、離れたセルが選択される

セル選択は基本中の基本ですが大変重要です。対象となるセルを間違いなく選択するようにしましょう。

効率的に複数セルのデータ入力を行う

カテゴリ キー操作

データ入力時、先に入力範囲を選択しておくとセル移動が簡単です。Tabキーを押すと横方向に移動し、選択範囲の右端で押すと次の行の先頭に移動します。Enterキーを押すと下方向に移動し、選択範囲の下端で押すと次の列の先頭に移動します。

表を選択し、Tabキーと Enterキーでセル移動する

	A	B	C	D	E
1	受付NO	氏名	日付	セミナー名	
2	1	山崎　里美			
3	2				
4	3				
5					

① データを入力する範囲を選択

② データを入力し、Tabキーを押す

	A	B	C	D	E
1	受付NO	氏名	日付	セミナー名	
2	1	山崎　里美			
3	2				
4	3				
5					

③ 1つ右のセルに移動する

	A	B	C	D	E
1	受付NO	氏名	日付	セミナー名	
2	1	山崎　里美	2018/4/8		
3	2				
4	3				
5					

④ データを入力し、Enterキーを押す

	A	B	C	D	E
1	受付NO	氏名	日付	セミナー名	
2	1	山崎　里美	2018/4/8		
3	2				
4	3				
5					

⑤ 1つ下のセルに移動する

Shift + Enterキーで上方向、Shift + Tabキーで左方向に移動でき、前の位置に戻れます。

行や列の順番を入れ替えたい！

カテゴリ 移動

行や列を入れ替えて順番を変更するには、行や列を選択して境界線を Shift キーを押しながら挿入位置に緑のラインが表示されるまでドラッグします。普通にドラッグすると値が置き換わってしまうので気をつけましょう。

Shift ＋ドラッグでセルを挿入しながら移動する

	A	B	C	D	E	F	G
1	成績表						
2	氏名	英語	数学	国語	合計	順位	
3	本田　健司	75	81	79	235	3	
4	川北　順子	42	66	62	170	5	
5	村上　杏	88	63	86	237	2	
6	城山　俊二	73	79	63	215	4	
7	飯島　聡	96	93	99	288	1	
8							

① 移動したい列（または行）を選択し、境界線にマウスポインターを合わせる

	A	B	C	D	E	F	G
1	成績表						
2	氏名	英語	数学	国語	合計	順位	
3	本田　健司	75	81	79	235	3	
4	川北　順子	42	66	62	170	5	
5	村上　杏	88	63	86	237	2	
6	城山　俊二	73	79	63	215	4	
7	飯島　聡	96	93	99	288	1	
8							

C:C

② Shift キーを押しながら移動先に緑色のラインが表示されるまでドラッグ

	A	B	C	D	E	F	G
1	成績表						
2	氏名	英語	国語	数学	合計	順位	
3	本田　健司	75	79	81	235	3	
4	川北　順子	42	62	66	170	5	
5	村上　杏	88	86	63	237	2	
6	城山　俊二	73	63	79	215	4	
7	飯島　聡	96	99	93	288	1	
8							

③ 列（または行）が移動して順番が入れ替わった

緑の境界線にポインターを合わせてドラッグを開始するのが操作のポイントです。

(COLUMN)

＝ ドラッグだけだと上書きして移動になる ＝

Shiftキーを押しながらドラッグすると、挿入される状態で移動します。Shiftキーを押さずにドラッグだけした場合は、上書きして移動します。その際、下図のように①上書きを確認するメッセージが表示されます。[OK] ボタンをクリックすると、②元の値が上書きされて移動します。

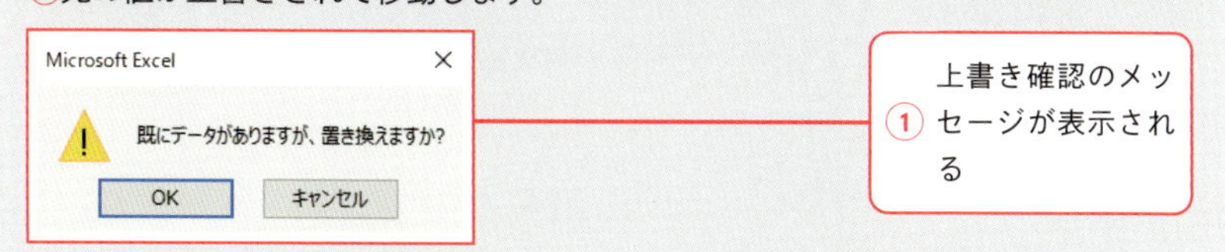

	A	B	C	D	E	F
1	成績表					
2	氏名	英語	国語		合計	順位
3	本田　健司	75	79		154	3
4	川北　順子	42	62		104	5
5	村上　杏	88	86		174	2
6	城山　俊二	73	63		136	4
7	飯島　聡	96	99		195	1
8						

②「数学」列がなくなり上書きされて移動する

(COLUMN)

＝ セル範囲を挿入しながら移動する ＝

列ではなく、セル範囲をShiftキーを押しながらドラッグするとセル範囲を挿入しながら移動できます。もしも移動先のセルの下に表があった場合は、下図のようにセル範囲だけを移動すれば影響はありません。

	A	B	C	D	E	F	G
1	成績表						
2	氏名	英語	数学	国語	合計	順位	
3	本田　健司	75	81	79	235		
4	川北　順子	42	66	62	170		
5	村上　杏	88	63	86	237		
6	城山　俊二	73	79	63	215		
7	飯島　聡	96	93	99	288		
8							
9	氏名	順位	英語	数学	国語	合計	
10	本田　健司	1	89	80	100	269	

B2:B7

合計などの数式が設定されている場合、移動後に数式のセル範囲がずれていないか確認しましょう。

表内の行や列の順番を入れ替える

カテゴリ 移動

表内の行や列を選択し、Shiftキーを押しながら境界線をドラッグすれば、表内の行や列の順番を簡単に入れ替えることができます。挿入位置に緑のラインが表示されるので、目的の場所に表示されるようにドラッグするのが操作のポイントです。

▨表の行、列だけを選択して、Shift＋ドラッグ

	A	B	C	D
1	提携宿泊先一覧			
2	施設名	最寄り駅	電話番号	
3	東京第一青空ホテル	新宿三丁目	03-xxxx-xxxx	
4	池袋ムーンライトホテル	池袋	03-xxxx-xxxx	
5	キングスホテル日本橋	日本橋	03-xxxx-xxxx	
6	品川プリンセスホテル	品川	03-xxxx-xxxx	
7				

① 表内の入れ替えたい行（または列）を選択し、境界線にマウスポインターを合わせる

	A	B	C	D
1	提携宿泊先一覧			
2	施設名	最寄り駅	電話番号	
3	東京第一青空ホテル	新宿三丁目	03-xxxx-xxxx	
4	池袋ムーンライトホテル	池袋	03-xxxx-xxxx	
5	キングスホテル日本橋	日本橋	03-xxxx-xxxx	
6	品川プリンセスホテル	品川	03-xxxx-xxxx	
7				

A6:C6

② Shiftキーを押しながら移動先に緑色のラインが表示されるまでドラッグ

	A	B	C	D
1	提携宿泊先一覧			
2	施設名	最寄り駅	電話番号	
3	池袋ムーンライトホテル	池袋	03-xxxx-xxxx	
4	キングスホテル日本橋	日本橋	03-xxxx-xxxx	
5	東京第一青空ホテル	新宿三丁目	03-xxxx-xxxx	
6	品川プリンセスホテル	品川	03-xxxx-xxxx	
7				

③ 表内の行（または列）が移動して順番が入れ替わる

コピー・ペーストを繰り返さなくていいんですね！

そのままドラッグすると上書きされ、Ctrlキーを押しながらドラッグすると、コピーになります。

行や列を挿入しながらコピーしたい!

カテゴリ コピー

Ctrl + Shift キーを押しながら行や列の境界線をドラッグすると、行や列を挿入しながらコピーすることができます。すばやくコピーできるので覚えておくと便利です。また、セルについても同様に挿入しながらコピーできます。

Ctrl + Shift + ドラッグして挿入しながらコピーする

	A	B	C	D
1	提携宿泊先一覧			
2	施設名	最寄り駅	電話番号	
3	池袋ムーンライトホテル	池袋	03-xxxx-xxxx	
4	キングスホテル日本橋	日本橋	03-xxxx-xxxx	
5	東京第一青空ホテル	新宿三丁目	03-xxxx-xxxx	
6	品川プリンセスホテル	品川	03-xxxx-xxxx	
7				

① コピーしたい行（または列）を選択し、境界線にマウスポインターを合わせる

	A	B	C	D
1	提携宿泊先一覧			
2	施設名	最寄り駅	電話番号	
3	池袋ムーンライトホテル	池袋	03-xxxx-xxxx	
4	キングスホテル日本橋	日本橋	03-xxxx-xxxx	
5	東京第一青空ホテル	新宿三丁目	03-xxxx-xxxx	
6	品川プリンセスホテル	品川	03-xxxx-xxxx	
7				

6:6

② Ctrl + Shift キーを押しながらコピー先に緑色のラインが表示されるまでドラッグ

	A	B	C	D
1	提携宿泊先一覧			
2	施設名	最寄り駅	電話番号	
3	池袋ムーンライトホテル	池袋	03-xxxx-xxxx	
4	キングスホテル日本橋	日本橋	03-xxxx-xxxx	
5	東京第一青空ホテル	新宿三丁目	03-xxxx-xxxx	
6	池袋ムーンライトホテル	池袋	03-xxxx-xxxx	
7	品川プリンセスホテル	品川	03-xxxx-xxxx	
8				

③ 行（または列）のコピーが挿入される

セル範囲を選択すれば、表内の行や列を挿入しながらコピーできます。

計算結果だけを残したい!

カテゴリ コピー

計算式が設定されている表で計算結果だけを残すには、計算式が設定されているセル範囲をコピーし、同じ範囲に対して値だけを貼り付けます。こうすれば、表を別の場所にコピーしてもエラーになるなどの不具合がなくせます。

「値」のみを貼り付ける

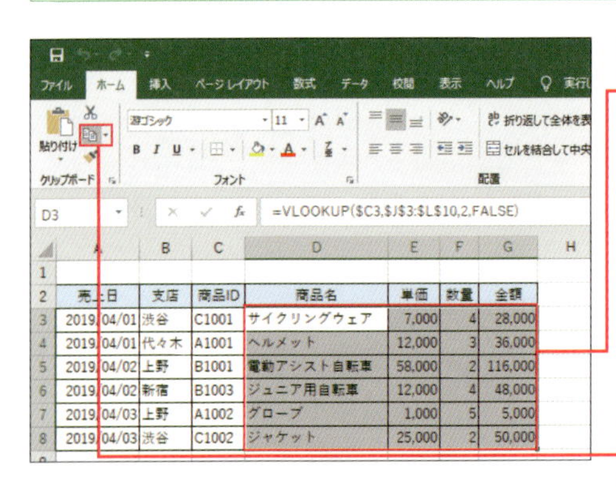

	A	B	C	D	E	F	G
1							
2	売上日	支店	商品ID	商品名	単価	数量	金額
3	2019/04/01	渋谷	C1001	サイクリングウェア	7,000	4	28,000
4	2019/04/01	代々木	A1001	ヘルメット	12,000	3	36,000
5	2019/04/02	上野	B1001	電動アシスト自転車	58,000	2	116,000
6	2019/04/02	新宿	B1003	ジュニア用自転車	12,000	4	48,000
7	2019/04/03	上野	A1002	グローブ	1,000	5	5,000
8	2019/04/03	渋谷	C1002	ジャケット	25,000	2	50,000

① 計算結果だけを残したいセル範囲を選択

② [ホーム] タブの [コピー] ボタンをクリック

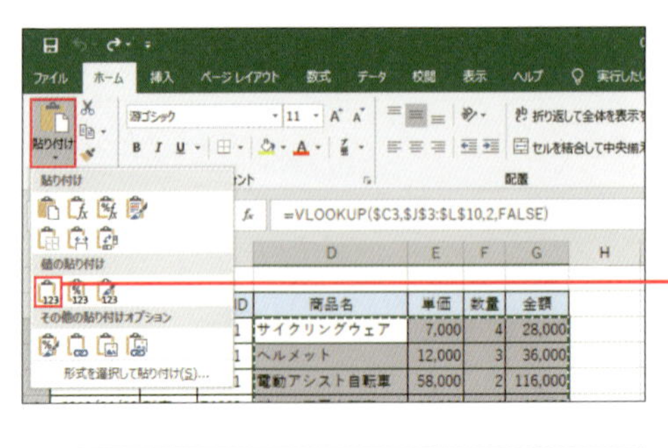

③ [ホーム] タブの [貼り付け] の [▼] をクリックし、[値] をクリック

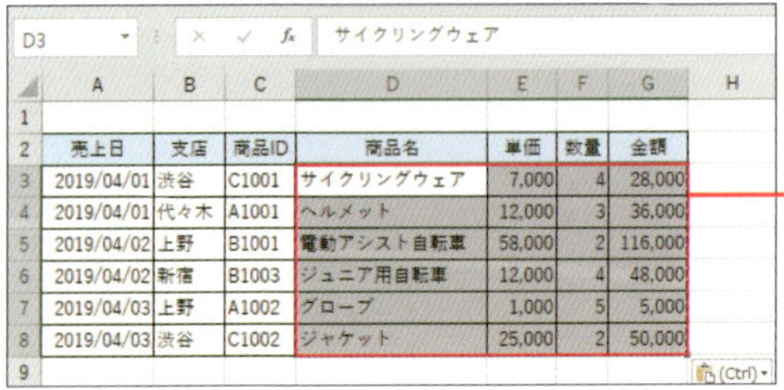

	A	B	C	D	E	F	G
1							
2	売上日	支店	商品ID	商品名	単価	数量	金額
3	2019/04/01	渋谷	C1001	サイクリングウェア	7,000	4	28,000
4	2019/04/01	代々木	A1001	ヘルメット	12,000	3	36,000
5	2019/04/02	上野	B1001	電動アシスト自転車	58,000	2	116,000
6	2019/04/02	新宿	B1003	ジュニア用自転車	12,000	4	48,000
7	2019/04/03	上野	A1002	グローブ	1,000	5	5,000
8	2019/04/03	渋谷	C1002	ジャケット	25,000	2	50,000

④ 計算式が値に置き換わる

値の貼り付けは、データの変更がないことが前提です。データが確定している場合のみ利用しましょう。

表の列幅も一緒にコピーする

カテゴリ コピー

表を別の場所にコピーする場合、通常のコピー／貼り付けだと列幅はコピーされません。ですが、貼り付けオプションの［元の列幅を保持］を選択すれば、セルの内容に加えて列幅もコピーされるので便利です。

▨「元の列幅を保持」で貼り付ける

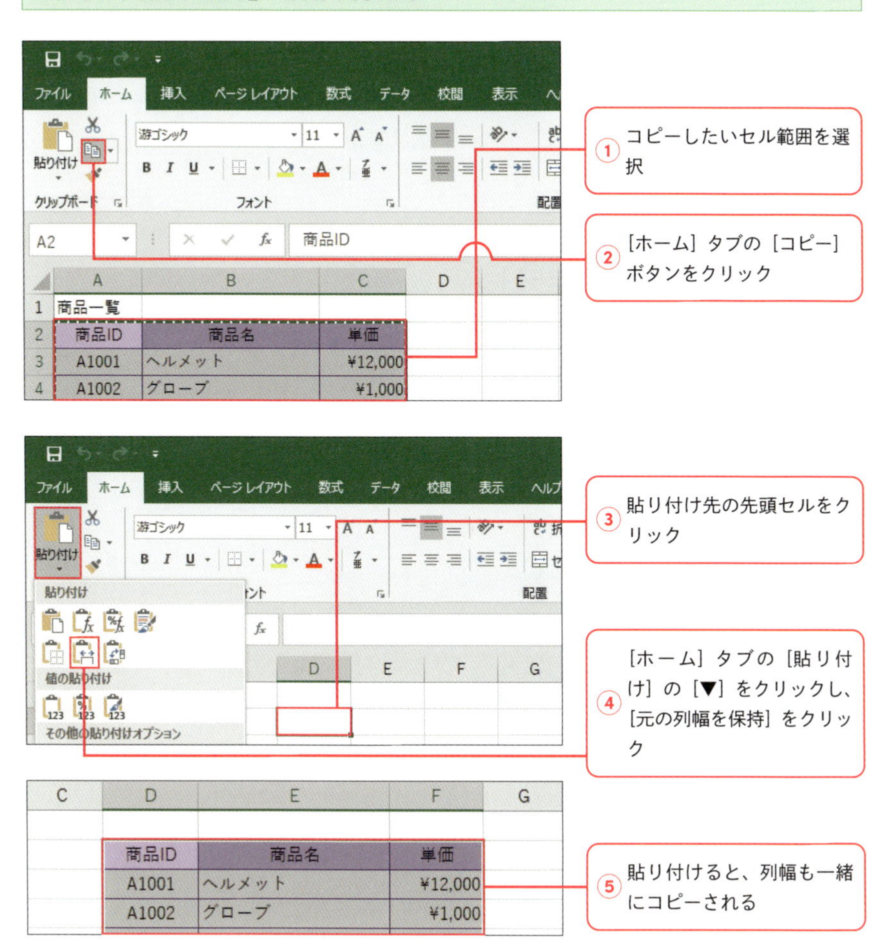

貼り付けオプションでは、［元の列幅を保持］や［値］以外に様々な貼り付け方法があります。

列幅だけコピーしたい!

カテゴリ 列幅

表の構成は同じだけれど内容が異なる場合、列幅を揃えて同じ大きさに揃えるには、列幅だけをコピーします。それには、[形式を選択して貼り付け] ダイアログボックスを表示して貼り付ける内容を [列幅] にします。

▨[形式を選択して貼り付け]ダイアログボックスの[列幅]で列幅のみ貼り付ける

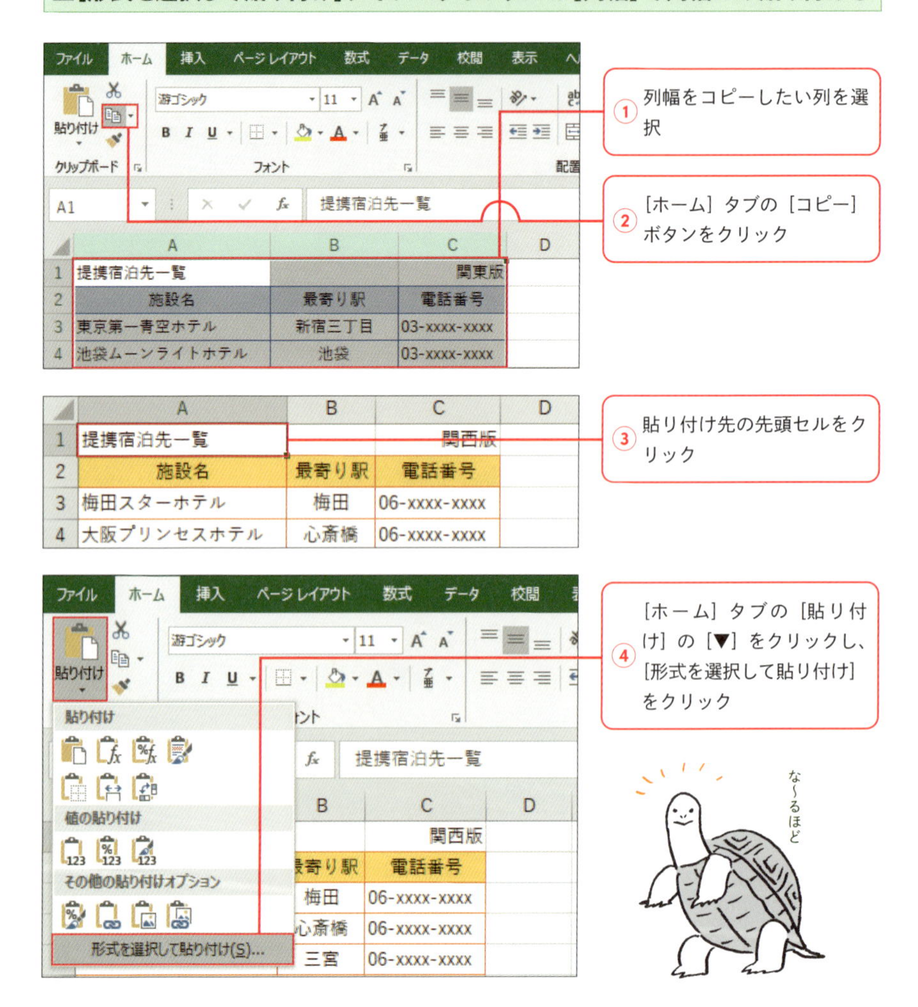

 ④で [元の列幅を保持] を選択すると、列幅も含めて表がコピーされます。

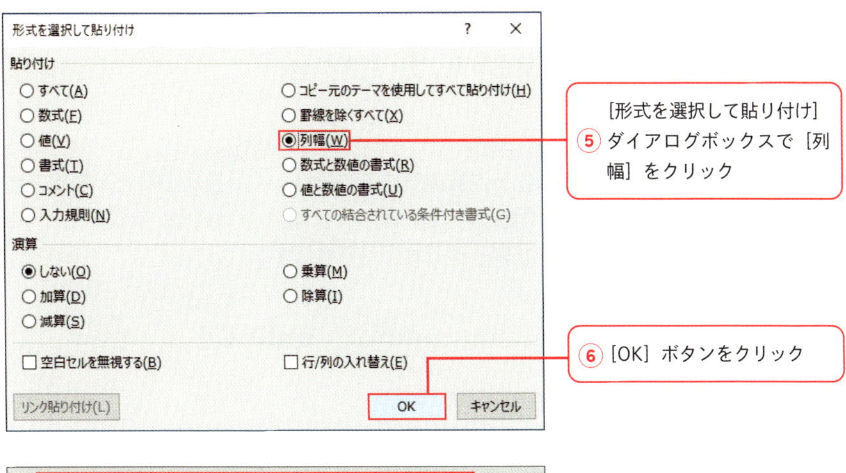

⑤［形式を選択して貼り付け］ダイアログボックスで［列幅］をクリック

⑥［OK］ボタンをクリック

	A	B	C	D
1	提携宿泊先一覧		関西版	(Ctrl)
2	施設名	最寄り駅	電話番号	
3	梅田スターホテル	梅田	06-xxxx-xxxx	
4	大阪プリンセスホテル	心斎橋	06-xxxx-xxxx	
5	ハーバーホテル三宮	三宮	06-xxxx-xxxx	
6				

⑦列幅だけがコピーされた

(COLUMN)

＝ 表の内容以外のすべてをコピーする ＝

表の列幅に加えて、表の罫線などの書式をコピーしたいときは、［貼り付け］の［▼］をクリックし、［書式設定］を選択したのち、続けて列幅のみ貼り付けます。

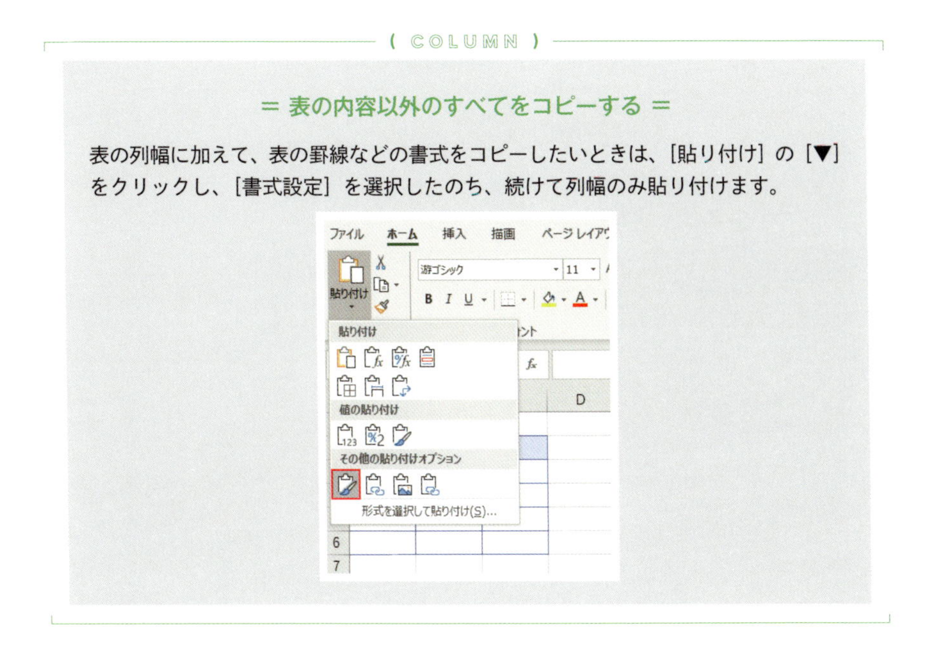

［形式を選択して貼り付け］ダイアログボックスでは、より詳細な貼り付け方法を選択できます。

表内の文字数に合わせて列幅を自動調整したい!

カテゴリ 列幅

列内にある文字数に合わせて列幅を自動調整するのではなく、指定したセル範囲内にある文字数に合わせて列幅を自動調整するには、［列の幅の自動調整］を選択します。表内の文字数に合わせて列幅を素早く整えるのに役立ちます。

▨セルを選択してから、［列の幅の自動調整］を選択する

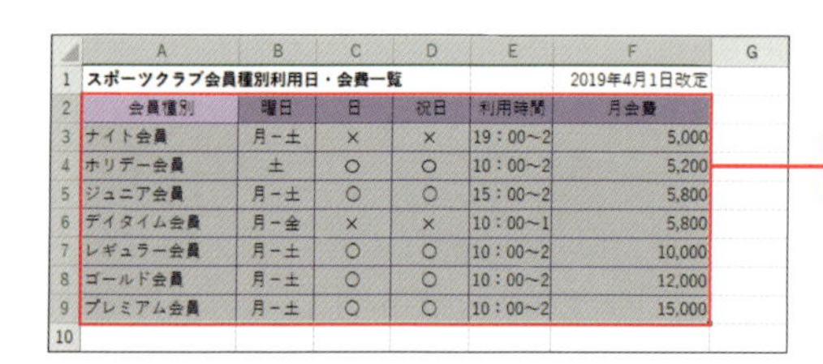

	A	B	C	D	E	F	G
1	スポーツクラブ会員種別利用日・会費一覧					2019年4月1日改定	
2	会員種別	曜日	日	祝日	利用時間	月会費	
3	ナイト会員	月－土	×	×	19：00～2	5,000	
4	ホリデー会員	土	○	○	10：00～2	5,200	
5	ジュニア会員	月－土	○	○	15：00～2	5,800	
6	デイタイム会員	月－金	×	×	10：00～1	5,800	
7	レギュラー会員	月－土	○	○	10：00～2	10,000	
8	ゴールド会員	月－土	○	○	10：00～2	12,000	
9	プレミアム会員	月－土	○	○	10：00～2	15,000	
10							

① 列幅を調整したい表を選択

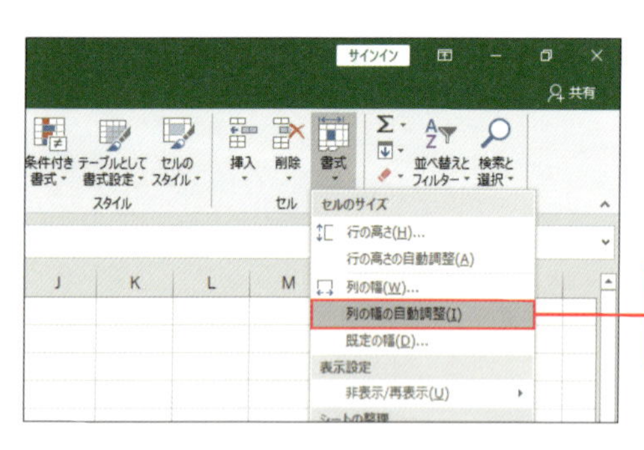

② ［ホーム］タブの［書式］の［列の幅の自動調整］をクリック

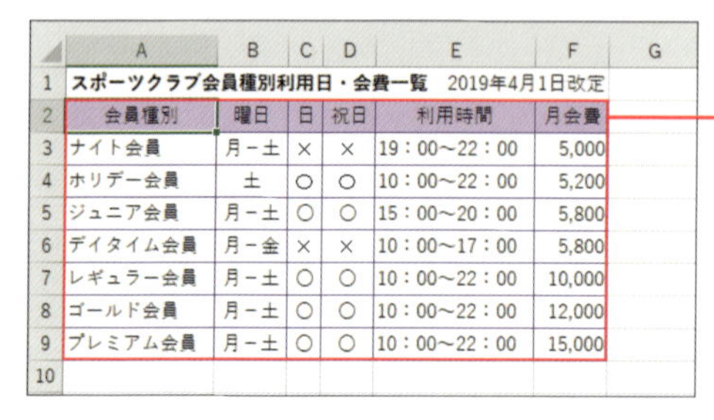

	A	B	C	D	E	F	G
1	スポーツクラブ会員種別利用日・会費一覧				2019年4月1日改定		
2	会員種別	曜日	日	祝日	利用時間	月会費	
3	ナイト会員	月－土	×	×	19：00～22：00	5,000	
4	ホリデー会員	土	○	○	10：00～22：00	5,200	
5	ジュニア会員	月－土	○	○	15：00～20：00	5,800	
6	デイタイム会員	月－金	×	×	10：00～17：00	5,800	
7	レギュラー会員	月－土	○	○	10：00～22：00	10,000	
8	ゴールド会員	月－土	○	○	10：00～22：00	12,000	
9	プレミアム会員	月－土	○	○	10：00～22：00	15,000	
10							

③ 表内の文字数に合わせて列幅が自動調節される

列番号の右境界線をダブルクリックすると、列内の文字長に合わせて列幅が自動調整されます。

シートをコピーして新しいブックを作成する

カテゴリ シート

特定のシートを別のシートと独立して１つのブックにしたいときは、シートを新しいブックにコピーしましょう。例えば、集計結果のシートをひとつだけ独立して保存し、提出用としたい場合などに利用すると便利です。

▨［シートの移動またはコピー］で「新しいブック」にコピーする

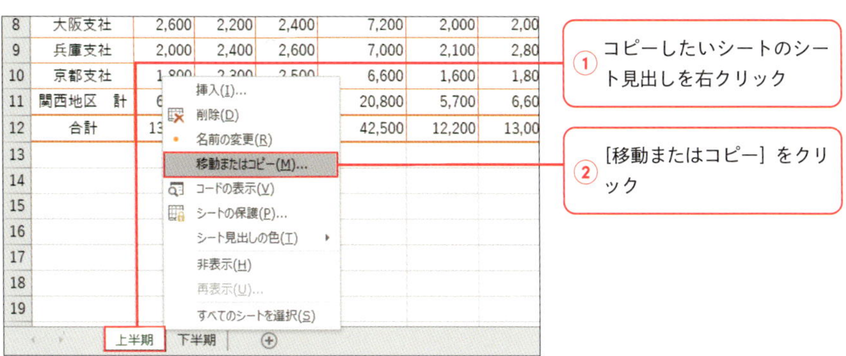

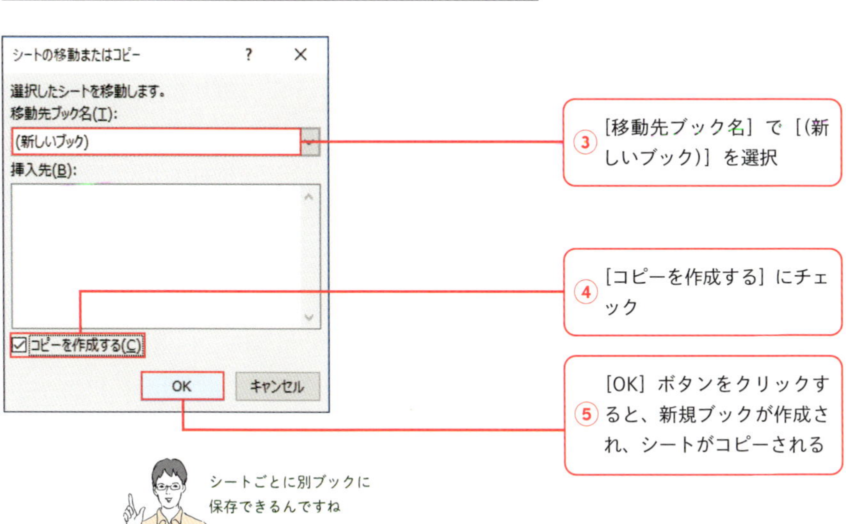

［コピーを作成する］にチェックを付けないと、シートが新規ブックに移動します。

シートをコピーして複数ブックを1つにまとめたい!

カテゴリ シート

例えば、各部署から提出された報告シートを既存の1つのブックにまとめて整理したい。という場合、[シートの移動またはコピー]で既存のブックにシートをコピーすれば、まとめ用のブックに各ブックのシートを集めることができます。

▨[シートの移動またはコピー]で「既存のブック」にコピーする

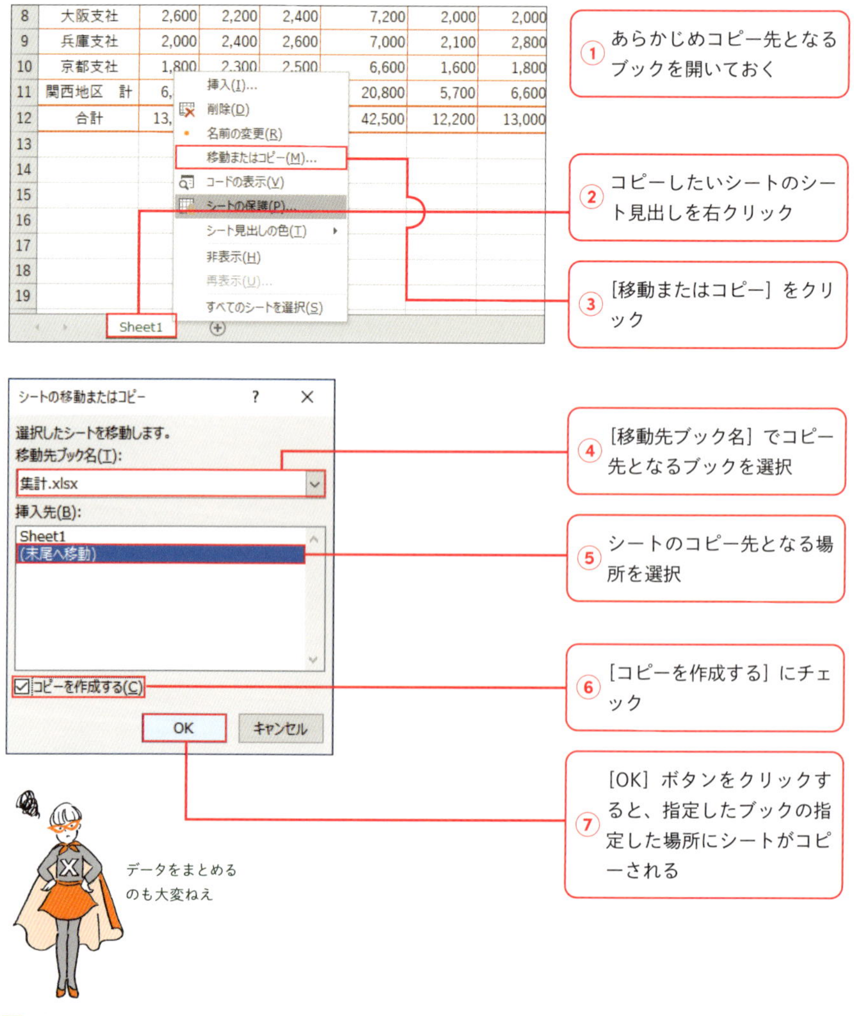

②でワザ52のグループ化を利用して複数シートの移動とコピーも可能です。

複数シートに同じ内容の表を一度に作成する

カテゴリ シート

複数シートに同じ形式の表を作成したいとき、複数のシートを選択してグループ化しておくと、グループ化したシートすべてに対して同じ内容が設定されます。一度に同じ内容の表が作成できるので、別々に作成するより効率的です。

複数のシートをグループ化する

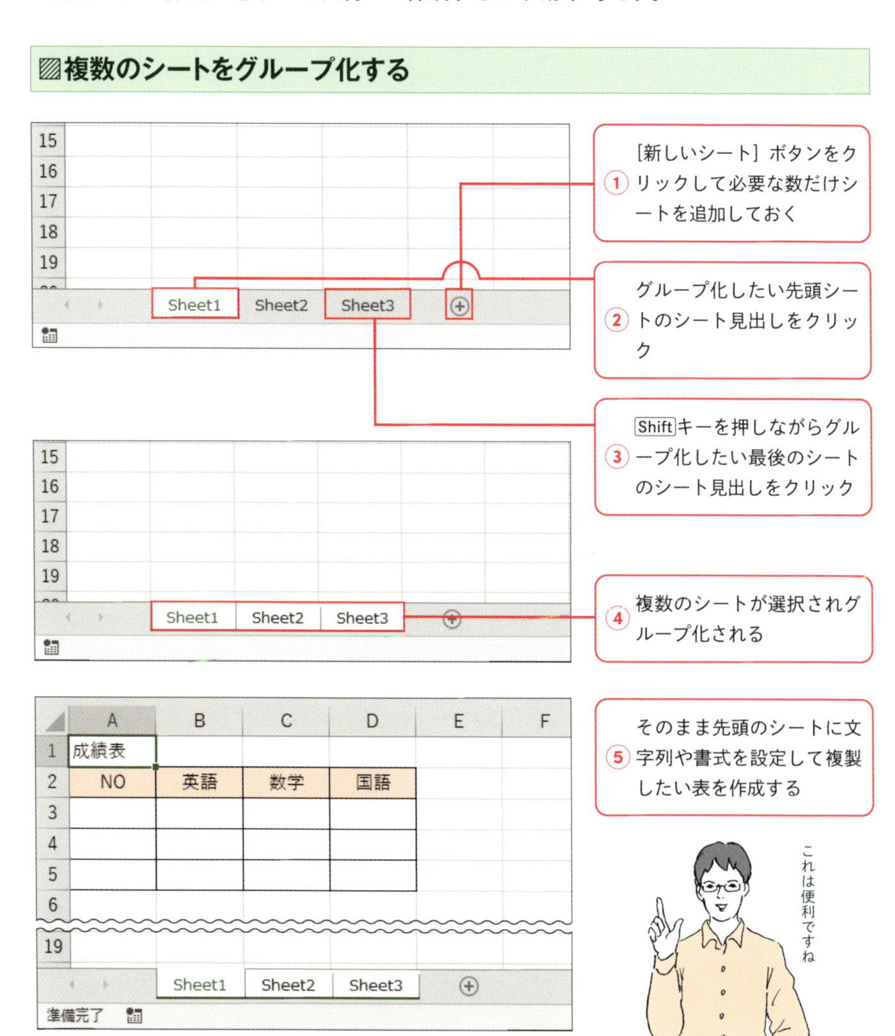

Ctrlキーを押しながらシート見出しをクリックすると離れたシートを選択できます。

⑥ グループ化されている別シートに切り替えると、それぞれに同じ表が作成されている

	A	B	C	D	E
1	成績表				
2	NO	英語	数学	国語	
3					
4					
5					
6					
18					
19					

Sheet1 Sheet2 Sheet3

	A	B	C	D	E
1	成績表				
2	NO	英語	数学	国語	
3					
4					
5					
6					
18					
19					

Sheet1 Sheet2 Sheet3

(COLUMN)

＝ グループ化を解除するには ＝

グループ化されていないシート見出しをクリックすると、グループ化が解除されます。ブック内のすべてのシートがグループ化されている場合は、別シートのシート見出しをクリックすると解除されます。

19
Sheet1 Sheet2 Sheet3

↓

19
Sheet1 Sheet2 Sheet3

はじめにクリックしたシート以外のシートをクリックするとグループ化が解除される

この場合
文字が緑色になっているSheet1
以外をクリックしましょう

 複数のシートを選択しているとき、タイトルバーに［グループ］と表示されます。

一部のシートを非表示にしておきたい!

カテゴリ シート

保管のために残しているシートや、月に1回程度しか使わないシートのような、日常的に使わないシートは非表示にしておくと作業がスムーズです。非表示にしたシートを再表示する方法もマスターして、シートの表示／非表示を使いこなしましょう。

シートを非表示にする

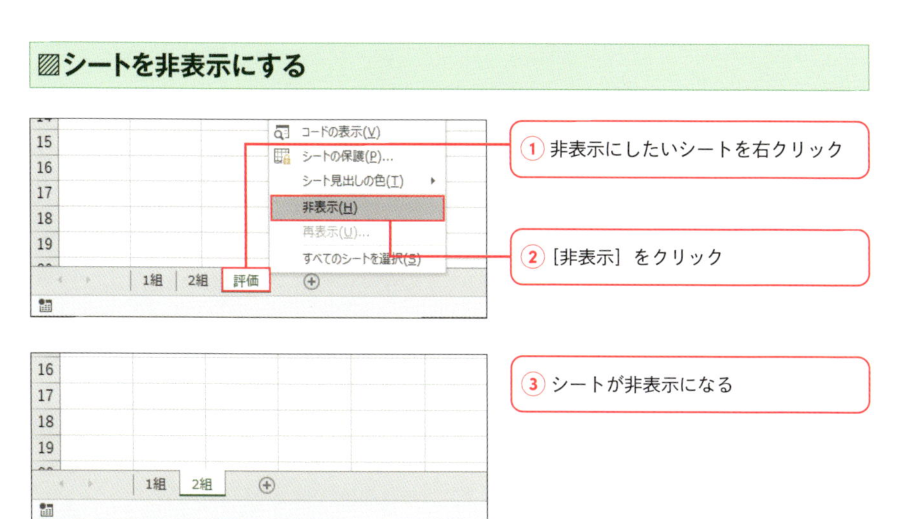

非表示のシートを表示する

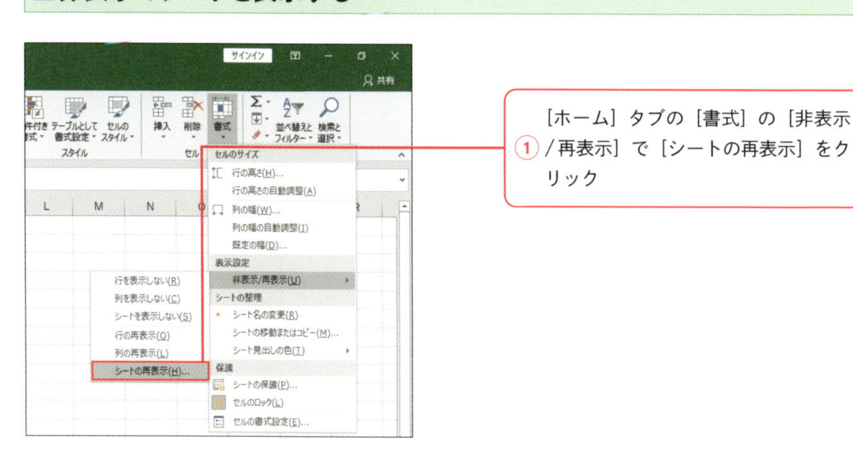

①でいずれかのシート見出しをクリックして［再表示］をクリックしても同じです。

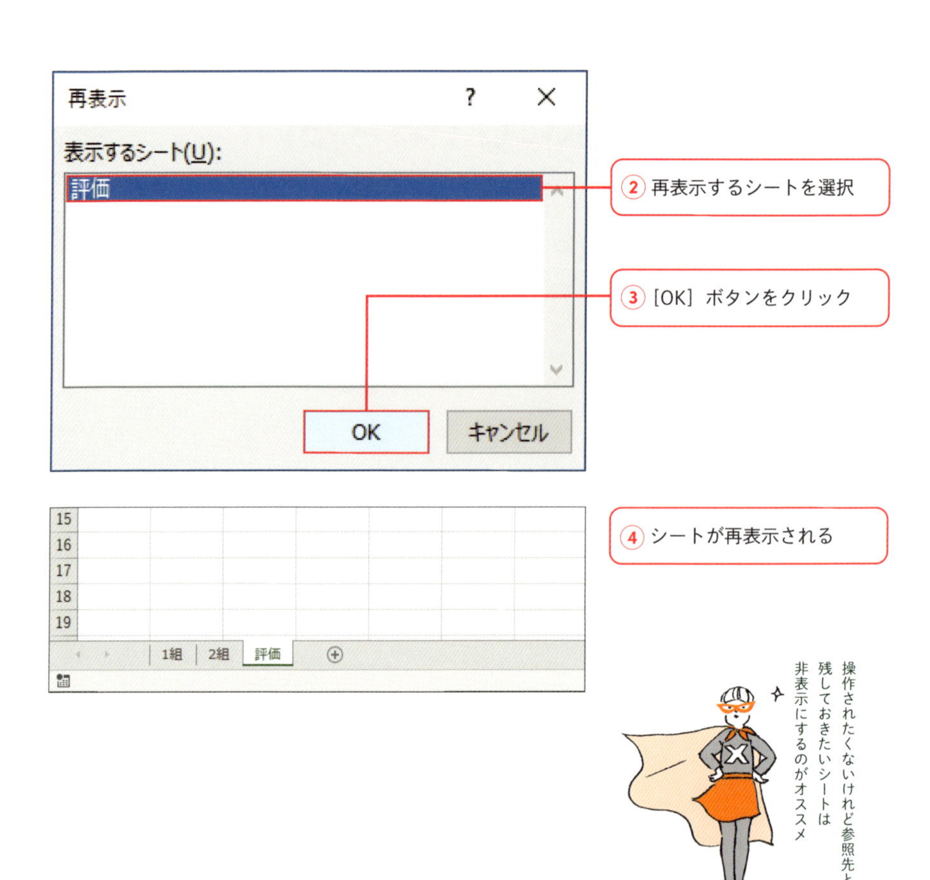

(COLUMN)

＝ 現在表示しているブックを非表示にする ＝

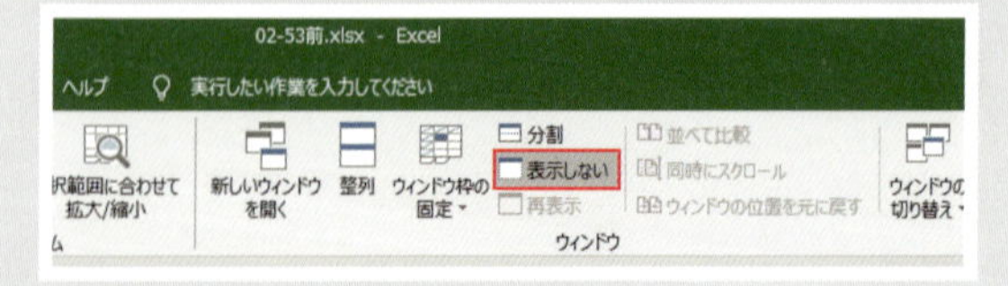

すべてのシートを非表示にしたい場合は、ブックのウィンドウを非表示にします。非表示にしたいブックを最前面に表示し、[表示] タブの [表示しない] ボタンをクリックします。再表示するには、[表示] タブの [再表示] ボタンをクリックし、表示される画面で再表示したいブック名を選択します。

ブック内のすべてのシートを非表示にすることはできません。

見せる必要のない列や行を隠す

カテゴリ シート

計算用に使っている行や列は、見せたり印刷したりする必要はありません。このように表示する必要のない行や列は、非表示にしておきましょう。また、必要になったらいつでも再表示することができます。表示／非表示は行・列単位に対して設定できます。

▨列や行を非表示にする

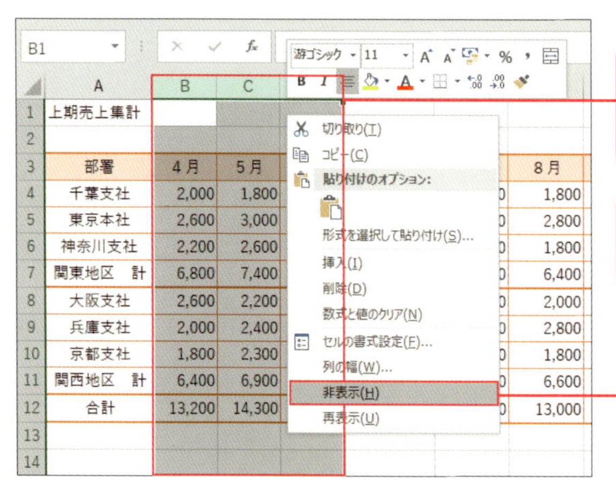

① 非表示にしたい列（または行）を選択（ここではB列～D列）

② 選択範囲内で右クリックし、［非表示］をクリック

	A	E	F	G	H	I	J	K
1	上期売上集計							
2								
3	部署	第1四半期	7月	8月	9月	第2四半期	合計	
4	千葉支社	6,200	2,200	1,800	2,100	6,100	12,300	
5	東京本社	8,200	2,300	2,800	2,400	7,500	15,700	
6	神奈川支社	7,300	2,000	1,800	2,100	5,900	13,200	
7	関東地区　計	21,700	6,500	6,400	6,600	19,500	41,200	
8	大阪支社	7,200	2,000	2,000	2,200	6,200	13,400	
9	兵庫支社	7,000	2,100	2,800	2,100	7,000	14,000	
10	京都支社	6,600	1,600	1,800	2,000	5,400	12,000	
11	関西地区　計	20,800	5,700	6,600	6,300	18,600	39,400	
12	合計	42,500	12,200	13,000	12,900	38,100	80,600	

③ 列（ここではB列～D列）が非表示になる

列番号をCtrlキーを押しながらクリックすれば、離れた列に対してまとめて操作できます。

▨非表示の列や行を再表示する

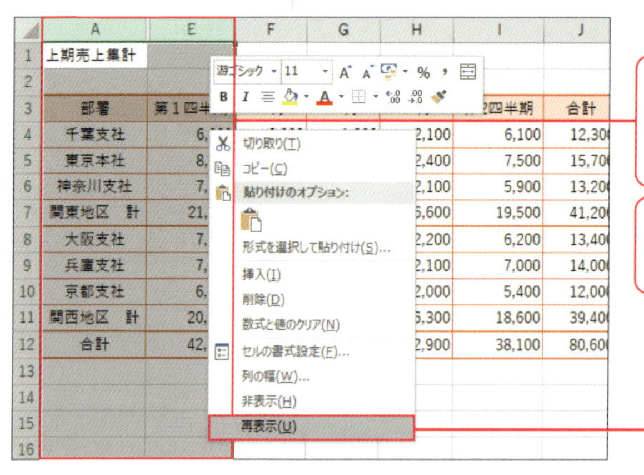

①非表示になっている列（または行）を挟むように列（または行）を選択

②選択範囲内で右クリックし、［再表示］をクリック

	A	B	C	D	E	F	G	H	I
1	上期売上集計								
2									
3	部署	4月	5月	6月	第1四半期	7月	8月	9月	第2四半期
4	千葉支社	2,000	1,800	2,400	6,200	2,200	1,800	2,100	6,10
5	東京本社	2,600	3,000	2,600	8,200	2,300	2,800	2,400	7,50
6	神奈川支社	2,200	2,600	2,500	7,300	2,000	1,800	2,100	5,90
7	関東地区　計	6,800	7,400	7,500	21,700	6,500	6,400	6,600	19,50
8	大阪支社	2,600	2,200	2,400	7,200	2,000	2,000	2,200	6,20

③列（または行）が再表示される

(COLUMN)

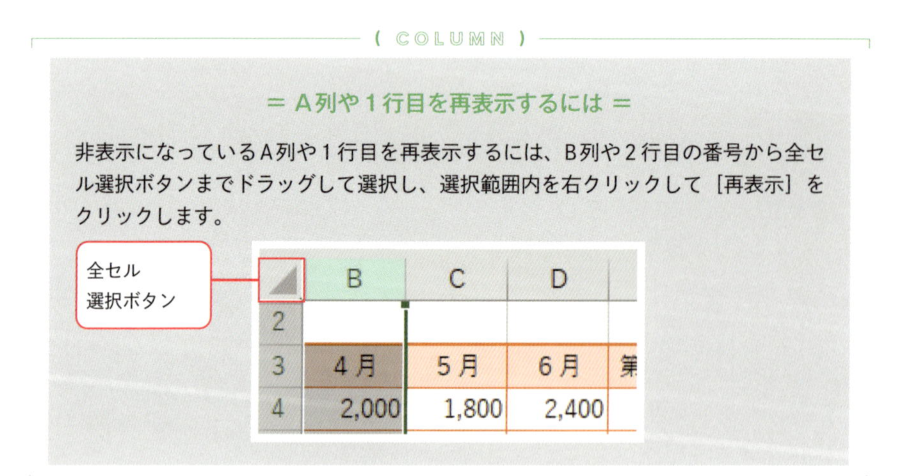

＝ A列や1行目を再表示するには ＝

非表示になっているA列や1行目を再表示するには、B列や2行目の番号から全セル選択ボタンまでドラッグして選択し、選択範囲内を右クリックして［再表示］をクリックします。

全セル選択ボタンは、A列と1行目が交差している箇所です。クリックすると全セルを選択できます。

大きな表の見出しを常に表示したい!

カテゴリ 範囲選択

大きな表をスクロールしても見出しを常に表示しておきたいときはウィンドウ枠を固定します。先頭行や先頭列だけを固定するだけでなく、任意のセルより上の行、左の列を固定することもできます。

▨先頭の行や列を固定する

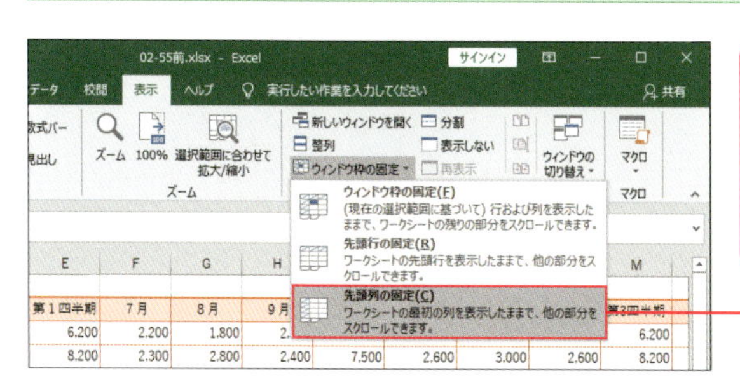

①［表示］タブの［ウィンドウ枠の固定］－［先頭列の固定］（行を固定する場合は［先頭行の固定］）をクリック

	A	F	G	H	I	J	K
1	売上表						
2	支社	7月	8月	9月	第2四半期	10月	11月
3	千葉支社	2,200	1,800	2,100	6,100	2,000	1,800
4	東京本社	2,300	2,800	2,400	7,500	2,600	3,000
5	神奈川支社	2,000	1,800	2,100	5,900	2,200	2,600
6	関東地区　計	6,500	6,400	6,600	19,500	6,800	7,400
7	大阪支社	2,000	2,000	2,200	6,200	2,600	2,200
8	兵庫支社	2,100	2,800	2,100	7,000	2,000	2,400
9	京都支社	1,600	1,800	2,000	5,400	1,800	2,300
10	関西地区　計	5,700	6,600	6,300	18,600	6,400	6,900

②1列目が固定され、表をスクロールしても1列目は常に表示されている（行を固定した場合は1行目が常に表示される）

▨任意のセルより上の行かつ左の列を固定する

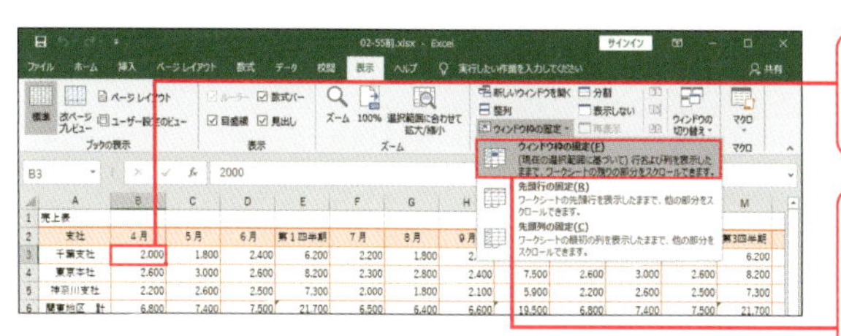

①スクロールしたい範囲の左上角のセルをクリック

②［表示］タブの［ウィンドウ枠の固定］の［ウィンドウ枠の固定］をクリック

ウィンドウ枠を固定時はCtrl+Homeキーを押すと、ウィンドウ枠固定の基準のセルに移動します。

	A	F	G	H	I	J	K
1	売上表						
2	支社	7月	8月	9月	第2四半期	10月	11月
7	大阪支社	2,000	2,000	2,200	6,200	2,600	2,200
8	兵庫支社	2,100	2,800	2,100	7,000	2,000	2,400
9	京都支社	1,600	1,800	2,000	5,400	1,800	2,300
10	関西地区　計	5,700	6,600	6,300	18,600	6,400	6,900
11	愛知支社	2,000	2,400	2,200	6,600	2,000	2,400
12	静岡支社	2,200	2,500	2,300	7,000	2,200	2,500
13	岐阜支社	1,800	2,300	1,800	5,900	1,800	2,300
14	中部地区	6,000	7,200	6,300	19,500	6,000	7,200

③ ウィンドウ枠が固定され、表がスクロールされても固定された行や列は表示されている

(COLUMN)

＝ ウィンドウ枠の固定を解除するには ＝

ウィンドウ枠の固定を解除するには、［表示］タブの［ウィンドウ枠の固定］の［ウィンドウ枠固定の解除］をクリックします。

02-55前.xlsx - Excel　サインイン
表示　ヘルプ　実行したい作業を入力してください　共有
100%　選択範囲に合わせて拡大/縮小　ズーム
新しいウィンドウを開く　整列　ウィンドウ枠の固定
分割　表示しない　再表示
ウィンドウの切り替え　マクロ　マクロ
ウィンドウ枠固定の解除(F)　行と列の固定を解除して、ワークシート全体をスクロールするようにします。
先頭行の固定(R)　ワークシートの先頭行を表示したままで、他の部分をスクロールできます。
先頭列の固定(C)　ワークシートの最初の列を表示したままで、他の部分をスクロールできます。

K	L	P	Q
11月	12月	3月	第4四半期
2,200	2,…	2,200	6,200

解除するには、［表示］タブの［ウィンドウ枠の固定］－［ウィンドウ枠固定の解除］を選択します。

(COLUMN)

＝ 画面を分割する ＝

画面を分割すると、ウィンドウが複数の表示領域に分かれ、それぞれの領域で別々にスクロールできます。離れた表を同時に表示して編集したいときに便利です。たとえば画面を上下で2分割するには、分割したい位置にある行を選択し、［表示］タブの［分割］ボタンをクリックします。また、再度［分割］ボタンをクリックすると解除されます。

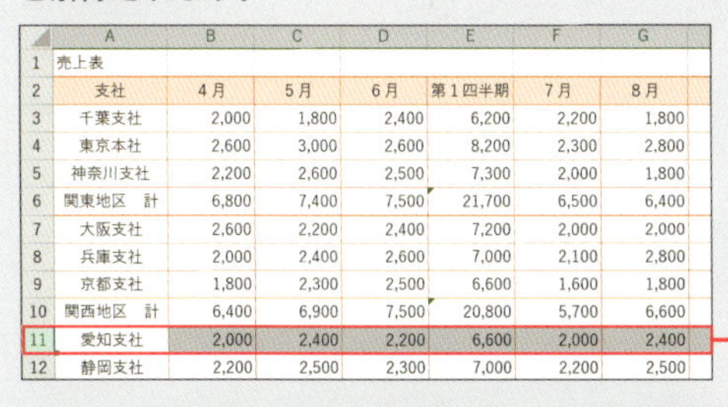

	A	B	C	D	E	F	G
1	売上表						
2	支社	4月	5月	6月	第1四半期	7月	8月
3	千葉支社	2,000	1,800	2,400	6,200	2,200	1,800
4	東京本社	2,600	3,000	2,600	8,200	2,300	2,800
5	神奈川支社	2,200	2,600	2,500	7,300	2,000	1,800
6	関東地区　計	6,800	7,400	7,500	21,700	6,500	6,400
7	大阪支社	2,600	2,200	2,400	7,200	2,000	2,000
8	兵庫支社	2,000	2,400	2,600	7,000	2,100	2,800
9	京都支社	1,800	2,300	2,500	6,600	1,600	1,800
10	関西地区　計	6,400	6,900	7,500	20,800	5,700	6,600
11	愛知支社	2,000	2,400	2,200	6,600	2,000	2,400
12	静岡支社	2,200	2,500	2,300	7,000	2,200	2,500

① 分割したい行（または列）を選択しておく

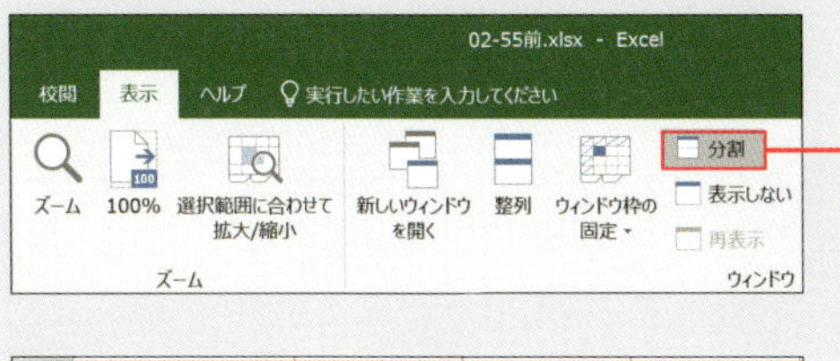

② ［表示］タブの［分割］をクリック

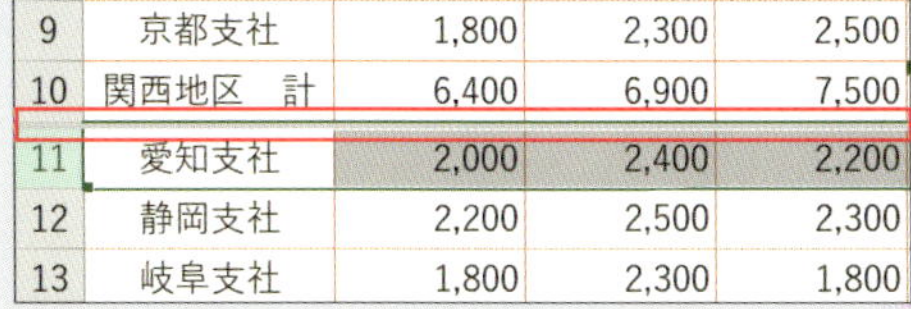

9	京都支社	1,800	2,300	2,500
10	関西地区　計	6,400	6,900	7,500
11	愛知支社	2,000	2,400	2,200
12	静岡支社	2,200	2,500	2,300
13	岐阜支社	1,800	2,300	1,800

③ 画面が上下（または左右）に分割される

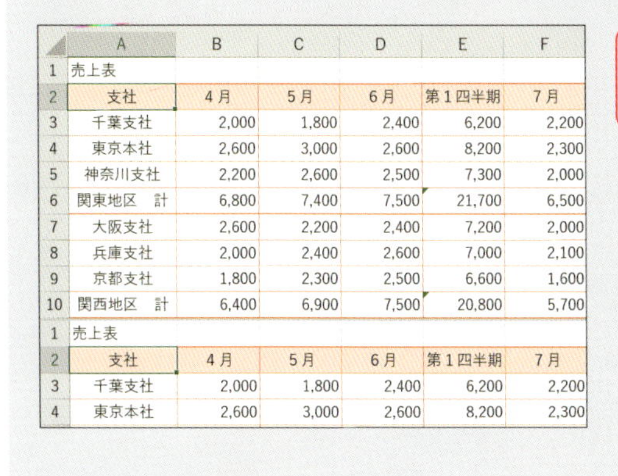

	A	B	C	D	E	F
1	売上表					
2	支社	4月	5月	6月	第1四半期	7月
3	千葉支社	2,000	1,800	2,400	6,200	2,200
4	東京本社	2,600	3,000	2,600	8,200	2,300
5	神奈川支社	2,200	2,600	2,500	7,300	2,000
6	関東地区　計	6,800	7,400	7,500	21,700	6,500
7	大阪支社	2,600	2,200	2,400	7,200	2,000
8	兵庫支社	2,000	2,400	2,600	7,000	2,100
9	京都支社	1,800	2,300	2,500	6,600	1,600
10	関西地区　計	6,400	6,900	7,500	20,800	5,700
1	売上表					
2	支社	4月	5月	6月	第1四半期	7月
3	千葉支社	2,000	1,800	2,400	6,200	2,200
4	東京本社	2,600	3,000	2,600	8,200	2,300

上下（または左右）画面どちらも自由にスクロールできる

左右に分割したい場合は、はじめに列を選択しておいてから分割しましょう。

大きさが異なる表を並べて置きたい!

カテゴリ リンク

異なる列幅の表を1つにまとめて印刷したい場合など、形が異なる表を1つのシートに並べたい場合は、表をリンクされた図として貼り付けましょう。元の表と連動しているため、元の表に変更があってもすぐに反映されます。

▨[リンクされた図]で貼り付ける

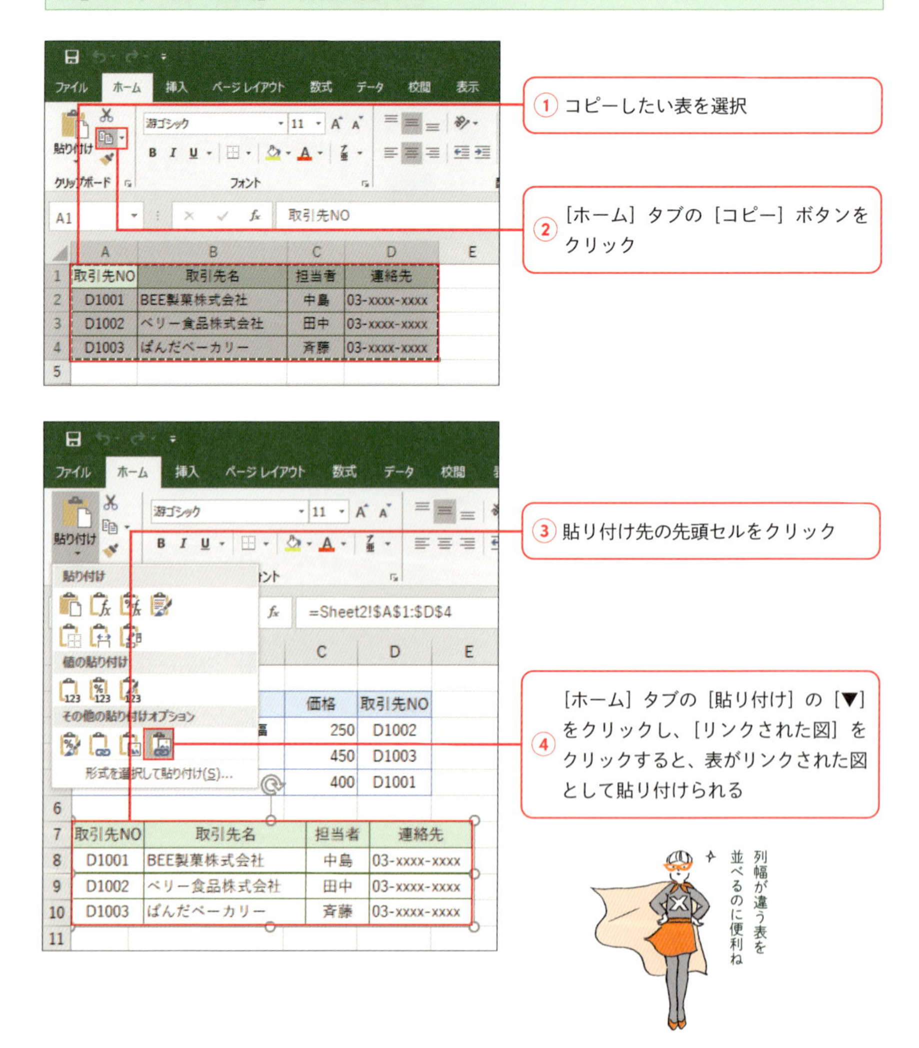

リンクする表のセルの色を白にしておけば、背景に見えるセルの目盛線が見えなくなります。

別の表のデータを連動させて表示したい!

カテゴリ リンク

別の表の計算結果を表示したいとき、元の表のセルに連動させれば、変更があっても修正する必要がなく、常に正しい結果を表示することができます。このような場合は、データを貼り付けるときに［リンク貼り付け］を選択します。

リンク貼り付けする

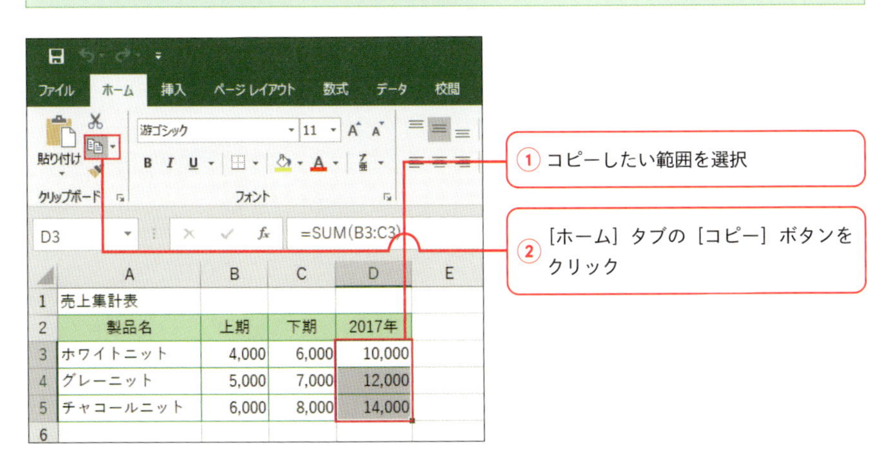

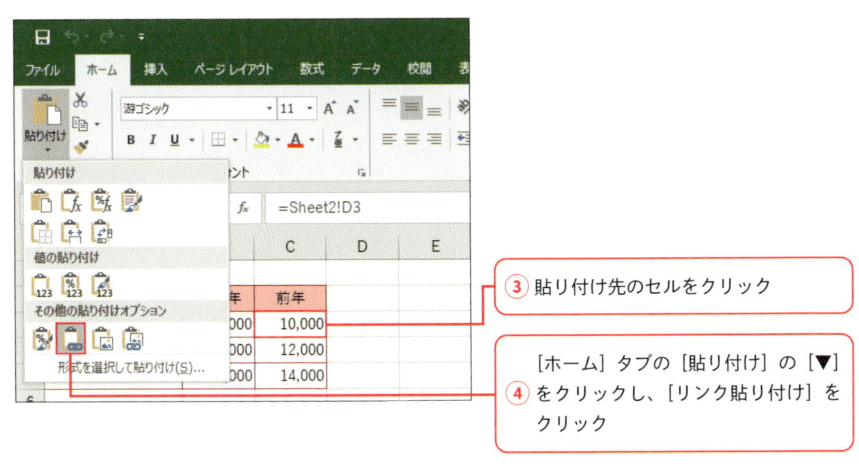

リンク貼り付けをすると、セルには、「=Sheet2!D3」のような参照式が設定されます。

COLUMN

Alt+F4キーで ソフトやPCを終わらせる

Alt+F4キーは、現在開いているウィンドウを閉じるショートカットキーです。エクスプローラーも、Microsoft Edgeのようなブラウザも、Word、ExcelなどのOfficeソフトやWindowsまで、開いているウィンドウをすべて閉じます。仕事を終わらせ、パソコンの電源を切りたいときにこのキー操作だけでPC作業を終わらせることができます。Alt+F4キーを押して順番に開いているウィンドウを閉じます。
デスクトップが表示されているときにAlt+F4キーを押すと、[Windowsのシャットダウン] 画面が表示されるので、画面に [シャットダウン] と表示されているのを確認し、そのままEnterキーを押せば、すぐにシャットダウンの処理に入り、マウスを持つことなくパソコンの電源を落とすことができます。仕事をササっと終わらせて、すっと帰りたいときに使える、スマートな超時短テクです。

図 デスクトップ表示時にAlt+F4キーを押すとシャットダウン画面が表示される

正確で効率的な文書作成の時短術

文書作成は、早いだけでなく正確であることが必須！
ここでは、オートフィルや入力規則、条件付き書式設定など、
表を正確かつスピーディーに作成するためのテクニックをまとめます。
効率的に作業をこなすために覚えておきたい時短ワザ満載です。

連続するセルにデータをすばやく入力

カテゴリ 入力

オートフィル機能を使うと、連続するセルにデータを自動入力できます。元にするセルの値によって連続データの入力やコピーが可能です。ここでは、数値の連続データを入力する方法やセルの値をコピーする方法を確認しましょう。

オートフィルで連続データを入力する

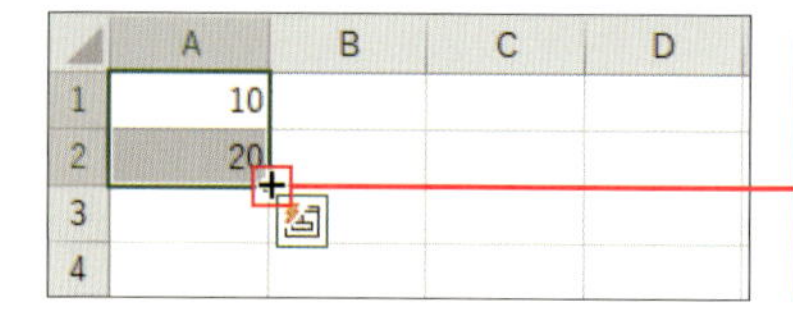

① 隣り合ったセルに2つの数字を入力し、選択して、右下角の■（フィルハンドル）にマウスポインターを合わせると、マウスポインターの形が「+」になる

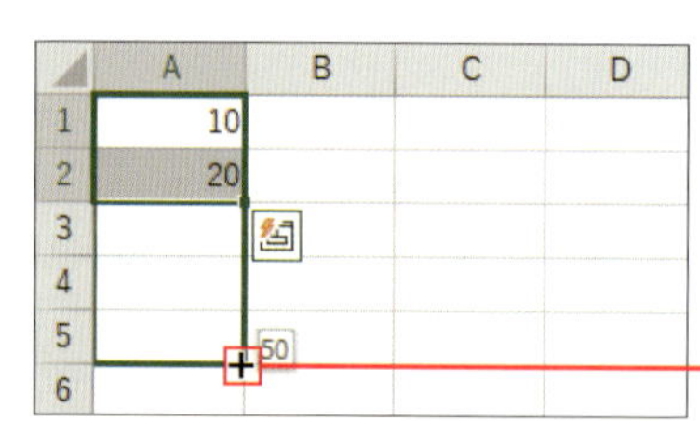

② そのまま、データを入力したいセルまでドラッグ

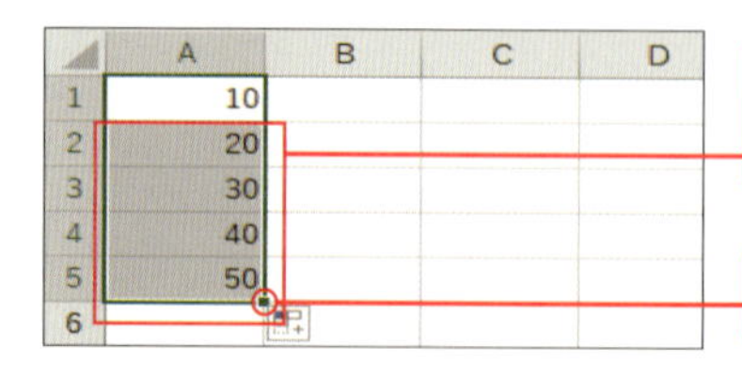

③ 2つの数値のデータ間隔を保った連続データが入力される

■（フィルハンドル）

オートフィルでデータや書式をコピーする

	A	B	C	D
1	10	Excel		
2	20			
3	30			
4	40			
5	50			
6				

Excel

① 選択したセルの右下角にある■にマウスポインターを合わせ、コピーしたいセルまでドラッグ

数値が入力された1つのセルをオートフィルすると、同じ数値がコピーされます。

	A	B	C	D
1	10	Excel		
2	20	Excel		
3	30	Excel		
4	40	Excel		
5	50	Excel		
6				

②同じデータと書式がコピーされる

COLUMN

＝ 曜日、月や干支、計算式なども連続入力できる ＝

オートフィルでは、曜日や月名、干支（えと）など、自動的に連続入力できます。また、1課、2課のように数字と文字を組み合わせた文字列も連続入力できます。さらに、計算式もオートフィルでコピーできます。

	A	B	C	D	E	F	G
1	日	Sunday	1月	子	第1四半期	1課	
2	月	Monday	2月	丑	第2四半期	2課	
3	火	Tuesday	3月	寅	第3四半期	3課	
4	水	Wednesday	4月	卯	第4四半期	4課	
5	木	Thursday	5月	辰	第1四半期	5課	
6	金	Friday	6月	巳	第2四半期	6課	
7	土	Saturday	7月	午	第3四半期	7課	
8	日	Sunday	8月	未	第4四半期	8課	
9	月	Monday	9月	申	第1四半期	9課	
10	火	Tuesday	10月	酉	第2四半期	10課	
11	水	Wednesday	11月	戌	第3四半期	11課	
12	木	Thursday	12月	亥	第4四半期	12課	
13							

	A	B	C
1	集客数		
2	第1日目	150	
3		180	
4		135	
5		200	
6		250	
7			

	A	B	C
1	集客数		
2	第1日目	150	
3	第2日目	180	
4	第3日目	135	
5	第4日目	200	
6	第5日目	250	
7			

文字と数字の組み合わせの文字列は、オートフィルすると数字が1ずつ増加する連続データとして入力される

日付や時刻のセルをオートフィルすると、連続データが入力されます。

書式を消さないでデータを連続コピー

カテゴリ 入力

オートフィルで表のデータや計算式をコピーすると、コピー元となるセルの書式もコピーされ、コピー先の書式が消えてしまいます。元の書式を残したいときは、[オートフィルオプション] で [書式なしコピー] を選択します。

▨オートフィルオプションで「書式なしコピー」を選択する

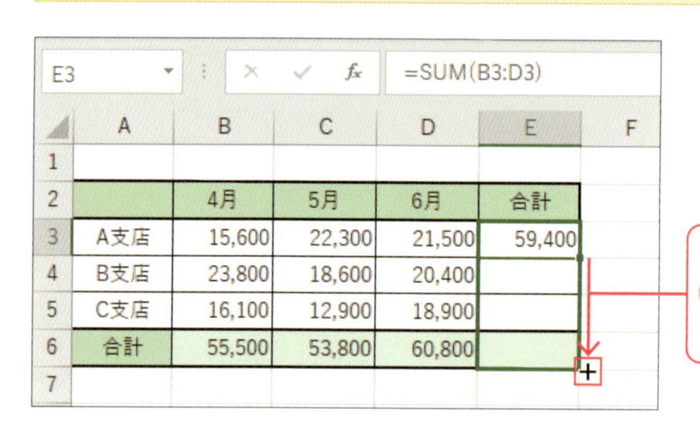
E3 =SUM(B3:D3)

	A	B	C	D	E	F
1						
2		4月	5月	6月	合計	
3	A支店	15,600	22,300	21,500	59,400	
4	B支店	23,800	18,600	20,400		
5	C支店	16,100	12,900	18,900		
6	合計	55,500	53,800	60,800		
7						

① セルの右下角にある■にマウスポインターを合わせてドラッグ

② 計算式がコピーされる

③ オートフィルオプションをクリック

	A	B	C	D	E	F	G	H
1								
2		4月	5月	6月	合計			
3	A支店	15,600	22,300	21,500	59,400			
4	B支店	23,800	18,600	20,400	62,800			
5	C支店	16,100	12,900	18,900	47,900			
6	合計	55,500	53,800	60,800	170,100			
7								
8								
9								
10								
11								

セルのコピー(C)
書式のみコピー (フィル)(F)
書式なしコピー (フィル)(O)
フラッシュ フィル(F)

④ [書式なしコピー (フィル)] をクリック

右ドラッグすると、ボタンを離したときに表示されるメニューでオートフィルの内容を選択できます。

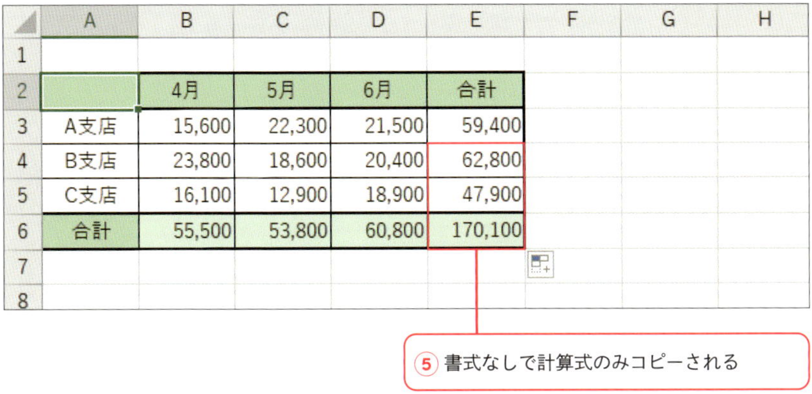

	A	B	C	D	E	F	G	H
1								
2		4月	5月	6月	合計			
3	A支店	15,600	22,300	21,500	59,400			
4	B支店	23,800	18,600	20,400	62,800			
5	C支店	16,100	12,900	18,900	47,900			
6	合計	55,500	53,800	60,800	170,100			
7								
8								

⑤ 書式なしで計算式のみコピーされる

(COLUMN)

= オートフィルオプションのメニュー =

オートフィル直後に表示されるオートフィルオプションでは、オートフィルで入力する内容を変更できます。例えば、[書式なしコピー] にすればセルの値だけがコピーでき、[セルのコピー] にすれば、連続データではなく、セルの値をそのままコピーします。また、データによってオートフィルオプションに表示されるメニューが変わります。例えば日付の場合は、以下のように連続データを日単位、週単位、月単位、年単位というように単位の選択ができます。

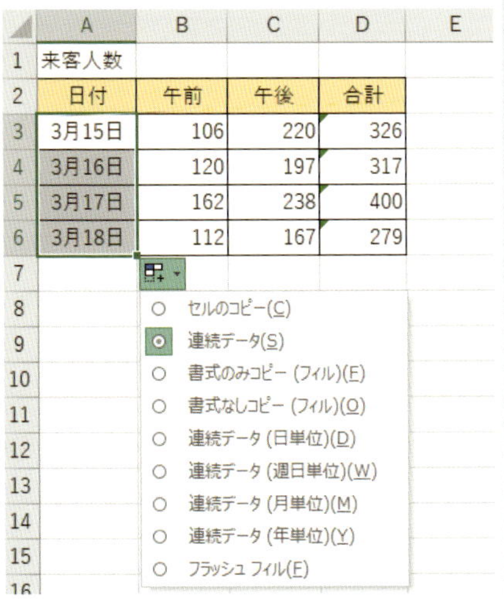

	A	B	C	D	E
1	来客人数				
2	日付	午前	午後	合計	
3	3月15日	106	220	326	
4	3月16日	120	197	317	
5	3月17日	162	238	400	
6	3月18日	112	167	279	

- セルのコピー(C)
- 連続データ(S)
- 書式のみコピー (フィル)(F)
- 書式なしコピー (フィル)(O)
- 連続データ (日単位)(D)
- 連続データ (週日単位)(W)
- 連続データ (月単位)(M)
- 連続データ (年単位)(Y)
- フラッシュ フィル(F)

フィルハンドルをダブルクリックすると隣の列の下端にあるデータのセルまでオートフィルされます。

自社の部署一覧を簡単入力

カテゴリ 入力

自社の部署一覧や商品一覧など、よく使用する一覧は、［ユーザー設定リスト］に登録しておくとオートフィルで連続データとして入力できます。1回登録しておけば、ほかのブックでもいつでも使えます。

一覧を［ユーザー設定リスト］に登録する

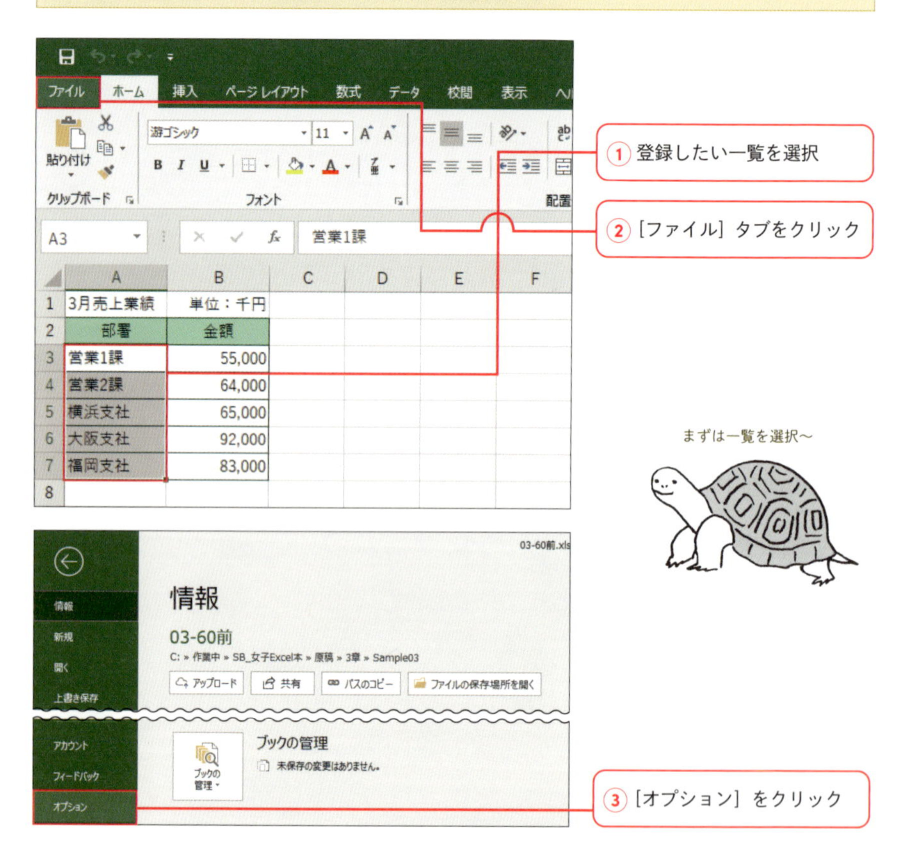

 干支や曜日がオートフィルで連続入力できるのは、ユーザー設定リストに登録されているためです。

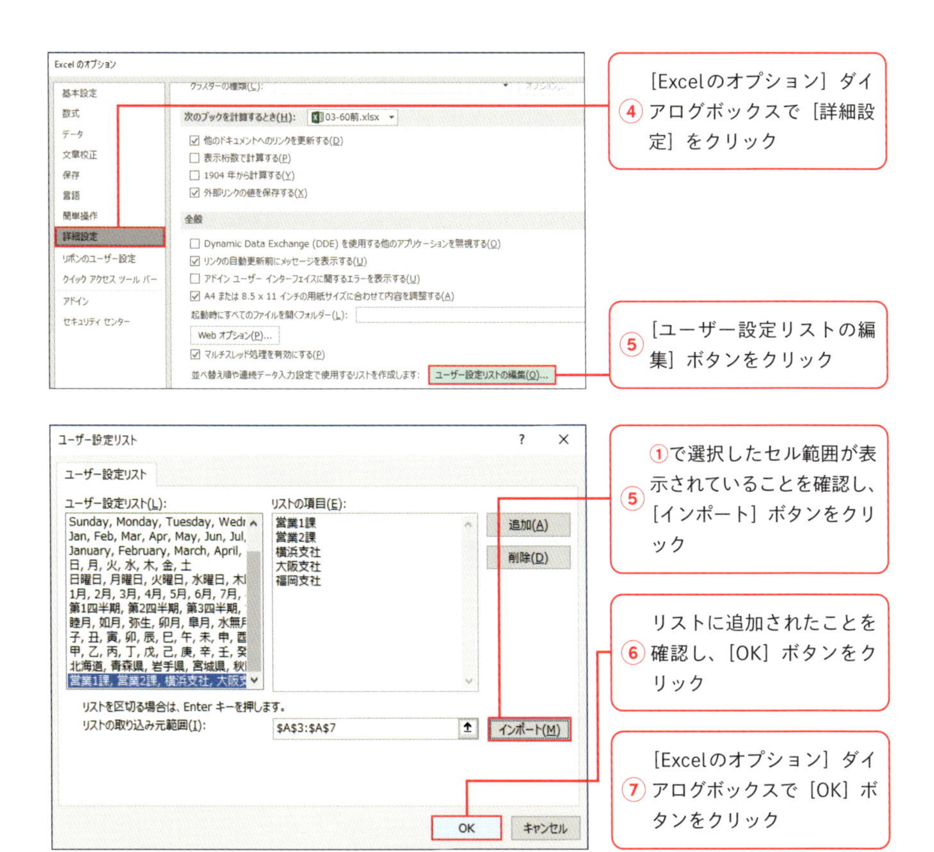

▨登録した一覧をオートフィルで連続入力する

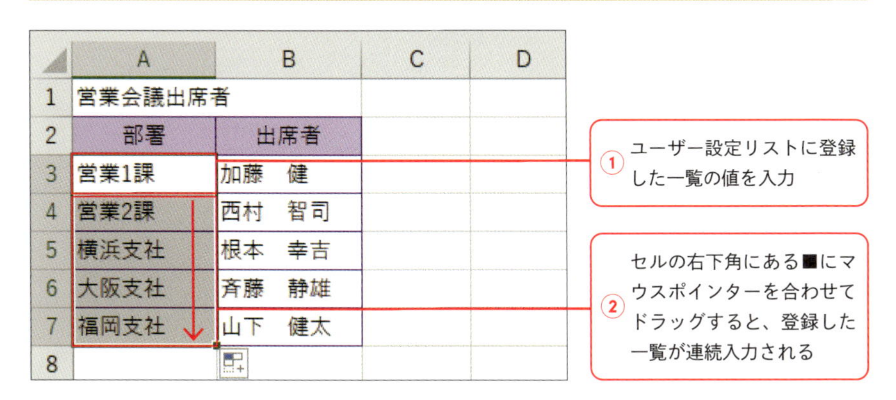

⑥で［リストの項目］に項目を追加し、［追加］ボタンをクリックしても登録できます。

一覧から選択して正確な値を入力する

カテゴリ 入力

部署名や区分名など、決まった内容をセルに入力したいとき、[データの入力規則] で項目一覧をリストに登録しておきましょう。セルに選択肢を表示して入力できるようになります。入力の手間が省けるとともに正確な値が入力できます。

▨データの入力規則で入力値の種類をリストにする

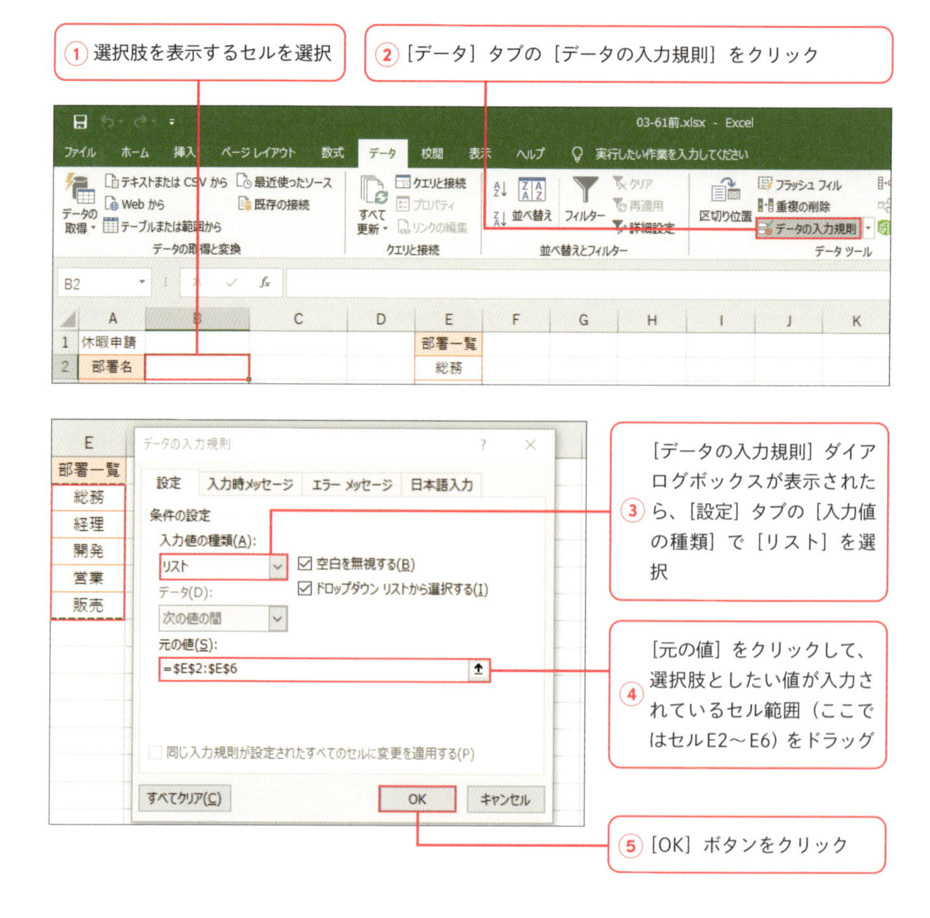

④で指定するセル範囲に名前を付けている場合は、「=名前」の形式で指定できます。

▨一覧から選択して入力する

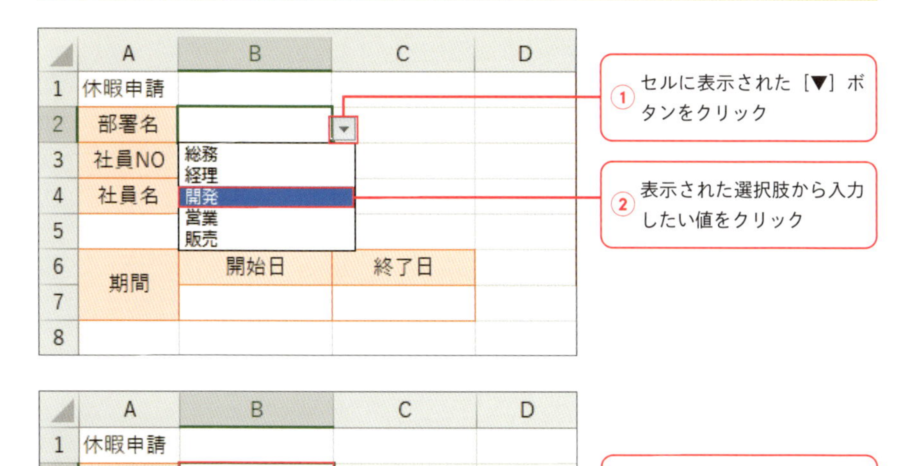

(COLUMN)

＝ データの入力規則を解除する ＝

データの入力規則を解除するには、解除したいセルを選択し、［データの入力規則］ダイアログボックスを表示して、［すべてクリア］ボタンをクリックします。

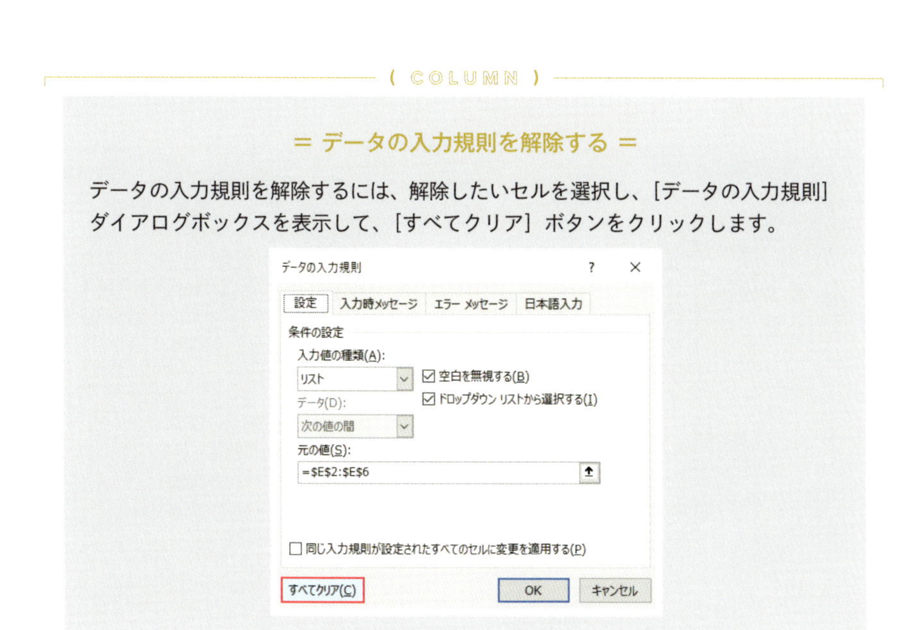

［元の値］に「総務，経理，営業」と、項目を半角のカンマで区切って入力しても追加できます。

指定の期間で入力させたい!

カテゴリ 入力

［データの入力規則］では、指定した範囲内の日付だけが入力されるように設定することができます。入力できる日付を指定すれば、範囲内の日付しか入力できないので、入力ミスを防ぎ、修正の手間も省けます。

データの入力規則で入力値の種類を日付にする

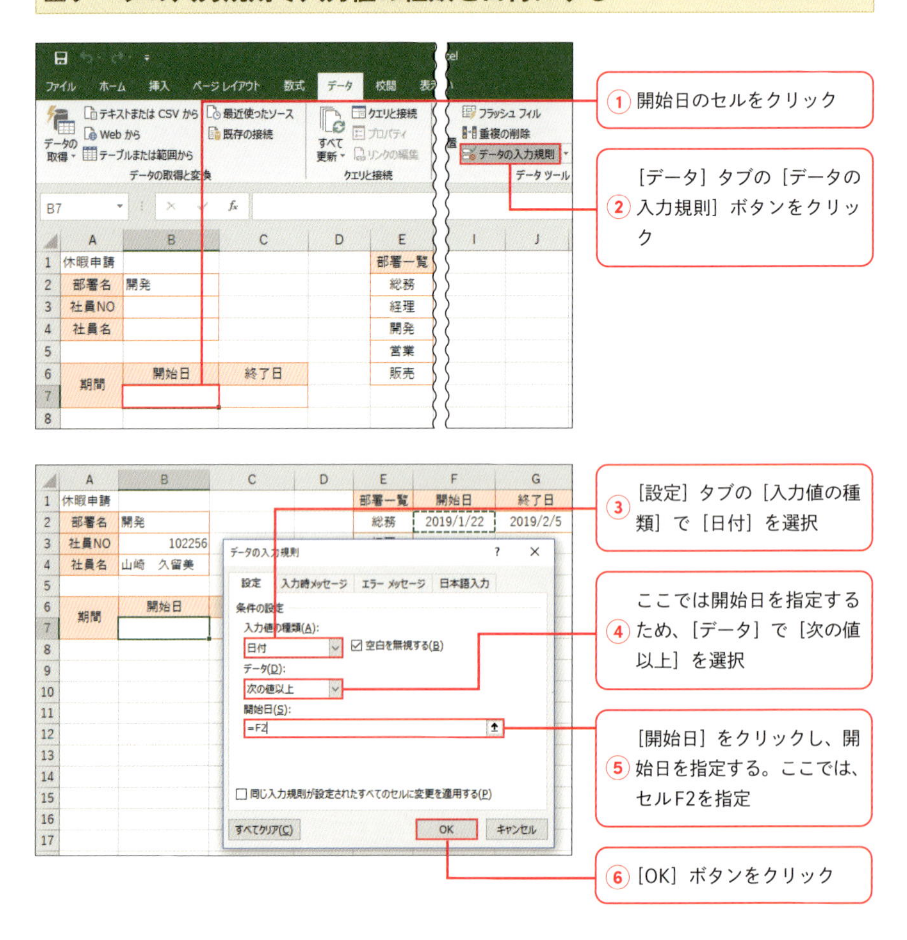

⑤で「=TODAY()」と指定すると、「今日の日付以降」という設定になります。

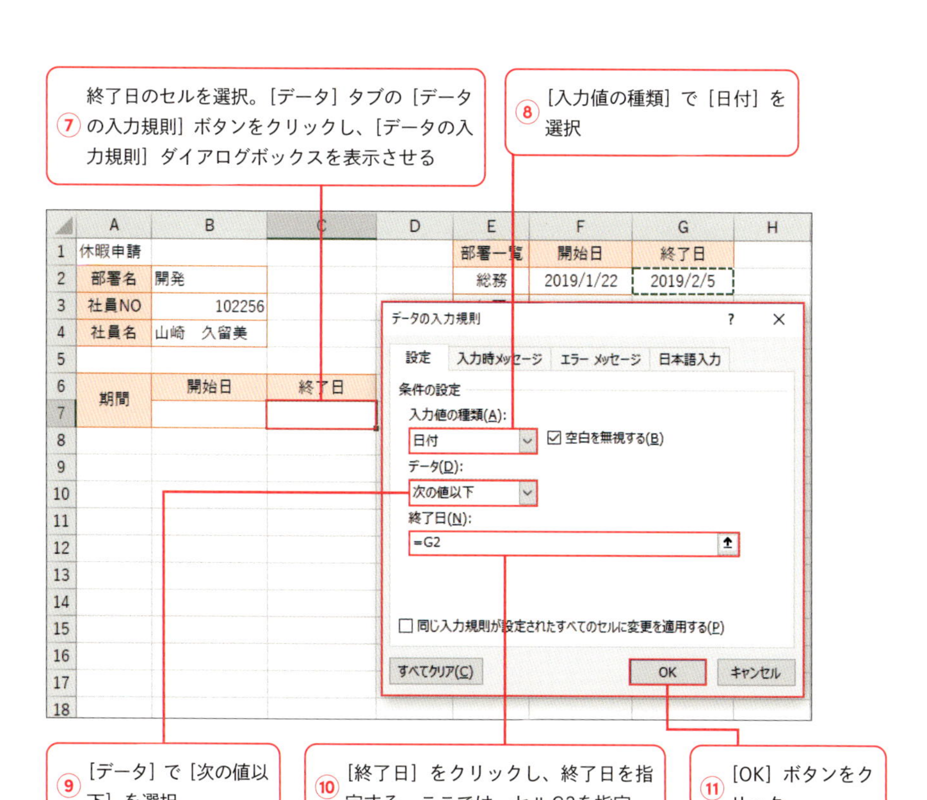

= 規則に反する日付を入力した場合 =

入力規則で設定した期間に反する日付を入力した場合は、次のようなメッセージが表示されます。[再試行] ボタンをクリックするとセルを編集状態にし、[キャンセル] ボタンをクリックすると入力を取り消します。

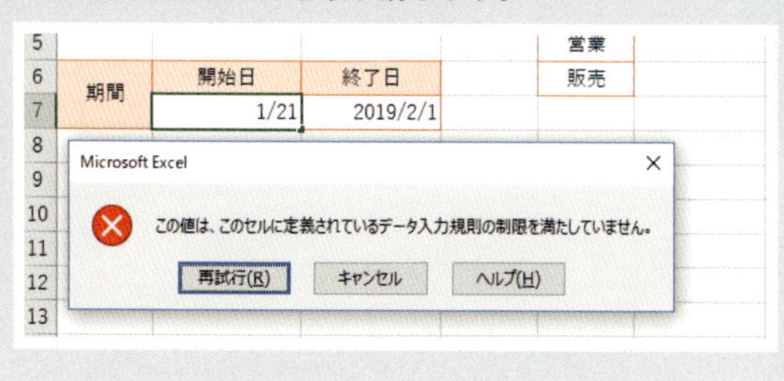

指定した日を含めない場合は、「次の値より大きい」や「次の値より小さい」を選択します。

列によって入力する文字種を自動設定したい!

カテゴリ 入力

NO、氏名、郵便番号など、列によって入力する文字種が決まっている表の場合、データ入力時に毎回文字種を切り替えるのは面倒です。[データの入力規則] で日本語入力モードを設定すれば、自動的に文字種が切り替わり、入力効率が格段に上がります。

データの入力規則で日本語入力を設定する

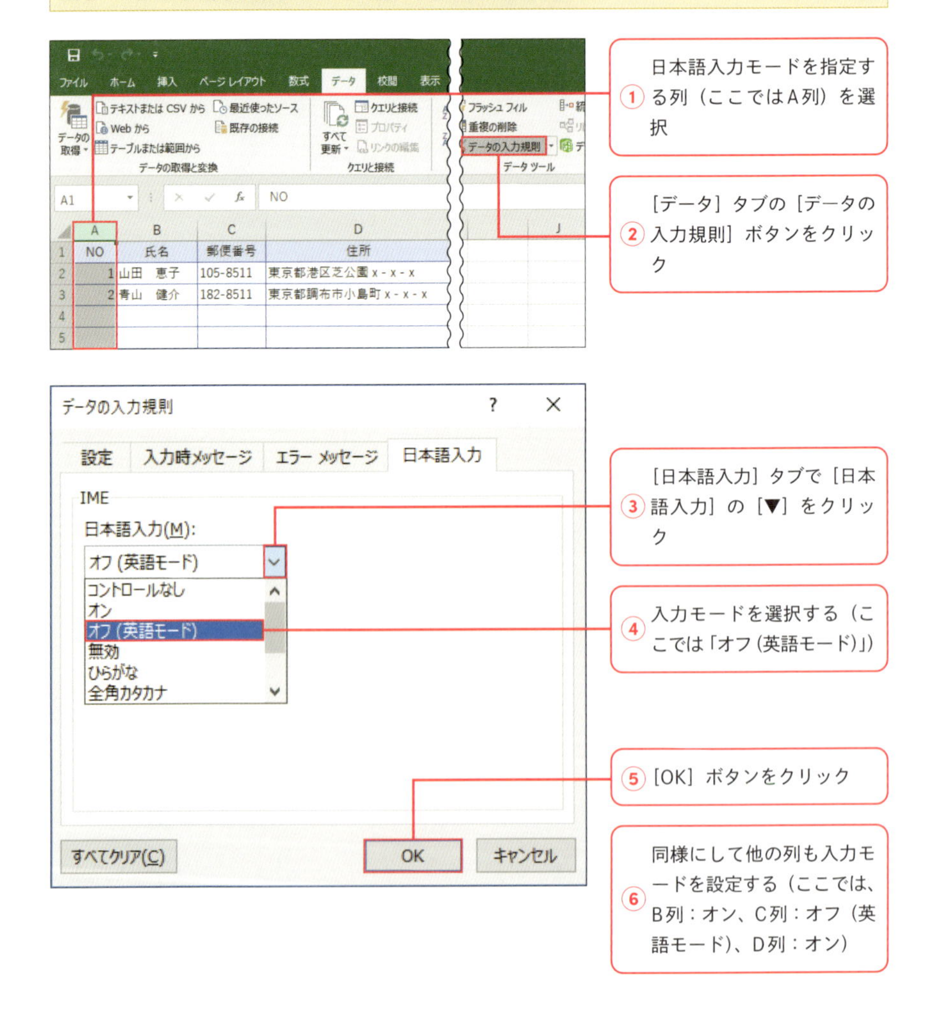

④で [半角英数] を選択しても同じです。

▨表にデータを入力する

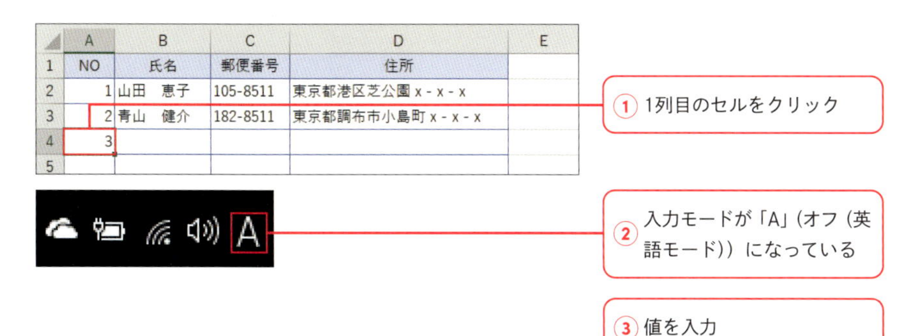

	A	B	C	D	E
1	NO	氏名	郵便番号	住所	
2	1	山田　恵子	105-8511	東京都港区芝公園 x - x - x	
3	2	青山　健介	182-8511	東京都調布市小島町 x - x - x	
4	3				
5					

③値を入力

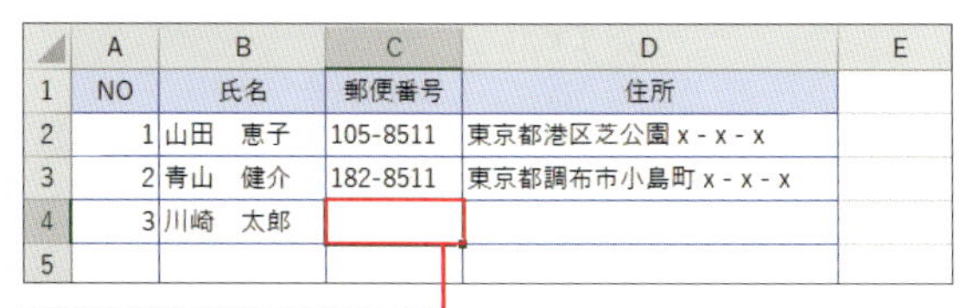

	A	B	C	D	E
1	NO	氏名	郵便番号	住所	
2	1	山田　恵子	105-8511	東京都港区芝公園 x - x - x	
3	2	青山　健介	182-8511	東京都調布市小島町 x - x - x	
4	3				
5					

④2列目のセルをクリック

⑤入力モードが「あ」(オン）になっている

⑥値を入力

	A	B	C	D	E
1	NO	氏名	郵便番号	住所	
2	1	山田　恵子	105-8511	東京都港区芝公園 x - x - x	
3	2	青山　健介	182-8511	東京都調布市小島町 x - x - x	
4	3	川崎　太郎			
5					

⑦3列目のセルをクリックし、同様に入力モードが切り替わっていることを確認する

入力モードの設定を解除するには、③で［コントロールなし］を選択します。

入力画面を表示して効率的にデータ入力したい!

カテゴリ 入力

住所録のように1行目に項目名、2行目以降にデータが入力されるような形式の表にデータ入力するのに、カード形式の入力画面があると便利です。データ入力に便利な「フォーム」という機能を使えば効率的にデータ入力できます。

[フォーム] ボタンを追加する

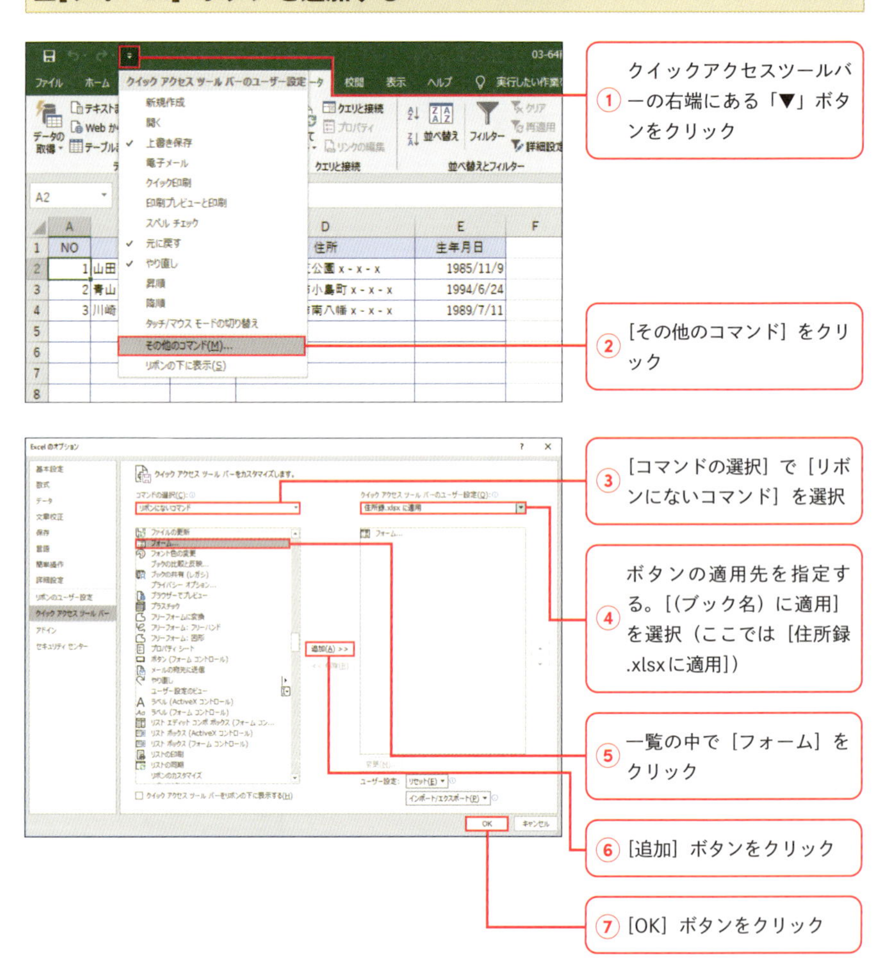

[フォーム] を使ってデータを入力する場合は、入力規則の設定は使えません。

▨フォームを表示してデータを追加する

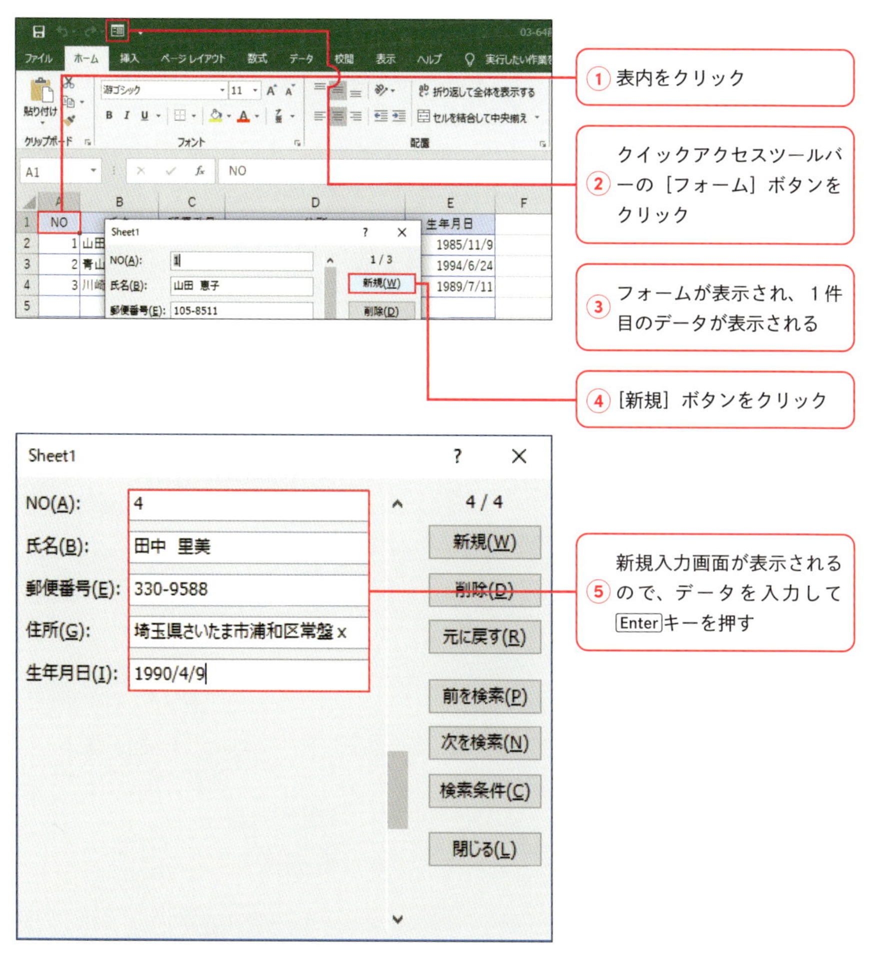

NO	氏名	郵便番号	住所	生年月日
1	山田　恵子	105-8511	東京都港区芝公園 x - x - x	1985/11/9
2	青山　健介	182-8511	東京都調布市小島町 x - x - x	1994/6/24
3	川崎　太郎	272-8501	千葉県市川市南八幡 x - x - x	1989/7/11
4	田中　里美	330-9588	埼玉県さいたま市浦和区常盤 x	1990/4/9

⑥ 表にデータが追加される

⑦ 新規入力画面で続けてフォームにデータを入力

入力すると面倒なふりがなは自動で表示

カテゴリ 計算

名簿作成の時に漢字の氏名を入力した後で、もう一度同じ読みでフリガナを入力するのは二度手間です。そんな時は、PHONETIC関数を使いましょう。PHONETIC関数は、漢字の読みを取り出して表示します。入力の手間を省けて便利です。

▨PHONETIC関数でフリガナを表示する

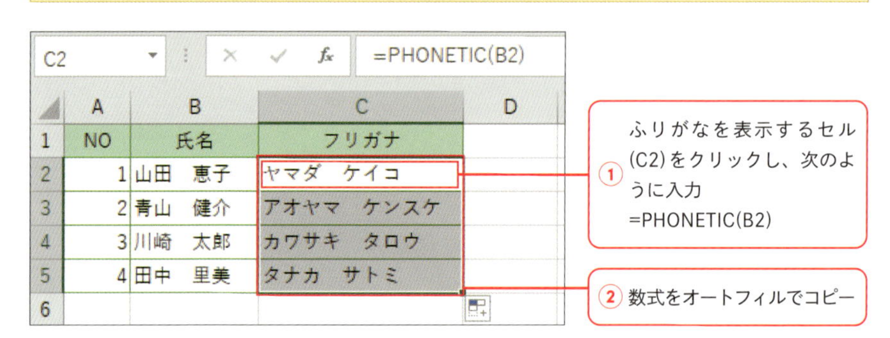

関数の書式と説明

PHONETIC関数

[書式] PHONETIC(参照)

[説明] 「参照」で指定したセルの文字列から読みを取り出します。「参照」には、フリガナを取得する文字列を含むセル範囲を指定します。

▨ふりがなを修正する

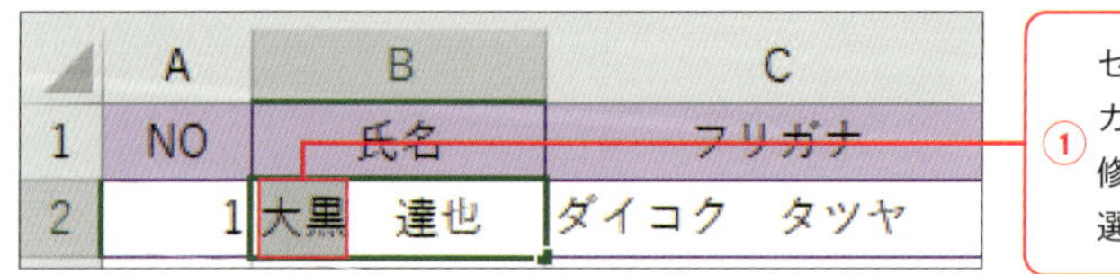

① セルをダブルクリックしてカーソルを表示し、読みを修正する漢字をドラッグで選択

Excelで入力した文字列のみ読みが保存されています。

	A	B	C
1	NO		フリガナ
2	1	大黒（ダイコク）　達也（タツヤ）	ダイコク　タツヤ

② Shift+Alt+↑キーを押すと漢字のふりがなが選択される

	A	B	C
1	NO	氏名	フリガナ
2	1	大黒（オオグロ）　達也（タツヤ）	ダイコク　タツヤ

③ 読みを修正し、Enterキーを2回押して修正を確定する

(COLUMN)

＝ ひらがなで読みを表示する ＝

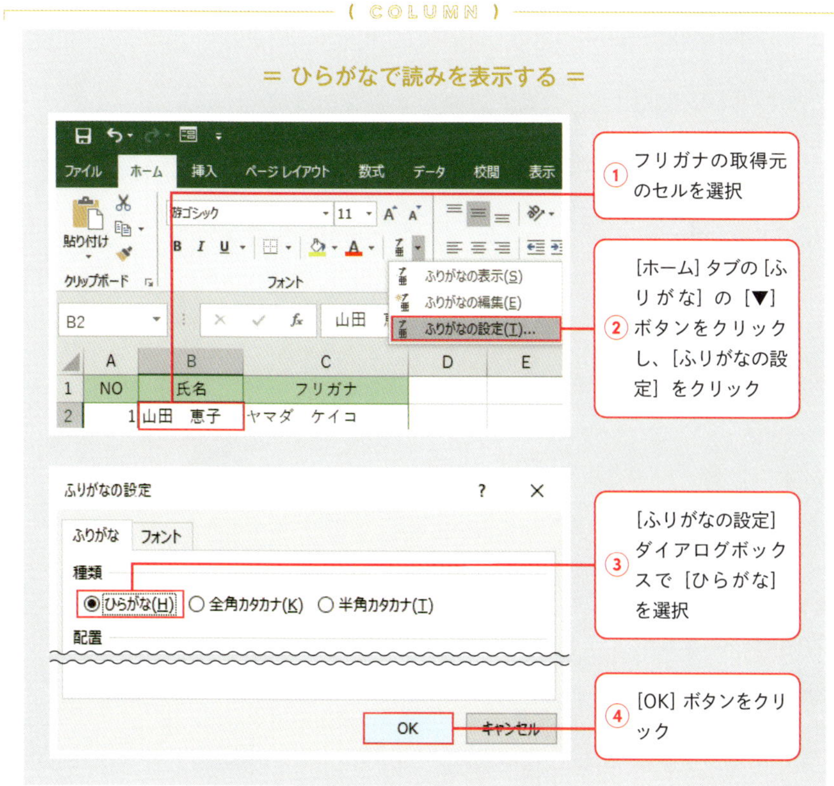

英文字や他のソフトから取り込んだ文字列は、そのままの文字列が表示されます。

生年月日から年齢をセルに表示したい!

カテゴリ 計算

生年月日から年齢を自動計算するには、DATEDIF関数とTODAY関数を組み合わせて使います。TODAY関数で今日の日付を取得し、生年月日と今日の日付の満年数をDATEDIF関数を使って求めれば年齢を自動的に表示することができます。

▨TODAY関数で今日の日付を求める

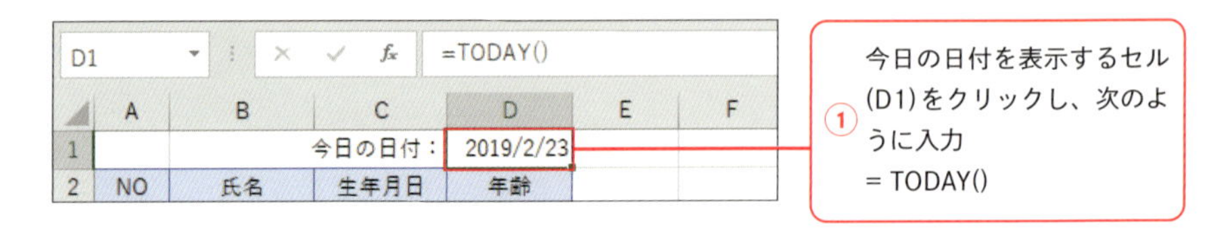

▨DATEDIF関数、TODAY関数で年齢を計算する

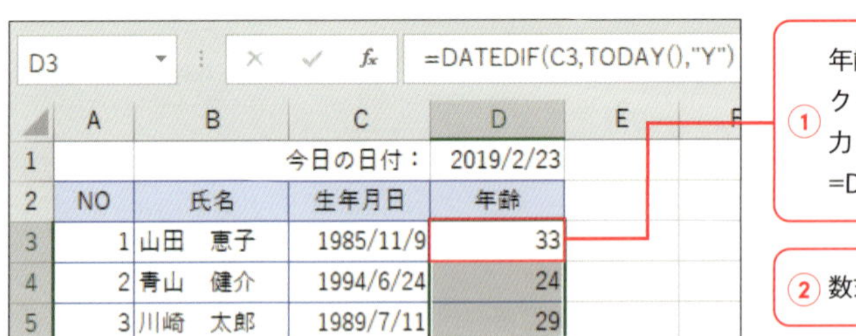

① 年齢を表示するセル(D2)をクリックし、次のように入力
=DATEDIF(C3,TODAY(),"Y")

② 数式をオートフィルでコピー

関数の書式と説明

TODAY関数

[書式] TODAY()

[説明] TODAY関数は、パソコンの内臓時計から今日の日付を取り出します。引数はありませんが、()は省略せずに記述します。

現在の日時を求めるにはNOW関数を使います。セルに「=NOW()」と記述します。

(COLUMN)

＝ 月齢を求める ＝

DATEDIF関数で単位を「YM」にすると、最後の丸1年から経過した月数を求めることができます。例えば、赤ちゃんの月齢を求めるなど、誕生日後、何か月経過したかを調べたいときに使えます。

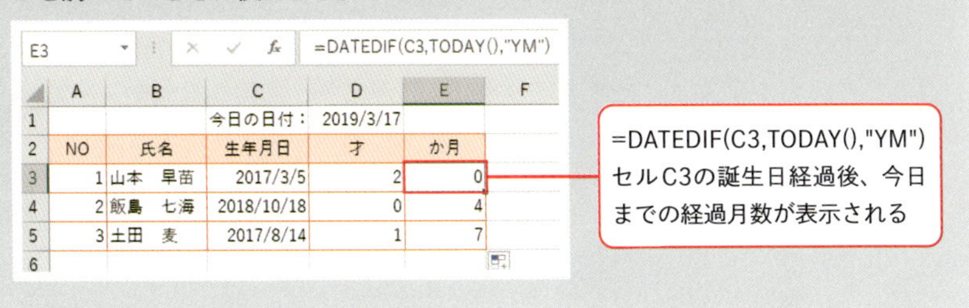

関数の書式と説明

DATEDIF関数

［書式］ DATEDIF(開始日, 終了日, 単位)

［説明］ DATEDIF関数は、「開始日」と「終了日」の2つの日付の期間の長さを、年、月、日のいずれかの「単位」で求めます。［関数の挿入］や［関数ライブラリ］にはないので、セルに直接入力して設定します。

「開始日」には開始日の日付を指定し、「終了日」には「開始日」より後の日付で、終了日の日付を指定します。「単位」には「開始日」と「終了日」の間の期間の単位を指定します。

表 DATEDIF関数の引数「単位」で指定する単位の意味

単位	内容
"Y"	満年数
"M"	満月数
"D"	満日数
"YM"	1年未満の月数
"YD"	1年未満の日数
"MD"	1か月未満の日数

法令上の満年齢は、誕生日の前日となります。その場合は、第2引数を「TODAY()+1」にします。

商品NOから商品名と単価を自動入力したい!

カテゴリ 計算

商品コードに対応する商品名や単価を自動で表示したいときはVLOOKUP関数を使います。VLOOKUP関数は、別に作成した商品の表を参照して、指定した商品NOと同じ行にある商品名や単価などの値を取り出して表示する、実用的な関数の一つです。

▨VLOOKUP関数で商品コードから商品名や単価を検索する

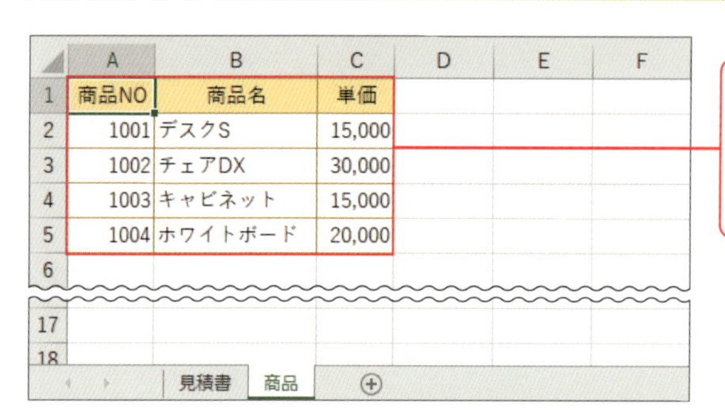

	A	B	C	D	E	F
1	商品NO	商品名	単価			
2	1001	デスクS	15,000			
3	1002	チェアDX	30,000			
4	1003	キャビネット	15,000			
5	1004	ホワイトボード	20,000			
6						
17						

①参照する表を用意する（ここでは、［商品］シートのセル範囲A1～C5に作成されている）

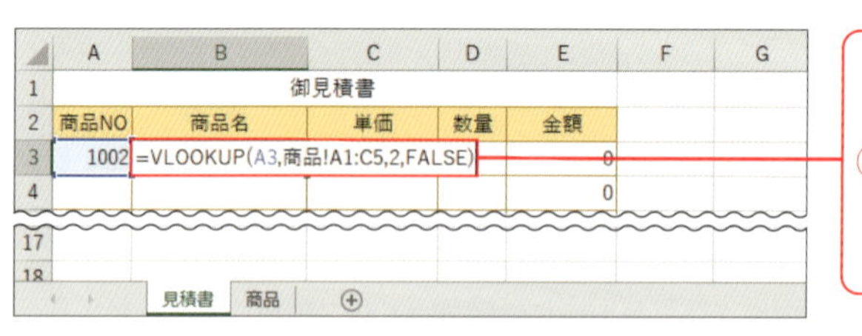

	A	B	C	D	E	F	G
1		御見積書					
2	商品NO	商品名	単価	数量	金額		
3	1002	=VLOOKUP(A3,商品!A1:C5,2,FALSE)			0		
4					0		
17							

②商品名を表示するセル(B3)をクリックし、次のように入力
=VLOOKUP(A3,商品!A1:C5,2,FALSE)

「商品」シートにある情報を、「見積書」シートで参照して表示しているんですね

［商品］シートのセル範囲A1～C5から、完全一致（FALSE）で、セルA3の値（1002）を検索し、一致する行の２列目の商品名（チェアDX）を表示するという意味です

他シートのセルを参照するときは、「シート名!セル参照」（商品!A1:C5）の形式で指定します。

	A	B	C	D	E	F	G
1	御見積書						
2	商品NO	商品名	単価	数量	金額		
3	1002	チェアDX	=VLOOKUP(A3,商品!A1:C5,3,FALSE)				
4					0		

③ 同様にして、単価を表示するセル（C3）をクリックし、次のように入力
=VLOOKUP(A3,商品!A1:C5,3,FALSE)

関数の書式と説明

VLOOKUP関数

［書式］　VLOOKUP(検索値, 範囲, 列番号[, 検索方法])
［説明］　VLOOKUP関数は、「範囲」の1列目で、「検索方法」に従って「検索値」を検索し、見つかった行から「列番号」で指定した位置のセルの値を表示します。
「検索値」には検索する値を指定します。「範囲」には、「検索値」を1列目（左端列）に含むセル範囲を指定します。「列番号」には、「範囲」から結果として表示する値のある列を左から何列目かで指定します。「検索方法」に指定した値が、FALSEの場合は、検索値と完全に一致する値が検索されます。TRUEまたは省略した場合は、検索値未満で最も大きい値が検索されます。

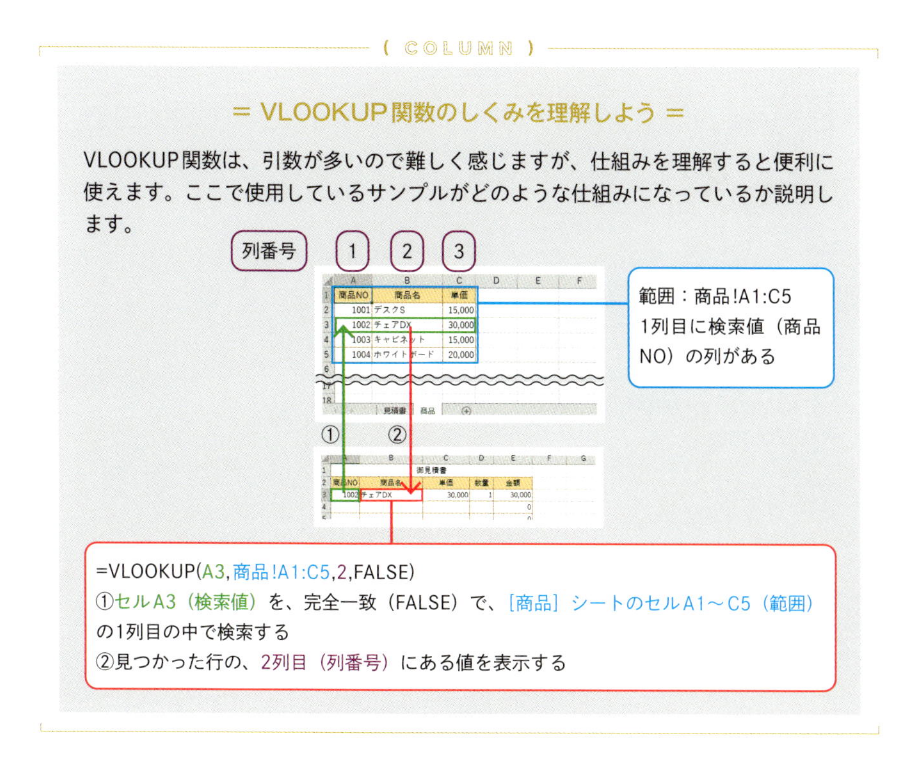

関数の入力が大変な場合は、［関数の挿入］を使うと便利です（ワザ96（P.156）参照）。

商品NOが未入力でもエラーを表示したくない!

カテゴリ 計算

VLOOKUP関数やその他の数式で、参照するセルに値が入力されていなかったりして、正常に計算できない場合は、セルにエラーが表示されます。IFERROR関数を使うと、数式がエラーの場合に表示する値を指定することができます。

IFERROR関数でエラーの場合に空欄にする

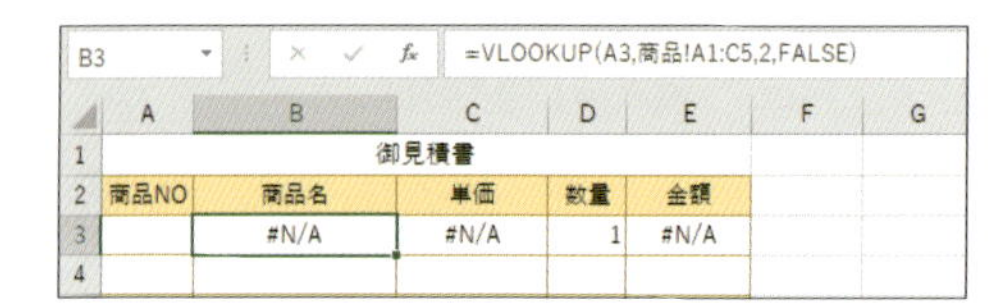

① 数式がエラーになっている。ここではセルA3が空欄になっているため、エラー「# N/A」が表示されている

② エラーのセル（セルB3）をダブルクリックし、カーソルを表示して次のように式を修正し、Enterキーを押す
=IFERROR(VLOOKUP(A3,商品!A1:C5,2,FALSE),"")

③ エラーが非表示になる

④ セルC3、セルE3の数式も同様に次のように修正する
=IFERROR(VLOOKUP(A3,商品!A1:C5,3,FALSE),"")
=IFERROR(C3*D3,"")

関数の書式と説明

IFERROR関数

［書式］ IFERROR(値, エラーの場合の値)

［説明］ IFERROR関数は、「値」がエラーになる場合に「エラーの場合の値」を表示し、「値」がエラーにならない場合は「値」の結果を表示します。「値」には、値または数式を指定し、「エラーの場合の値」には、「値」がエラーの場合に表示する値または数式を指定します。

「セルに何も表示しない」とするには、ダブルクォーテーションを2つ並べて「""」と指定します。

行を削除すると連番がずれてしまう!

カテゴリ 計算

表に1から順番に連番を振っているとき、行を削除したり、挿入したりすると番号がずれたり、欠番になったりしてしまいます。そんなときは、ROW関数を使ってセルの行番号を取得すれば、連番が自動で表示され、行の削除や挿入にも対応します。

▨ROW関数で行番号を利用する

A2 =ROW()-1

	A	B	C	D	E
1	受付番号	申込者	申込日		
2	1	桜井　華子	3月15日		
3	2	奥平　清美	3月15日		
4	3	中井　玲子	3月16日		
5	4	野々村　明美	3月17日		
6	5	榊原　美千代	3月17日		
7					

① 連番を入力するセル（A2）をクリックし、次のように入力
=ROW()-1

② 数式をコピーすると連番が表示される

関数の書式と説明

ROW関数

［書式］ ROW([参照])

［説明］ ROW関数は、「参照」で指定したセルの行番号を返します。「参照」には、セルまたはセル範囲を指定します。省略すると、ROW関数を入力したセルの行番号が返ります。セル範囲を指定した場合は、セル範囲の上端行の行番号が返ります。

行を削除しても欠番になることなく、自動的に連番が振り直されます。

日付を西暦でなく和暦で表示したい

カテゴリ 書式

いつもは「2019/1/23」のように西暦で表示している日付を、「平成31年1月23日」のように和暦で表示したい場合、[セルの書式設定] ダイアログボックスの日付のカレンダーの種類を「和暦」に変更します。

▨セルの書式設定の日付のカレンダーの種類を「和暦」にする

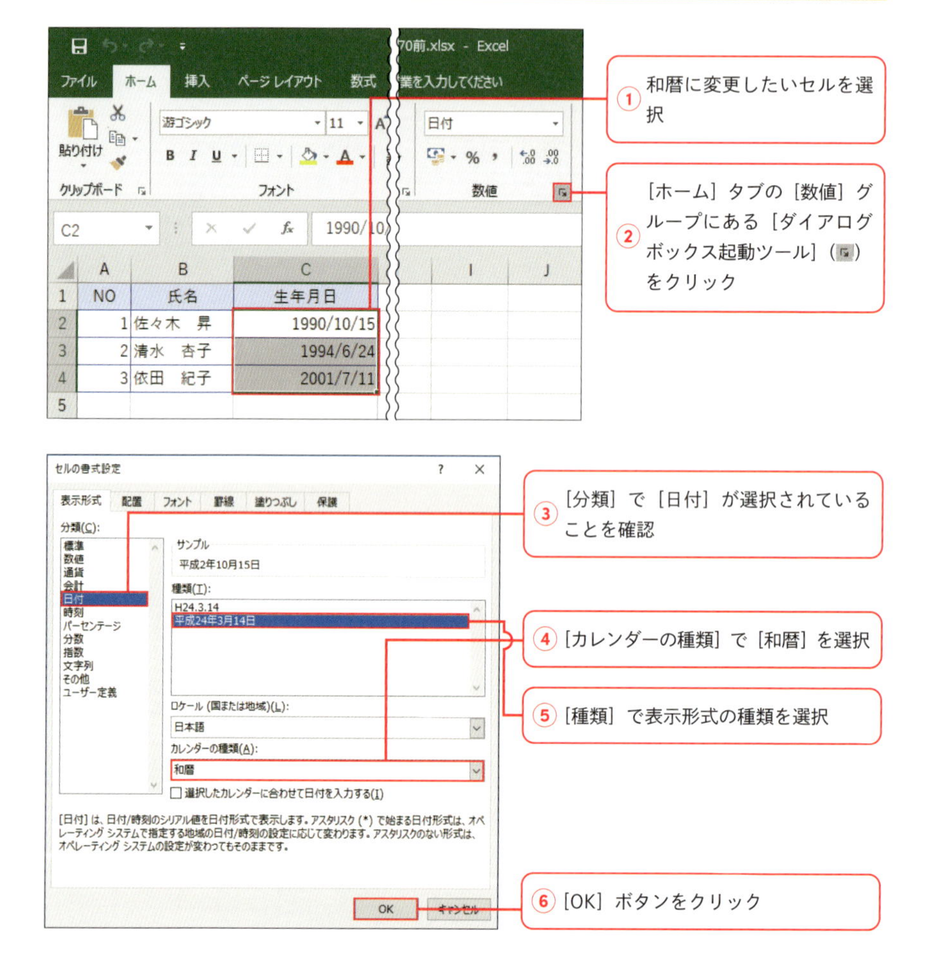

[セルの書式設定] ダイアログボックスは、Ctrl+1キーを押しても表示できます（ワザ33参照）。

	A	B	C	D
1	NO	氏名	生年月日	
2	1	佐々木　昇	平成2年10月15日	
3	2	清水　杏子	平成6年6月24日	
4	3	依田　紀子	平成13年7月11日	
5				

⑦ 日付の表示形式が和暦になる

(COLUMN)

＝ 日付や時刻をオリジナルの形式で表示する ＝

日付の表示形式の［種類］で、使用したい表示形式が一覧にない場合は、書式記号を組み合わせて、オリジナルの形式を設定できます。［分類］で［ユーザー定義］を選択し、［種類］の入力欄に書式記号で指定します。例えば、「平成31年07月09日」のように年、月、日ともに2桁で表示したい場合は、「gggee"年"mm"月"dd"日"」のように指定します。書式記号以外の文字列は「"」（ダブルクォーテーション）で囲みます。

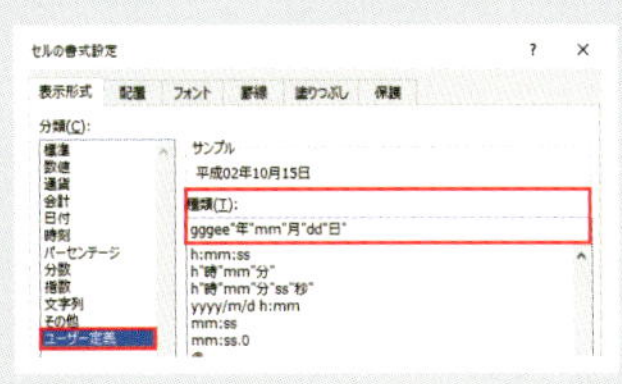

表 日付の書式記号

記号	内容	例（1996/3/15の場合）	
yy／yyyy	西暦年を下2桁／4桁で表示	yy/m/d	19/3/15
e／ee	和暦の年を1桁／2桁で表示	gggee"年"	平成08年
ggg／gg／g	和暦の年号を平成／平／Hで表示	ge/m/d	H8/3/15
m／mm	月を1桁／2桁で表示	m"月"	3月
mmm／mmmm	英語の月をJan／Januaryの形式で表示	mmmm	March
d／dd	日を1桁／2桁で表示	m"月"d"日"	3月15日
aaa／aaaa	曜日を月／月曜日の形式で表示	m/d（aaaa）	3/15（金曜日）
ddd／dddd	英語の曜日をMon／Mondayの形式で表示	m/d（ddd）	3/15（Fri）

西暦で表示したい場合は、④で［グレゴリオ暦］を選択します。

負の数は赤字で「▲10」のように表示する

カテゴリ 書式

正の数値はそのまま表示し、負の数値は赤字で数値の前に「▲」を付けて表示したいという場合、「正の数値と0の書式;負の数値の書式」の形式で「;」(セミコロン)で区切って別々に指定します。また、文字色は[赤]のように囲んで指定してください。

▨セルの表示形式を「0;[赤]"▲"0」に設定する

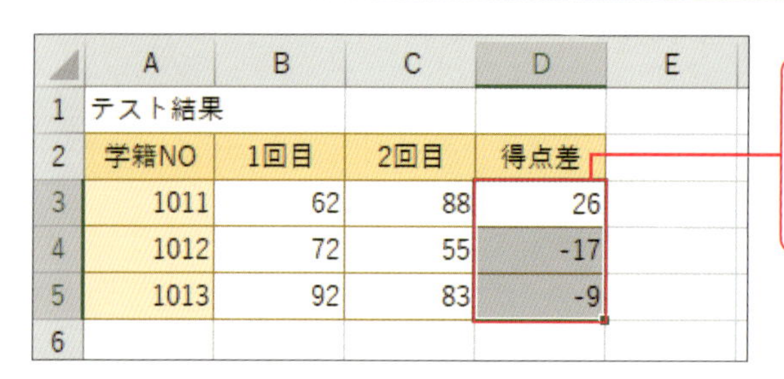

① 表示形式を設定したいセルを選択し、ワザ70を参照して[セルの書式設定]ダイアログボックスを表示する

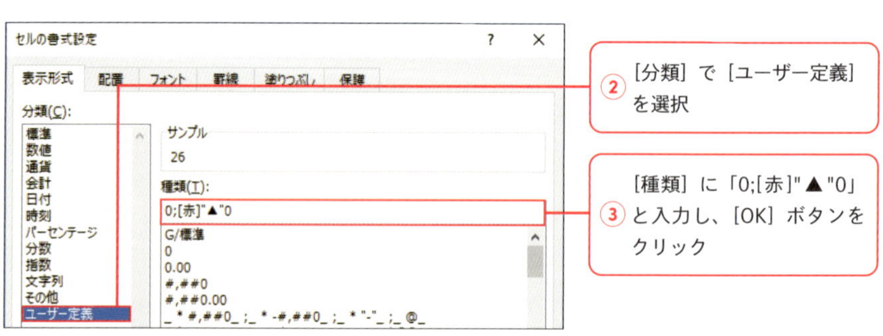

② [分類]で[ユーザー定義]を選択

③ [種類]に「0;[赤]"▲"0」と入力し、[OK]ボタンをクリック

	A	B	C	D	E
1	テスト結果				
2	学籍NO	1回目	2回目	得点差	
3	1011	62	88	26	
4	1012	72	55	▲17	
5	1013	92	83	▲9	
6					

④ 負の値が赤字で「▲」がついて表示される

標準の表示形式に戻すには、③で[G/標準]を選択します。

(COLUMN)

＝ ユーザー定義の表示形式の指定方法 ＝

ユーザー定義の表示形式は、「正の数値の書式；負の数値の書式；０の書式；文字の書式」と、「；(セミコロン)」で区切って、最大4つの区分に分けて指定できます。1つだけ指定した場合は、すべての値に同じ書式が適用されます。また、2つだけ指定した場合は、「正の数値と０の書式；負の数値の書式」となります。

表 主な数値の書式記号

書式記号	意味
0	数値の1桁を表す。セルのデータの桁数が、表示形式の桁数より少ない場合は、表示形式の桁まで0を補う。桁数が多い場合は、そのまま表示する
#	数値の1桁を表す。セルのデータの桁数が、表示形式の桁数にかかわらずそのまま表示する。1の位に「#」を指定した場合、値が0だと何も表示されない
?	数値の1桁を表す。セルのデータの桁数が、表示形式の桁数より少ない場合は、表示形式の桁までスペースを補う。桁数が多い場合は、そのまま表示する。小数点位置や分数の位置を揃えたいときに使用する。ワザ75（P.115）参照
.	小数点を表す
,	3桁ごとの桁区切りを表す
%	パーセント表示にする

設定例	値	表示結果
0	0 123	0 123
0.00	0 12.3 12.345	0.00 12.30 12.35
#	0 123	何も表示しない 123
#.##	0 12.3 12.345	何も表示しない 12.3 12.35

文字色は、[黒]、[赤]、[青]、[緑]、[黄]、[紫]、[水]、[白] の8色指定できます。

¥1,000ではなく、1,000円と表示したい!

カテゴリ 書式

数値に通貨の表示形式を設定すると、「¥1,000」のように表示されます。ですが、セルに「1,000円」と入力すると文字列として扱われ、計算できなくなります。数値のまま「1,000円」と表示するには、表示形式を「#,##0"円"」に設定します。

▨セルの表示形式を「#,##0 "円"」に設定する

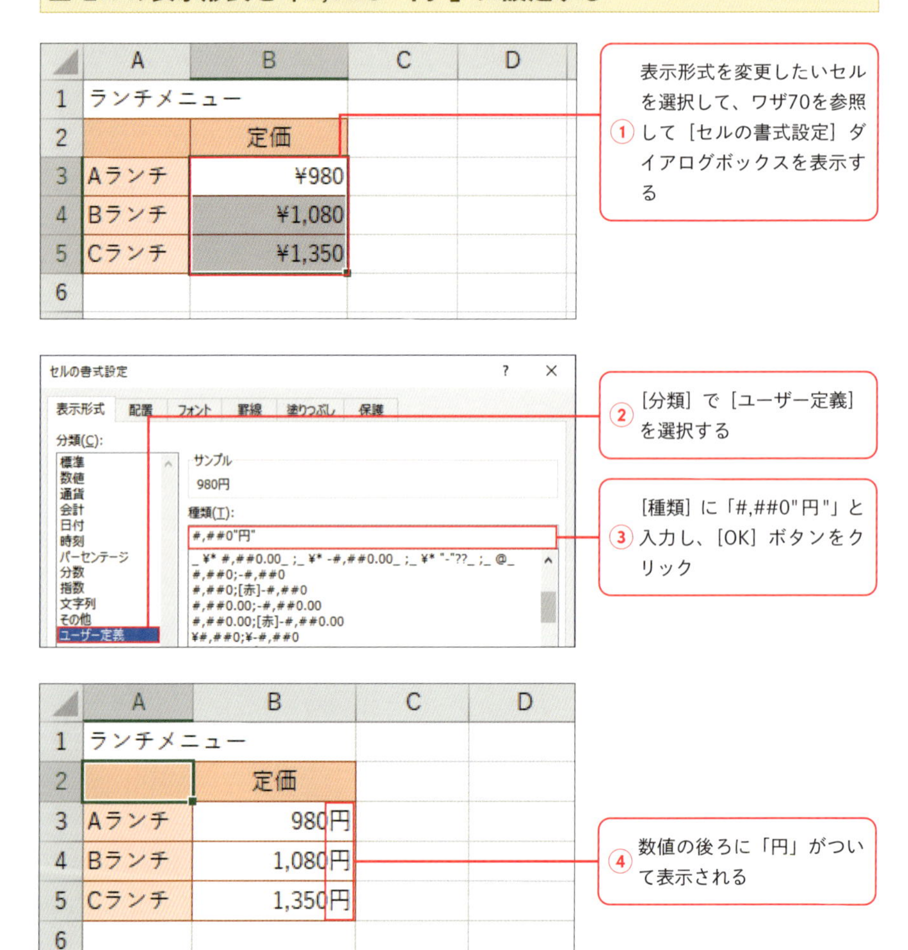

［セルの書式設定］ダイアログボックスは、Ctrl+1キーでも表示できます（ワザ33参照）。

数値の表記を千単位にする

カテゴリ 書式

売上予測や人口予測など桁数の多い数値を表示するときに、単位を「千単位」にしたい場合があります。そんなときは、3桁ごとの桁区切りを表す書式記号「,」(カンマ)を表示形式の末尾に付けて「#,##0,」のように指定します。

▨セルの表示形式を「#,##0,」に設定する

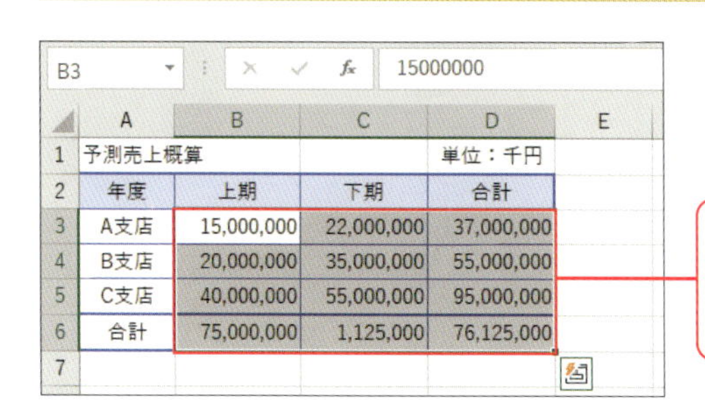

	A	B	C	D	E
1	予測売上概算			単位：千円	
2	年度	上期	下期	合計	
3	A支店	15,000,000	22,000,000	37,000,000	
4	B支店	20,000,000	35,000,000	55,000,000	
5	C支店	40,000,000	55,000,000	95,000,000	
6	合計	75,000,000	1,125,000	76,125,000	
7					

①表示形式を変更したいセルを選択して、ワザ70を参照して［セルの書式設定］ダイアログボックスを表示する

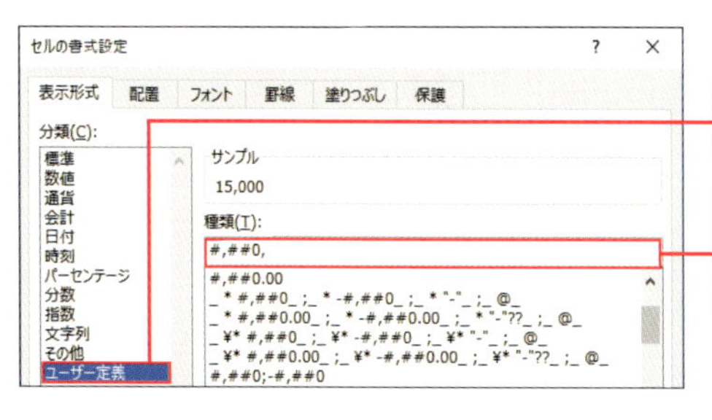

②［分類］で［ユーザー定義］を選択

③［種類］に「#,##0,」と入力し、[OK]ボタンをクリック

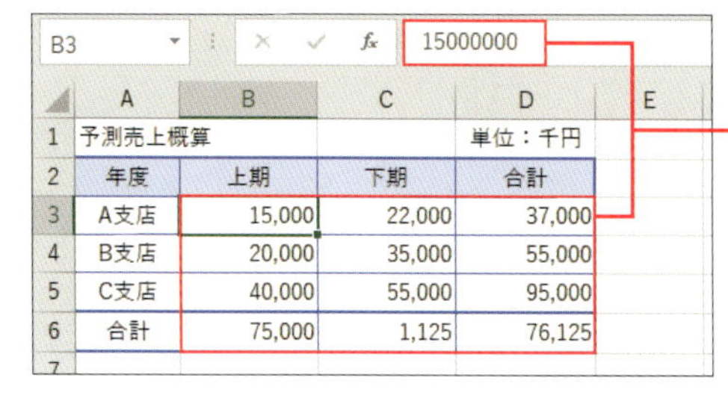

	A	B	C	D	E
1	予測売上概算			単位：千円	
2	年度	上期	下期	合計	
3	A支店	15,000	22,000	37,000	
4	B支店	20,000	35,000	55,000	
5	C支店	40,000	55,000	95,000	
6	合計	75,000	1,125	76,125	

④数値が千単位で表示される。数式バーで実際の数値は変更ないことが確認できる

決算や売上表を作る時に便利ですね

数値「1,234,567」に表示形式「#,##0,」を設定すると「1,235」となり、100の位で四捨五入されます。

001、002のように表示したい!

カテゴリ 書式

セルに「001」と入力しても、入力された値が数値と判断されると、「1」のように表示されてしまいます。表示形式を「000」に設定すれば、表示形式の桁数より桁数が少ない場合は、「001」のように0が補われて表示されます。

セルの表示形式を「000」に設定する

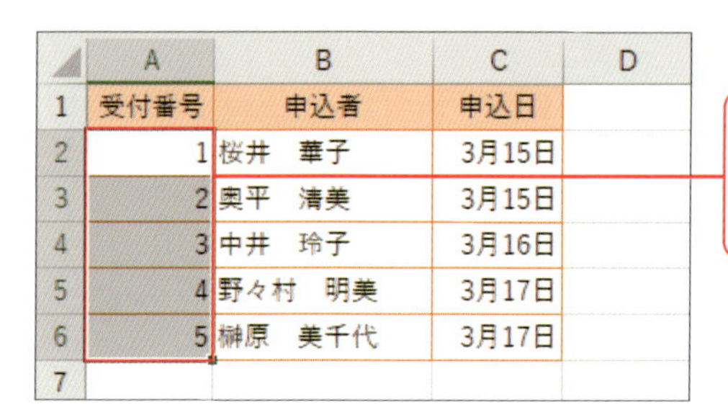

	A	B	C	D
1	受付番号	申込者	申込日	
2	1	桜井　華子	3月15日	
3	2	奥平　清美	3月15日	
4	3	中井　玲子	3月16日	
5	4	野々村　明美	3月17日	
6	5	榊原　美千代	3月17日	
7				

① 表示形式を変更したいセルを選択して、ワザ70を参照して［セルの書式設定］ダイアログボックスを表示する

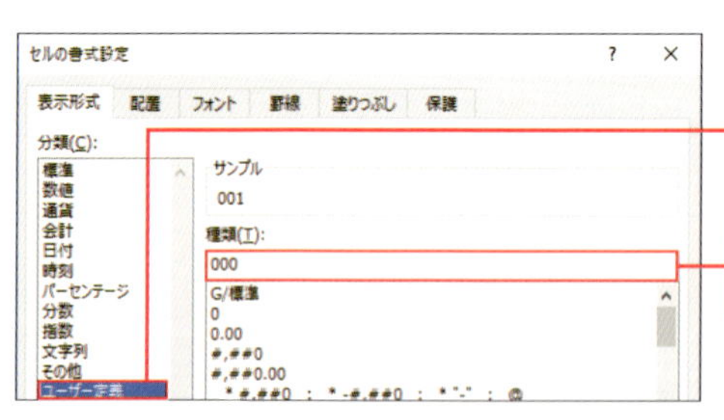

② ［分類］で［ユーザー定義］を選択

③ ［種類］に「000」と入力し、［OK］ボタンをクリック

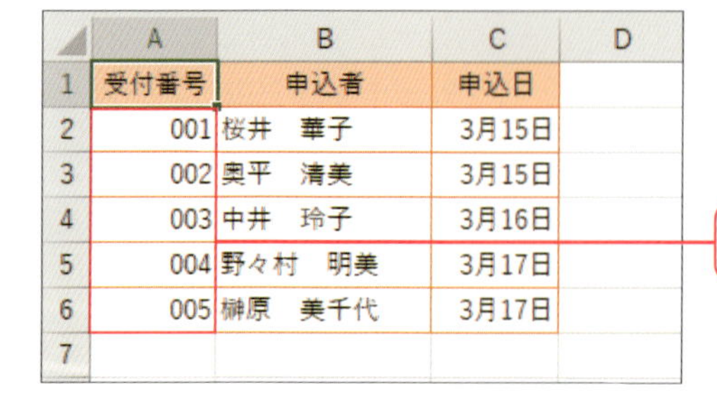

	A	B	C	D
1	受付番号	申込者	申込日	
2	001	桜井　華子	3月15日	
3	002	奥平　清美	3月15日	
4	003	中井　玲子	3月16日	
5	004	野々村　明美	3月17日	
6	005	榊原　美千代	3月17日	
7				

④ 数値が001、002……と表示される

セルの表示形式を「文字列」に設定すれば、入力された値が文字として扱われ「001」と入力できます。

小数点の位置を揃えたい!

カテゴリ 書式

「12.3」や「123.45」など、小数点以下の桁数が異なる数値をセルに表示すると、小数点位置がバラバラで読みづらくなります。数値の1桁を表す書式記号の「?」を使えば小数点の位置を揃えられます。例えば、「?.??」で小数点以下2桁に揃います。

▨セルの表示形式を「?.??」に設定する

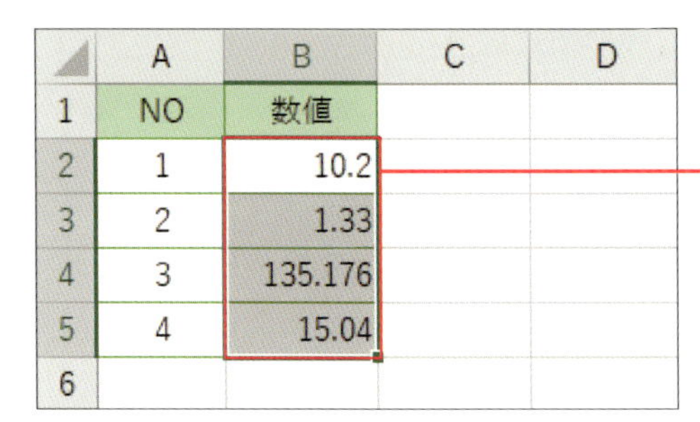

① 表示形式を変更したいセルを選択して、ワザ70を参照して［セルの書式設定］ダイアログボックスを表示する

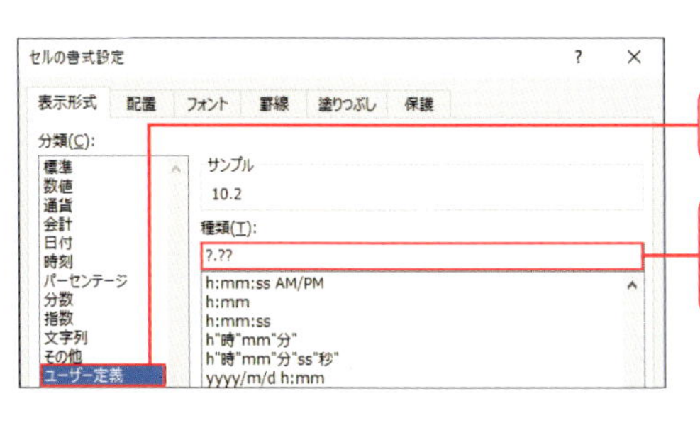

② ［分類］で［ユーザー定義］を選択

③ ［種類］に「?.??」と入力し、［OK］ボタンをクリック

	A	B	C	D
1	NO	数値		
2	1	10.2		
3	2	1.33		
4	3	135.18		
5	4	15.04		
6				

④ 小数点位置が揃い、小数点以下2桁まで表示される

整数の部分は「?」にしなくても「0.??」や「#.??」とすることもできます。

セルの中にミニグラフを表示する

カテゴリ 書式

スパークラインを使うと、表のセル内にグラフを表示することができます。項目ごとに数値の変化が一目でわかるので、すばやく簡単に数値の動向が確認できて便利です。スパークラインには、[折れ線]、[縦棒]、[勝敗] の3つのグラフがあります。

スパークラインを設定する

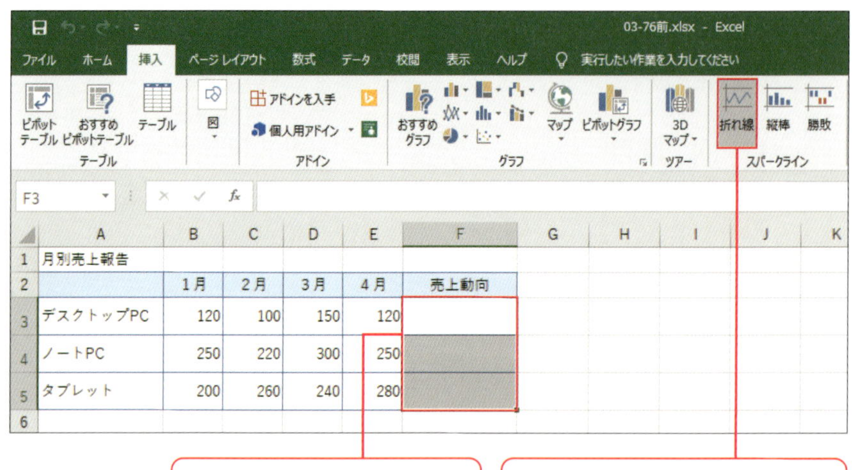

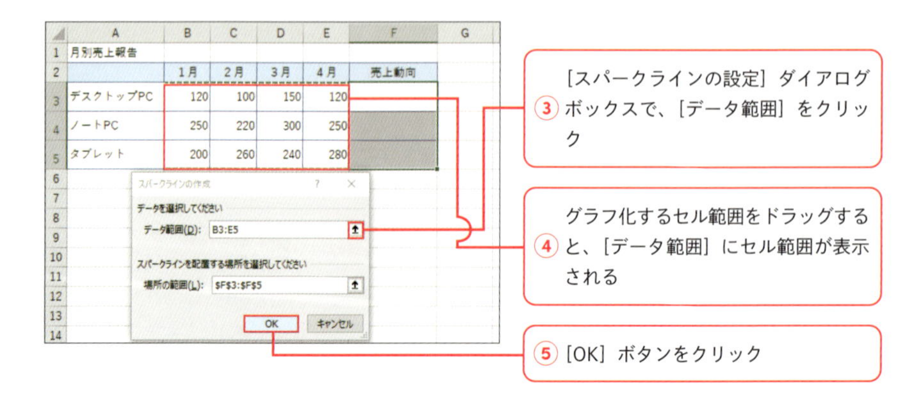

[スパークラインツール] の [デザイン] タブで色の変更などスパークラインの各種設定ができます。

	A	B	C	D	E	F	G
1	月別売上報告						
2		1月	2月	3月	4月	売上動向	
3	デスクトップPC	120	100	150	120		
4	ノートPC	250	220	300	250		
5	タブレット	200	260	240	280		
6							

⑥項目ごとの月別のミニグラフがセルに表示される

(COLUMN)

＝ グラフの縦軸の最大値と最小値を揃える ＝

セルに表示されるスパークラインは、グラフごとの数値に合わせて縦軸（数値軸）の最小値と最大値が設定されています。スパークラインの全グラフで最大値と最初値を揃えると、他の項目と数値の大小を比較できるようになります。①スパークラインが設定されたセルをクリックし、②［スパークラインツール］の［デザイン］タブで［軸］をクリックし、［縦軸の最小値のオプション］で［すべてのスパークラインで同じ値］をクリックします。③同様に［縦軸の最大値のオプション］で［すべてのスパークラインで同じ値］をクリックすると、④スパークラインが設定されているすべてのセルで最小値と最大値が揃います。

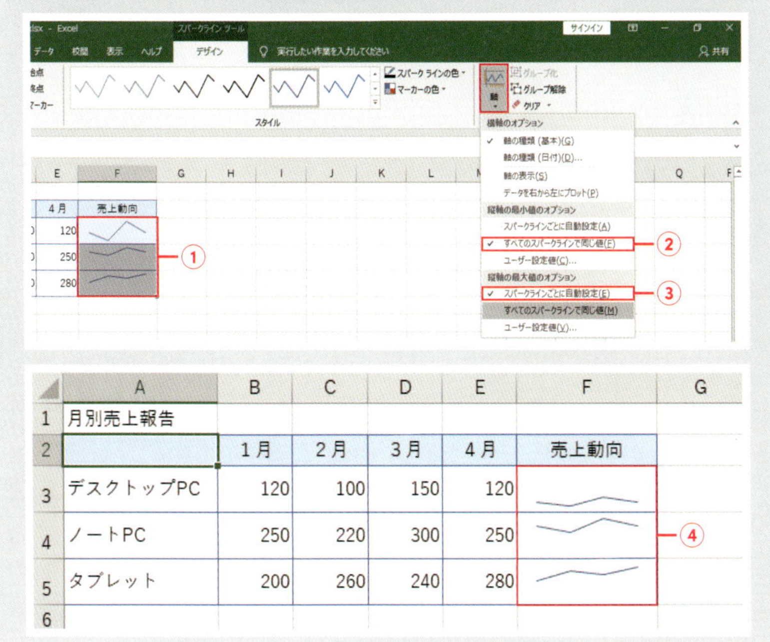

スパークラインは、［スパークラインツール］の［デザイン］タブにある［クリア］で解除できます。

空白のセルに色を付けて入力漏れをチェックしたい!

カテゴリ 書式

条件付き書式を使うと、条件に一致したセルに色を付けたり、アイコンを表示したりできます。数値、文字列、日付の値によって色を変えるなどの設定のほか、空白のセルに色を付けることもできます。これを利用すれば、入力漏れのチェックに役立ちます。

▨条件付き書式で空白セルに色を付ける

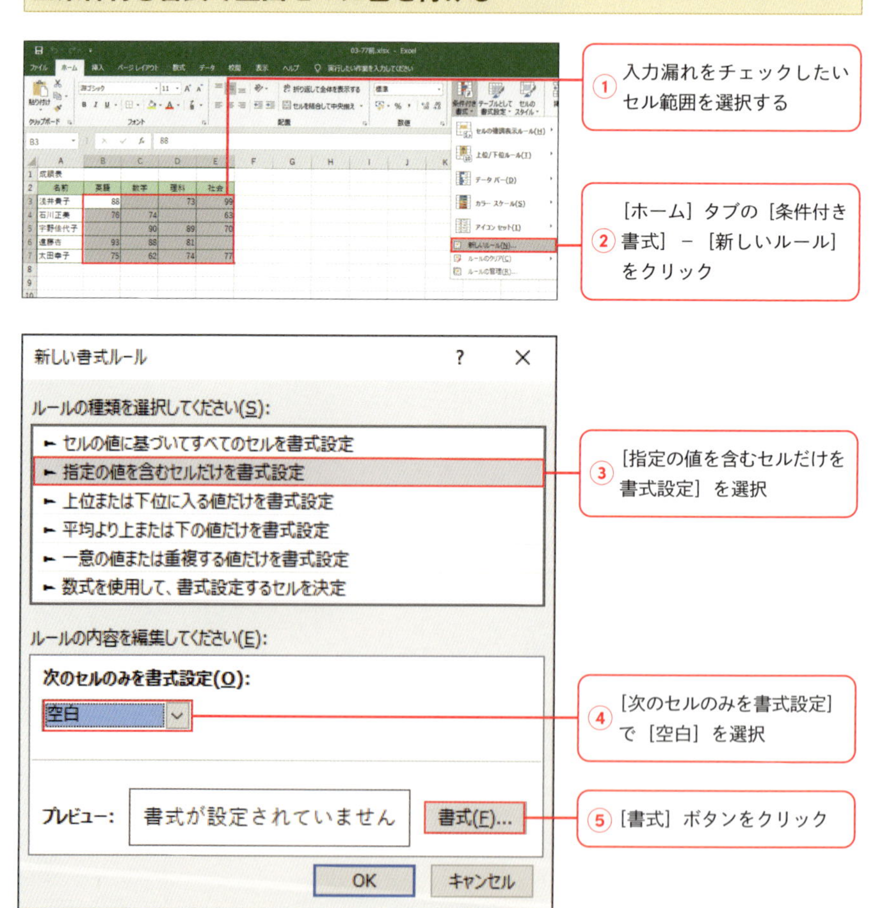

同じセル範囲に複数の条件付き書式を設定できます。

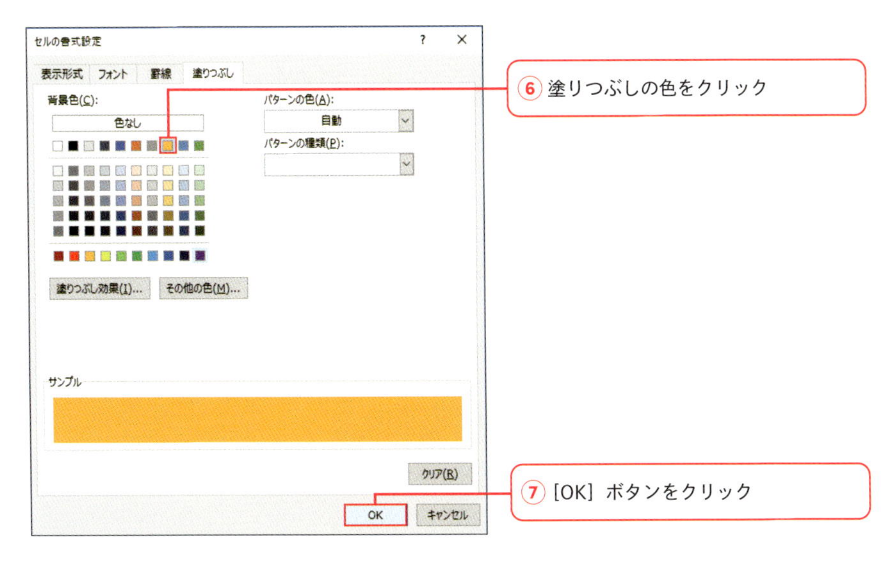

	A	B	C	D	E	F
1	成績表					
2	名前	英語	数学	理科	社会	
3	浅井貴子	88		73	99	
4	石川正美	76	74		63	
5	宇野佳代子		90	89	70	
6	遠藤杏	93	88	81		
7	太田幸子	75	62	74	77	
8						

⑧ 前の画面に戻ったら、[OK] ボタンをクリックして閉じると、未入力のセルに色が設定される

(COLUMN)

= 条件付き書式を解除する =

条件付き書式を解除するには、①条件付き書式を解除したいセル範囲を選択し、②[ホーム] タブの [条件付き書式] − [ルールのクリア] − [選択したセルからルールをクリア] をクリックします。なお、[シート全体からルールをクリア] をクリックすると、ワークシートにあるすべてのセルから条件付き書式が解除されます。

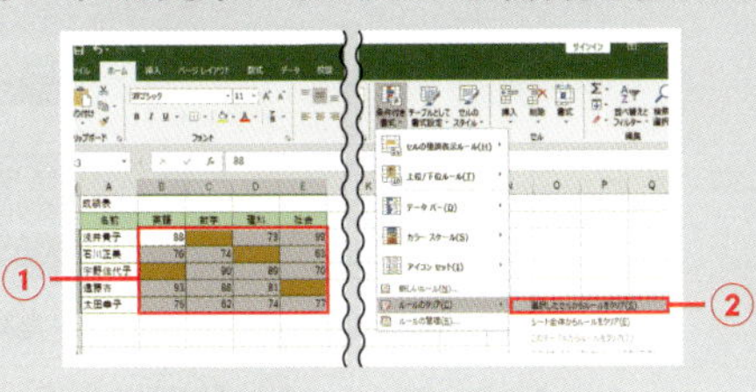

条件付き書式では、数値の大小によりデータバー、カラースケール、アイコンセットも表示できます。

注文期限日の3日前になったらセルに色が自動で付く

カテゴリ 書式

条件付き書式と今日の日付を表示するTODAY関数を組み合わせると、セルに入力された日付と今日の日付を比較して数日前になったらセルに色を付けることができます。期限をうっかり忘れないようにスケジュール表に設定しておくと便利です。

▨条件付き書式とTODAY関数を組み合わせて設定する

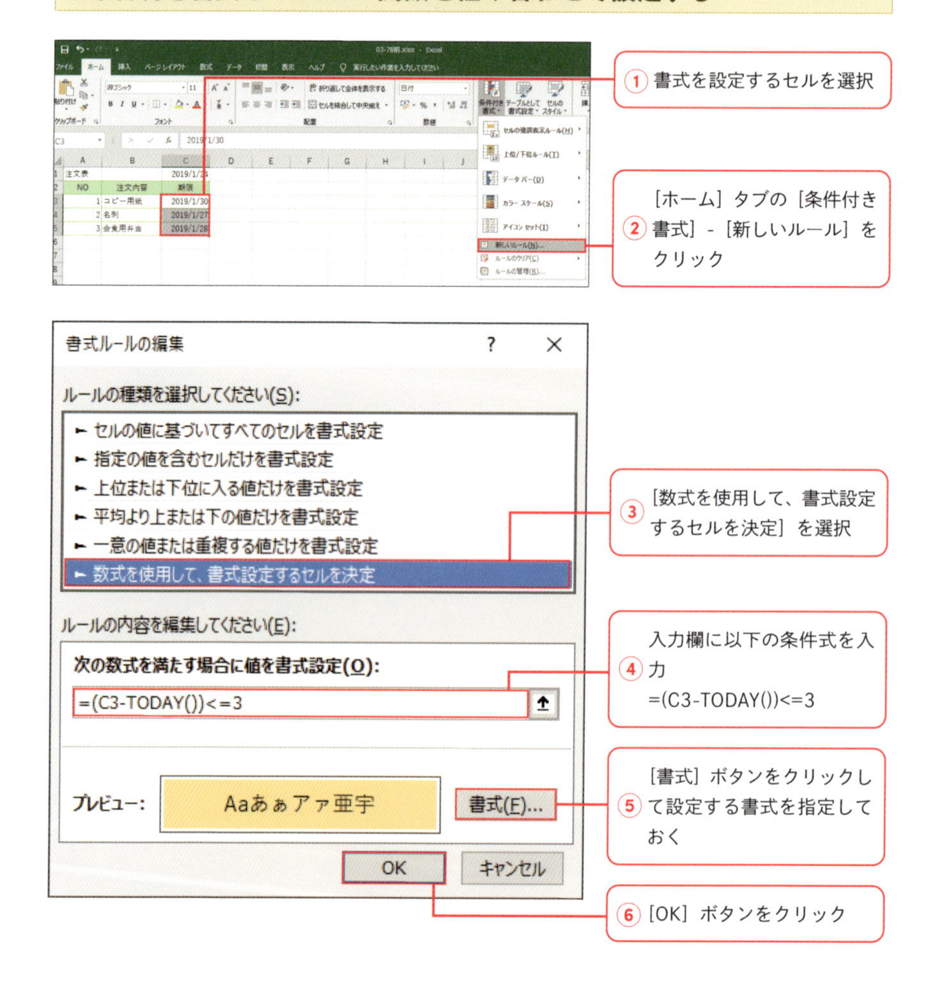

④で条件式を設定する場合、先頭で「=」（イコール）を忘れずに入力してください。

	A	B	C	D
1	注文表		2019/1/24	
2	NO	注文内容	期限	
3	1	コピー用紙	2019/1/30	
4	2	名刺	2019/1/27	
5	3	会食用弁当	2019/1/28	
6				

⑦ 今日（2019/1/24）より3日以内の日付のセルに色が設定される

（ COLUMN ）

= 今日が期限日の場合に色を付けるには =

セルの日付が今日の場合だけ色を付けたい場合は、［ホーム］タブの［条件付き書式］－［セルの強調表示ルール］－［日付］をクリックして［日付］ダイアログボックスを表示し、選択肢から［今日］を選択して、設定したい色を指定します。

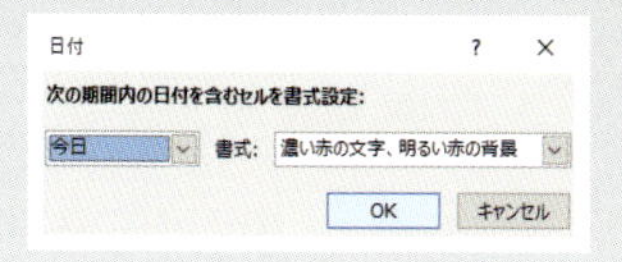

今日の日付と一致する場合だけセルに色が表示される

（ COLUMN ）

= 条件付き書式の種類 =

条件付き書式には下表のような種類があります。それぞれの特徴を理解して使い分けましょう。

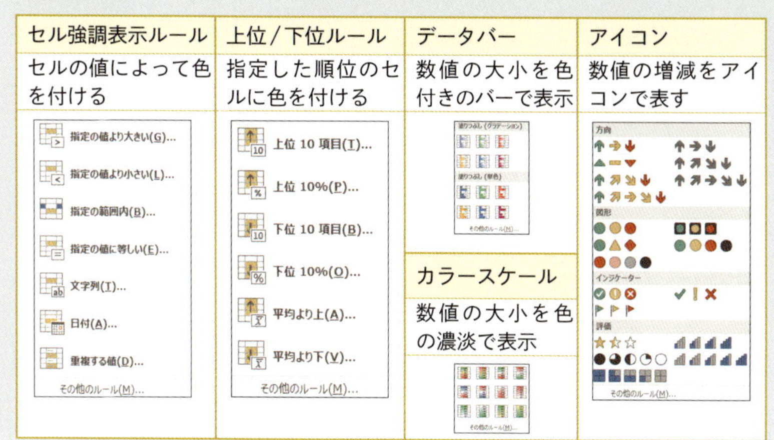

セル強調表示ルール	上位/下位ルール	データバー	アイコン
セルの値によって色を付ける	指定した順位のセルに色を付ける	数値の大小を色付きのバーで表示	数値の増減をアイコンで表す

カラースケール
数値の大小を色の濃淡で表示

② で［ルールの管理］をクリックすると、条件付き書式の内容を変更したり、削除したりできます。

土日のセルに色を付けて区別したい!

カテゴリ 書式

スケジュール表で、土日の行だけ色を自動で設定するには、日付から曜日番号を求めるWEEKDAY関数を使い、土曜日（7）か日曜日（1）かを調べ、条件付き書式を使って、曜日別にセルに色を設定します。

WEEKDAY関数で土日を判別して条件付き書式で色を付ける

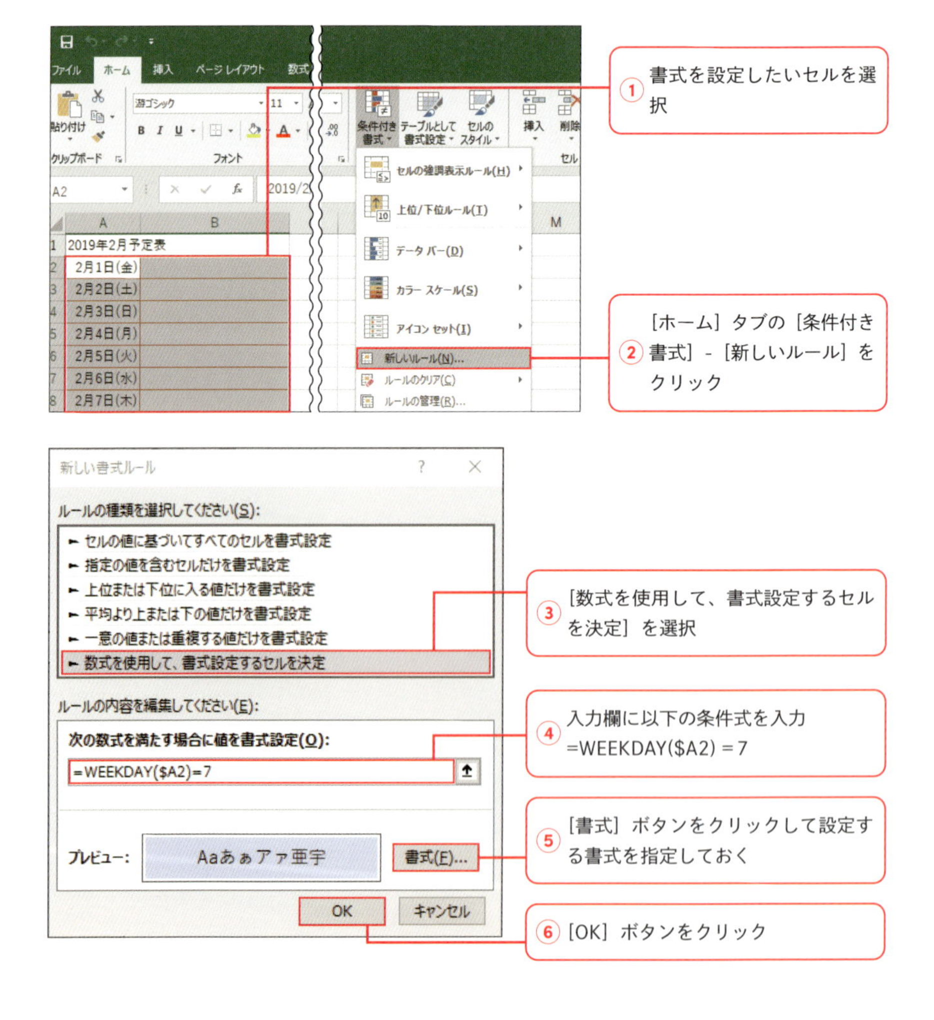

 ④では、常に同じ行のA列の値が参照されるようにA列だけを絶対参照にしています（ワザ97（P.158）参照）。

	A	B	C	D
1	2019年2月予定表			
2	2月1日(金)			
3	2月2日(土)			
4	2月3日(日)			
5	2月4日(月)			
6	2月5日(火)			
7	2月6日(水)			
8	2月7日(木)			
9	2月8日(金)			
10	2月9日(土)			
11	2月10日(日)			

⑦ 土曜日の行に色が設定される

⑧ 日曜日について、同様に①から⑥まで繰り返す。④の条件式は次のように設定する
=WEEKDAY($A2) = 1

	A	B	C
1	2019年2月予定表		
2	2月1日(金)		
3	2月2日(土)		
4	2月3日(日)		
5	2月4日(月)		
6	2月5日(火)		
7	2月6日(水)		
8	2月7日(木)		
9	2月8日(金)		
10	2月9日(土)		
11	2月10日(日)		

⑨ 日曜日の行に色が設定される

関数の書式と説明

WEEKDAY関数

［書式］ WEEKDAY(シリアル値[, 種類])

［説明］ WEEKDAY関数は、「シリアル値」で指定した日付の曜日番号を、「種類」で指定した形式で表示します。「シリアル値」には、曜日を求めたい日付を指定し、「種類」には、曜日番号を取得する形式を数値で指定します。

表 種類に指定する曜日番号を取得する形式

種類	戻り値
1または省略	1（日曜）～7（土曜）
2	1（月曜）～7（日曜）
3	0（月曜）～6（日曜）

土日を同じ色にする場合、条件式を「=WEEKDAY($A2,2)>=6」とすれば、1つ設定するだけです。

不定期の休日に色を付ける方法

カテゴリ 書式

表に「休日」のような特定の文字のセルに色を付けて強調したいという場合、条件付き書式を使えば、そのセルやそのセルがある行に色を付けることもできます。行に色を付けるにはCOUNTIF関数を使い「休日」のある行を調べて設定します。

▨条件付き書式の［文字列］で「休日」のセルに色を付ける

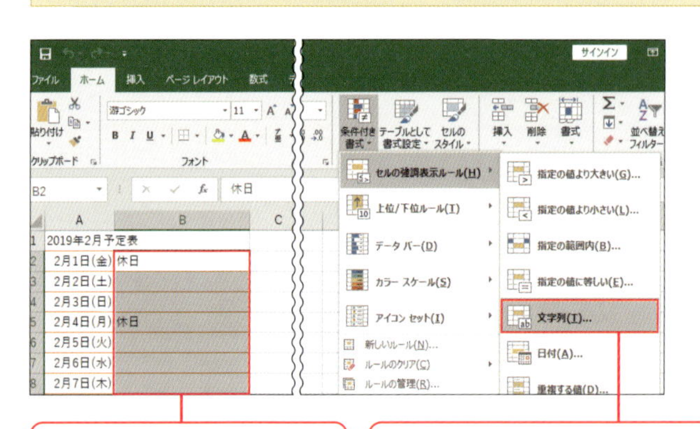

①書式を設定したいセルを選択

②［ホーム］タブの［条件付き書式］－［セルの強調表示ルール］－［文字列］をクリック

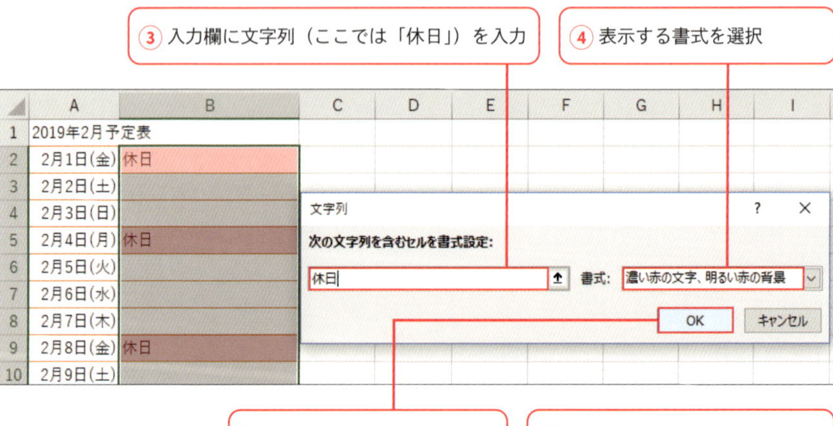

③でワイルドカードを使って、「*休*」とすると、「休」を含むセルに対して色を付けられます。

▨COUNTIF関数と条件付き書式を使って「休日」の行に色を付ける

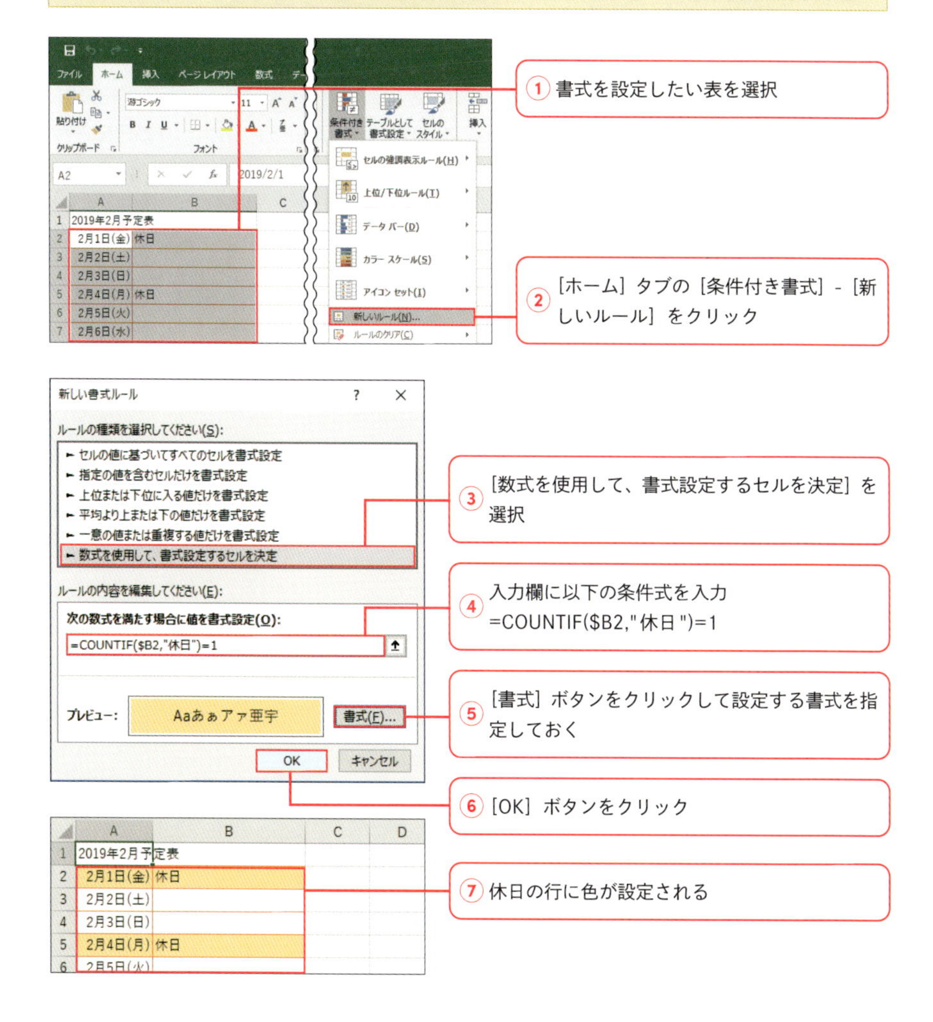

関数の書式と説明

COUNTIF関数

[書式]　COUNTIF（範囲, 検索条件）

[説明]　COUNTIF関数は、「範囲」の中から「検索条件」を満たすデータのセルの個数を数えます。「範囲」には、検索の対象となるセル範囲を指定し、「検索条件」には、数値、文字列、比較演算子を使った条件式、セル範囲などを指定できます。文字列や条件式を指定する場合は、「"」で囲んでください。

④では、常に同じ行のB列の値が参照されるようにB列だけを絶対参照にしています（ワザ97参照）。

売上金額の一番多いセルと少ないセルを素早く見つけたい!

カテゴリ 書式

集計表の中で売上金額が一番多いセル、少ないセルをすばやく見つけたいときは、条件付き書式の［上位／下位ルール］を使います。最大値は［上位10項目］、最小値は［下位10項目］を使えば、簡単に見つけることができます。

▨条件付き書式の［上位10項目］で最大値のセルに色を付ける

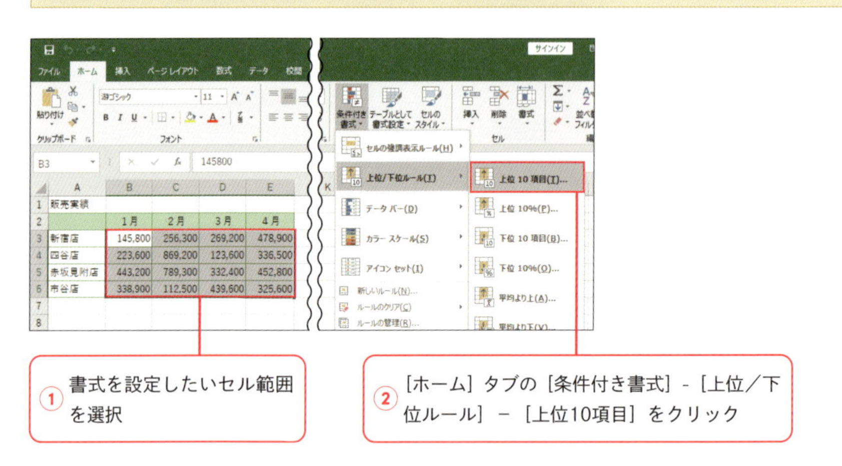

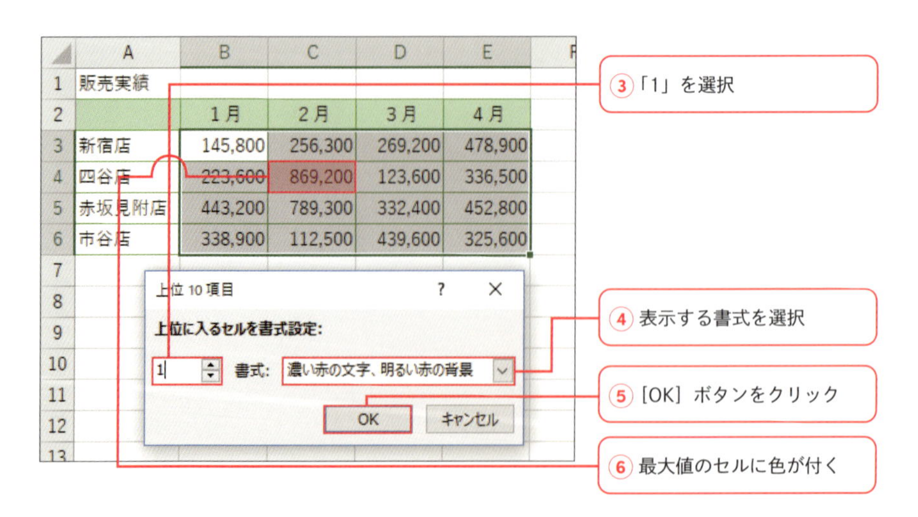

[上位］は大きい順、［下位］は小さい順に数えた順番です。

▨条件付き書式の［下位10項目］で最小値のセルに色を付ける

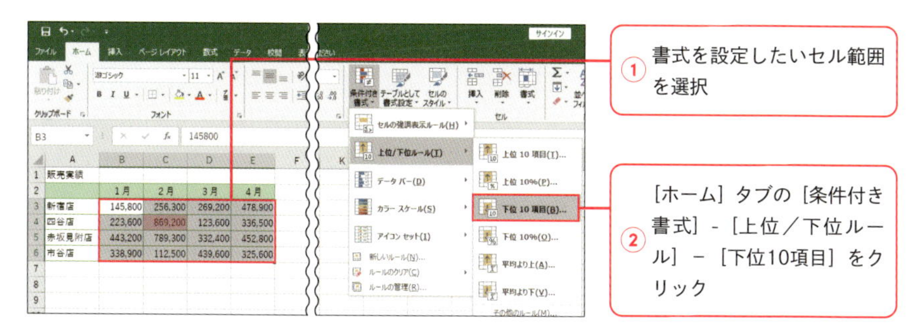

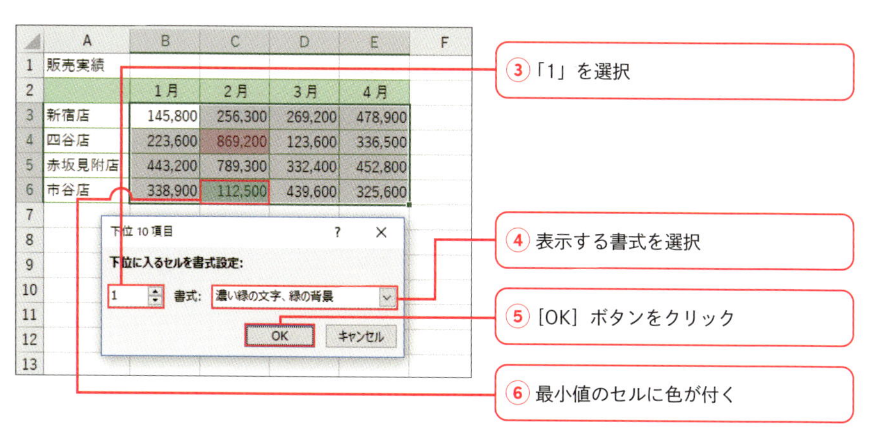

(COLUMN)

＝ 条件付き書式を複数設定している場合に1つだけ削除するには ＝

同じセル範囲に複数の条件付き書式を設定している場合、1つだけ削除するには、［ホーム］タブの［条件付き書式］－［ルールの管理］をクリックして［条件付き書式ルールの管理］ダイアログボックスを表示します。①削除したい条件付き書式のルールを選択し、②［ルールの削除］ボタンをクリックします。なお、内容を修正したい場合は、［ルールの編集］ボタンをクリックして修正します。

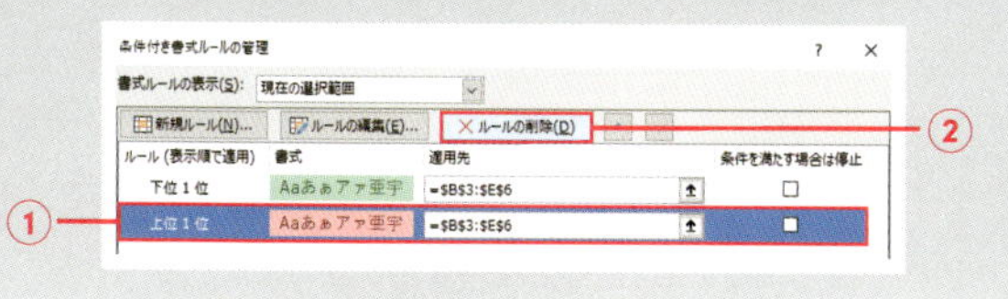

［上位／下位ルール］では、上位、下位を％で指定したり、平均より上、下の条件が指定できます。

部署名変更を一つ一つ修正するのが面倒!

カテゴリ 検索・置換

社内で部署名変更がある場合など、特定の文字列を別の文字列に書き換えたいときは、[置換] 機能を使います。指定したセル範囲の中から指定した文字列を探し、確認しながら書き換えることも、一気に書き換えることもできます。

▨置換機能で書き換える

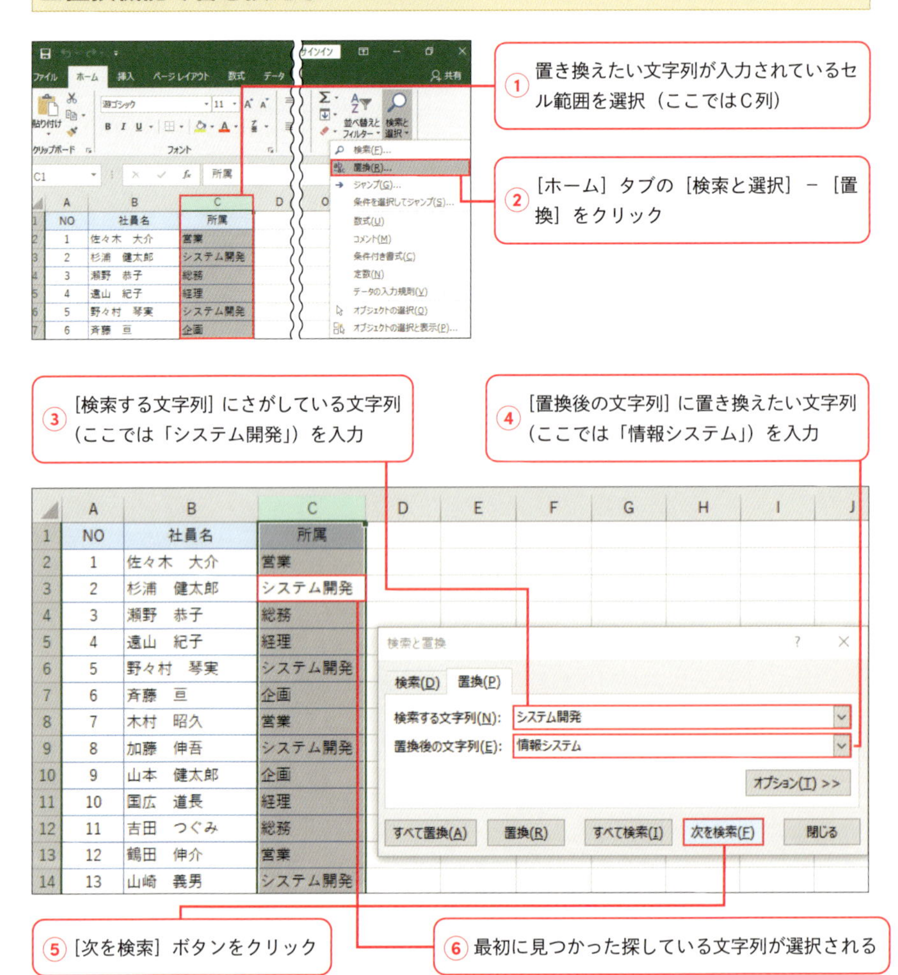

①で範囲選択をしないと、ワークシート内のすべてのセルが対象になります。

⑦［置換］ボタンをクリック

⑧ 検索された文字が置換文字に置き換えられた

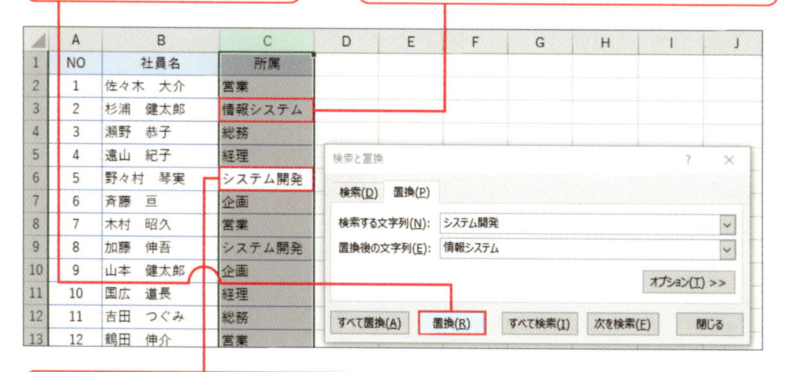

⑨ 次に検索する文字列が選択される

⑩［すべて置換］ボタンをクリック

⑪ 一気に文字が置き換えられる

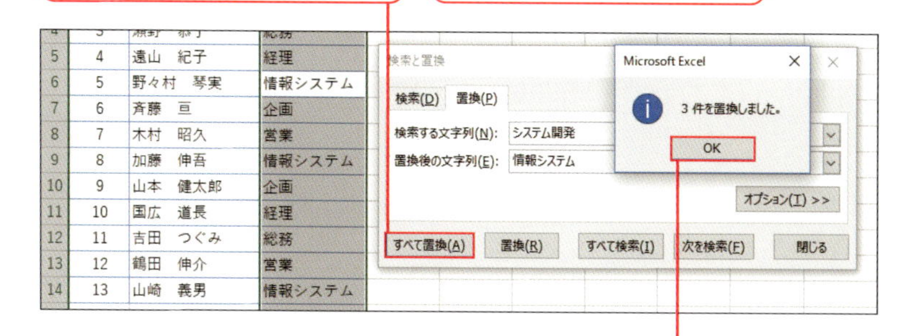

⑫ 置き換えた件数が表示されたら、［OK］ボタンをクリック

(COLUMN)

＝ 目的の文字列を検索する ＝

［検索と置換］ダイアログボックスで［検索］タブをクリックすると、検索画面が表示され、検索だけができます。また、複数文字の代用であるワイルドカード「*」を使ってあいまいな条件で検索ができます。例えば、「*山*」と入力して［すべて検索］ボタンをクリックすると、山を含むセルの一覧が表示されます。

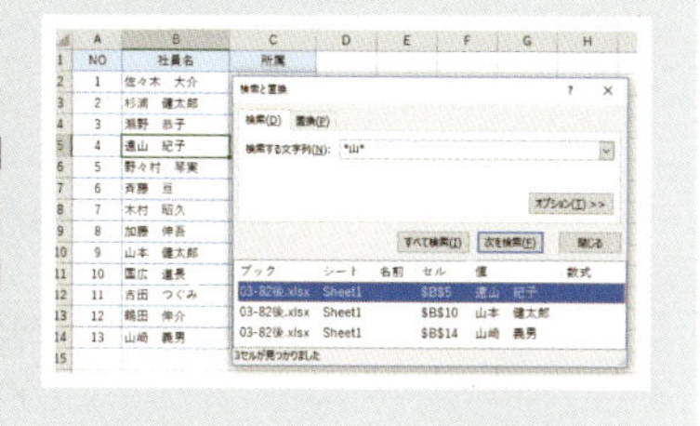

［置換後の文字列］を空欄にして［すべて置換］をクリックすると、検索文字列を一気に削除できます。

住所の文字をすべて全角に統一したい!

カテゴリ データ整理

住所のようなセルには、いろいろな文字種の文字が入力されています。英数字やカタカナが半角で入力されていたりする場合も多くあります。半角混じりの文字列をすべて全角にするにはJIS関数を使います。逆に半角に変換するにはASC関数を使います。

JIS関数で半角文字を全角に変換する

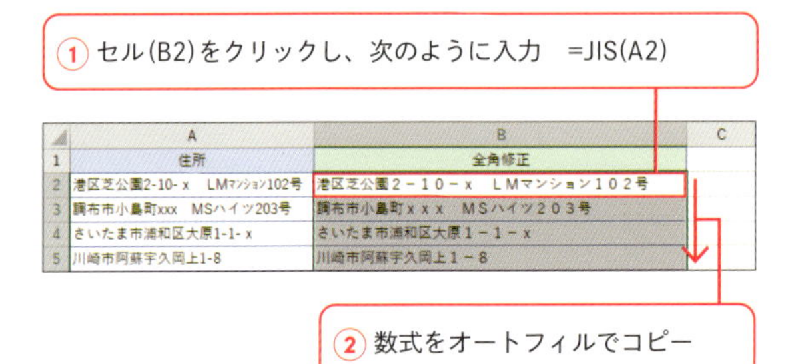

ASC関数で全角文字を半角に変換する

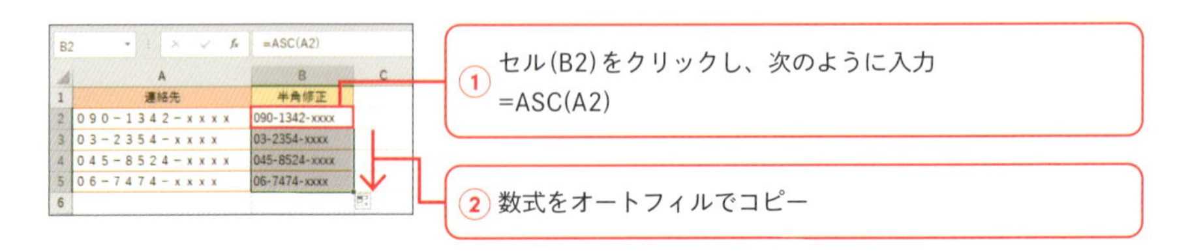

関数の書式と説明

JIS関数

[書式] JIS(文字列)

[説明] JIS関数は、「文字列」で指定した文字列内の半角の英数カナ文字を全角の英数カナ文字に変換します。「文字列」には、文字列またはセルを指定します。

ASC関数

[書式] ASC(文字列)

[説明] ASC関数は、「文字列」で指定した文字列内の全角の英数カナ文字を半角の英数カナ文字に変換します。「文字列」には、文字列またはセルを指定します。

 漢字やひらがなはASC関数で半角に変換することはできません。

小文字交じりの文字を大文字に統一するには?

カテゴリ データ整理

大文字や小文字が混じっている英文字をまとめて全部大文字に変換したい場合は、UPPER関数を使います。また、まとめて小文字に変換するにはLOWER関数を使います。英単語の表記を統一したいときに覚えておきたい関数です。

UPPER関数で小文字を大文字に変換する

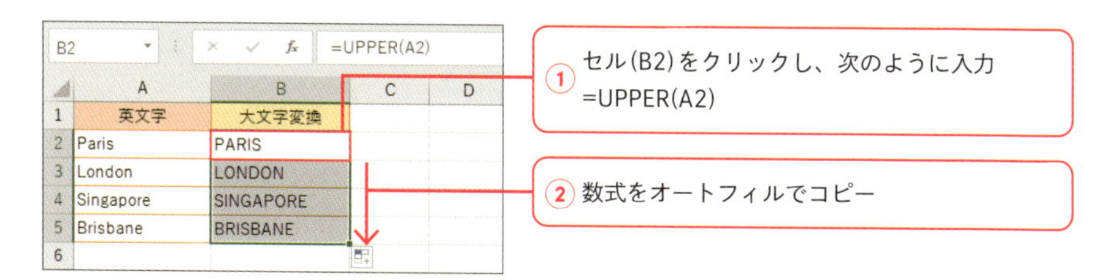

LOWER関数で大文字を小文字に変換する

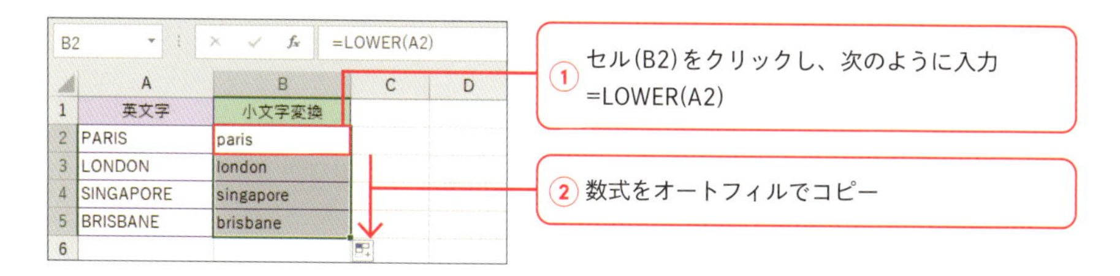

関数の書式と説明

UPPER関数

[書式] UPPER(文字列)

[説明] UPPER関数は、「文字列」で指定した文字列内の小文字の英文字を大文字に変換します。「文字列」には、文字列またはセルを指定します。

LOWER関数

[書式] LOWER (文字列)

[説明] LOWER関数は、「文字列」で指定した文字列内の大文字の英文字を小文字に変換します。「文字列」には、文字列またはセルを指定します。

頭文字だけ大文字に変換するには、PROPER関数を使います。

重複するデータを削除したい

カテゴリ データ整理

同じデータが複数入力されているかどうかは、条件付き書式を使えば、重複するセルを簡単に確認できます。また、重複データを一気に削除するには、[重複の削除] ボタンを使います。多くのデータの中から重複を見つけ、削除すればデータが整います。

▨条件付き書式を使って重複するセルに色を付ける

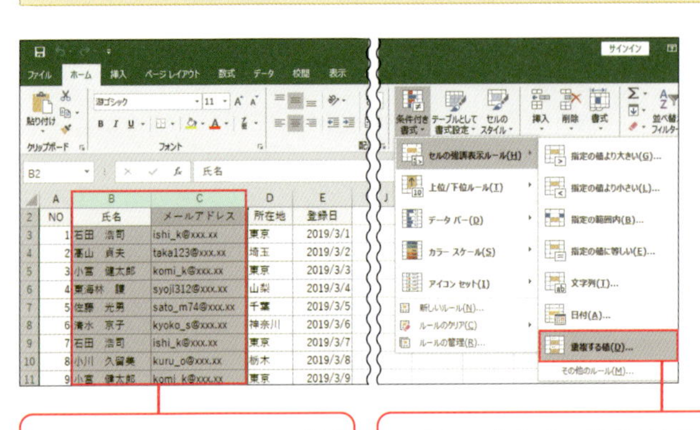

①重複データを調べたいセル範囲を選択（ここではB～C列）

②[ホーム] タブの [条件付き書式] － [セルの強調表示ルール] － [重複する値] をクリック

③[重複] が選択されていることを確認

④表示する書式を選択

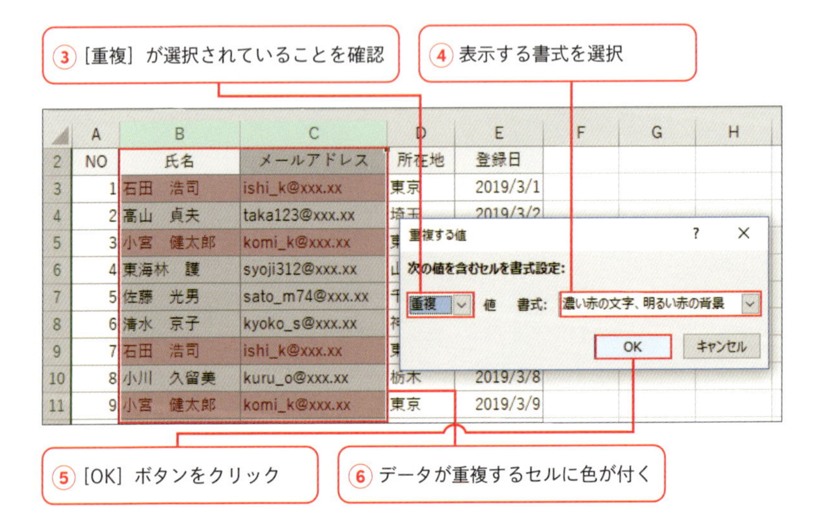

⑤[OK] ボタンをクリック

⑥データが重複するセルに色が付く

重複データを削除した後、不要であれば条件付き書式を解除しておきましょう。

▨重複の削除機能を使って重複データを削除する

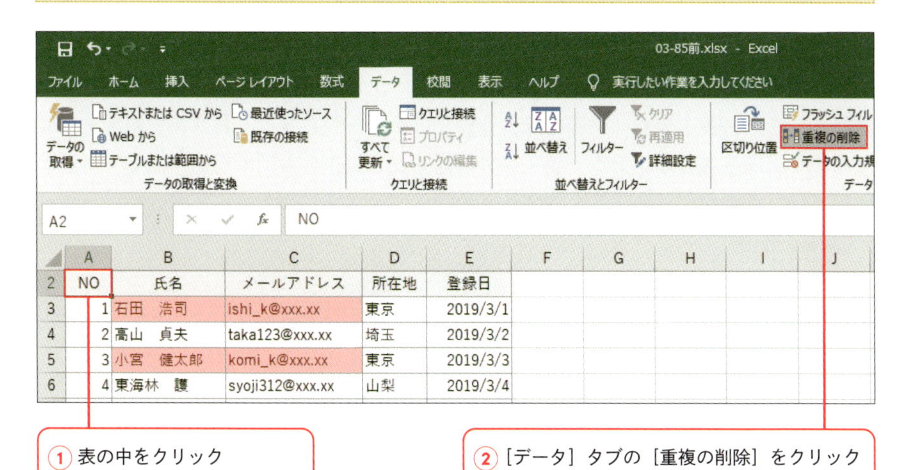

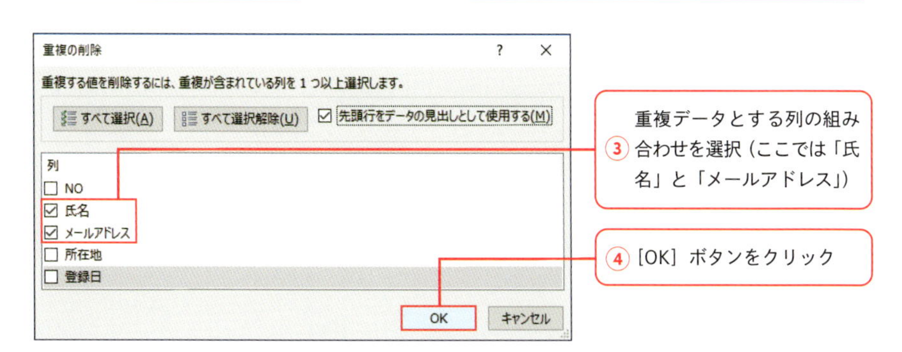

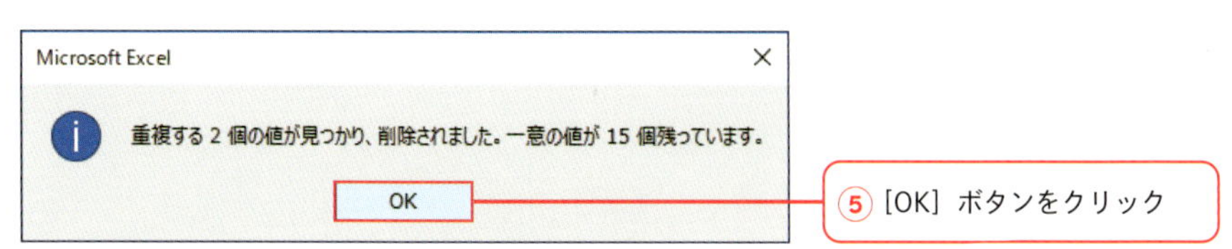

	A	B	C	D	E	F
2	NO	氏名	メールアドレス	所在地	登録日	
3	1	石田　浩司	ishi_k@xxx.xx	東京	2019/3/1	
4	2	高山　貞夫	taka123@xxx.xx	埼玉	2019/3/2	
5	3	小宮　健太郎	komi_k@xxx.xx	東京	2019/3/3	
6	4	東海林　護	syoji312@xxx.xx	山梨	2019/3/4	

⑥ 重複データが削除されたので、色が表示されなくなる

削除を取り消すには、削除した直後に［元に戻す］ボタンをクリックします。

表を折りたたんで集計結果だけを表示したい

カテゴリ データ整理

集計表で各月の売上金額は必要なく、合計だけを見たいときは、わざわざ別表を作成する必要はありません。アウトラインの機能を使えば、合計列や行だけ残して集計の明細部分は非表示にできます。表示／非表示に簡単に切り替えられます。

▨アウトラインを設定する

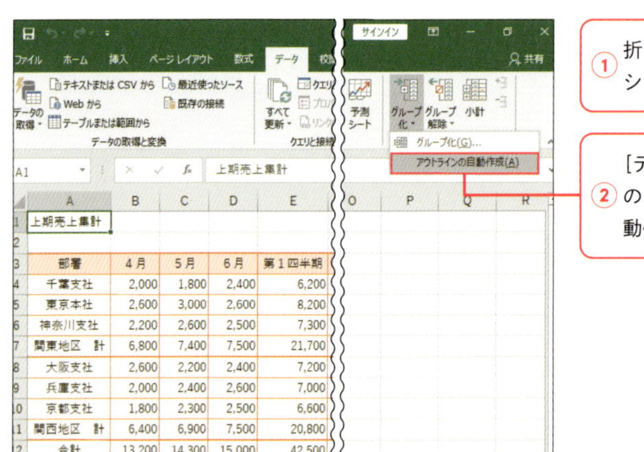

① 折りたたみたい表のあるワークシートを表示

② ［データ］タブの［グループ化］の［▼］－［アウトラインの自動作成］をクリック

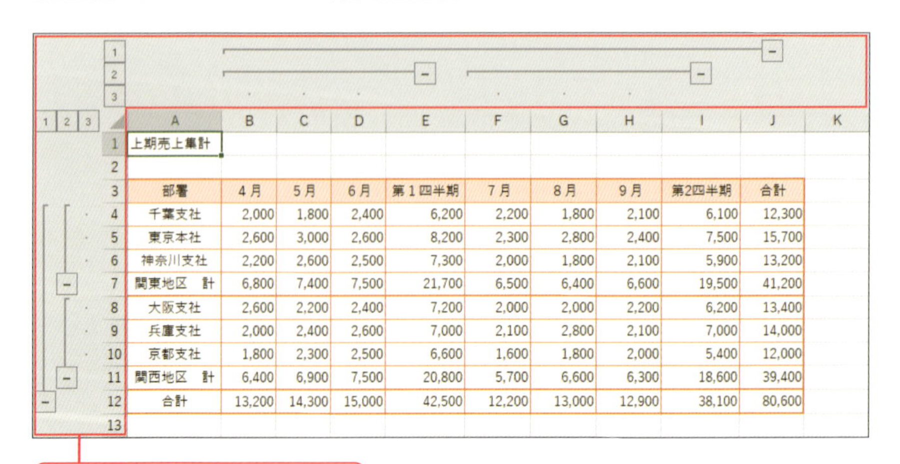

上期売上集計

部署	4月	5月	6月	第1四半期	7月	8月	9月	第2四半期	合計
千葉支社	2,000	1,800	2,400	6,200	2,200	1,800	2,100	6,100	12,300
東京本社	2,600	3,000	2,600	8,200	2,300	2,800	2,400	7,500	15,700
神奈川支社	2,200	2,600	2,500	7,300	2,000	1,800	2,100	5,900	13,200
関東地区　計	6,800	7,400	7,500	21,700	6,500	6,400	6,600	19,500	41,200
大阪支社	2,600	2,200	2,400	7,200	2,000	2,000	2,200	6,200	13,400
兵庫支社	2,000	2,400	2,600	7,000	2,100	2,800	2,100	7,000	14,000
京都支社	1,800	2,300	2,500	6,600	1,600	1,800	2,000	5,400	12,000
関西地区　計	6,400	6,900	7,500	20,800	5,700	6,600	6,300	18,600	39,400
合計	13,200	14,300	15,000	42,500	12,200	13,000	12,900	38,100	80,600

③ アウトラインが自動で設定される

アウトラインで一番大きい数字のボタンをクリックすると、すべての行や列が表示されます。

COLUMN

＝ 任意の範囲で折りたたむ ＝

②で［アウトラインの自動作成］を選択すると、SUM関数などで指定するセル範囲を元に自動的にアウトラインが設定されます。任意の範囲でアウトラインを設定したい場合は、非表示にしたい行や列を選択し、［グループ化］を選択します。

▨表を折りたたんだり、広げたりする

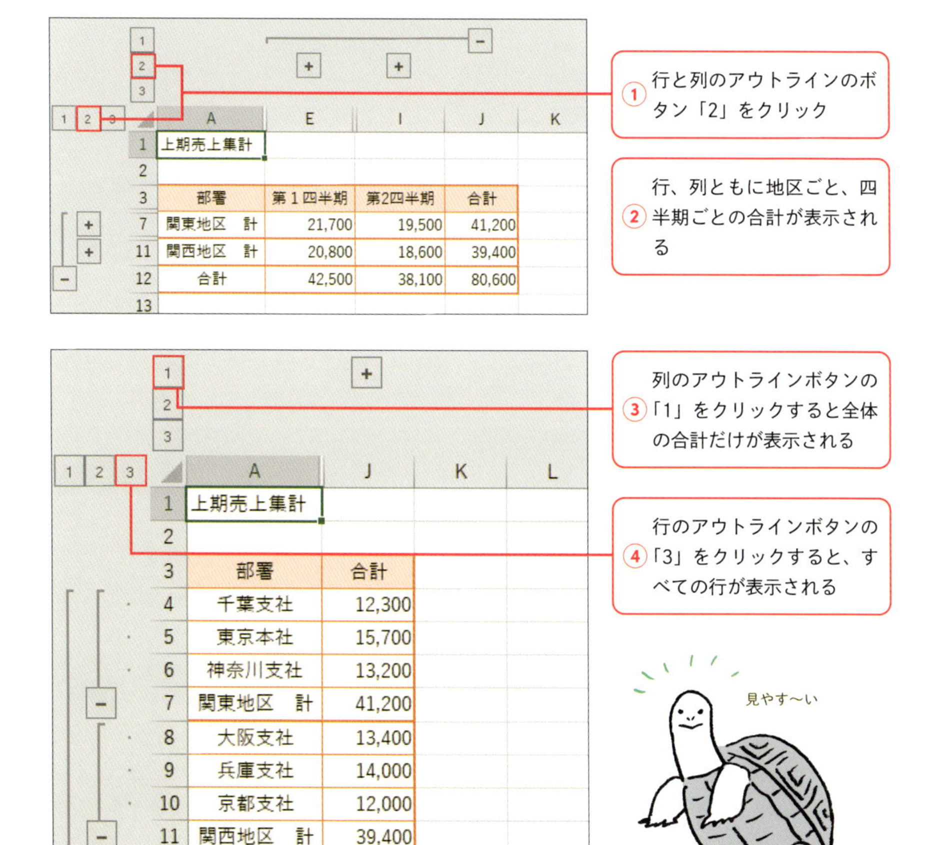

解除は、［データ］タブの［グループ解除］の［▼］－［アウトラインのクリア］をクリックします。

表をテーブルに変換して入力を便利にする

カテゴリ テーブル

1行目が項目名、2行目以降にデータが入力されている表はテーブルに変換できます。テーブルに変換すると、新規入力行が自動的に拡張され、表に設定されている数式やデータの入力規則などの書式が自動でコピーされるため、再設定の手間が省けます。

▨表をテーブルに変換する

① A～G列にデータの入力規則の日本語入力の入力モードを設定（ワザ63（P.96））

② A列に以下を入力
=ROW()-1　（ワザ69（P.107））

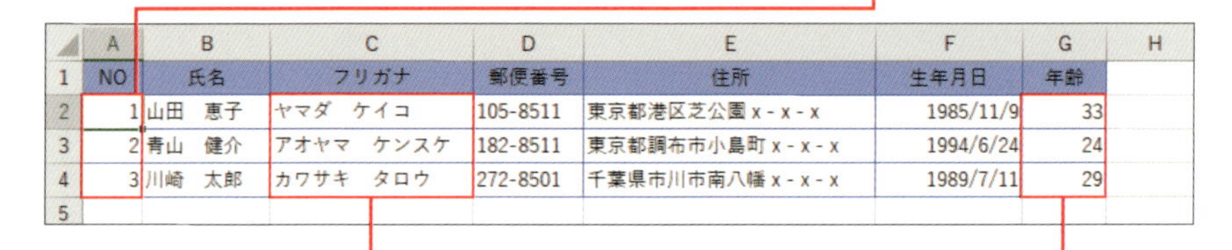

	A	B	C	D	E	F	G	H
1	NO	氏名	フリガナ	郵便番号	住所	生年月日	年齢	
2	1	山田　恵子	ヤマダ　ケイコ	105-8511	東京都港区芝公園 x - x - x	1985/11/9	33	
3	2	青山　健介	アオヤマ　ケンスケ	182-8511	東京都調布市小島町 x - x - x	1994/6/24	24	
4	3	川崎　太郎	カワサキ　タロウ	272-8501	千葉県市川市南八幡 x - x - x	1989/7/11	29	
5								

③ C列に以下を入力
=PHONETIC(B2)　（ワザ65（P.100））

④ G列に以下を入力
=DATEDIF(F2,TODAY(),"Y")　（ワザ66（P.102））

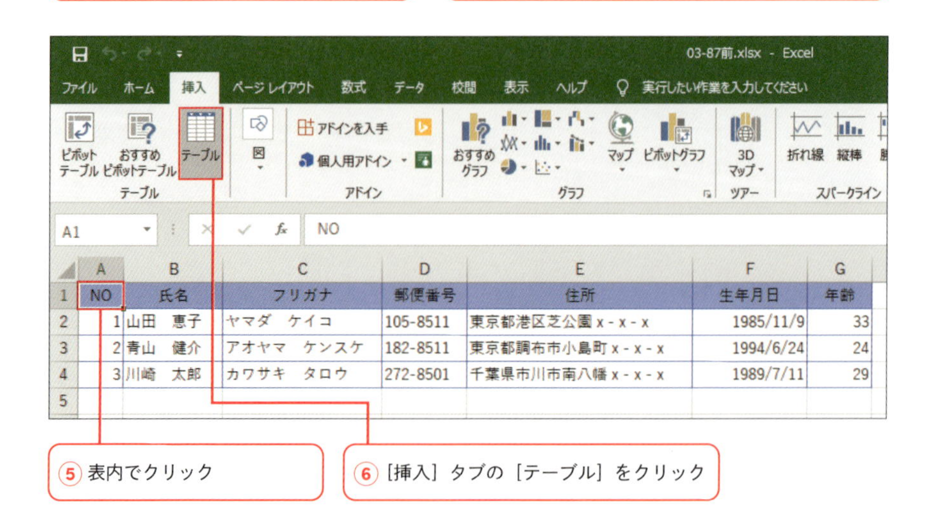

Ctrl＋Tキーを押しても［テーブルの作成］ダイアログボックスを表示することができます。

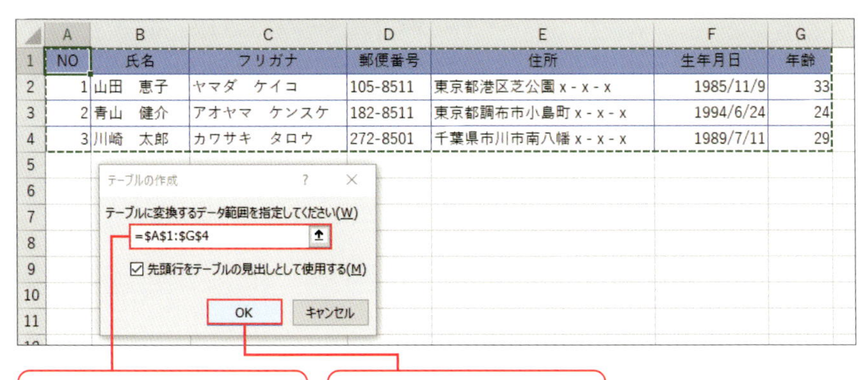

	A	B	C	D	E	F	G
1	NO	氏名	フリガナ	郵便番号	住所	生年月日	年齢
2	1	山田　恵子	ヤマダ　ケイコ	105-8511	東京都港区芝公園 x - x - x	1985/11/9	33
3	2	青山　健介	アオヤマ　ケンスケ	182-8511	東京都調布市小島町 x - x - x	1994/6/24	24
4	3	川崎　太郎	カワサキ　タロウ	272-8501	千葉県市川市南八幡 x - x - x	1989/7/11	29

⑦ 表の周囲が点滅し、表のセル範囲が表示されるのを確認

⑧ ［OK］ボタンをクリック

⑨ テーブルに変換される

⑩ 表の最後のセルでTabキーを押す

	A	B	C	D	E	F	G	H
1	NO	氏名	フリガナ	郵便番号	住所	生年月日	年齢	
2	1	山田　恵子	ヤマダ　ケイコ	105-8511	東京都港区芝公園 x - x - x	1985/11/9	33	
3	2	青山　健介	アオヤマ　ケンスケ	182-8511	東京都調布市小島町 x - x - x	1994/6/24	24	
4	3	川崎　太郎	カワサキ　タロウ	272-8501	千葉県市川市南八幡 x - x - x	1989/7/11	29	
5	4						119	
6								

⑪ 新規入力が追加され、書式と数式がコピーされる

	A	B	C	D	E	F	G	H
1	NO	氏名	フリガナ	郵便番号	住所	生年月日	年齢	
2	1	山田　恵子	ヤマダ　ケイコ	105-8511	東京都港区芝公園 x - x - x	1985/11/9	33	
3	2	青山　健介	アオヤマ　ケンスケ	182-8511	東京都調布市小島町 x - x - x	1994/6/24	24	
4	3	川崎　太郎	カワサキ　タロウ	272-8501	千葉県市川市南八幡 x - x - x	1989/7/11	29	
5	4	近藤　照美	コンドウ　テルミ	154-0004	東京都世田谷区太子堂 x - x - x	1996/11/5	22	
6								

⑫ Tabキーを押してセルを移動しながらデータを入力すると、日本語入力モードの切り替えやフリガナ、年齢などが自動で計算される

テーブルを解除するには［テーブルツール］の［デザイン］タブの［範囲に変換］をクリックします。

テーブルに変換したら勝手にスタイルが変わった!

カテゴリ テーブル

表をテーブルに変換すると自動的に表のスタイルが設定されます。このとき、元の表の書式とかぶってしまうので見栄えが悪くなることがあります。元の書式か、テーブルのスタイルを削除して見栄えを整えましょう。

▨元の書式を削除する

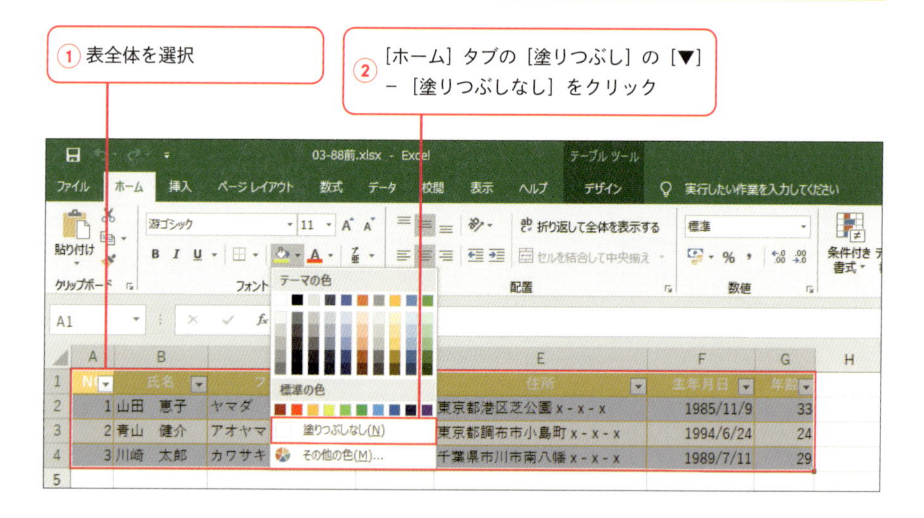

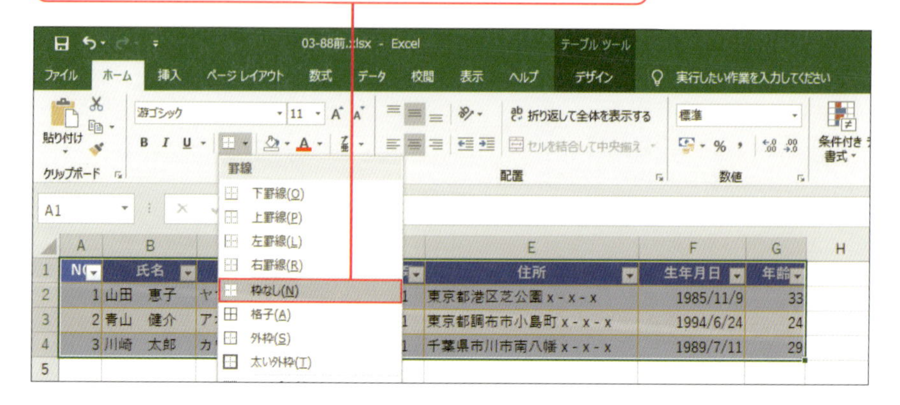

[デザイン] タブをクリックし [集計行] にチェックを入れると、最終行の下に集計行が追加されます。

	A	B	C	D	E	F	G	H
1	NO	氏名	フリガナ	郵便番号	住所	生年月日	年齢	
2	1	山田　恵子	ヤマダ　ケイコ	105-8511	東京都港区芝公園 x - x - x	1985/11/9	33	
3	2	青山　健介	アオヤマ　ケンスケ	182-8511	東京都調布市小島町 x - x - x	1994/6/24	24	
4	3	川崎　太郎	カワサキ　タロウ	272-8501	千葉県市川市南八幡 x - x - x	1989/7/11	29	
5								

④ 元の表の書式が解除され、テーブルのスタイルだけが表示される

▨テーブルのスタイルを削除する

① テーブル内をクリック

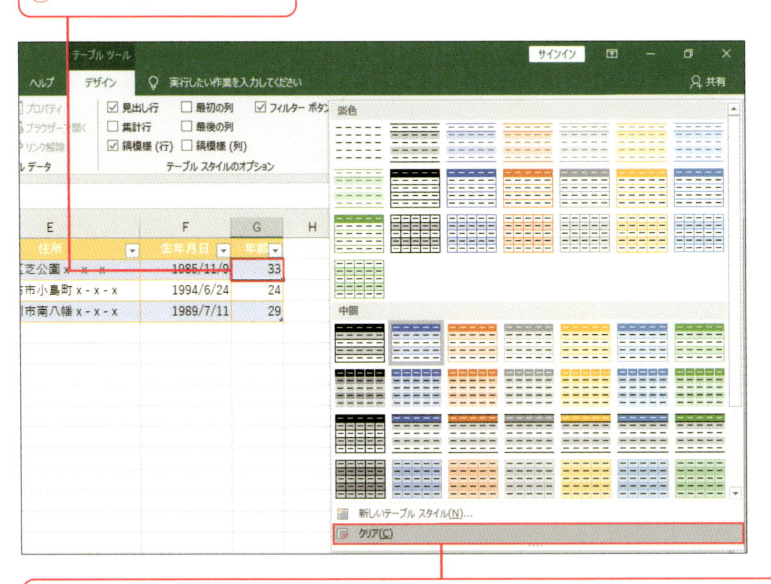

② [テーブルツール] の [デザイン] タブの [テーブルスタイル] の [▼] - [クリア] をクリック

	A	B	C	D	E	F	G	H
1	NO	氏名	フリガナ	郵便番号	住所	生年月日	年齢	
2	1	山田　恵子	ヤマダ　ケイコ	105-8511	東京都港区芝公園 x - x - x	1985/11/9	33	
3	2	青山　健介	アオヤマ　ケンスケ	182-8511	東京都調布市小島町 x - x - x	1994/6/24	24	
4	3	川崎　太郎	カワサキ　タロウ	272-8501	千葉県市川市南八幡 x - x - x	1989/7/11	29	
5								

③ テーブルのスタイルが削除され、元の表の書式に戻る

テーブルのスタイルには多くのパターンが用意されているので、簡単に表の見栄えを整えられます。

各ページに日付やページを入れて印刷する

カテゴリ 印刷

印刷時に、用紙の余白部分の上部に印刷できる領域をヘッダー、下部の領域をフッターといいます。ここに、日付やページ番号などの情報を印刷できます。ヘッダー／フッターともに、任意の内容を設定することも、一覧から選択することもできます。

印刷設定でヘッダーやフッターを設定する

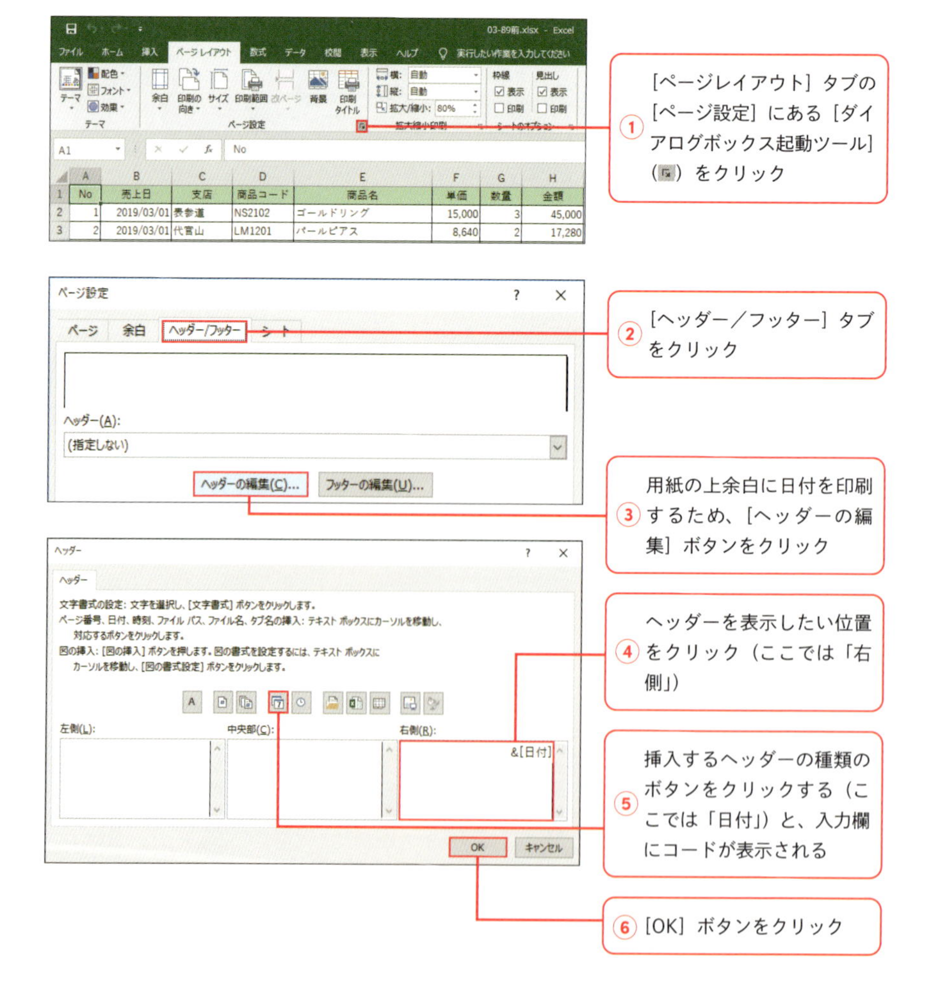

［表示］タブの［ページレイアウト］をクリックして表示されるビューでもヘッダー／フッターを設定できます。

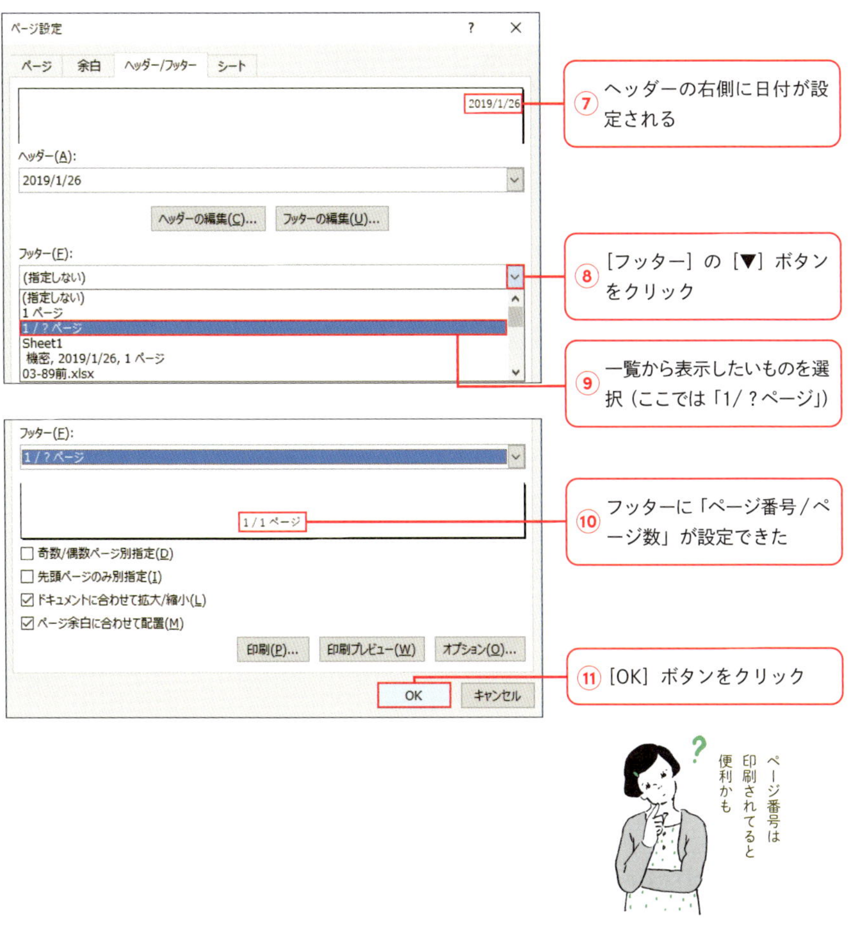

COLUMN

＝ ヘッダー／フッターのボタン ＝

前ページの④で、ヘッダー／フッターの左、中央、右のボックスをクリックしてカーソルを表示し、以下のボタンをクリックして任意の位置にページ番号や日付などの情報を表示できます。

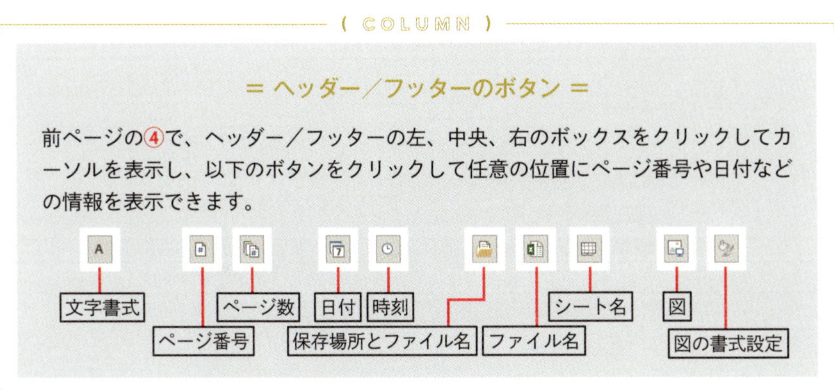

ヘッダー／フッターを解除するには、上記の⑧で［(指定しない)］を選択します。

印刷時に「社外秘」と背景に印刷する

カテゴリ 印刷

ヘッダー／フッターには、図を挿入できます。例えば、ヘッダーに会社のロゴの画像ファイルを挿入すればロゴの印刷ができます。背景に「社外秘」と印刷したい場合は、「社外秘」という文字が書かれた画像ファイルを用意し、それを挿入します。

▨ヘッダー／フッターに図を挿入する

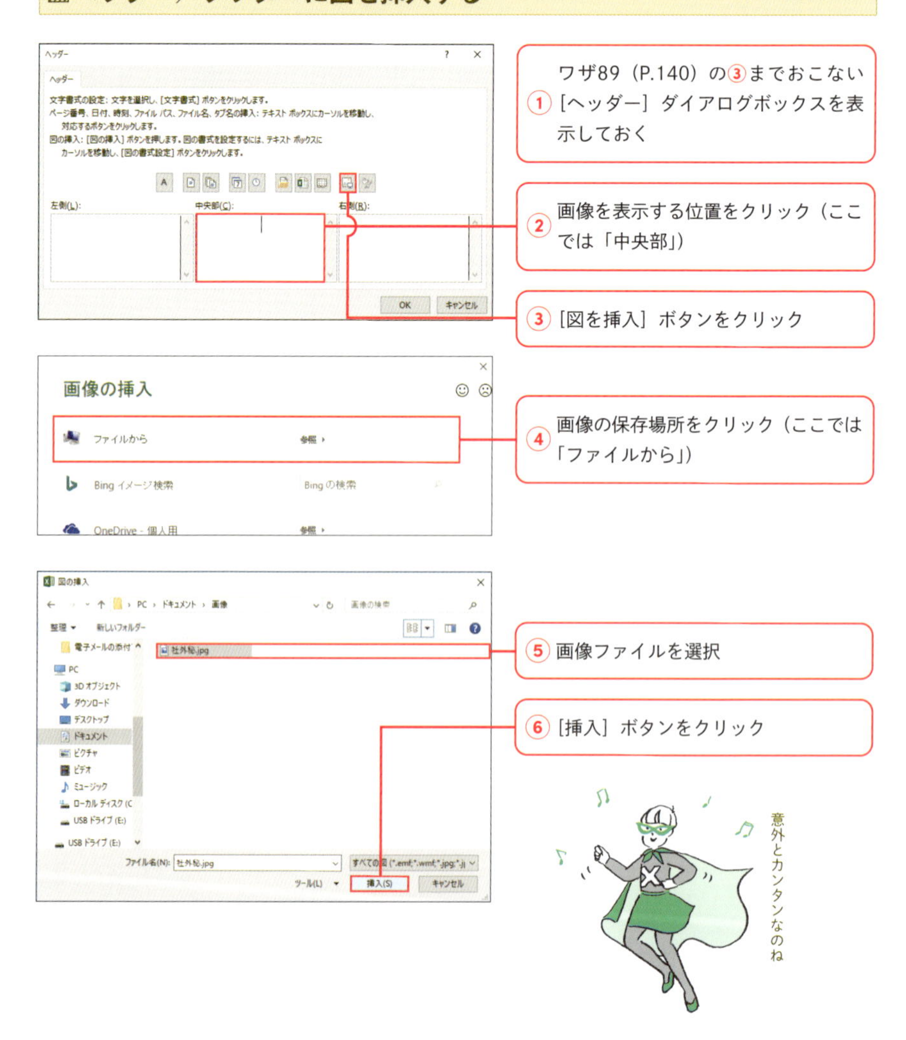

［図の書式設定］ボタンで挿入した図のサイズや明るさなどの設定ができます

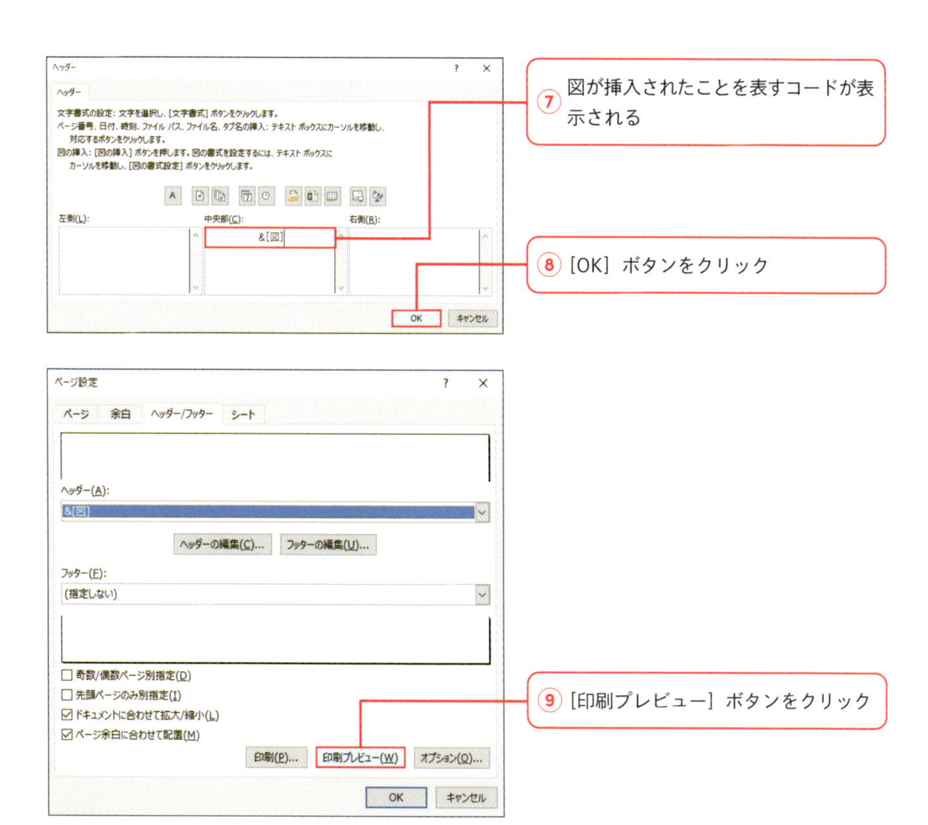

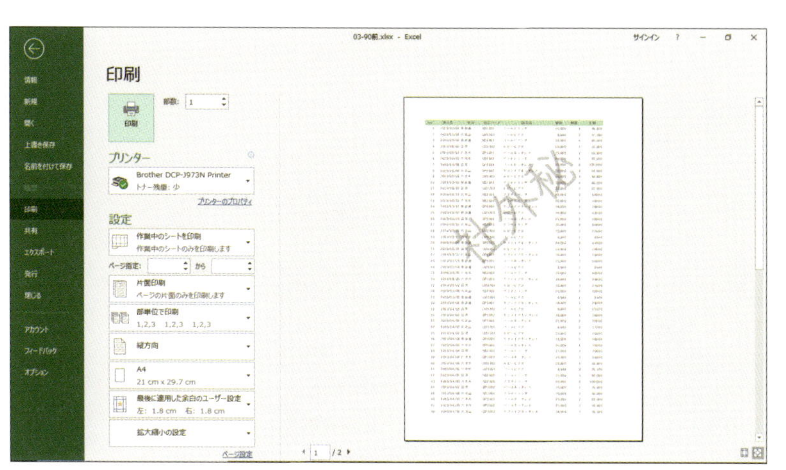

⑩ 印刷プレビューで背景に画像が表示されるので、確認後印刷

上記の⑦で挿入されたコードは文字列なので、このコードを削除すれば設定を解除できます。

1ページに印刷する範囲を調整したい

カテゴリ 印刷

1ページに印刷する範囲を調整するには、改ページプレビューを利用します。改ページプレビューには、現在の改ページ位置が青い点線で表示され、印刷範囲が青い実線で表示されます。改ページの青い点線をドラッグすれば改ページ位置を調整できます。

▨改ページプレビューで改ページ位置修正

①［表示］タブの［改ページプレビュー］をクリック

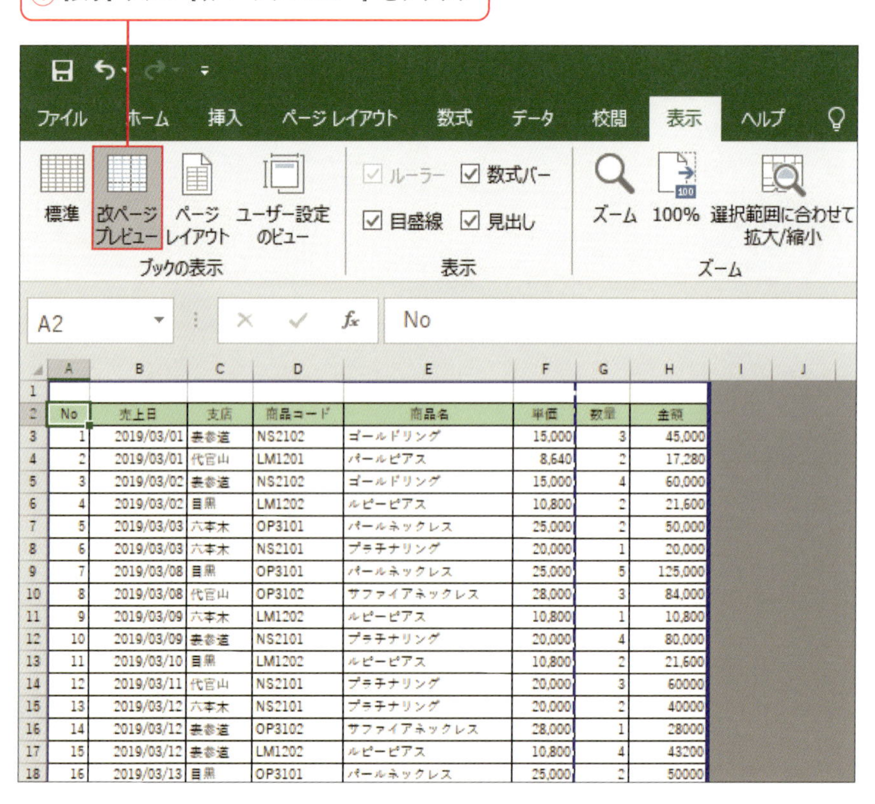

No	売上日	支店	商品コード	商品名	単価	数量	金額
1	2019/03/01	表参道	NS2102	ゴールドリング	15,000	3	45,000
2	2019/03/01	代官山	LM1201	パールピアス	8,640	2	17,280
3	2019/03/02	表参道	NS2102	ゴールドリング	15,000	4	60,000
4	2019/03/02	目黒	LM1202	ルビーピアス	10,800	2	21,600
5	2019/03/03	六本木	OP3101	パールネックレス	25,000	2	50,000
6	2019/03/03	六本木	NS2101	プラチナリング	20,000	1	20,000
7	2019/03/08	目黒	OP3101	パールネックレス	25,000	5	125,000
8	2019/03/08	代官山	OP3102	サファイアネックレス	28,000	3	84,000
9	2019/03/09	六本木	LM1202	ルビーピアス	10,800	1	10,800
10	2019/03/09	表参道	NS2101	プラチナリング	20,000	4	80,000
11	2019/03/10	目黒	LM1202	ルビーピアス	10,800	2	21,600
12	2019/03/11	代官山	NS2101	プラチナリング	20,000	3	60000
13	2019/03/12	六本木	NS2101	プラチナリング	20,000	2	40000
14	2019/03/12	表参道	OP3102	サファイアネックレス	28,000	1	28000
15	2019/03/12	表参道	LM1202	ルビーピアス	10,800	4	43200
16	2019/03/13	目黒	OP3101	パールネックレス	25,000	2	50000

②改ページプレビューが表示され、現在の改ページ位置が青い点線で表示される（ここでは、列方向はF列で改ページされている）。青実線は印刷範囲の境界線を表している

範囲を選択し［ページレイアウト］タブの［印刷範囲］-［印刷範囲の設定］で印刷範囲を設定できます。

	A	B	C	D	E	F	G	H
1								
2	No	売上日	支店	商品コード	商品名	単価	数量	金額
3	1	2019/03/01	表参道	NS2102	ゴールドリング	15,000	3	45,000
4	2	2019/03/01	代官山	LM1201	パールピアス	8,640	2	17,280
5	3	2019/03/02	表参道	NS2102	ゴールドリング	15,000	4	60,000
6	4	2019/03/02	目黒	LM1202	ルビーピアス	10,800	2	21,600
7	5	2019/03/03	六本木	OP3101	パールネックレス	25,000	2	50,000
8	6	2019/03/03	六本木	NS2101	プラチナリング	20,000	1	20,000
9	7	2019/03/08	目黒	OP3101	パールネックレス	25,000	5	125,000
10	8	2019/03/08	代官山	OP3102	サファイアネックレス	28,000	3	84,000
11	9	2019/03/09	六本木	LM1202	ルビーピアス	10,800	1	10,800
12	10	2019/03/09	表参道	NS2101	プラチナリング	20,000	4	80,000
13	11	2019/03/10	目黒	LM1202	ルビーピアス	10,800	2	21,600
14	12	2019/03/11	代官山	NS2101	プラチナリング	20,000	3	60000

③ 青い点線の改ページラインをドラッグして改ページ位置を調整（ここでは、右にドラッグ）

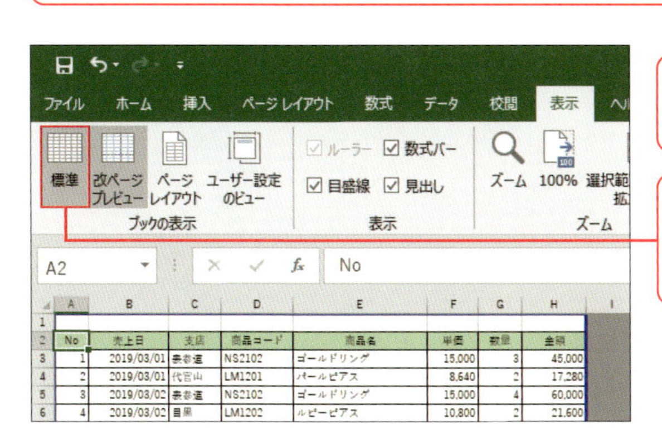

④ すべての列が1ページ内に収まった

⑤ ［表示］タブの［標準］ボタンをクリックして元の画面表示に戻す

(COLUMN)

＝ 印刷画面で1ページに収める範囲を設定する ＝

［ファイル］タブをクリックし、［印刷］をクリックして表示される印刷画面で印刷実行、用紙設定、余白設定など、各種印刷設定ができます。この中で、［拡大縮小なし］ボタンをクリックすると、メニューが表示され、1ページに収める範囲を設定できます。例えば、［すべての列を1ページに印刷］を選択すると、横方向が1ページに収まるように印刷倍率が自動調整されます。

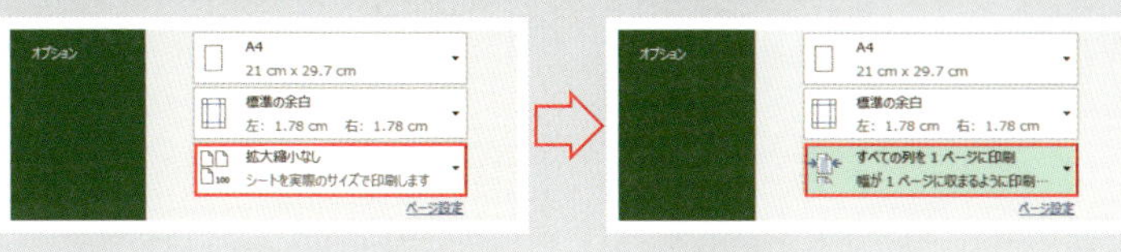

［ページレイアウト］タブの［余白］ボタンで余白サイズを変更すると印刷範囲が少し変更されます。

2ページ以降に表の見出しが印刷されなくて見づらい

カテゴリ 印刷

複数ページ印刷する場合、2ページ以降で表の見出しが印刷されないと内容がわかりづらくなります。そんな時は、タイトル行を設定しましょう。毎ページ印刷したい行をタイトル行として指定すれば、すべてのページの先頭に印刷されるようになります。

▨タイトル行を設定する

① ［ページレイアウト］タブの［印刷タイトル］をクリック

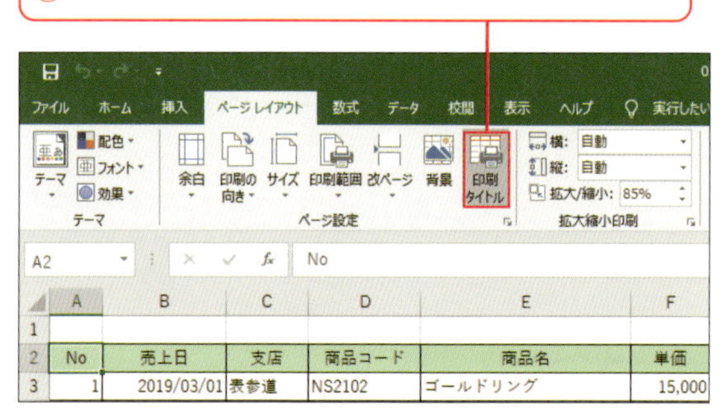

② ［タイトル行］の入力欄をクリック

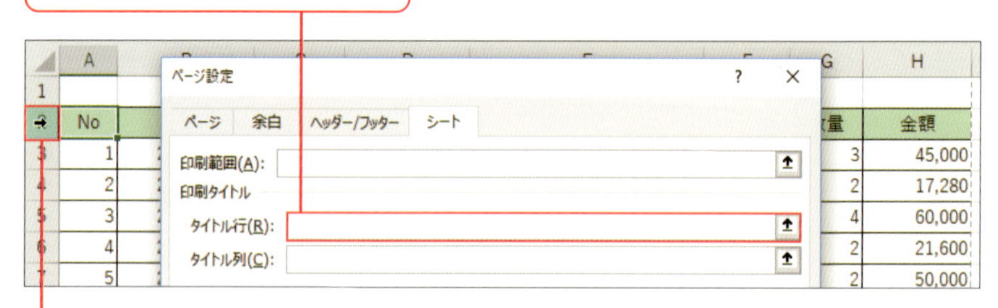

③ 見出しとして表示したい行の行番号をクリックまたはドラッグ（ここでは、行番号2をクリック）

［シート］タブでは、枠線印刷や行列番号印刷やページの方向などの印刷方法を指定できます。

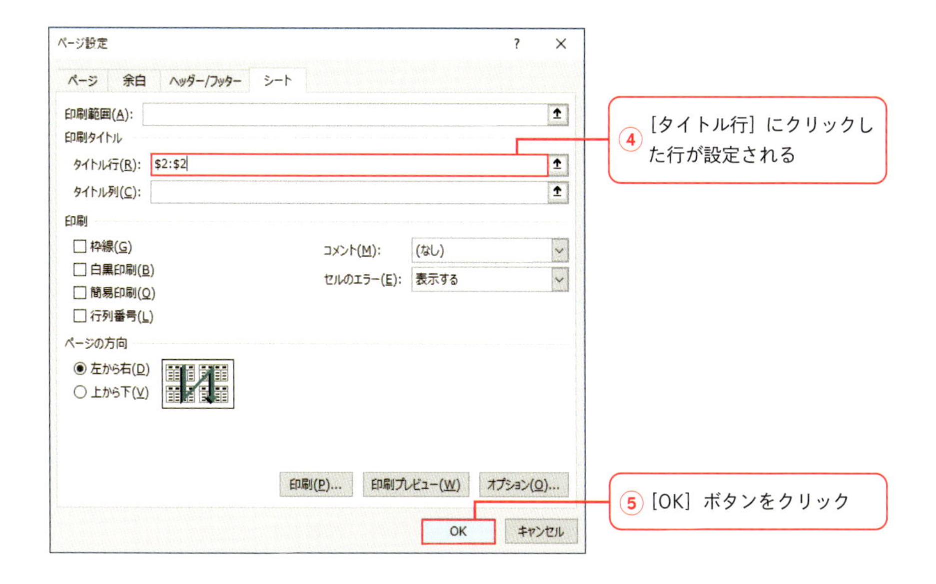

⑥［ファイル］タブの［印刷］をクリックして印刷プレビューを確認

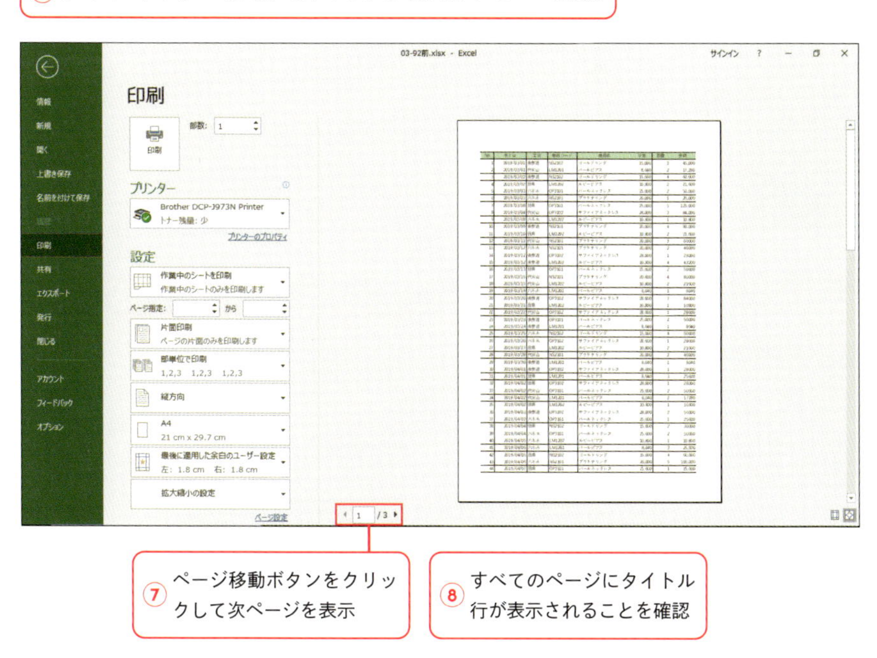

［タイトル列］で列を選択すると横に長い表を印刷するときに行見出しとして毎ページ印刷されます。

ファイルをPDF形式で保存する

カテゴリ 保存

Excelで作成した表の印刷イメージは、PDFファイルとして保存できます。PDFファイルで保存すれば、Excelがなくても文書を開き内容を確認できます。印刷イメージのまま保存されるので、保存の前に印刷設定を整えておきましょう。

▨PDF形式でエクスポートする

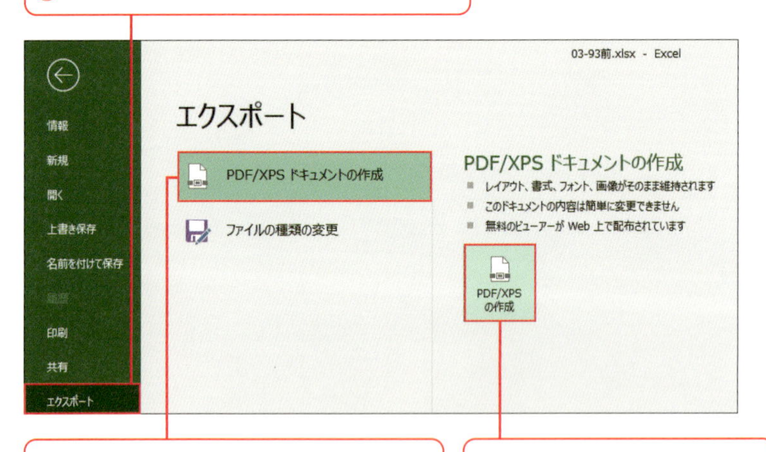

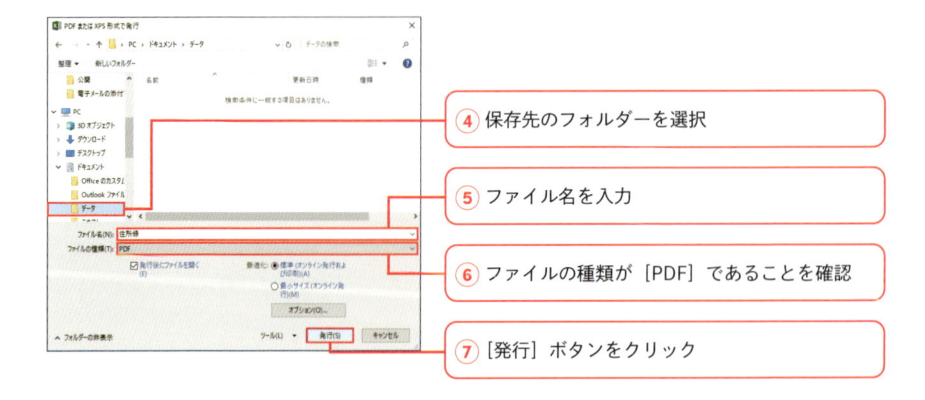

XPFドキュメントは、Microsoft社が開発した文書閲覧用のファイルです。

⑧ PDF形式で保存され、保存されたファイルが開き、結果が確認できる

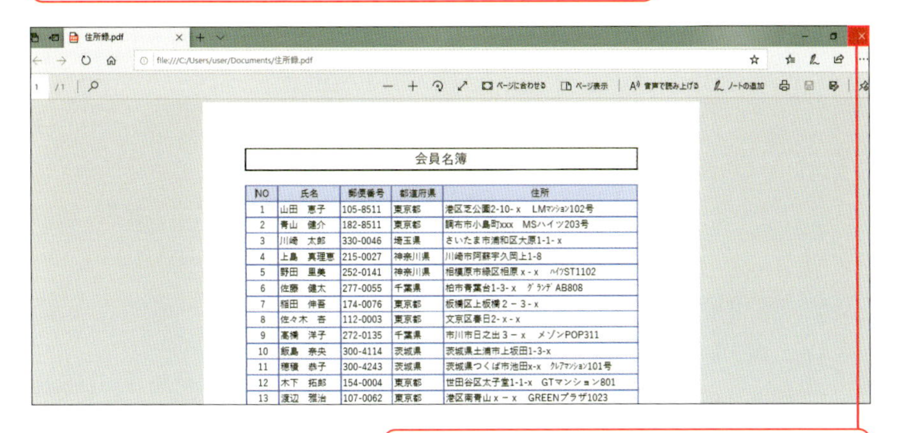

会員名簿

NO	氏名	郵便番号	都道府県	住所
1	山田　恵子	105-8511	東京都	港区芝公園2-10- x　LMﾏﾝｼｮﾝ102号
2	青山　健介	182-8511	東京都	調布市小島町xxx　MSハイツ203号
3	川崎　太郎	330-0046	埼玉県	さいたま市浦和区大原1-1- x
4	上島　真理恵	215-0027	神奈川県	川崎市阿蘇宇久岡上1-8
5	野田　里美	252-0141	神奈川県	相模原市緑区相原 x - x　ﾊｲﾂST1102
6	佐藤　健太	277-0055	千葉県	柏市青葉台1-3- x　ｸﾞﾗﾝﾃﾞ AB808
7	稲田　伸吾	174-0076	東京都	板橋区上板橋２－３- x
8	佐々木　杏	112-0003	東京都	文京区春日2- x - x
9	高橋　洋子	272-0135	千葉県	市川市日之出３－ x　メゾンPOP311
10	飯島　奈央	300-4114	茨城県	茨城県土浦市上坂田1-3-x
11	穂積　恭子	300-4243	茨城県	茨城県つくば市池田x-x　ｸﾚｱﾏﾝｼｮﾝ101号
12	木下　拓郎	154-0004	東京都	世田谷区太子堂1-1-x　GTマンション801
13	渡辺　雅治	107-0062	東京都	港区南青山 x － x　GREENプラザ1023

⑨ 確認したら、［閉じる］ボタンをクリックして閉じる

(COLUMN)

＝ PDFファイルとは ＝

PDFファイルは、いろいろなパソコンで表示できる電子文書の形式で、インターネット経由で配布されるファイルとしてよく使用されています。上記の⑧で発効後にPDFファイルが開いて表示されます。Windows10ではMicrosoft Edgeが起動し開きますが、環境によっては違うソフトが起動します。
ExcelではPDFファイルを開いて編集できませんが、PDFファイルを編集するソフトは多く提供されています。Wordの場合、PDFファイルをWord形式に変換して開き、編集できますが、変換の際にレイアウトが崩れることがあります。

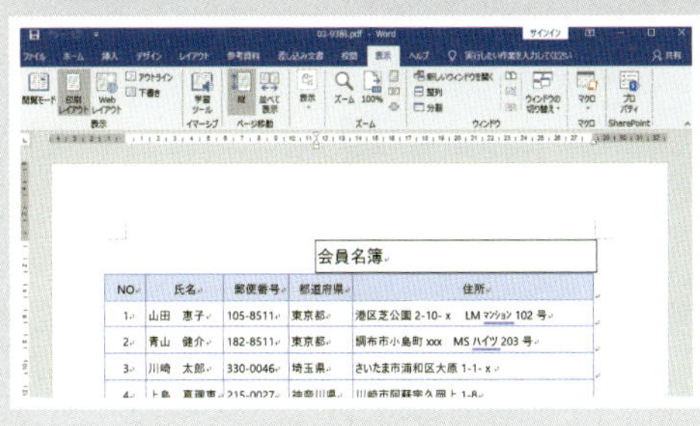

会員名簿

NO	氏名	郵便番号	都道府県	住所
1	山田　恵子	105-8511	東京都	港区芝公園 2-10- x　LM ﾏﾝｼｮﾝ 102 号
2	青山　健介	182-8511	東京都	調布市小島町 xxx　MS ハイツ 203 号
3	川崎　太郎	330-0046	埼玉県	さいたま市浦和区大原 1-1- x

Wordを使うとPDFファイルを編集可能な状態で開くことができる

(COLUMN)

= Windows + Dキーで作業中のウィンドウをまとめて最小化 =

仕事中、ちょっと席を外す場合パソコンの画面はどうしていますか？
作業中の画面を表示したまま席を外すのは、好ましくありません。できれば、ウィンドウを閉じておきたいものです。ほんの数分席を離れるだけであれば、ウィンドウを最小化しておくだけでもいいでしょう。ウィンドウの最小化をするのに、すべてのウィンドウを一つずつ最小化するのは手間がかかります。そこで活用したいのが、Windows + Dキーです。Windowsキーは、キーボードの左下にあるWindowsのロゴ（⊞）が表示されているキーです。
Windows + Dキーを押すと、現在開いているWordやExcel、エクスプローラーなど、すべてのウィンドウが一気に最小化され、作業内容を隠すことができます。また、ウィンドウが最小化されている状態でWindows + Dキーを押すと、ウィンドウが元のサイズに戻ります。離席前にはWindows + Dキーでササッとウィンドウを最小化しましょう。

図 デスクトップに開いているウィンドウを一気に最小化する方法

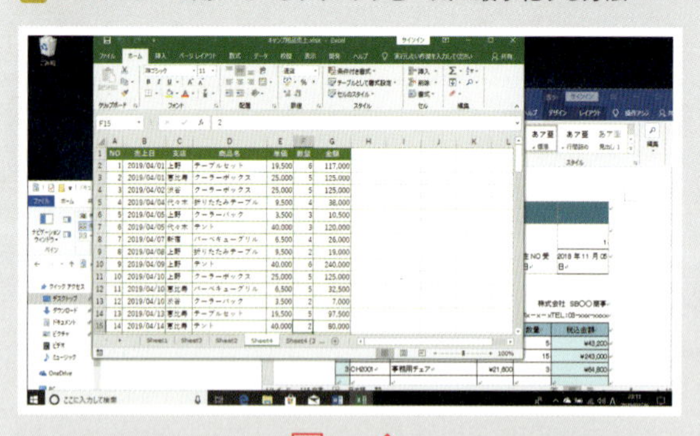

Windows + Dキーを押すごとにすべてのウィンドウ表示／非表示の切り替えが可能

Windows + Dキー

数式と関数で集計する時短ワザ

Excelは、計算が得意中の得意。
いろいろな計算ができる関数が多数用意されています。
ここでは、数式や関数の基本を確認し、
便利で使える関数を厳選して紹介しています。

数式の基本を確認しよう

カテゴリ 数式・関数

数式とは、計算式のことです。数式を設定するときは、数値を入力することも、セルを参照することもできます。また、加算、減算など計算するためには、算術演算子を使います。ここでは、基本的な数式の設定方法をまとめます。

数式を入力する

○ 数値を直接入力して計算する

① 数式を入力するセル（ここではセルC2）をクリックし、「=15+18」と入力して、Enterキーを押す。すべて半角で入力

② 数式を入力したセル（C2）には、計算結果が表示され、数式バーには計算式が表示される

○ セル参照を使って計算する

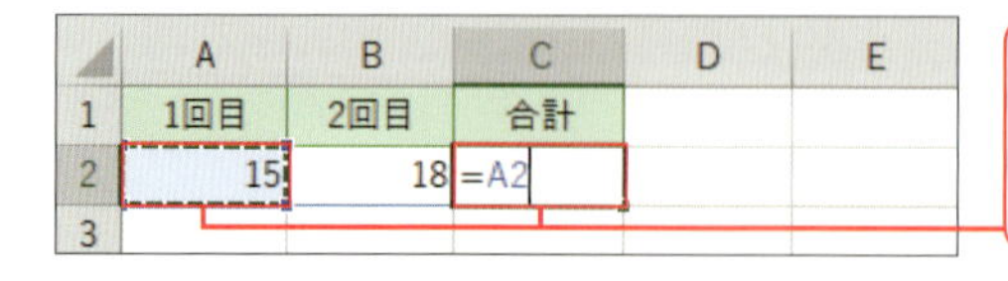

① 数式を入力するセル（ここではセルC2）をクリックし、「=」と入力したあと、セルA2をクリック

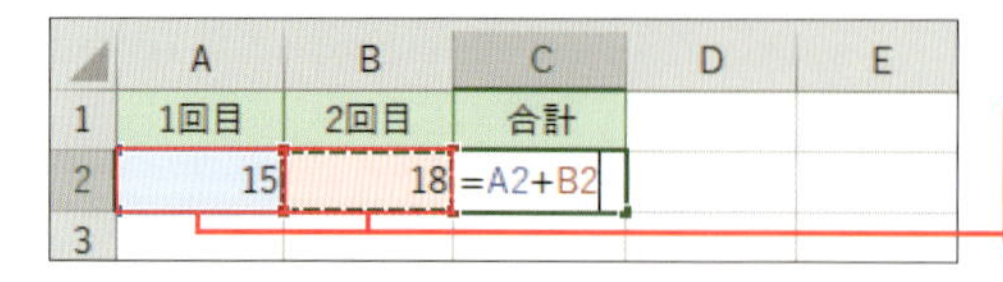

② 続けて「+」と入力したあと、セルB2をクリックして、Enterキーを押す

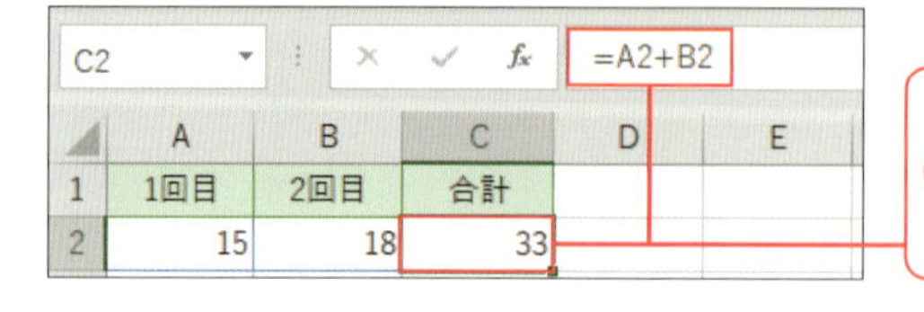

③ 数式を入力したセル（C2）には、計算結果が表示され、数式バーには計算式が表示される

数式の中に直接入力する数値や文字列のことを定数（ていすう）といいます。

▨算術演算子の計算の順番

	A	B	C	D	E
1	1回目	2回目	合計	平均	
2	15	18	33	=(A2+B2)/2	
3					

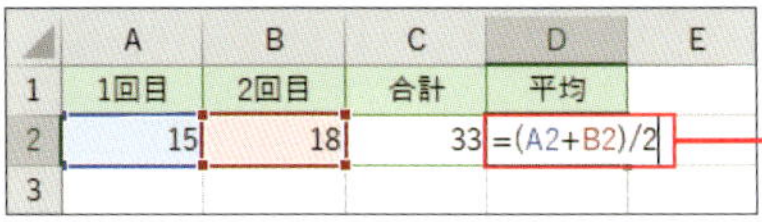

① 数式を入力するセル（ここではセルD2）をクリックし、「=(A2+B2)/2」と入力して、Enterキーを押す

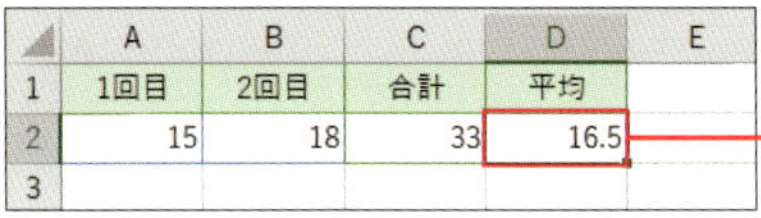

	A	B	C	D	E
1	1回目	2回目	合計	平均	
2	15	18	33	16.5	
3					

② ( ) で囲んだ計算が先に行われ、次に「/2」の割る2が行われたため「16.5」の結果が返る

(COLUMN)

＝ 算術演算子 ＝

四則演算などの計算を行う場合は、算術演算子を使います。算術演算子には次のようなものがあります。

表 算術演算子の種類と意味

算術演算子	意味
+	足し算
−	引き算
*	掛け算
／	割り算
^	べき乗
%	パーセンテージ

(COLUMN)

＝ 算術演算子の計算の順番 ＝

算術演算子には優先順位があり、優先順位の高い演算子の方が先に計算されます。算術演算子の優先順位は右表のとおりです。優先順位の低い数式を先に計算する場合は、数式を () で囲みます。「+」と「−」のように優先順位が同じ場合は、左から右の順に計算されます。

表 算術演算子の計算の順番

1	() 内の数式
2	%（パーセンテージ）
3	^（べき乗）
4	*（掛け算）、／（割り算）
5	+（足し算）、−（引き算）

数式は半角の「=」（イコール）の入力から始めます。

関数の基本を確認しよう

カテゴリ 数式・関数

関数は、複雑な計算を簡単に行うための機能です。本書でも多数紹介していますが、関数を使いこなせると、様々な計算や集計をすばやく行うことができます。関数は、「引数」として受け取った値を使って計算し、計算結果を「戻り値」として返します。

▨関数の仕組みを理解する

○ 関数の書式

＝関数名（引数）

- ・( ) 内には引数（ひきすう）という、計算するのに必要な値や式を指定します。
- ・関数によって必要とする引数の値は異なり、
  引数を複数持つものや省略できるもの、引数を持たないものがあります。
- ・引数を持たない関数であっても ( ) は省略できません。
- ・関数の書式で、[ ] で囲まれている引数は省略できます。
- ・引数が文字列の場合は「"」（ダブルクォーテーション）で囲みます。

○ 関数の例

＝ SUM(数値1, [数値2], …)

SUM関数は、引数「数値」で指定したセル範囲内にある数値を合計します。「数値」は全部で255まで追加できますが、「数値2」以降は省略できます。

C2 　=SUM(A2:B2)

	A	B	C	D	E
1	1回目	2回目	合計		総合計
2	15	18	33		72

=SUM(A2:B2)　　戻り値：33
意味：セルA2からB2までの数値を合計する

E2 　=SUM(A2:B2,A5:B5)

	A	B	C	D	E	F
1	1回目	2回目	合計		総合計	
2	15	18	33		72	
3						
4	3回目	4回目	合計			
5	19	20				

=SUM(A2:B2,A5:B5)　　戻り値：72
意味：セルA2からB2までと、セルA5からB5までの数値を合計する

関数と演算子を組み合わせて「＝SUM(A2:B2)+10」のように数式を設定することもできます。

関数を入力する

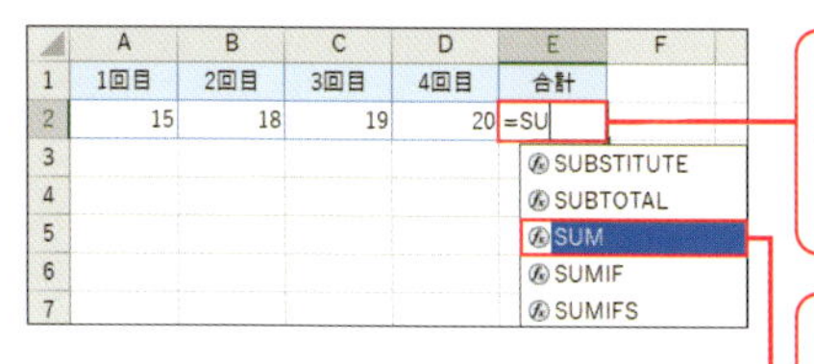

① 関数を入力するセル（ここではセルE2）をクリックし、「= SU」とタイプすると、「SU」で始まる関数の一覧が表示される

② ↓キーを押して「SUM」を選択し、Tabキーを押す

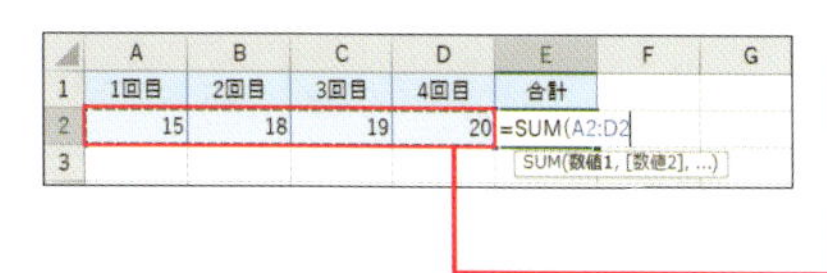

③ 関数名と（が入力される

④ 続けてセルA2からD2までドラッグし、Enterキーを押す

POINT

セル参照はドラッグする以外に、直接入力して指定することもできます。

⑤ SUM関数が設定され、セルには計算結果（戻り値）が表示される。数式バーには設定した関数が表示される

POINT

最後の閉じるカッコ「)」は、入力しなくても自動的に入力されます。

(COLUMN)

= 参照演算子 =

関数でセル範囲を指定する場合はセル番地とセル番地を「：」（コロン）でつなげます。また、離れたセル範囲を指定する場合は、セル番地とセル番地を［,］（カンマ）でつなげます。

表 参照演算子の種類と意味

参照演算子	意味
:	○から○まで
,	○と○

関数名は、小文字で入力しても自動的に大文字に変換されます。

関数の入力のしかたが難しい!

カテゴリ 数式・関数

関数には、いろいろな種類があり、引数の種類や数が異なります。関数をどのように設定したらいいのかわからないときは、[関数の挿入] を使ってみましょう。キーワードを使った関数の検索や、[関数の引数] ダイアログボックスで引数の指定ができます。

[関数の挿入] を使って関数を入力する

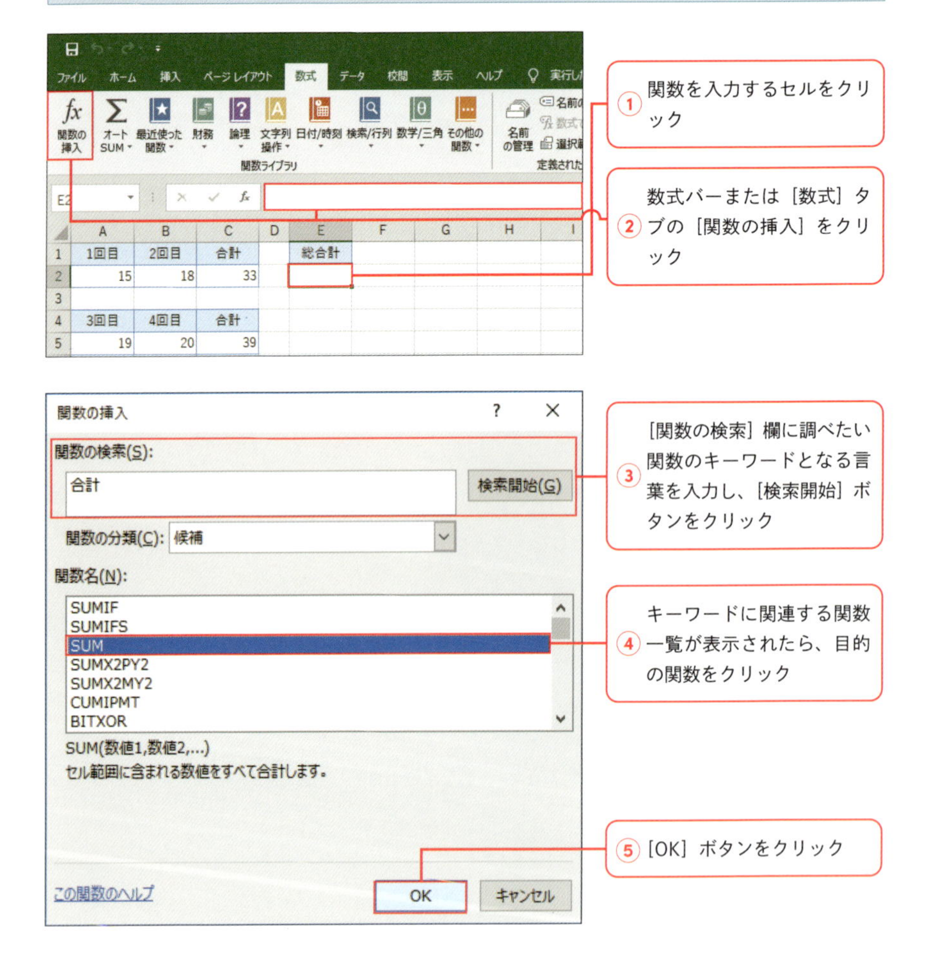

[関数の分類] で分類を選択すると、その分類に含まれる関数が一覧表示されます。

⑥ ［関数の引数］ダイアログボックスが表示される

⑦ ［数値1］欄をクリックし、セルをドラッグするか、手入力してセル範囲（ここではセルA2～B2）を指定

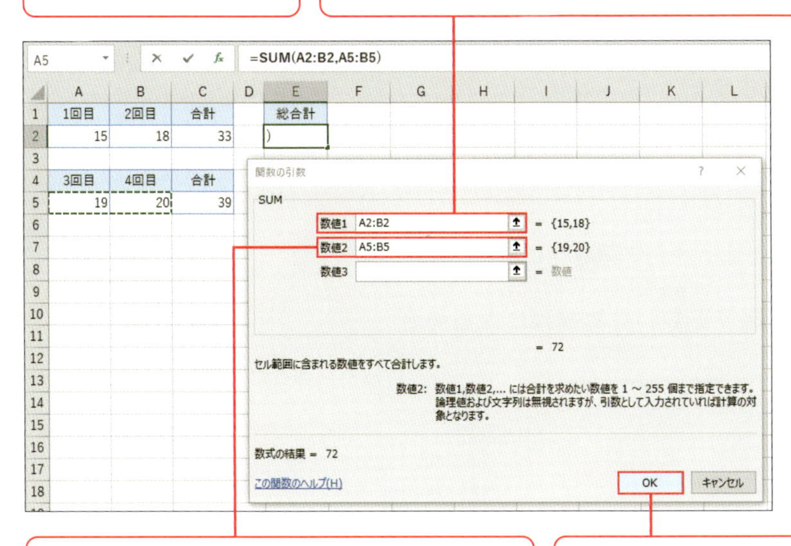

⑧ 同様に［数値2］欄をクリックし、セルをドラッグするか、手入力でセル範囲（ここではセルA5～B5）を指定

⑨ ［OK］ボタンをクリックすると、セルに計算結果が表示される

(COLUMN)

＝［数式］タブの［関数ライブラリ］から関数を入力する＝

［数式］タブの［関数ライブラリ］では、関数が機能別に分類されています。例えば①［数学／三角］の分類をクリックすると、②その分類に含まれる関数一覧が表示されます。③関数にカーソルをのせると書式と簡単なヒントが表示されます。④ヒントにある［詳細情報］をクリックすると⑤ヘルプ画面が表示され、関数を機能別、アルファベット別に調べることもできます。

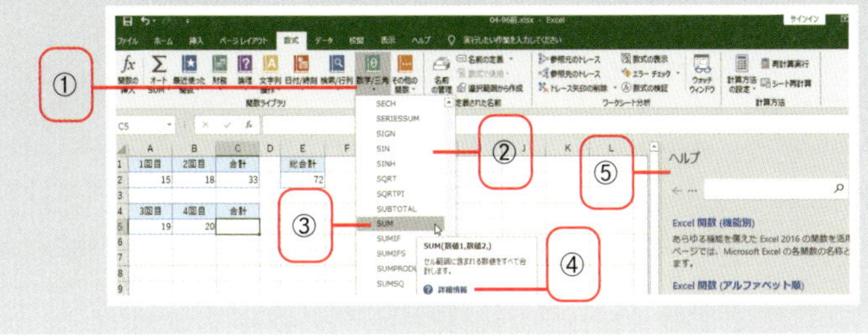

関数ライブラリで分類のボタン→関数名をクリックすると［関数の引数］画面が表示されます。

数式や関数をコピーすると正しく計算されない!

カテゴリ 数式・関数

数式をコピーすると、数式の中のセル参照がコピー先のセルに合わせて相対的に変更されます。それが原因で正しい計算結果にならない場合があります。セルの参照方式には相対参照と絶対参照があります。ここでは、その違いと使い方を覚えましょう。

▨相対参照で数式や関数をコピーする

○相対参照で正しい計算結果になる場合

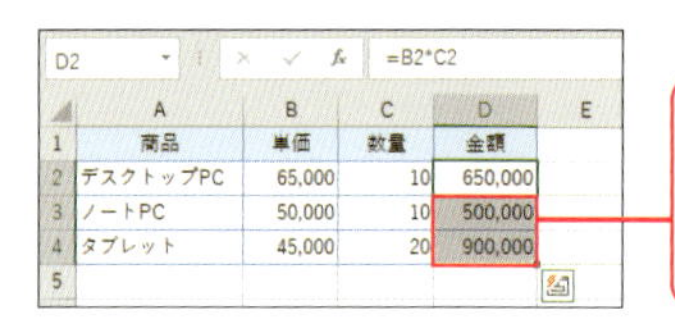

D2 =B2*C2

	A	B	C	D	E
1	商品	単価	数量	金額	
2	デスクトップPC	65,000	10	650,000	
3	ノートPC	50,000	10	500,000	
4	タブレット	45,000	20	900,000	
5					

セルD2の計算式「=B2*C2」をセルD3～D4にコピーすると、セルD3は「=B3*C3」、セルD4は「=B4*C4」となり、セル参照が自動的に変化して正しい結果が表示される

このように、コピー先のセルの位置に合わせてセル参照が相対的に変化する参照方式を「相対参照」といいます。

○相対参照で正しい計算結果にならない場合

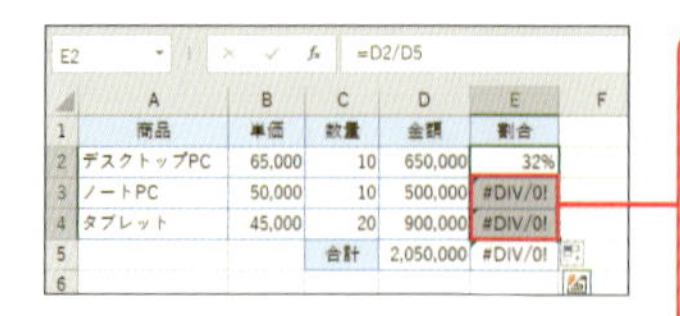

E2 =D2/D5

	A	B	C	D	E	F
1	商品	単価	数量	金額	割合	
2	デスクトップPC	65,000	10	650,000	32%	
3	ノートPC	50,000	10	500,000	#DIV/0!	
4	タブレット	45,000	20	900,000	#DIV/0!	
5			合計	2,050,000	#DIV/0!	
6						

セルE2の計算式「=D2/D5」をセルE3～E4にコピーすると、セルE3は「=D3/D6」、セルE４は「=D4/D7」となり、正しい結果が表示されない。セルE2の計算式「=D2/D5」は全体の割合を求める式で、セルE3は「=D3/D5」、セルE4は「=D4/D5」となるべきところ、参照が変化したためエラーになっている

このような場合、セルD5の参照方式を「絶対参照」にします。「絶対参照」とは、数式をコピーしてもセル参照が変わらないように固定する参照方式です。

POINT

相対参照は「A1」のようにセルの列番号と行番号をそのまま記述します。絶対参照は「$A$1」のように列番号と行番号の前に「$」を付けて記述します。
セルE2の計算式を「=D2/$D$5」とすれば、式をコピーしてもセルD5のセル参照は変化しません。

式をコピーする場合セル参照を固定したいときは、絶対参照にすることを忘れないようにしましょう。

▨絶対参照で数式や関数をコピーする

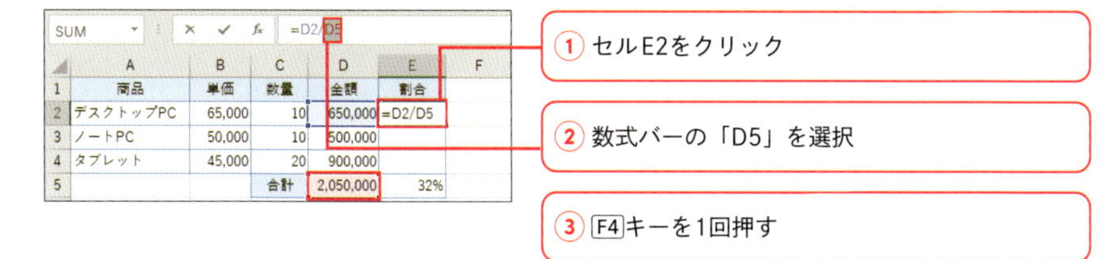

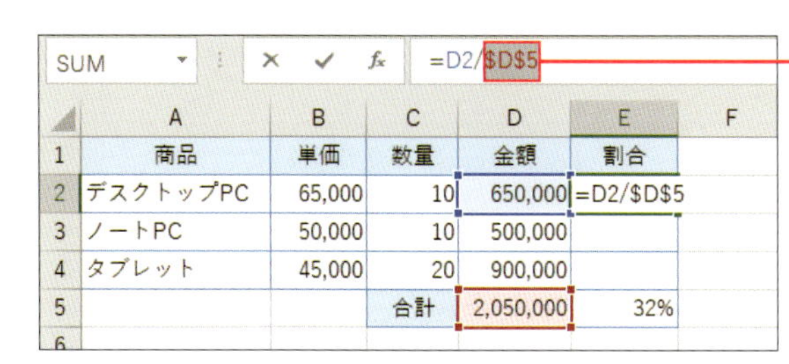

4 「$D$5」と「$」マークが付いたらEnterキーを押す

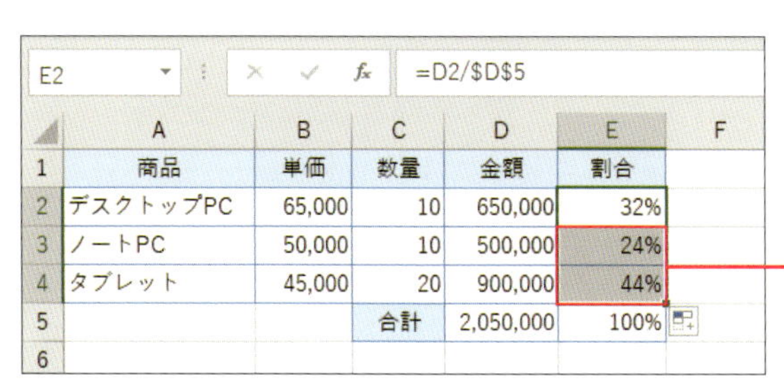

5 セルE2の数式をコピーすると正しい結果が表示される

(COLUMN)

＝ 相対参照と絶対参照の切り替え方法 ＝

数式や関数の中で使用するセルの参照方法を変更するには、数式の中でセルを指定したときにF4キーを押します。F4キーを押すごとに以下のように参照方法が変わります。行列ともに固定する場合は「$D$5」、行だけ固定する場合は、「D$5」、列だけ固定する場合は「$D5」のように指定することができます。行列どちらか1つだけ固定することを混合参照といいます。

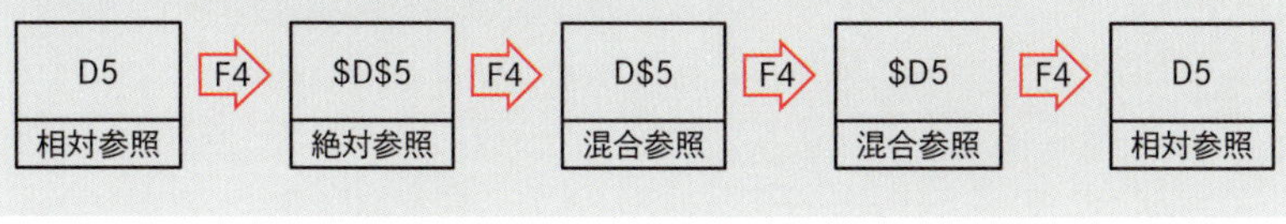

②で絶対参照に変更したいセル内（D5）でクリックしてカーソルを表示しても同様にできます。

セルに名前を付けて セル範囲設定を便利にする

カテゴリ 数式・関数

セルやセル範囲には名前を付けることができます。名前を付けておくと、数式の中でセル参照を指定する代わりに名前を指定することができます。例えば、ワザ67で紹介したVLOOKUP関数で参照する表に名前を付けておくと式の設定が楽になります。

▨セル範囲に名前を付ける

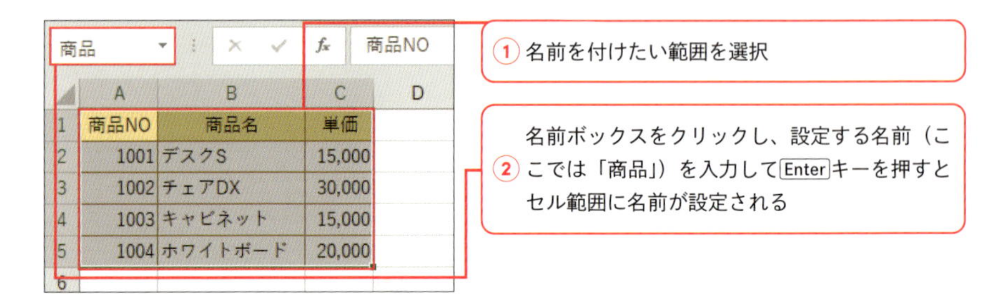

▨名前の付いたセル範囲を数式で使用する

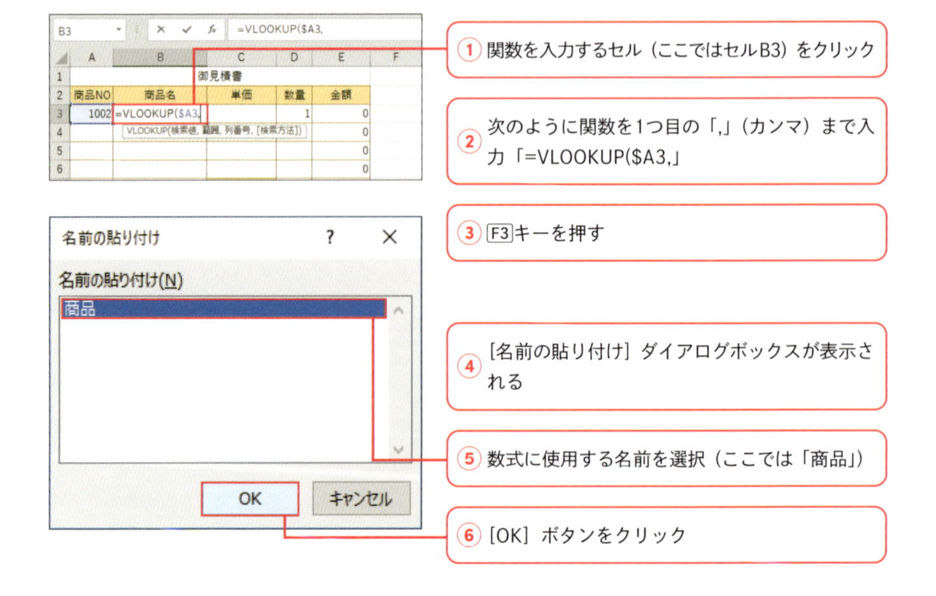

③で［数式］タブの［数式で使用］をクリックして表示される名前を選択しても設定できます。

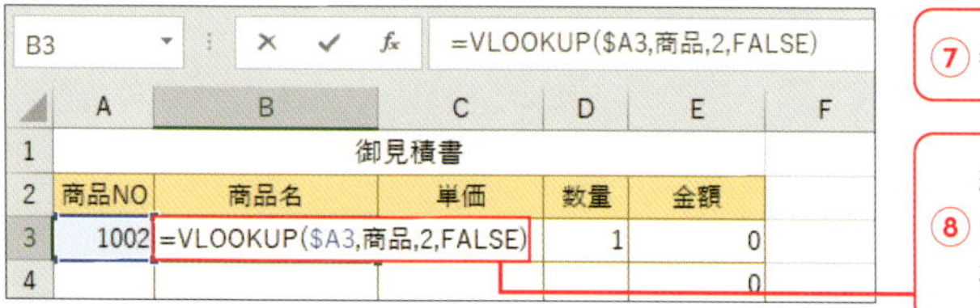

⑦ 名前が入力される

⑧ 続けて図のように最後まで関数を入力し、Enterキーで確定する

POINT

関数内の「$A3」は式をコピーしてもA列が常に参照されるように列のみ固定しています。

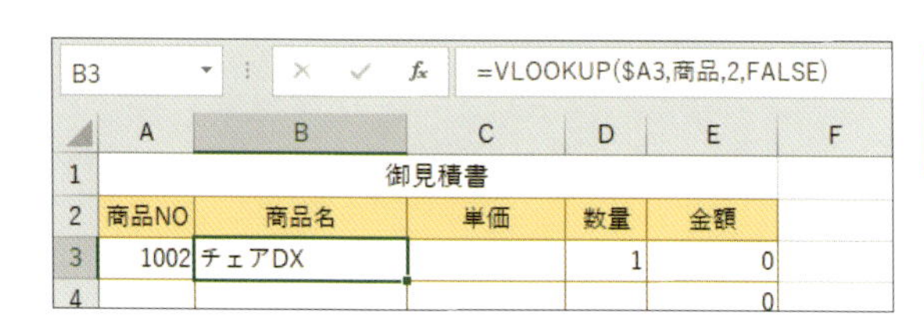

⑨ セル参照の代わりに名前を使って関数が入力される

COLUMN

=「名前」を削除する=

名前を削除するには、①［数式］タブの［名前の管理］をクリックし、②［名前の管理］ダイアログボックスで削除したい名前を選択し、③［削除］ボタンをクリックします。

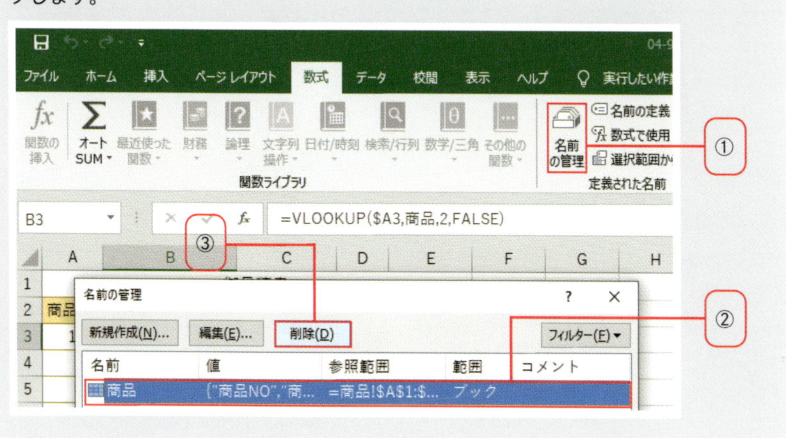

数式の中で名前を使う場合、直接名前を入力して指定することもできます。

条件によって表示内容を変更する

カテゴリ 数式・関数

関数の中には、条件を満たすかどうかで異なる値を表示するIF関数や、条件を満たすセルの数を数えるCOUNTIF関数など、引数で条件式を使用するものがあります。ここでは条件式の設定方法と条件式を使うIF関数について覚えましょう。

▨条件式とは

条件式とは、比較演算子を使った式で、式が成立するときはTRUE（真）、成立しないときはFALSE（偽）が結果になります。比較演算子は2つの値を比較し、「値A 比較演算子 値B」の形式で設定します。例えば「10 ＞ 3」の場合、「10は3より大きい」という意味で、この場合、条件が成立するため結果はTRUEになります。条件式は論理式ともいいます。

表 比較演算子の種類と例

比較演算子	意味	例	結果
＞	より大きい	10＞3	TRUE
＜	より小さい	10＜3	FALSE
＞＝	以上	10＞＝3	TRUE
＜＝	以下	10＜＝3	FALSE
＝	等しい	10＝3	FALSE
＜＞	等しくない	10＜＞3	TRUE

POINT

TRUE、FALSEを論理値といいます。

図 条件式の設定例

	A	B	C	D
1	100	FALSE	TRUE	
2		=A1>150	=A1<150	
3				

セルB1は「=A1>150」として、セルA1の値が150より大きいかを調べ、セルC1では「=A1<150」として、セルA1の値が150より小さいかを調べている

関数の引数に文字列を指定する場合は、「"」（ダブルクォーテーション）で囲みます。

▨IF関数で条件が真の場合と偽の場合で異なる値を表示する

ここでは、条件式を満たすか満たさないかで、異なる値を表示するIF関数を例に条件式の設定例をいくつか紹介します。

関数の書式と説明

IF関数

［書式］ IF（論理式, 真の場合, 偽の場合）
［説明］「論理式」がTRUEの場合、「真の場合」で指定した値を表示し、FALSEの場合、「偽の場合」で指定した値を表示します。「論理式」には、TRUEまたはFALSEが返る論理式を指定します。「真の場合」には、「論理式」がTRUEの場合に表示する値を指定します。「偽の場合」には、「論理式」がFALSEの場合に表示する値を指定します。

○条件が1つの場合

例　=IF(A2>=75,"合格","再試")
意味　セルA2の値が75以上なら「合格」、そうでない場合は「再試」と表示する。

A4　=IF(A2>=75,"合格","再試")

	A	B	C	D	E	F	G	H
1	英語	数学	合計					
2	80	65	145					
3	①英語が75点以上なら合格、そうでないなら再試							
4	合格							

○条件が複数の段階に分かれている場合

例　=IF(B2>=90,"A",IF(B2>=75,"B","C"))
意味　セルB2の値が90以上なら「A」、75以上なら「B」、そうでない場合は「C」と表示する。

A4　=IF(B2>=90,"A",IF(B2>=75,"B","C"))

	A	B	C	D	E	F	G	H
1	英語	数学	合計					
2	80	65	145					
3	②数学が90点以上ならA、75点以上ならB、それ以外はC							
4	C							
5								

関数の中に関数を組み合わせることを入れ子といいます。

▨2つ以上の条件の場合

例　=IF(AND(A2>=80,B2>=80),"優","標準")
意味　セルA2の値が80以上かつセルB2の値が80以上なら「優」、そうでない場合は「標準」

A4　=IF(AND(A2>=80,B2>=80),"優","標準")

	A	B	C	D	E	F	G	H
1	英語	数学	合計					
2	80	65	145					
3	③英語、数学共に80点以上なら優、それ以外は標準							
4	標準							
5								

例　=IF(OR(A2>=80,B2>=80),"◎","○")
意味　セルA2の値が80以上またはセルB2の値が80以上なら「◎」、そうでない場合は「○」

A4　=IF(OR(A2>=80,B2>=80),"◎","○")

	A	B	C	D	E	F	G	H
1	英語	数学	合計					
2	80	65	145					
3	④英語が80点以上または、数学が80点以上の場合は「◎」、そうでない場合は「○」							
4	◎							

関数の書式と説明

AND関数

［書式］　AND(論理式1, 論理式2, 論理式3, …)
［説明］　AND関数は、引数「論理式」のすべてがTRUEの場合にTRUEが返ります。「論理式」には、TRUEまたはFALSEが返る論理式を設定します。

OR関数

［書式］　OR(論理式1, 論理式2, 論理式3, …)
［説明］　OR関数は、引数「論理式」のいずれか1つがTRUEの場合にTRUEが返ります。「論理式」には、TRUEまたはFALSEが返る論理式を設定します。

ゆ〜っくり考えよう

NOT関数は、「=NOT(論理式)」で論理式の結果の逆の論理値を返します。

毎日の売上累計を求める

カテゴリ 数学三角関数・合計

毎日の売上を毎日加算して累計を計算するには、SUM関数の始点を絶対参照、終点を相対参照にします。累計の最初のセルを絶対参照で固定しておけば、式をコピーしても常に累計の最初のセルから合計することができるためです。

▨SUM関数で累計を求める

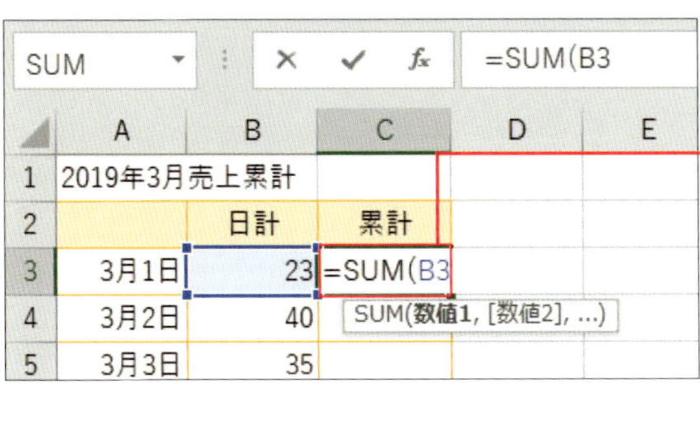

① 累計を表示するセル（ここではセルC3）をクリックし、「=SUM(B3」と入力

② F4キーを押す

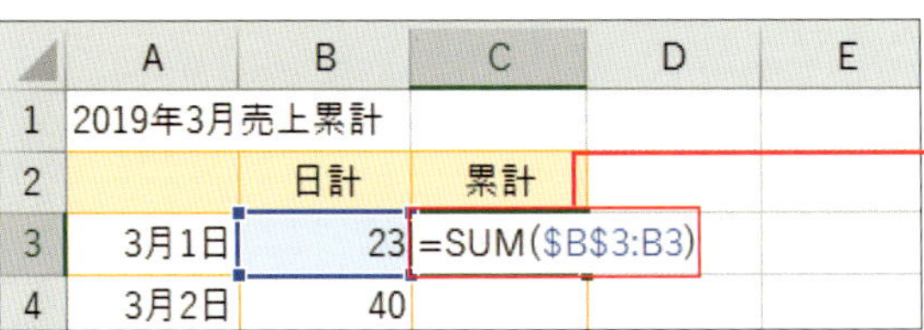

③ 絶対参照になり「=SUM($B$3」と表示されたら、続けて「:B3」と入力し、「=SUM($B$3:B3)」とする

④ Enterキーを押す

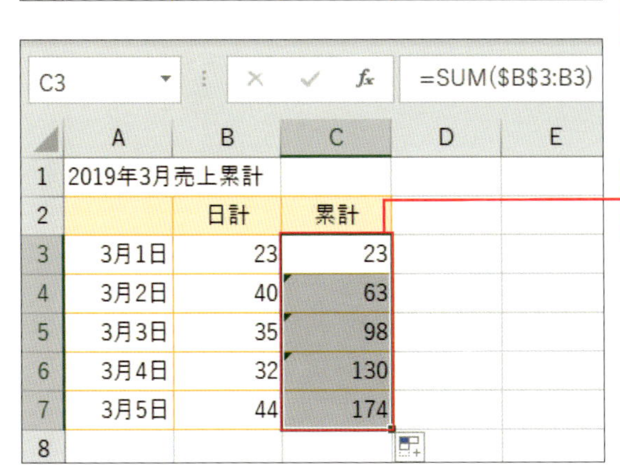

⑤ 数式をコピーすると、累計が表示される

SUM関数の入力時、「=SUM(B3:B3)」と入力してからでも始点のセルを絶対参照に変更できます。

支店別に分かれたシートの合計を出したい!

カテゴリ 数学三角関数・合計

複数のワークシートの同じ場所に同じ表が作成されている場合、各シートの同じセルのデータ同士で合計することができます。このシート間の集計を「串刺し演算」といいます。ここでは［恵比寿］［渋谷］［上野］の表を［全店舗］シートで集計します。

SUM関数で串刺し演算をする

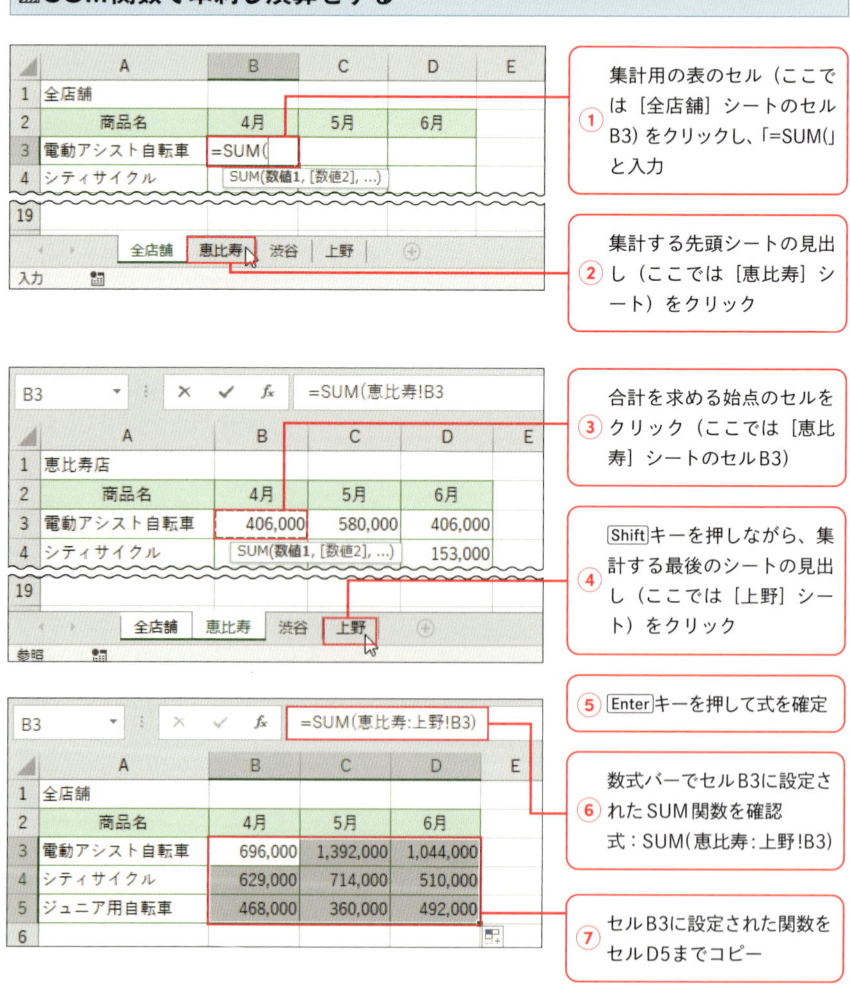

各シートの同じセルを串を刺すようにたて方向に集計するため「串刺し演算」といいます。

小計を除いた合計を素早く計算したい！

カテゴリ 数学三角関数・合計

SUBTOTAL関数は、セル範囲に対して指定した集計方法で集計します。例えば、合計は「9」を指定します。また、SUBTOTAL関数の範囲の中に、SUBTOTAL関数のセルが含まれる場合は、そのセルの値は集計から除かれるため指定がシンプルです。

▨SUBTOTAL関数で小計を除いた合計を求める

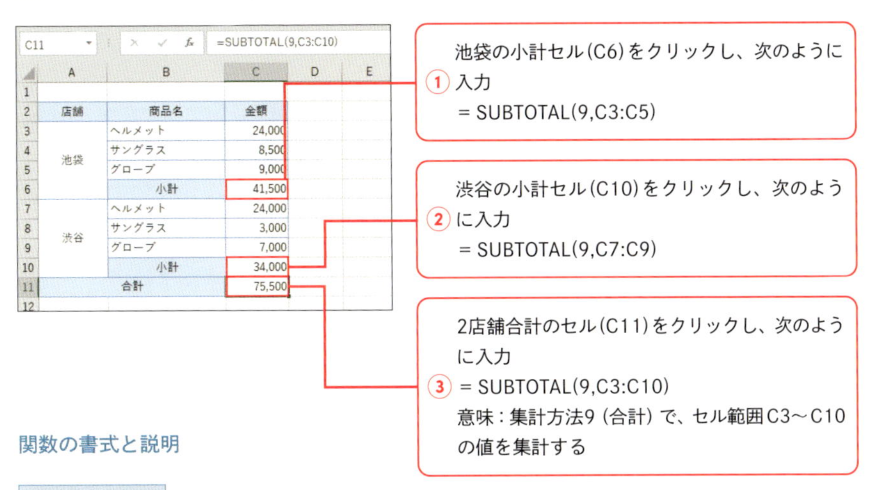

関数の書式と説明

SUBTOTAL関数

［書式］ SUBTOTAL(集計方法, 範囲1, [範囲2])
［説明］ 指定した「集計方法」で、「範囲」のセル範囲の値を集計します。SUBTOTAL関数の「範囲」の中にSUBTOTAL関数を使ったセルがある場合は、そのセルは集計から除かれます。「集計方法」には、集計方法を下表のように数値で指定します（101以降は非表示の値を含めずに集計します）。「範囲」にはセル範囲を指定します。

表 集計方法の指定の一例

集計方法		内容	関数
1	101	平均値	AVERAGE
2	102	数値が入力されたセルの数	COUNT
4	104	最大値	MAX
5	105	最小値	MIN
9	109	合計	SUM

「範囲」は全部で254個まで指定することができます。

条件を満たすデータの合計を求める

カテゴリ 数学三角関数・合計

売上表の中から指定した商品の売上金額を合計したいときは、SUMIF関数を使います。SUMIF関数は条件に一致した値の合計を求めます。「検索条件」には、文字列、セルを指定できるほか、比較演算子やワイルドカードを使うこともできます。

▨SUMIF関数で指定した商品名の売上金額を合計する

① 集計結果を表示するセル(F3)をクリックし、次のように入力
=SUMIF($B$3:$B$11,E3,$C$3:$C$11)
意味：セル範囲B3～B11内（範囲）で、セルE3（検索条件）を探して、見つかった行のセル範囲C3～C11（合計範囲）にある数値を合計する

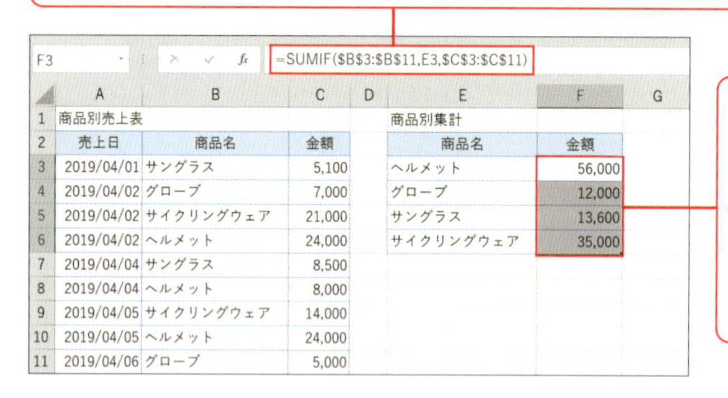
F3　=SUMIF($B$3:$B$11,E3,$C$3:$C$11)

	A	B	C	D	E	F	G
1	商品別売上表				商品別集計		
2	売上日	商品名	金額		商品名	金額	
3	2019/04/01	サングラス	5,100		ヘルメット	56,000	
4	2019/04/02	グローブ	7,000		グローブ	12,000	
5	2019/04/02	サイクリングウェア	21,000		サングラス	13,600	
6	2019/04/02	ヘルメット	24,000		サイクリングウェア	35,000	
7	2019/04/04	サングラス	8,500				
8	2019/04/04	ヘルメット	8,000				
9	2019/04/05	サイクリングウェア	14,000				
10	2019/04/05	ヘルメット	24,000				
11	2019/04/06	グローブ	5,000				

② 数式をセルF6までコピー（ここでは、式をコピーしてもセル参照がずれないように、［範囲］と［合計範囲］を絶対参照にしている）

▨SUMIF関数で商品名から色別の販売数を合計する

① 集計結果を表示するセル(F3)をクリックし、次のように入力
=SUMIF($B$3:$B$10,"*"&E3&"*",$C$3:$C$10)
意味：セル範囲B3～B10内（範囲）で、セルE3の値を含むもの（検索条件）を探して、見つかった行のセル範囲C3～C10（合計範囲）にある数値を合計する

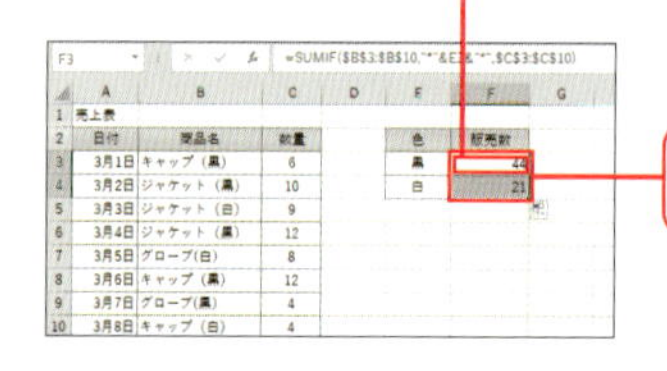
F3　=SUMIF($B$3:$B$10,"*"&E3&"*",$C$3:$C$10)

	A	B	C	D	E	F	G
1	売上表						
2	日付	商品名	数量		色	販売数	
3	3月1日	キャップ（黒）	6		黒	44	
4	3月2日	ジャケット（黒）	10		白	21	
5	3月3日	ジャケット（白）	9				
6	3月4日	ジャケット（黒）	12				
7	3月5日	グローブ(白)	8				
8	3月6日	キャップ（黒）	12				
9	3月7日	グローブ(黒)	4				
10	3月8日	キャップ（白）	4				

② 数式をセルF4までコピー

商品別支店別集計のように、2つの項目を組み合わせた2次元で集計することをクロス集計といいます。

関数の書式と説明

SUMIF関数

［書式］ SUMIF(範囲, 検索条件, [合計範囲])
［説明］ SUMIF関数は、指定した「範囲」の中で「検索条件」と一致するデータを探し、見つかった行の「合計範囲」の値の合計を求めます。
「範囲」には、検索の対象となるセル範囲を指定します。「検索条件」には、「範囲」の中から合計を求めたいデータの条件を指定します。数値とセル範囲以外で指定する場合は「"」で囲むようにしましょう。「合計範囲」には、合計を求めるデータが入力されているセル範囲を指定します。省略した場合は、「範囲」が合計範囲となります。

図 SUMIF関数の指定方法

(COLUMN)

＝ ワイルドカードであいまいな条件の設定 ＝

ワイルドカードを使うと、あいまいな条件を設定することができます。ワイルドカードには、0文字以上の任意の文字の代用となる「*」（アスタリスク）と、任意の1文字の代用となる「?」があります。サンプルのように「"*"&E3&"*"」と記述すると、「セルE3の値（黒）を含む文字列」という条件になります。ワイルドカードを指定する位置によって「○○で始まる」「○○で終わる」「○○を含む」という意味の条件を設定できます。

表

ワイルドカード	内容	設定例	一致する文字列
*	0文字以上の任意の文字列の代用	"赤*"（赤で始まる）	赤、赤ペン
		"*用紙"（用紙で終わる）	用紙、答案用紙
		"*花*"（花を含む）	花、花束、草花、落花生
?	任意1文字の文字の代用	"?島（島で終わる2文字）"	孤島、列島、半島
		"大??"（大で始まる3文字）	大西洋、大海原

条件に比較演算子を使う場合は、「">=10"」,「">"&C3」のように記述します。

2つ以上の条件を満たすデータの合計を求める

カテゴリ 数学三角関数・合計

SUMIFS関数は、複数の条件をすべて満たす場合に値を合計することができます。SUMIFS関数を使えば、支店別商品別の集計表も簡単に作れます。ここでは、SUMIFS関数の設定方法を覚えましょう。

▨SUMIFS関数で恵比寿店のサングラスの売上合計を求める

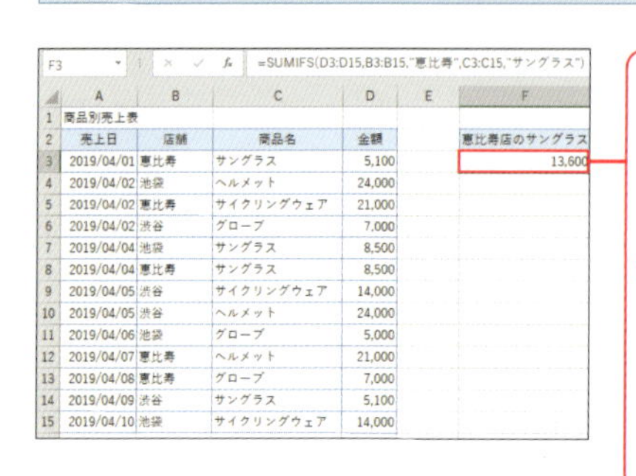

F3 =SUMIFS(D3:D15,B3:B15,"恵比寿",C3:C15,"サングラス")

	A	B	C	D	E	F
1	商品別売上表					
2	売上日	店舗	商品名	金額		恵比寿店のサングラス
3	2019/04/01	恵比寿	サングラス	5,100		13,600
4	2019/04/02	池袋	ヘルメット	24,000		
5	2019/04/02	恵比寿	サイクリングウェア	21,000		
6	2019/04/02	渋谷	グローブ	7,000		
7	2019/04/04	池袋	サングラス	8,500		
8	2019/04/04	恵比寿	サングラス	8,500		
9	2019/04/05	渋谷	サイクリングウェア	14,000		
10	2019/04/05	渋谷	ヘルメット	24,000		
11	2019/04/06	池袋	グローブ	5,000		
12	2019/04/07	恵比寿	ヘルメット	21,000		
13	2019/04/08	恵比寿	グローブ	7,000		
14	2019/04/09	渋谷	サングラス	5,100		
15	2019/04/10	池袋	サイクリングウェア	14,000		

合計を表示するセル(F3)をクリックし、次のように入力
=SUMIFS(D3:D15,B3:B15,"恵比寿",C3:C15,"サングラス")

① 意味：セル範囲B3～B15（条件範囲1）の中で「恵比寿」（条件1）、セル範囲C3～C15（条件範囲2）の中で「サングラス」（条件2）を探して、両方の条件を満たした行のセル範囲D3～D15（合計範囲）にある数値を合計する

関数の書式と説明

SUMIFS関数

［書式］ SUMIFS(合計範囲, 条件範囲1, 条件1, [条件範囲2, 条件2], …)

［説明］ SUMIFS関数は、「条件範囲」の中で「条件」と一致するデータを探し、見つかった行の「合計範囲」の値の合計を求めます。「条件範囲」と「条件」は必ずセットで指定し、最大127組まで指定できます。「条件範囲」と「条件」のセットを増やした場合、すべての条件を満たした場合のみ合計されます。

「合計範囲」には、合計を求めるデータが入力されているセル範囲を指定します。「条件範囲」には、検索の対象となるセル範囲を指定します。「条件」には、「条件範囲」の中から合計を求めたいデータの条件を指定し、数値とセル範囲以外で指定する場合は「"」で囲みましょう。

図 SUMIFS関数の指定方法

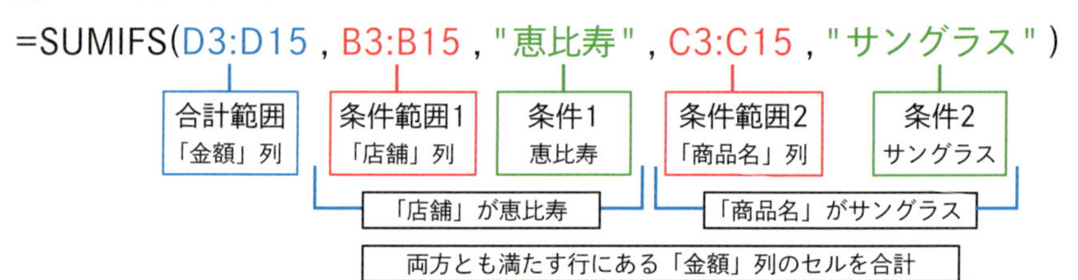

関数の式の意味が複雑でわからない場合、意味を区切りながら小分けにして考えると理解しやすくなります。

▨SUMIFS関数で支店別商品別の売上集計表を作成する

合計を表示するセル(G3)をクリックし、次のように入力
① =SUMIFS($D$3:$D$15,$C$3:$C$15,$F3,$B$3:$B$15,G$2)
意味：セル範囲C3～C15（条件範囲1）の中でセルF3の値（条件1）、セル範囲B3～B15（条件範囲2）の中でセルG2の値（条件2）を探して、両方の条件を満たした行のセル範囲D3～D15（合計範囲）にある数値を合計する

G3 =SUMIFS($D$3:$D$15,$C$3:$C$15,$F3,$B$3:$B$15,G$2)

	A	B	C	D	E	F	G	H	I
1	商品別売上表					店舗別商品別集計			
2	売上日	店舗	商品名	金額		商品名	恵比寿	渋谷	池袋
3	2019/04/01	恵比寿	サングラス	5,100		ヘルメット	21,000	24,000	24,000
4	2019/04/02	池袋	ヘルメット	24,000		グローブ	7,000	7,000	5,000
5	2019/04/02	恵比寿	サイクリングウェア	21,000		サングラス	13,600	5,100	8,500
6	2019/04/02	渋谷	グローブ	7,000		サイクリングウェア	21,000	14,000	14,000
7	2019/04/04	池袋	サングラス	8,500					
8	2019/04/04	恵比寿	サングラス	8,500					
9	2019/04/05	渋谷	サイクリングウェア	14,000					
10	2019/04/05	渋谷	ヘルメット	24,000					
11	2019/04/06	池袋	グローブ	5,000					
12	2019/04/07	恵比寿	ヘルメット	21,000					
13	2019/04/08	恵比寿	グローブ	7,000					
14	2019/04/09	渋谷	サングラス	5,100					
15	2019/04/10	池袋	サイクリングウェア	14,000					

② 数式をセルF4までコピーする

POINT

式をコピーしてもセル参照がずれないように、条件範囲1、条件範囲2は絶対参照にしています。また、条件1のセルF3は列がずれないように列のみ固定（$F3)、条件2のセルG2は行がずれないように行のみ固定（G$2)しています。

(COLUMN)

＝ 条件を満たす値で集計する関数 ＝

SUMIF関数は1つの条件を満たす値で合計を求め、SUMIFS関数は複数の条件を満たす値で合計を求めます。ほかに条件を満たす値で計算する関数として、COUNTIF関数（ワザ109)、COUNTIFS関数（ワザ110）があります。これらは、条件を満たす値の件数を求めます。また、AVERAGEIF関数（ワザ113)、AVERAGEIFS関数（ワザ114）は、条件を満たす値で平均を求めます。それぞれの詳細は、各ページで確認してください。

SUMIF関数とSUMIFS関数は引数の並びが異なります。指定する時には気を付けましょう。

小数点以下の値を四捨五入したい

カテゴリ 数学三角関数・丸め

ROUND関数は、数値を指定した桁数になるように四捨五入します。例えば、小数点以下の数値を丸めて整数にしたい場合に使えます。また、小数点以下を切り上げるにはROUNDUP関数、小数点以下を切り捨てるにはROUNDDOWN関数を使います。

▨ROUND関数で値引額の小数点以下を四捨五入して整数にする

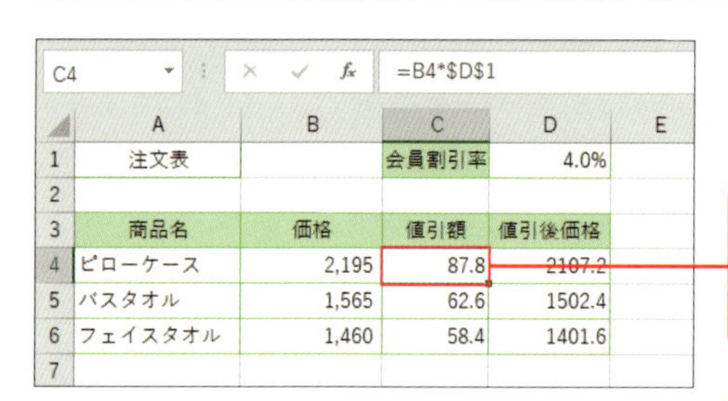

C4 =B4*$D$1

	A	B	C	D	E
1	注文表		会員割引率	4.0%	
2					
3	商品名	価格	値引額	値引後価格	
4	ピローケース	2,195	87.8	2107.2	
5	バスタオル	1,565	62.6	1502.4	
6	フェイスタオル	1,460	58.4	1401.6	
7					

① 四捨五入するセル（C4）は「=B4*$D$1」（価格×会員割引率）の式が設定されていることを確認

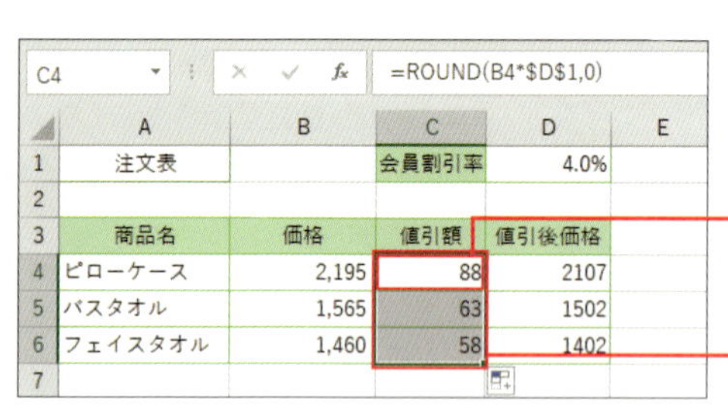

C4 =ROUND(B4*$D$1,0)

	A	B	C	D	E
1	注文表		会員割引率	4.0%	
2					
3	商品名	価格	値引額	値引後価格	
4	ピローケース	2,195	88	2107	
5	バスタオル	1,565	63	1502	
6	フェイスタオル	1,460	58	1402	
7					

② セルC4をダブルクリックしてカーソルを表示し、次のように修正
＝ROUND(B4*$D$1,0)
意味：「B4*$D$1」の結果（数値）が「0、整数値」（桁数）になるように、小数点第1位で四捨五入する

③ 数式をコピーする

▨ROUNDUP関数で値引額の小数点以下を切り上げて整数にする

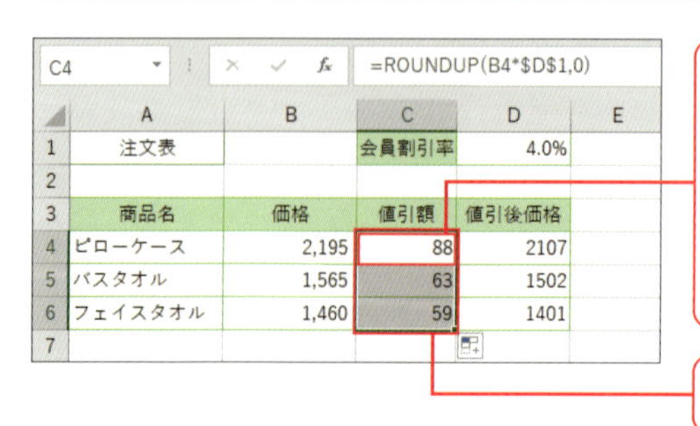

C4 =ROUNDUP(B4*$D$1,0)

	A	B	C	D	E
1	注文表		会員割引率	4.0%	
2					
3	商品名	価格	値引額	値引後価格	
4	ピローケース	2,195	88	2107	
5	バスタオル	1,565	63	1502	
6	フェイスタオル	1,460	59	1401	
7					

① セルC4をダブルクリックしてカーソルを表示し、次のように式に修正する
＝ROUNDUP(B4*$D$1,0)
意味：「B4*$D$1」の結果（数値）が「0、整数値」（桁数）になるように、小数点以下を切り上げる

② 数式をコピーする

INT関数は、「INT(数値)」の書式で指定した数値を超えない最大の整数を求められます。

▨ROUNDDOWN関数で値引額の小数点以下を切り捨てて整数にする

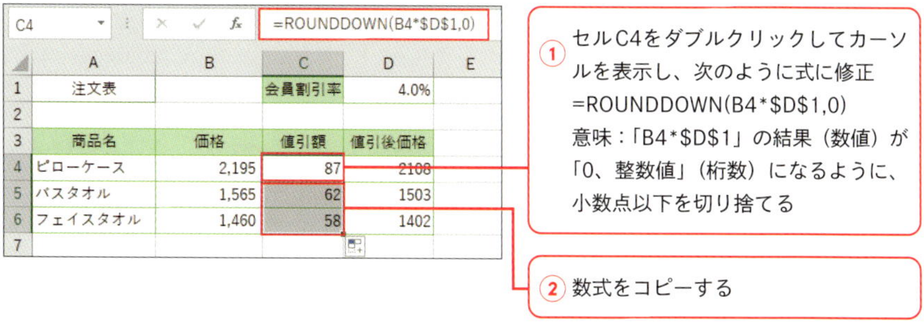

C4 =ROUNDDOWN(B4*$D$1,0)

	A	B	C	D	E
1	注文表		会員割引率	4.0%	
2					
3	商品名	価格	値引額	値引後価格	
4	ピローケース	2,195	87	2108	
5	バスタオル	1,565	62	1503	
6	フェイスタオル	1,460	58	1402	
7					

① セルC4をダブルクリックしてカーソルを表示し、次のように式に修正
=ROUNDDOWN(B4*$D$1,0)
意味：「B4*$D$1」の結果（数値）が「0、整数値」（桁数）になるように、小数点以下を切り捨てる

② 数式をコピーする

関数の書式と説明

ROUND関数

［書式］ ROUND(数値, 桁数)
［説明］「数値」を指定した「桁数」になるように四捨五入します。
「数値」には、四捨五入の対象となる数値を指定します。数値、式、セル範囲を指定できます。
「桁数」には、「数値」を四捨五入した結果の桁数を指定します。桁数が正の数の場合は小数点以下、0の場合は小数点位置、負の場合は整数部分で四捨五入されます。（下表参照）

表 「数値」が「123.456」の場合、「桁数」でのROUND関数の結果

	小数部分		小数点位置	整数部分	
桁数	2	1	0	-1	-2
結果	123.46	123.5	123	120	100

ROUNDUP関数

［書式］ ROUNDUP(数値, 桁数)
［説明］「数値」を指定した「桁数」になるように切り上げます。
「数値」には、切り上げの対象となる数値を指定します。数値、式、セル範囲を指定できます。
「桁数」には、「数値」を切り上げた結果の桁数を指定します。桁数が正の数の場合は小数点以下、0の場合は小数点位置、負の場合は整数部分で切り上げられます。

ROUNDDOWN関数

［書式］ ROUNDDOWN(数値, 桁数)
［説明］「数値」を指定した「桁数」になるように切り捨てます。
「数値」には、切り捨ての対象となる数値を指定します。数値、式、セル範囲を指定できます。
「桁数」には、「数値」を切り捨てた結果の桁数を指定します。桁数が正の数の場合は小数点以下、0の場合は小数点位置、負の場合は整数部分が切り捨てられます。

桁数が0のとき小数点第1位、1のとき小数点第2位、-1のとき1の位で四捨五入されます。

ケース単位で発注時に最低限必要な発注数を調べたい!

カテゴリ 統計関数

CEILING.MATH関数は、「基準値」の倍数のうち、最も近い値に「数値」を切り上げます。例えば、ケース単位で発注する場合、必要数を満たすけれど、必要最低限で発注したい場合に使えます。

CEILING.MATH関数で必要最低限のケース数を求める

① セルD3をクリックし、次のように入力
=CEILING.MATH(C3,12)
意味：セルC3「126」(数値) を「12」(基準値) の倍数のうち、最も近い倍数に切り上げる

D3 =CEILING.MATH(C3,12)

	A	B	C	D	E	F
1	発注計算書					
2	商品NO	商品名	必要数	発注数 (1ケース：12個入)	発注 ケース数	
3	A1001	保湿ローション	126	132	11	
4	A1002	保湿クリーム	100	108	9	
5	B2001	薬用化粧水	84	84	7	
6	B2002	薬用乳液	80	84	7	
7	C3001	アロマローション	55	60	5	
8	C3002	アロマクリーム	60	60	5	
9						

② セルD8まで数式をコピー

関数の書式と説明

CEILING.MATH関数

[書式] CEILING.MATH (数値, [基準値], [モード])
[説明] 「基準値」の倍数で最も近い数に「数値」を切り上げます。
「数値」には、切り上げの対象となる数値を指定します。数値やセル範囲を指定できます。「基準値」には、倍数の基準となる数値を指定します。数値やセル範囲を指定できます。「モード」には、負の「数値」の場合は、0に近い値または0から離れた値のどちらかに値を丸めるかを指定します。正の「数値」には影響しません。

CEILING.MATH関数はExcel2013で追加された関数です。2010以前はCEILING関数を使います。

ケース単位の発注で多少不足がでても余分がでないようにしたい

カテゴリ 統計関数

FLOOR.MATH関数は、「基準値」の倍数のうち、最も近い値に「数値」を切り捨てます。例えば、ケース単位で発注する場合、余分を出さないように、不足分が最小となる発注数を求められます。

FLOOR.MATH関数で余分を出さないように発注するケース数を求める

① セルD3をクリックし、次のように入力
= FLOOR.MATH(C3,12)
意味：セルC3「126」（数値）を「12」（基準値）の倍数のうち、最も近い倍数に切り捨てる

D3 =FLOOR.MATH(C3,12)

	A	B	C	D	E	F
1	発注計算書					
2	商品NO	商品名	必要数	発注数（1ケース：12個入）	発注ケース数	
3	A1001	保湿ローション	126	120	10	
4	A1002	保湿クリーム	100	96	8	
5	B2001	薬用化粧水	84	84	7	
6	B2002	薬用乳液	80	72	6	
7	C3001	アロマローション	55	48	4	
8	C3002	アロマクリーム	60	60	5	
9						

② セルD8まで数式をコピー

関数の書式と説明

FLOOR.MATH関数

［書式］ FLOOR.MATH (数値, [基準値], [モード])
［説明］ 「基準値」の倍数で最も近い数に「数値」を切り上げます。
「数値」には、切り捨ての対象となる数値を指定します。数値やセル範囲を指定できます。「基準値」には、倍数の基準となる数値を指定します。数値やセル範囲を指定できます。「モード」には、負の「数値」の場合は、0に近い値または0から離れた値のどちらかに値を丸めるかを指定します。正の「数値」には影響しません。

FLOOR.MATH関数はExcel2013で追加された関数です。2010以前はFLOOR関数を使います。

空白ではないセルと空白のセルの数を調べる

カテゴリ 統計関数

COUNTA関数は、空白ではないセルの個数を数えます。また、COUNTBLANK関数は、空白のセルの個数を数えます。データの個数や未入力セルの個数を数えたいときに使えます。

▨COUNTA関数で参加人数を、COUNTBLANK関数で未回収数を求める

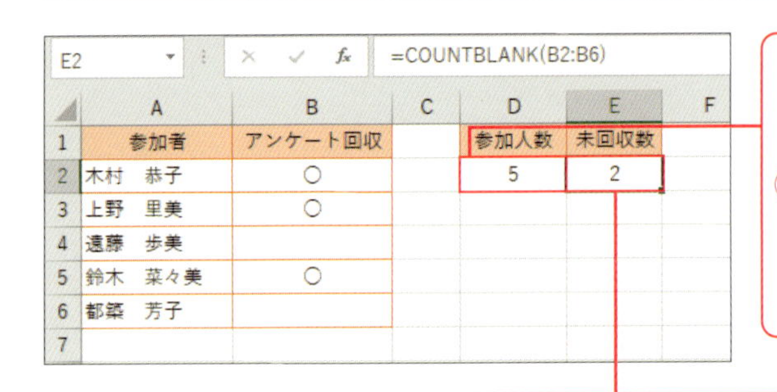

① 空白ではないセルの数を表示するセル（D2）をクリックし、次のように入力
=COUNTA(A2:A6)
意味：セル範囲A2～A6で空白ではないセルの個数を数える

② 空白の数を表示するセル（E2）をクリックし、次のように入力
=COUNTBLANK(B2:B6)
意味：セル範囲B2～B6の中で空白のセルの個数を数える

関数の書式と説明

COUNTA関数

［書式］ COUNTA(値1,[値2],…)
［説明］「基準値」の倍数で最も近い数に切り上げます。
空白でないセルの個数を返します。空白に見えても、スペースが入力されていると空白でないセルとして数えられます。
「値」には、セル範囲を指定します。最大255まで指定できます。

COUNTBLANK関数

［書式］ COUNTBLANK(範囲)
［説明］ 空白のセルの個数を返します。IF関数などの計算の結果、空白に見えているセルも空白セルとして数えられます。
「範囲」には、空白を求めるセルが含まれるセル範囲を指定します。

COUNT関数は、COUNTA関数を同じ書式で数値や日付の個数を求めます。

条件を満たすデータの個数を求める

カテゴリ 統計関数

条件を満たすセルの個数を求めるには、COUNTIF関数を使います。検索条件にはセルの値を参照させたり、関数を使ったりできます。例えば、「">="& C2」（セルC2の値以上）や、「" > = " & AVERAGE(C4:C32)」（平均値以上）のように設定できます。

▨COUNTIF関数で売上金額が1000万円以上ある販売店舗数を求める

① セル（C2）をクリックし、次のように入力
=COUNTIF(C5:C33,">=" & C1)
意味：セル範囲C5～C33（範囲）の中でセルC1の値「1000万」以上（検索条件）を満たすセルの数を求める

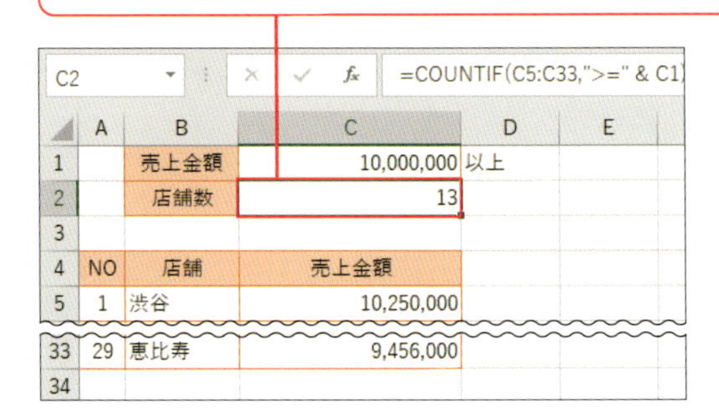
C2 =COUNTIF(C5:C33,">=" & C1)

	A	B	C	D	E
1		売上金額	10,000,000	以上	
2		店舗数	13		
3					
4	NO	店舗	売上金額		
5	1	渋谷	10,250,000		
33	29	恵比寿	9,456,000		
34					

関数の書式と説明

COUNTIF関数

［書式］ COUNTIF(範囲, 検索条件)
［説明］ 指定した「範囲」の中で「検索条件」と一致するデータを探し、見つかったセルの個数を数えます。
「範囲」には、検索の対象となるセル範囲を指定します。「検索条件」には、「範囲」の中からセルの数を求めたいデータの条件を指定します。数値とセル範囲以外で指定する場合は「"」で囲みましょう。

図 COUNTIF関数の指定方法

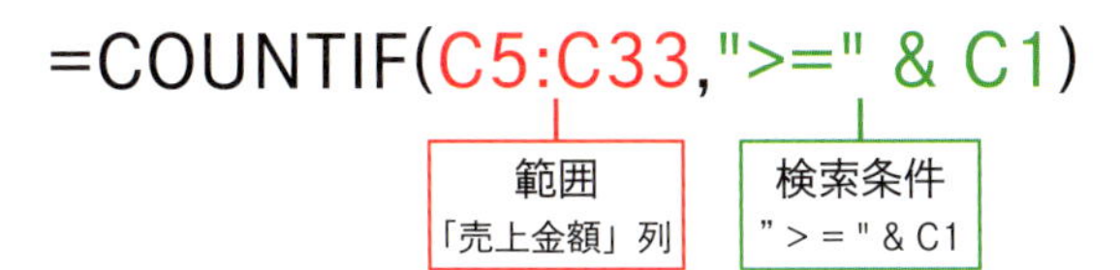

検索条件にワイルドカードを使って「"＊田＊"」（田を含む）のように条件を指定することもできます。

▨全店舗の売上金額の平均以上の売上がある店舗数を求める

C2 =COUNTIF(C5:C33,">=" & AVERAGE(C5:C33))

	A	B	C	D	E	F	G
1		平均売上額以上の売上がある店舗数					
2		店舗数	10				
3							
4	NO	店舗	売上金額				
5	1	渋谷	10,250,000				
6	2	新宿	12,530,000				
7	3	原宿	11,450,000				
8	4	代々木	16,425,000				
9	5	新大久保	9,523,000				
30	26	大崎	8,563,000				
31	27	五反田	11,360,000				
32	28	目黒	9,654,000				
33	29	恵比寿	9,456,000				
34							
35							

① セル（C2）をクリックし、次のように入力
=COUNTIF(C5:C33,">=" & AVERAGE(C5:C33))
意味：セル範囲C5～C33（範囲）の中でセル範囲C5～C33の平均値以上（検索条件）を満たすセルの数を求める

関数の書式と説明

AVERAGE関数

［書式］ AVERAGE（数値1,[数値2],…）
［説明］「数値」で指定した数値の平均を求めます。
「数値」には、平均を求めたい数値、セル範囲を指定します。数値は最大255まで追加できます。

セルを参照しないで検索条件を設定する場合は、「">=10000000"」（1000万以上）のように記述します。

2つ以上の条件を満たすデータの個数を求める

カテゴリ 統計関数

COUNTIFS関数を使うと、2つ以上の条件を指定して、すべてを満たすセルの個数を求めることができます。売上表から取引先別、月別の取引回数をまとめる集計表を作成したいときにこの関数が活躍します。

▨COUNTIFS関数でA社の2月の取引件数を求める

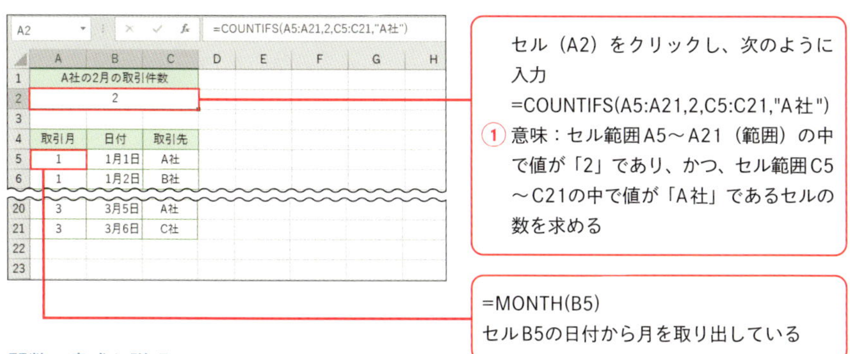

関数の書式と説明

COUNTIFS関数

［書式］ COUNTIFS(条件範囲1, 検索条件1, [条件範囲2, 検索条件2,]…)

［説明］「条件範囲」の中から、「検索条件」に位置するデータを探し、見つかったセルの個数を数えます。「条件範囲」と「検索条件」は必ずセットで指定し、最大127組まで指定できます。「条件範囲」と「検索条件」を増やした場合、すべての条件を満たした場合のセルの個数を数えます。

「条件範囲」には、検索の対象となるセル範囲を指定します。「検索条件」には、「条件範囲」の中からセルの数を求めたいデータの条件を指定します。数値とセル範囲以外で指定する場合は「"」で囲みましょう。

図 COUNTIFS関数の指定方法

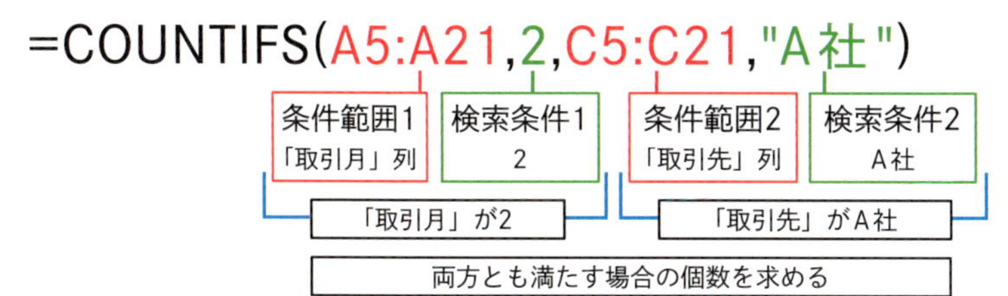

MONTH関数は日付から月数だけを取り出します（ワザ119参照）。

▨COUNTIFS関数で取引先別月別の取引集計表を作成する

① 件数を表示するセル(F3)をクリックし、次のように入力
=COUNTIFS($A$3:$A$19,F$2,$C$3:$C$19,$E3)
意味：セル範囲A3～A19（条件範囲1）の中でセルF2の値（検索条件1）、セル範囲C3～C19（条件範囲2）の中でセルE3の値（検索条件2）を探して、両方の条件を満たしたセルの数を求める

F3　=COUNTIFS($A$3:$A$19,F$2,$C$3:$C$19,$E3)

	A	B	C	D	E	F	G	H	I
1					取引先別月別取引回数				
2	取引月	日付	取引先		取引月	1	2	3	
3	1	1月1日	A社		A社	2	2	1	
4	1	1月2日	B社		B社	1	2	4	
5	1	1月3日	C社		C社	2	2	1	
6	1	1月4日	A社						
7	1	1月5日	C社						
8	2	2月1日	A社						
9	2	2月2日	C社						

② セルH5までコピー

図 COUNTIFS関数の指定方法

=COUNTIFS($A$3:$A$19,F$2,$C$3:$C$19,$E3)

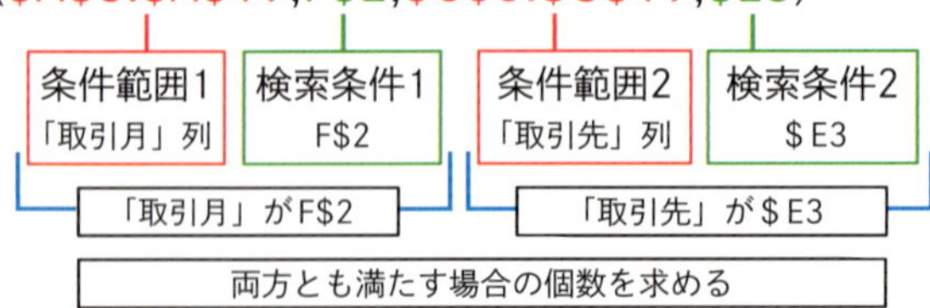

POINT

式をコピーしてもセル参照がずれないように、条件範囲1、条件範囲2は絶対参照にしています。また、検索条件1のセルF2は行がずれないように行のみ固定（F&2）、検索条件2のセルE3は列がずれないように列のみ固定（$E3）しています。

COUNTIFS関数をコピーして集計表を作成する場合は、絶対参照にすることを忘れないようにしましょう。

得点順に順位を付けたい!

カテゴリ 統計関数

成績表の得点順に順位を付けたい場合は、RANK.EQ関数を使います。RANK.EQ関数は、指定した範囲の中で、数値が何番になるのかを表示します。大きい順に順位を付けたり、小さい順に順位を付けたりでき、数値が同じ場合は、同順位になります。

▨RANK.EQ関数で得点順の順位を求める

① 順位を表示するセル(D3)をクリックし、次のように入力
=RANK.EQ(C3,$C$3:$C$12,0)
意味：セル範囲C3～C12(範囲)の中でセルC3の値(数値)が、大きい順「0」(順序)で何番目かを求める

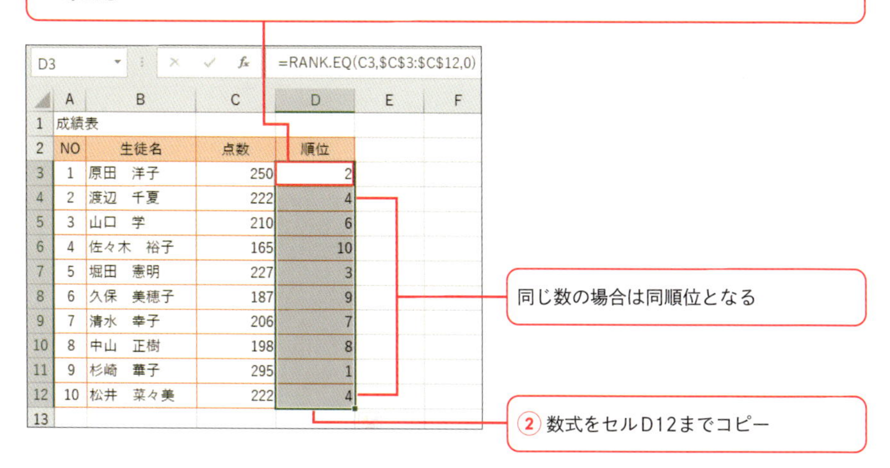

D3 =RANK.EQ(C3,$C$3:$C$12,0)

	A	B	C	D	E	F
1	成績表					
2	NO	生徒名	点数	順位		
3	1	原田　洋子	250	2		
4	2	渡辺　千夏	222	4		
5	3	山口　学	210	6		
6	4	佐々木　裕子	165	10		
7	5	堀田　憲明	227	3		
8	6	久保　美穂子	187	9		
9	7	清水　幸子	206	7		
10	8	中山　正樹	198	8		
11	9	杉崎　華子	295	1		
12	10	松井　菜々美	222	4		
13						

関数の書式と説明

RANK.EQ関数

［書式］ RANK.EQ (数値, 範囲, [順序])
［説明］ 指定した「範囲」の中で、「数値」が何番目であるかを、「順序」で指定した方法で求めます。

「数値」には、「範囲」の中での順位を調べる数値を指定します。「範囲」には、順序を調べたい数値が含まれているセル範囲または配列を指定します。範囲に含まれる数値以外の値は無視され、エラーが表示されます。「順序」に、0を指定または省略した場合は、降順（大きい順）に1,2,3…と順位が付きます。1または0以外を指定すると、昇順（小さい順）に1,2,3…と順位が付きます。

Excel2007以前では、RANK関数を使います。書式は同じで、RANK.EQと同様に使えます。

成績の上位、下位3人を表示する

カテゴリ 統計関数

セル範囲の中で数値の大きい方から3つとか、小さい方から３つ数値を取り出したいときは、それぞれLARGE関数、SMALL関数を使います。例えば、点数のトップ3ならLARGE関数、速さを競うスピード競技のトップ3ならSAMLL関数が使えます。

▨LARGE関数で大きい順で3つ、SMALL関数で小さい順で3つの値を取り出す

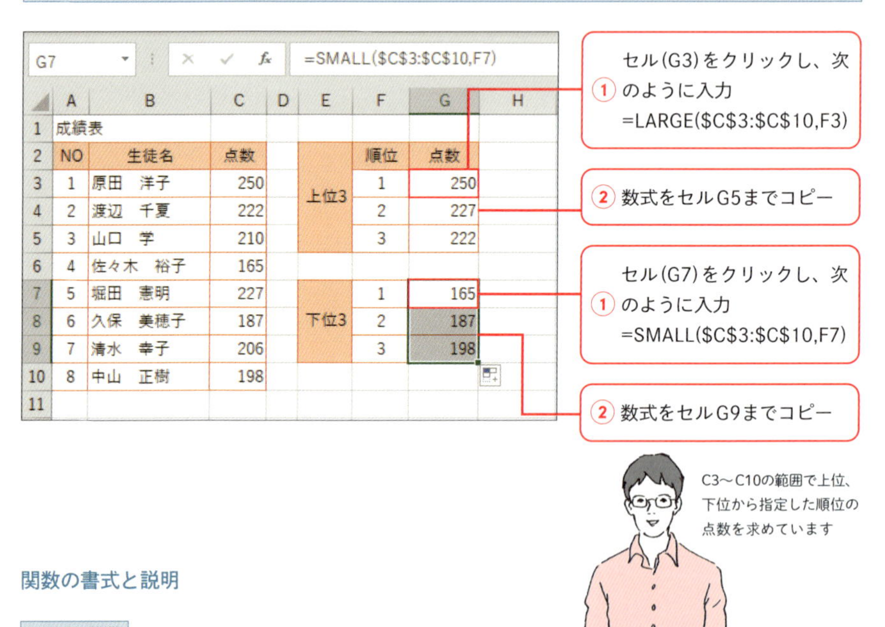
G7 =SMALL($C$3:$C$10,F7)

	A	B	C	D	E	F	G	H
1	成績表							
2	NO	生徒名	点数			順位	点数	
3	1	原田　洋子	250		上位3	1	250	
4	2	渡辺　千夏	222			2	227	
5	3	山口　学	210			3	222	
6	4	佐々木　裕子	165					
7	5	堀田　憲明	227		下位3	1	165	
8	6	久保　美穂子	187			2	187	
9	7	清水　幸子	206			3	198	
10	8	中山　正樹	198					
11								

関数の書式と説明

LARGE関数

［書式］ LARGE（範囲，順位）

［説明］ 指定した「範囲」の中で、大きい順に数えて指定した「順位」にある値を求めます。「範囲」には、順位の対象となるセル範囲または配列を指定します。範囲内に含まれる文字列、論理値、空白は無視されます。「順位」には、大きい順から数えた順位を指定します。

SMALL関数

［書式］ SMALL（範囲，順位）

［説明］ 指定した「範囲」の中で、小さい順に数えて指定した「順位」にある値を求めます。「範囲」には、順位の対象となるセル範囲または配列を指定します。範囲内に含まれる文字列、論理値、空白は無視されます。「順位」には、小さい順から数えた順位を指定します。

「順位」に対象となるデータの個数より大きい数値を指定するとエラーになります。

条件を満たすデータの平均を求める

カテゴリ 統計関数

条件を満たすセルの平均値求めるには、AVERAGEIF関数を使います。例えば、テストで0点を除いた点数で平均値を求めたり、男性の平均年齢を求めたりする場合に便利です。比較演算子やワイルドカードなどを使って条件を設定することができます。

AVERAGEIF関数で0以外の数で平均値を求める

C11 =AVERAGEIF(C3:C9,"<>0")

	A	B	C	D	E	F	G
1	3教科テスト結果						
2	NO	学生	英語	国語	数学	合計点	
3	1	山本　彩未	68	77	87	232	
4	2	永崎　幸太郎	72	82	63	217	
5	3	磯野　道彦	0	63	0	63	
6	4	清水　すみれ	86	82	73	241	
7	5	阿部　希海	90	91	97	278	
8	6	岡崎　典代	48	0	40	88	
9	7	坂崎　新之助	66	51	55	172	
10	平均点		61.4	63.7	59.3	184.4	
11	平均点(0を除く)		71.7	74.3	69.2	184.4	
12							

① 平均点を表示するセル(C11)をクリックし、次のように入力
=AVERAGEIF(C3:C9,"<>0")

② 数式をセルF11までコピー

関数の書式と説明

AVERAGEIF関数

[書式]　AVERAGEIF(範囲,条件,[平均範囲])

[説明]　指定した「範囲」の中で「条件」と一致するデータを探し、見つかった行の「平均範囲」の値の平均値を求めます。

「範囲」には、検索の対象となるセル範囲を指定します。「条件」には、「範囲」の中から平均を求めたいデータの条件を指定します。数値とセル範囲以外で指定する場合は「"」で囲みましょう。「平均範囲」には、平均を求めるデータが入力されているセル範囲を指定します。省略した場合は、「範囲」が平均範囲になります。

図 AVERAGEIF関数の指定方法

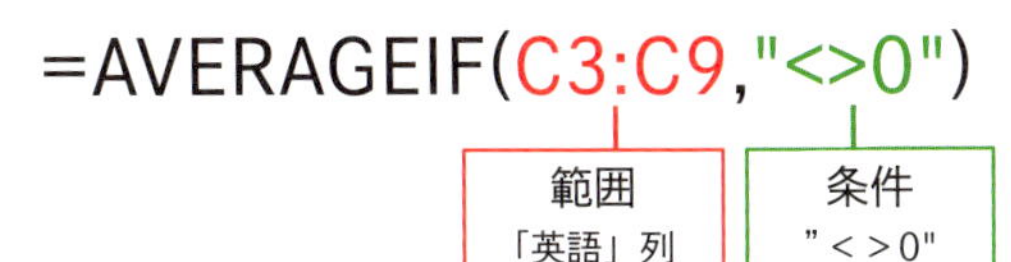

「条件」に一致するデータが見つからなかった場合は、エラー値「DIV/0!」が表示されます。

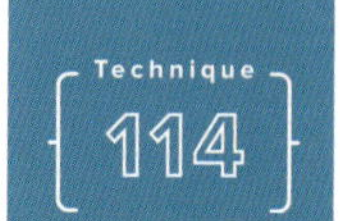

2つ以上の条件を満たすデータの平均値を求める

カテゴリ 統計関数

AVERAGEIFS関数を使うと、2つ以上の条件をすべて満たすデータで平均値を求めることができます。例えば、年齢が30歳以上、種別がプレミアムの会員の平均利用回数を求めたいときに使えます。

▨AVERAGEIFS関数で30歳以上の分類別の平均利用回数を求める

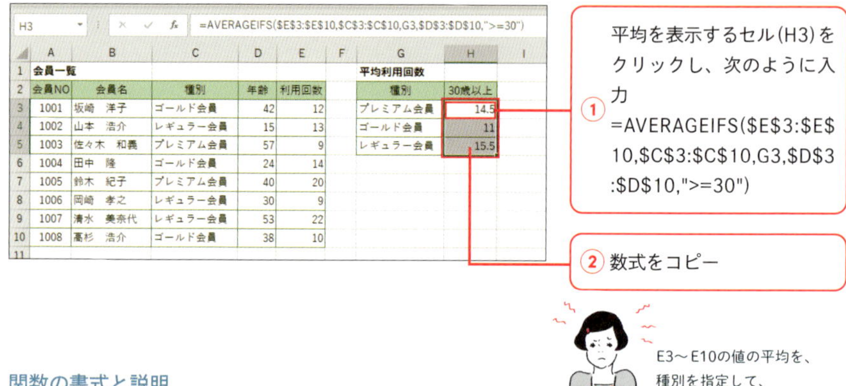

H3 =AVERAGEIFS($E$3:$E$10,$C$3:$C$10,G3,$D$3:$D$10,">=30")

	A	B	C	D	E	F	G	H
1	会員一覧						平均利用回数	
2	会員NO	会員名	種別	年齢	利用回数		種別	30歳以上
3	1001	坂崎 洋子	ゴールド会員	42	12		プレミアム会員	14.5
4	1002	山本 浩介	レギュラー会員	15	13		ゴールド会員	11
5	1003	佐々木 和義	プレミアム会員	57	9		レギュラー会員	15.5
6	1004	田中 隆	ゴールド会員	24	14			
7	1005	鈴木 紀子	プレミアム会員	40	20			
8	1006	岡崎 孝之	レギュラー会員	30	9			
9	1007	清水 美奈代	レギュラー会員	53	22			
10	1008	高杉 浩介	ゴールド会員	38	10			

関数の書式と説明

AVERAGEIFS関数

［書式］ AVERAGEIFS(平均範囲, 条件範囲1, 条件1, [条件範囲2, 条件2], …)

［説明］「条件範囲」の中で「条件」と一致するデータを探し、見つかった行の「平均範囲」の値の平均値を求めます。すべての条件を満たした場合のみ計算されます。
「平均範囲」には、平均を求めるデータが入力されているセル範囲を指定します。「条件範囲」には、検索の対象となるセル範囲を指定します。「条件」には、「条件範囲」の中から平均を求めたいデータの条件を指定します。数値とセル範囲以外で指定する場合は「"」で囲みましょう。

図 AVERAGEIFS関数の指定方法

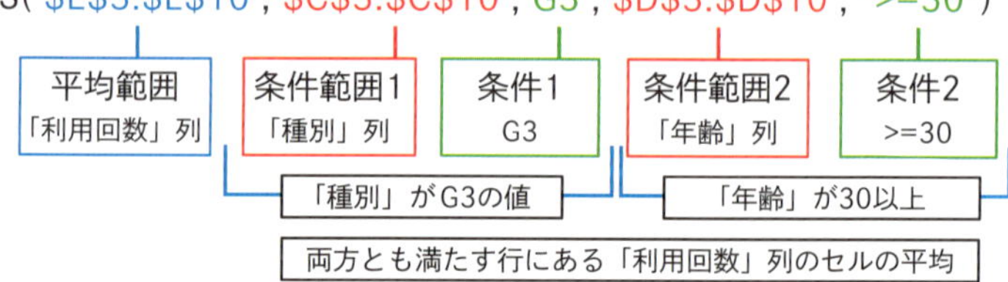

AVERAGEIF関数とAVERAGEIFS関数は引数の並びが異なります。設定時は気を付けて下さい。

条件用の表を使ってデータの合計を求める

カテゴリ データベース関数

DSUM関数は、別表に用意した条件を使ってデータを検索し、条件に一致するデータを合計する関数です。ここでは、[支店] 列の値が「新宿」で、[商品名] 列の値が「ジャケット」という条件に一致するデータの「金額」列の合計を求めます。

▨DSUM関数で新宿支店のジャケットの売上金額を求める

① 条件を入力するセル（セルA3~B3）に次のように条件を入力
セルA3には「="=新宿"」
セルB3には「="=ジャケット"」

C3 =DSUM(A5:E53,E5,A2:B3)

	A	B	C	D	E	F
1	条件		集計結果			
2	支店	商品名	金額			
3	=新宿	=ジャケット	175,000			
4						
5	売上日	支店	商品名	数量	金額	
6	2019/04/01	渋谷	サイクリングウェア	4	28,000	
7	2019/04/01	代々木	ヘルメット	3	36,000	
51	2019/06/07	代々木	ジャケット	2	50,000	
52	2019/06/08	恵比寿	プロテクターセット	3	5,100	
53	2019/06/09	渋谷	グローブ	4	4,000	

② 集計結果を表示するセル(C3)をクリックし、次のように入力
=DSUM(A5:E53,E5,A2:B3)
意味：セル範囲A5～E53（データベース）の中で、セル範囲A2～B3（条件範囲）を満たすレコードを探し、見つかったレコードのE5（金額）の列（フィールド）の数値を合計する

関数の書式と説明

DSUM関数

[書式] DSUM(データベース, フィールド, 条件範囲)
[説明] 「データベース」の中から「条件範囲」で指定した条件を満たすレコードを検索し、見つかったレコードの「フィールド」の列にある数値を合計します。
「データベース」には、集計する表のセル範囲を指定します。「フィールド」には、「データベース」内で合計する列の列見出しまたは列番号を指定します。列見出しは、列見出しのセルを指定するか「"金額"」のように文字列で指定します。列番号は「データベース」の左端列を1として数えた数字を指定します。「条件範囲」には、条件が入力されたセル範囲を指定します。

「データベース」「条件範囲」共に1行目の列見出しを含めて指定してください。

COLUMN

= データーベース関数について =

DSUM関数、DAVERAGE関数、DCOUNT関数は、データベース関数に分類されます。データベース関数とは、データベースを指定した条件で集計する関数です。条件用の表を別に作成し、その表に設定した条件を元に集計した結果が返ります。
データベース関数を利用するには、2つの表が必要です。1つは、集計元となる表で、データベースとして使用できる形式で作成されているものです。もう1つは、条件用の表で、データベースと同じ列見出しを使って表を用意します。

データーベースの表（データーベース）

・表の1行目が列見出しになっている
・列のことを「フィールド」、1件分のデータを「レコード」という
・列ごとに同じ種類のデータが入力されている
・行にはレコードが入力されており、1行で1件分のレコードとなるように列を用意する

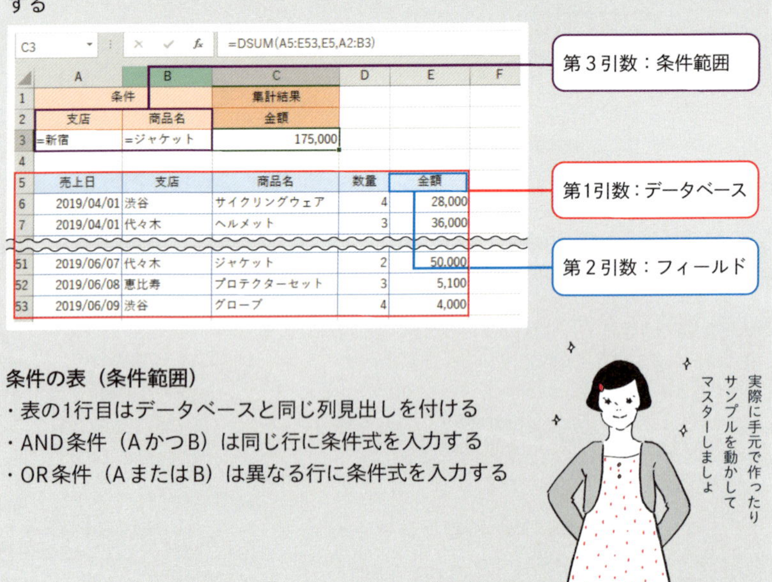
C3 =DSUM(A5:E53,E5,A2:B3)

	A	B	C	D	E	F
1	条件		集計結果			
2	支店	商品名	金額			
3	=新宿	=ジャケット	175,000			
4						
5	売上日	支店	商品名	数量	金額	
6	2019/04/01	渋谷	サイクリングウェア	4	28,000	
7	2019/04/01	代々木	ヘルメット	3	36,000	
51	2019/06/07	代々木	ジャケット	2	50,000	
52	2019/06/08	恵比寿	プロテクターセット	3	5,100	
53	2019/06/09	渋谷	グローブ	4	4,000	

条件の表（条件範囲）

・表の1行目はデータベースと同じ列見出しを付ける
・AND条件（AかつB）は同じ行に条件式を入力する
・OR条件（AまたはB）は異なる行に条件式を入力する

実際に手元で作ったりサンプルを動かしてマスターしましょ

「データベース」のことを、「リスト」と表現されることもあります。

COLUMN

＝ 条件の表（条件範囲）の設定例 ＝

条件範囲の表の作成例を紹介します。表の1行目が集計する表と同じ列見出しであることと、AND条件（AかつB）とOR条件（AまたはB）の場合の条件の設定場所の違いを確認してください。また、「金額」が「〇以上かつ〇以下」というように同じ列見出しでAND条件を設定する場合は、同じ列見出しを並べて「〇以上」と「〇以下」を同じ行に指定します。

●AND条件(AかつB)…同じ行に条件を指定

支店	商品名
=新宿	=グローブ

支店が「新宿」かつ商品名が「グローブ」

支店	金額	金額
=新宿	>=5000	<=10000

支店が「新宿」かつ金額が「5000以上10000以下」

●OR条件(AまたはB)…異なる行に条件を指定

支店	商品名
=新宿	
	=グローブ

支店が「新宿」または商品名が「グローブ」

支店	商品名
=新宿	=グローブ
=上野	=グローブ

支店が「新宿」または「上野」で商品名が「グローブ」

COLUMN

＝ 条件の設定方法の注意点 ＝

条件範囲の表に条件式を設定する際、支店が「新宿」という条件の場合、「新宿」とだけ入力すると、「新宿で始まる」という意味になります。このサンプルの場合は「新宿」しかないので、「新宿」だけでも正しく集計されますが、完全一致させたい場合は、「="=新宿"」と指定してください。また、任意の文字列の代用の「*」や1文字の代用の「?」といったワイルドカードを使ってあいまいな条件を指定することもできます。

表

条件式	意味	抽出例
="=本"	「本」と完全一致する	本
="=本*"	「本」で始まる	本、本田、本真珠
="=*本"	「本」で終わる	本、脚本、単行本
="=*本*"	「本」を含む	本、基本、本気、一本松
="=?本"	「本」で終わる2文字	資本、基本、絵本
="=本?"	「本」で始まる2文字	本気、本物、本人
="="	未入力	

条件範囲に空白行が含まれるとすべてのレコードが集計対象となります。

条件用の表を使って来場者が100人以上だった回数を求める

カテゴリ データベース関数

DCOUNT関数は、別表に用意した条件を使ってデータを検索し、条件に一致する数値の個数を数える関数です。ここでは、[来場者数] 列の値が「100以上」という条件に一致する数値の個数を数えて、100人以上来場した日の回数を求めます。

▨DCOUNT関数で来場者が100人以上だった日が何回あったか調べる

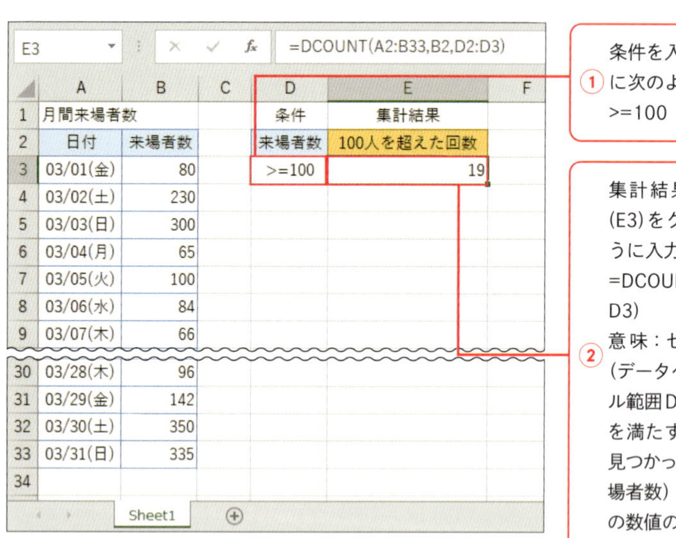

E3　=DCOUNT(A2:B33,B2,D2:D3)

	A	B	C	D	E	F
1	月間来場者数			条件	集計結果	
2	日付	来場者数		来場者数	100人を超えた回数	
3	03/01(金)	80		>=100	19	
4	03/02(土)	230				
5	03/03(日)	300				
6	03/04(月)	65				
7	03/05(火)	100				
8	03/06(水)	84				
9	03/07(木)	66				
30	03/28(木)	96				
31	03/29(金)	142				
32	03/30(土)	350				
33	03/31(日)	335				
34						

Sheet1

① 条件を入力するセル（D3）に次のように条件を入力
>=100

② 集計結果を表示するセル(E3)をクリックし、次のように入力
=DCOUNT(A2:B33,B2,D2:D3)
意味：セル範囲A2～B33（データベース）の中で、セル範囲D2～D3（条件範囲）を満たすレコードを探し、見つかったレコードのB2（来場者数）の列（フィールド）の数値の個数を数える

関数の書式と説明

DCOUNT関数

[書式] DCOUNT(データベース, フィールド, 条件範囲)

[説明] 「データベース」の中から「条件範囲」で指定した条件を満たすレコードを検索し、見つかったレコードの「フィールド」の列にある数値の個数を求めます。

「データベース」には、集計する表のセル範囲を指定します。「フィールド」には、「データベース」内で個数を数える列の列見出しまたは列番号を指定します。列見出しには、列見出しのセルを指定するか「"金額"」のように文字列で指定します。列番号には「データベース」の左端列を1として数えた数字を指定してください。「条件範囲」には、条件が入力されたセル範囲を指定します。

第2引数を省略し「DCOUNT(A2:B33,,D2:D3)」とすると、条件を満たすデータ件数が返ります。

条件用の表を使って会員種類別年代別の平均利用回数を求める

カテゴリ データベース関数

DAVERAGE関数を使うと、条件用の表に条件を入力し、条件に一致する数値の平均値を求めます。ここでは、会員種別が「ゴールド会員」で年齢が30代の会員の平均利用回数を求めています。

▨DAVERAGE関数で30代の会員種別がゴールド会員の平均利用回数を求める

① 条件を入力するセル（G3～I3）に次のように条件を入力
セルG3「="=ゴールド会員"」　セルH3「>=30」　セルI3「<40」

G7　=DAVERAGE(A2:E10,E2,G2:I3)

	A	B	C	D	E	F	G	H	I	J
1	会員一覧						条件			
2	会員NO	会員名	種別	年齢	利用回数		種別	年齢	年齢	
3	1001	坂崎　洋子	ゴールド会員	42	12		=ゴールド会員	>=30	<40	
4	1002	山本　浩介	レギュラー会員	15	13					
5	1003	佐々木　和義	プレミアム会員	57	9		集計結果			
6	1004	田中　隆	ゴールド会員	24	14		平均利用回数			
7	1005	鈴木　紀子	プレミアム会員	40	20		9.5			
8	1006	岡崎　孝之	ゴールド会員	30	9					
9	1007	清水　美奈代	レギュラー会員	53	22					
10	1008	高杉　浩介	ゴールド会員	38	10					
11										

② 集計結果を表示するセル(G7)をクリックし、次のように入力
=DAVERAGE(A2:E10,E2,G2:I3)
意味：セル範囲A2～E10（データベース）の中で、セル範囲G2～I3（条件範囲）を満たすレコードを探し、見つかったレコードのE2（利用回数）の列（フィールド）の平均値を数える

関数の書式と説明

DAVERAGE関数

［書式］ DAVERAGE（データベース, フィールド, 条件範囲）
［説明］「データベース」の中から「条件範囲」で指定した条件を満たすレコードを検索し、見つかったレコードの「フィールド」の列にある数値の平均値を求めます。
「データベース」には、集計する表のセル範囲を指定します。「フィールド」には、「データベース」内で平均する列の列見出しまたは列番号を指定します。列見出しには、列見出しのセルを指定するか「"金額"」のように文字列で指定します。列番号には「データベース」の左端列を1として数えた数字を指定してください。「条件範囲」には、条件が入力されたセル範囲を指定します。

条件を入力するセル（G3～I3）を空欄にすると、全会員の平均利用回数が求められます。

勤務時間表から給料計算したい

カテゴリ 日付時刻関数・数学三角関数

Excelでは、日付や時刻をシリアル値という数値で管理しています。そのため、時間計算をする場合、表示形式や計算方法に注意すべき点があります。ここでは、アルバイトの時給計算を例に時刻の表示形式の修正、時間給の計算方法を紹介します。

▨24時間を超える時刻の表示を正しく表示する

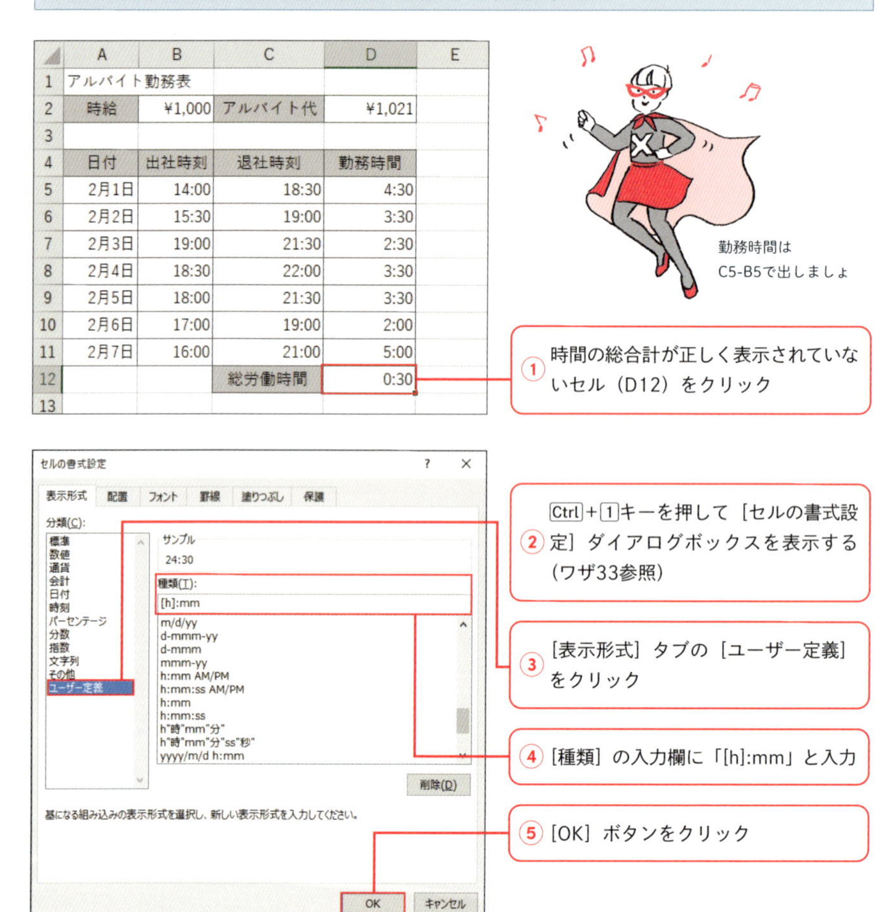

	A	B	C	D	E
1	アルバイト勤務表				
2	時給	¥1,000	アルバイト代	¥1,021	
3					
4	日付	出社時刻	退社時刻	勤務時間	
5	2月1日	14:00	18:30	4:30	
6	2月2日	15:30	19:00	3:30	
7	2月3日	19:00	21:30	2:30	
8	2月4日	18:30	22:00	3:30	
9	2月5日	18:00	21:30	3:30	
10	2月6日	17:00	19:00	2:00	
11	2月7日	16:00	21:00	5:00	
12			総労働時間	0:30	
13					

24時間を超える場合の時間を表示するには「[h]:mm」のように「h」を「[]」で囲みます。

9	2月5日	18:00	21:30	3:30	
10	2月6日	17:00	19:00	2:00	
11	2月7日	16:00	21:00	5:00	
12			総労働時間	24:30	

⑥ 総労働時間が正しく表示される

▨総労働時間と時給からバイト代を計算する

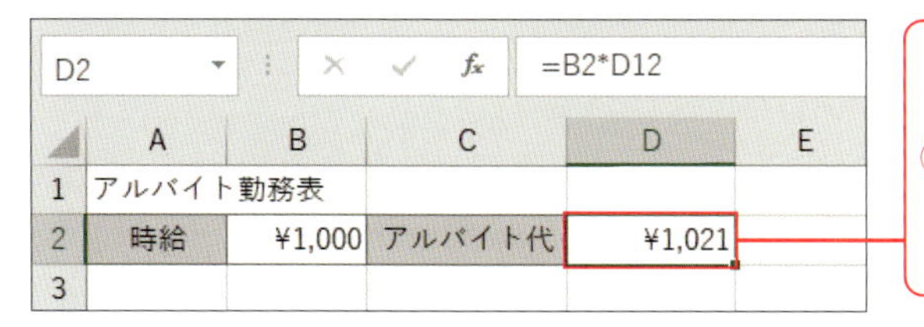

① アルバイト代のセルD2「=B2*D12」に正しい結果が表示されていない。式を修正するため、セルD2をダブルクリック

POINT

時刻を正しく計算するには、総労働時間（D12）に24を掛けて時刻データを時間単位に変更します。

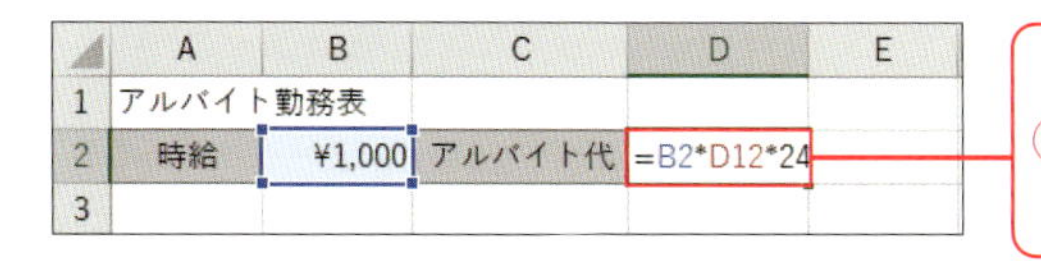

② カーソルが表示されたら、次のように式を修正して Enter キーで確定
=B2*D12*24

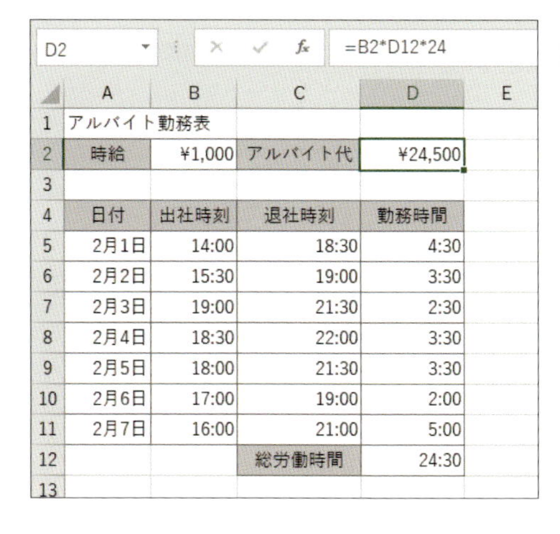

	A	B	C	D	E
1	アルバイト勤務表				
2	時給	¥1,000	アルバイト代	¥24,500	
3					
4	日付	出社時刻	退社時刻	勤務時間	
5	2月1日	14:00	18:30	4:30	
6	2月2日	15:30	19:00	3:30	
7	2月3日	19:00	21:30	2:30	
8	2月4日	18:30	22:00	3:30	
9	2月5日	18:00	21:30	3:30	
10	2月6日	17:00	19:00	2:00	
11	2月7日	16:00	21:00	5:00	
12			総労働時間	24:30	
13					

③ アルバイト代が正しく表示される

日付や時刻のシリアル値については、P.200を参照してください。

年、月、日を組み合わせて日付データを作る

カテゴリ 日付時刻関数

DATE関数は、年、月、日を表す3つの数字を組み合わせて日付データを作成します。また、YEAR関数、MONTH関数は指定した日付からそれぞれ年、月を取り出します。これらの関数を組み合わせれば、セルの日付を元にいろいろな日付を作成できます。

▨DATE関数、YEAR関数、MONTH関数を組み合わせて翌月10日の日付を作成する

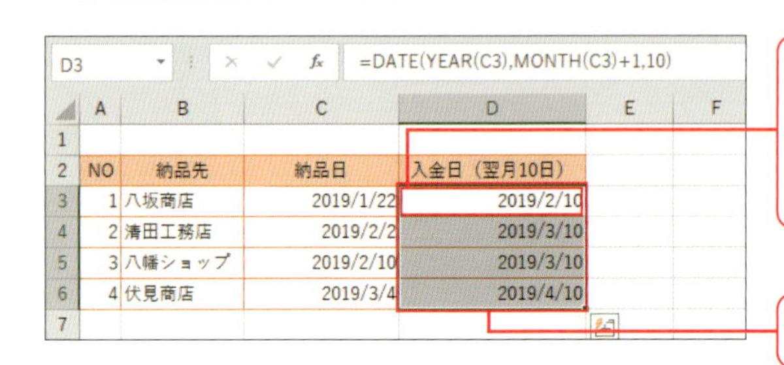
D3 =DATE(YEAR(C3),MONTH(C3)+1,10)

	A	B	C	D	E	F
1						
2	NO	納品先	納品日	入金日（翌月10日）		
3	1	八坂商店	2019/1/22	2019/2/10		
4	2	清田工務店	2019/2/2	2019/3/10		
5	3	八幡ショップ	2019/2/10	2019/3/10		
6	4	伏見商店	2019/3/4	2019/4/10		
7						

① 入金日のセル（D3）をクリックし、次のように入力 =DATE(YEAR(C3),MONTH(C3)+1,10)

② 数式をセルD6までコピー

DATE関数を使って日付データを作成しているんですね

関数の書式と説明

DATE関数

［書式］ DATE(年, 月, 日)

［説明］「年」「月」「日」の３つのデータを組み合わせて日付データを作成します。作成された日付データは日付計算に利用できます。

「年」には1900～9999の範囲、「月」には1～12の範囲、「日」には1～31の範囲でそれぞれ指定します。

YEAR関数

［書式］ YEAR(シリアル値)

［説明］「シリアル値」で指定した日付から西暦の年を1900～9999の範囲の整数で取り出します。

「シリアル値」には、日付のセル、TODAY関数のような日付データを返す関数や数式、「“2019/2/3”」のような日付を表す文字列、シリアル値などが指定できます。

MONTH関数

［書式］ MONTH (シリアル値)

［説明］「シリアル値」で指定した日付から月を1～12の範囲の整数で取り出します。

「=DAY(シリアル値)」は「シリアル値」で指定した日付データから日を1～31の範囲の整数で返します。

指定した日付から翌々月末や翌月1日の日付を自動で表示したい!

カテゴリ 日付時刻関数

EOMONTH関数は、日付から、指定した月数だけ前または後の月末の日付を返します。例えば、作業完了日から翌々月末の支払日を求められます。また、当月末に1日加算すれば翌月1日も求められるため、契約開始日を求めるのにも使えます。

EOMONTH関数で翌々月末の支払日を表示する

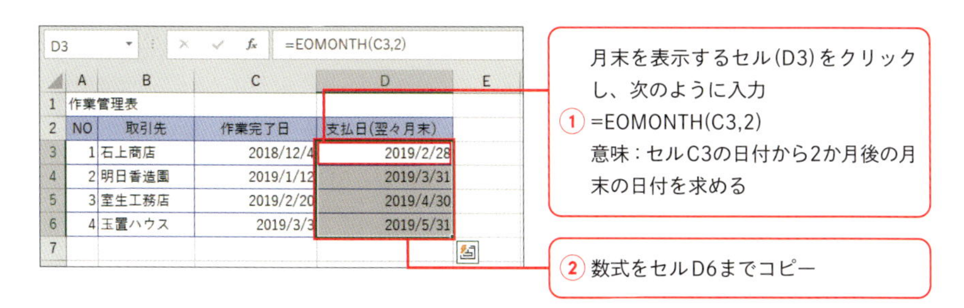

	A	B	C	D	E
1	作業管理表				
2	NO	取引先	作業完了日	支払日(翌々月末)	
3	1	石上商店	2018/12/4	2019/2/28	
4	2	明日香造園	2019/1/12	2019/3/31	
5	3	室生工務店	2019/2/20	2019/4/30	
6	4	玉置ハウス	2019/3/3	2019/5/31	
7					

EOMONTH関数で翌月1日の契約開始日を表示する

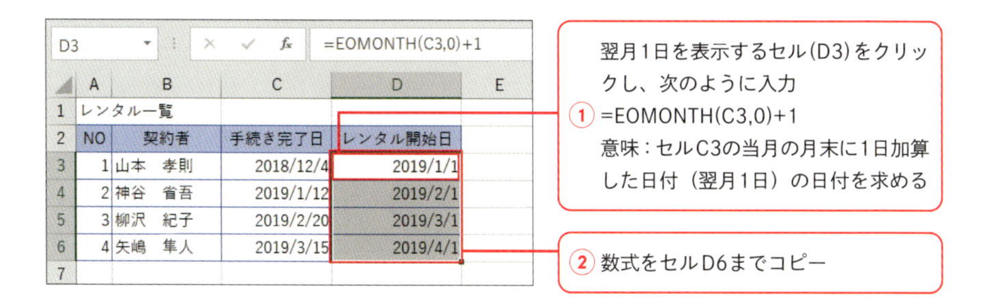

	A	B	C	D	E
1	レンタル一覧				
2	NO	契約者	手続き完了日	レンタル開始日	
3	1	山本　孝則	2018/12/4	2019/1/1	
4	2	神谷　省吾	2019/1/12	2019/2/1	
5	3	柳沢　紀子	2019/2/20	2019/3/1	
6	4	矢嶋　隼人	2019/3/15	2019/4/1	
7					

関数の書式と説明

EOMONTH関数

［書式］ EOMONTH（開始日，月）

［説明］「開始日」から起算して「月」で指定した数だけ前や後の月の月末の日付を求める。

「開始日」には、起算日となる日付を指定します。日付はセルの値、TODAYなどの関数や数式の結果などが指定できます。「月」には、「開始日」から起算した月数を指定します。正の数だと開始日より後、負の数だと開始日より前、0だと開始日当月の月末の日付を返します。

「月」に整数以外の数値を指定した場合、小数点以下は切り捨てられます。

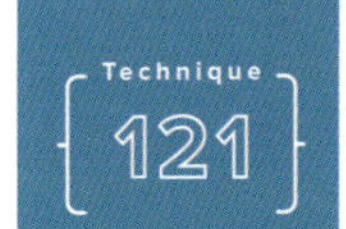

土日と祝日を除いた3営業日後を求める

カテゴリ 日付時刻関数

WORKDAY関数は、指定した日数分前や後の日付を、土日と祝日を除いて求めます。会社の営業日に合わせた作業日や発送日の計算をするのに便利です。ここでは、注文された商品の発送日を、土日祝日を除いた３営業日後として日付を求めています。

▨WORKDAY関数で、受注確定日から3営業日後の日付を求める

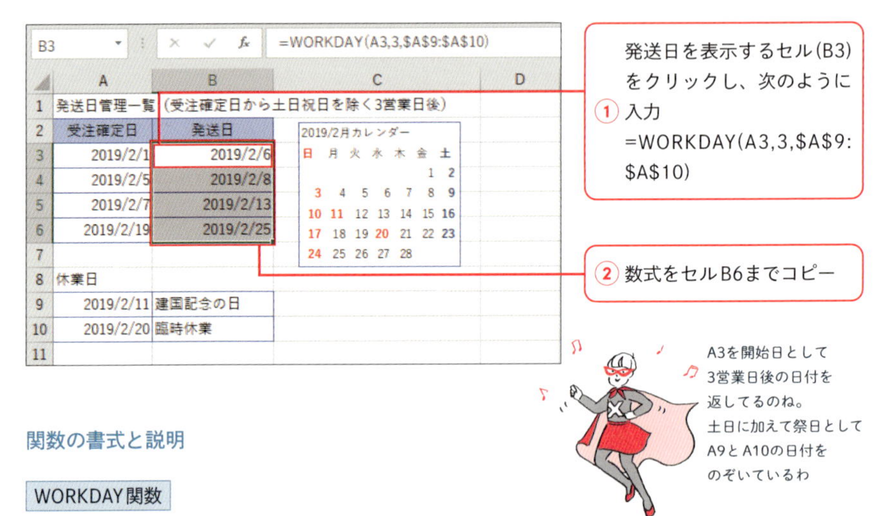

関数の書式と説明

WORKDAY関数

［書式］ WORKDAY(開始日 , 日数 , [祭日])

［説明］「開始日」から起算して、土日と指定された「祭日」を除いて、「日数」だけ経過した前、または後の日付を返します。結果の日付にシリアル値が表示された場合は、表示形式を「日付」する。

「開始日」には、起算日となる日付を指定します。日付はセルの値、DATE関数などの関数や数式の結果などが指定できます。「日数」には、日数を指定します。正の数のとき「開始日」より後、負の数の時は前の日付となります。「祭日」には、祝日や休暇など、計算から除く日付のリストを指定します。セル範囲または配列で指定できます。

祭日のセル範囲A9~A10に「休業日」などと名前を付けておくと関数設定時に引数で名前が指定できます。

土日営業で月曜定休の3営業日後を求めたい!

カテゴリ 日付時刻関数

WORKDAY.INTL関数は、指定した日数だけ前や後の日付を、定休日として指定した曜日と祝日を除いて求めることができます。土日が定休日ではない会社や店舗などに対応できます。ここでは、月曜日を定休日とする3営業日後を求めています。

▨WORKDAY.INTL関数で、月曜日を定休日とした3営業日後の日付を求める

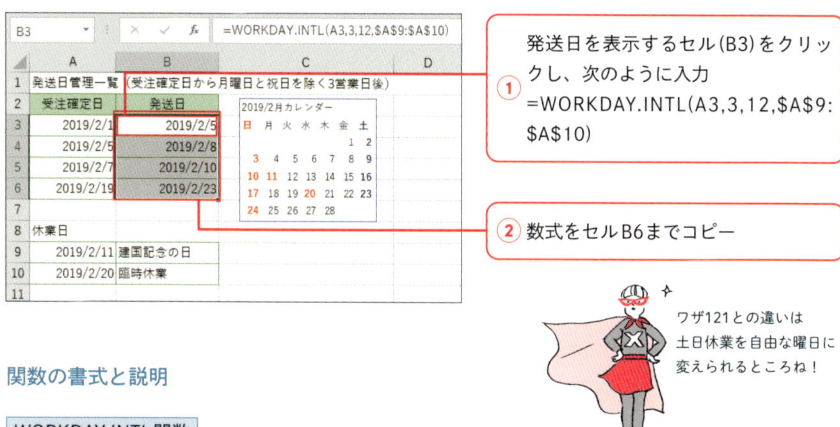

ワザ121との違いは土日休業を自由な曜日に変えられるところね！

関数の書式と説明

WORKDAY.INTL関数

［書式］ WORKDAY.INTL(開始日, 日数, [週末, 祭日])

［説明］「開始日」から起算して、「週末」と「祭日」を除き、「日数」だけ経過した前または後の日付を返します。結果の日付にシリアル値が表示された場合は、表示形式を「日付」にします。

「開始日」・「日数」・「祭日」に指定するものについては、ワザ121を参照してください。「週末」には、非稼働日とする曜日を週末番号で指定します（下表参照）。

表 週末番号の一例

週末番号	週末の曜日	週末番号	週末の曜日
1 または省略	土曜日と日曜日	14	水曜日のみ
11	日曜日のみ	15	木曜日のみ
12	月曜日のみ	16	金曜日のみ
13	火曜日のみ	17	土曜日のみ

定休日がない場合、「週末」を省略し休日の一覧表を作成して「祭日」で指定します。

土日と祝日の休業日を除いた期間内の営業日数を調べる

カテゴリ 日付時刻関数

NETWORKDAYS関数は、土日と祝日を除き、開始日から終了日までの日数を求めます。例えば、一般的な会社で指定した期間の中で営業日数を求めることができます。ここでは、リフォームの工期の内、実際の作業日数を調べています。

NETWORKDAYS関数で工期期間中の実際の作業日数を調べる

① 作業日数を表示するセル(E3)をクリックし、次のように入力
=NETWORKDAYS(C3,D3,$B$8:$B$9)
意味：セルC3（開始日）からセルD3（終了日）の期間で、土日とセルB8～B9の休業日（祭日）を除いた日数を求める

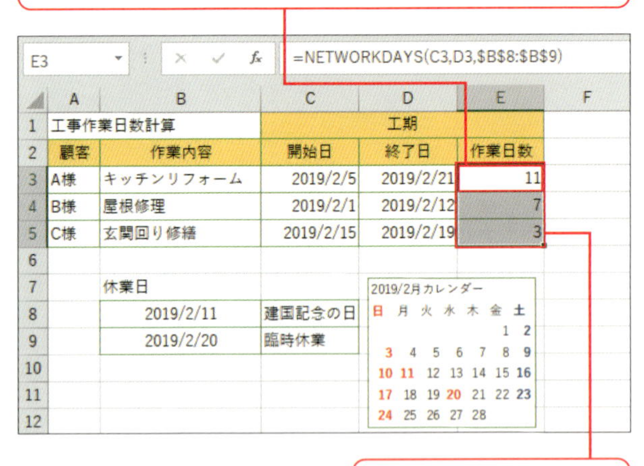

② 数式をセルE5までコピー

関数の書式と説明

NETWORKDAYS関数

［書式］ NETWORKDAYS(開始日, 終了日, [祭日])

［説明］ 「開始日」から「終了日」までの期間の内、土日と「祭日」で指定した日付を除いた日数を返します。

「開始日」には、起算日となる日付を指定します。日付はセルの値、DATE関数や数式の結果などが指定できます。「終了日」には、最終日となる日付を指定します。日付はセルの値、DATE関数や数式の結果などが指定できます。「祭日」には、祝日や休暇など、計算から除く日付のリストを指定します。セル範囲または配列で指定できます。

引数に文字列など日付として認識されない値を指定すると、エラー値「#VALUE!」が返ります。

Technique 124

日曜日だけを休業日とした稼働日数を調べたい!

カテゴリ 日付時刻関数

NETWORKDAYS.INTL関数は、定休日として指定した曜日と祝日を除き、開始日から終了日までの日数を求めます。土日を定休日と定めていない会社や店舗に対応しています。ここでは、日曜日だけを定休日とする工期期間中の作業日数を求めています。

NETWORKDAYS.INTL関数で日曜日を定休日とする工期期間中の作業日数を調べる

① 作業日数を表示するセル(E3)をクリックし、次のように入力
=NETWORKDAYS.INTL(C3,D3,11,$B$8:$B$9)
意味：セルC3（開始日）とセルD3（終了日）の期間から、日曜日「11」（週末）とセルB8～B9の休業日（祭日）を除いた日数を求める

② 数式をセルE5までコピー

関数の書式と説明

NETWORKDAYS.INTL関数

[書式] NETWORKDAYS.INTL(開始日, 日数, [週末, 祭日])
[説明] 「開始日」と「終了日」の期間の内、「週末」と「祭日」を除いた、日数を返します。「開始日」・「日数」・「祭日」に指定するものについては、ワザ123を参照してください。「週末」には、非稼働日とする曜日を週末番号で指定します（下表参照）。

表 週末番号の一例

週末番号	週末の曜日	週末番号	週末の曜日
1 または省略	土曜日と日曜日	14	水曜日のみ
11	日曜日のみ	15	木曜日のみ
12	月曜日のみ	16	金曜日のみ
13	火曜日のみ	17	土曜日のみ

定休日がない場合、「週末」を省略し休日の一覧表を作成して「祭日」で指定します。

住所から都道府県を取り出したい!

カテゴリ 文字列操作関数・論理関数

住所から都道府県を取り出すには、住所の中で「県」の位置を調べます。都道府県名は、神奈川県、和歌山県、鹿児島県が4文字であることを利用し、IF関数、LEFT関数、MID関数を使って取り出す文字数を4文字にするか、3文字にするかを指定します。

IF関数、LEFT関数、MID関数で住所から都道府県を取り出す

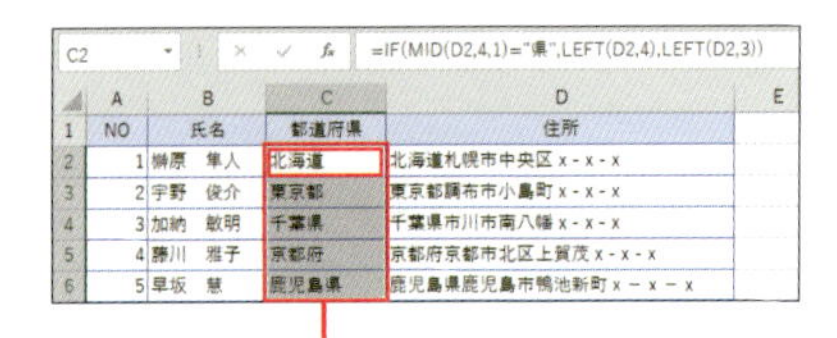

	A	B	C	D	E
1	NO	氏名	都道府県	住所	
2	1	榊原　隼人	北海道	北海道札幌市中央区x-x-x	
3	2	宇野　俊介	東京都	東京都調布市小島町x-x-x	
4	3	加納　敏明	千葉県	千葉県市川市南八幡x-x-x	
5	4	藤川　雅子	京都府	京都府京都市北区上賀茂x-x-x	
6	5	早坂　慧	鹿児島県	鹿児島県鹿児島市鴨池新町x－x－x	

① 都道府県を表示するセル(C2)をクリックし、次のように入力
=IF(MID(D2,4,1)="県",LEFT(D2,4),LEFT(D2,3))
セルD2の4文字目の1文字が「県」の場合、セルD2の左から4文字を取り出す。そうでない場合、セルD2の左から3文字を取り出す

② 数式をセルC6までコピー

POINT

LEFT関数は、文字列の先頭から指定した数の文字列を取り出し、MID関数は、文字列の指定位置から指定した数の文字列を取り出します。MID関数で4文字目を調べる点がポイントです。

関数の書式と説明

LEFT関数

[書式]　LEFT(文字列, [文字数])

[説明]「文字列」の先頭から「文字数」で指定した数だけ文字列を取り出します。「文字列」には、文字を取り出す文字列を指定します。文字列やセル範囲を指定できます。文字列を指定する場合は「"」(ダブルクォーテーション)で囲みましょう。「文字数」には、取り出す文字数を指定します。省略した場合は、先頭1文字だけ取り出されます。「文字列」の文字数より多い数値を指定した場合は、すべての文字列が取り出されます。

MID関数

[書式]　MID(文字列, 開始位置, 文字数)

[説明]「文字列」の「開始位置」から「文字数」で指定した数だけ文字列を取り出します。「文字列」の指定方法はLEFT関数を参照してください。「開始位置」には、「文字列」から取り出す先頭文字の文字位置を数値で指定します。「文字数」には、取り出す文字数を指定します。「開始位置」が「文字列」の文字数より小さく、「開始位置」と「文字数」を足した数が「文字列」の文字数より大きい場合は、「開始位置」からの残りの文字列すべてが取り出されます。

「文字列」の右端から「文字数」で指定した数だけ文字列を取り出すにはRIGHT関数を使います。

都道府県を除いた住所を取り出すには?

カテゴリ 文字列操作関数・論理関数

住所の中から都道府県だけを取り除きたい場合は、SUBSTITUTE関数を使います。SUBSTITUTE関数は、指定した文字列を別の文字列に置き換えます。これを利用して住所の中の都道府県を空白「""」に置き換えることで削除できます。

▨SUBSTITUTE関数で住所の中から都道府県を削除する

①都道府県を除いた住所を取り出すセル(D2)をクリックし、次のように入力
=SUBSTITUTE(E2,C2,"")
意味：セルE2の文字列の中から、セルC2の文字列を検索し、見つかったら、空白（""）に置き換える

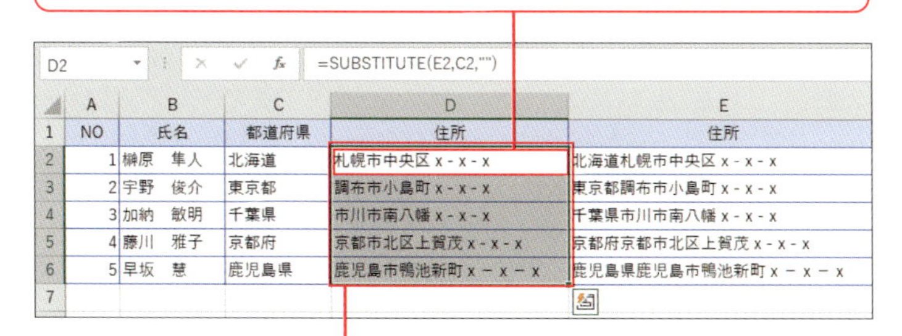

	A	B	C	D	E
1	NO	氏名	都道府県	住所	住所
2	1	榊原　隼人	北海道	札幌市中央区 x - x - x	北海道札幌市中央区 x - x - x
3	2	宇野　俊介	東京都	調布市小島町 x - x - x	東京都調布市小島町 x - x - x
4	3	加納　敏明	千葉県	市川市南八幡 x - x - x	千葉県市川市南八幡 x - x - x
5	4	藤川　雅子	京都府	京都市北区上賀茂 x - x - x	京都府京都市北区上賀茂 x - x - x
6	5	早坂　慧	鹿児島県	鹿児島市鴨池新町 x － x － x	鹿児島県鹿児島市鴨池新町 x － x － x
7					

②数式をセルD6までコピー

関数の書式と説明

SUBSTITUTE関数

［書式］ SUBSTITUTE(文字列, 検索文字列, 置換文字列, [置換対象])
［説明］「文字列」内にある「検索文字列」を「置換文字列」に置き換えます。
「文字列」には、置き換える文字を含む文字列を指定します。文字列やセル範囲を指定します。文字列を指定する場合は、「""」（ダブルクォーテーション）で囲みます。「検索文字列」には、検索する文字列を指定します。「置換文字列」には、置き換える文字列を指定します。「置換対象」には、どの「検索時文字列」を置き換えるかを数値で指定します。「文字列」の中で「検索文字列」が複数含まれる場合、何番目の文字列を置き換えるのか指定します。例えば、2番目の文字だけを置き換える場合は、「2」と指定しましょう。省略した場合は、すべての検索文字列が置き換えられます。

関数で取り出した住所のセルをコピーしそのまま値のみ貼り付ければ、関数を削除し文字列にできます。

COLUMN

＝ 日付/時刻データを扱うのに覚えておきたい「シリアル値」について理解しよう！ ＝

Excelでは、日付と時刻を「シリアル値」という連続した数値で管理しています。Excelは、セルに入力された値が日付や時刻だと認識すると、自動的にシリアル値に変換し、表示形式を日付や時刻に設定します。表示形式を「標準」にするとシリアル値が表示され、実際に管理されているのはシリアル値であることが確認できます。

●日付のシリアル値

日付のシリアル値は、既定で1900年1月1日を1とし、1日経過するごとに1加算される整数です。2019年1月30日は、1900年1月1日から43495日経過しているので、シリアル値は43495になります。

日付	1900/1/1	1900/1/2	・・・	2019/1/30	・・・
シリアル値	1	2	・・・	43495	・・・

●時刻のシリアル値

時刻のシリアル値は、0時を「0」、24時を「1」として、24時間を0から1の間の小数で管理します。半日経過した12時はシリアル値が0.5、18時は0.75です。24時になると1となり1日繰り上がって0に戻ります。

時刻	0:00	6:00	12:00	18:00	24:00
シリアル値	0	0.25	0.5	0.75	1.0

●日付や時刻の計算

Excelでは日付と時刻をシリアル値という数値で扱うため、数値と同様に計算できます。例えば今日の日付を返すTODAY関数で求めた日付に1を足すと次の日付になり、18：00から12：00を引くと時刻の差6：00が求められます。

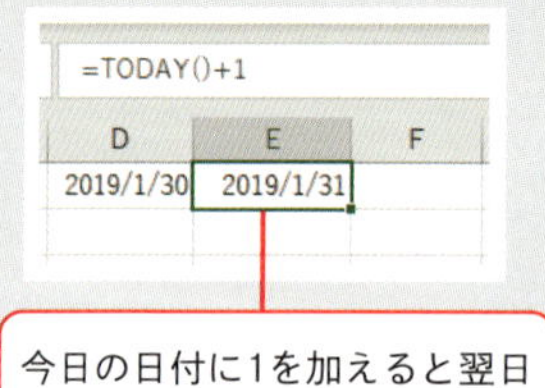

今日の日付に1を加えると翌日の日付になる

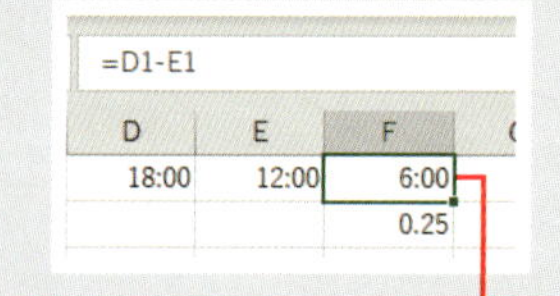

時刻が入力されているセルを参照して引き算すると差が求められる

並べ替えと抽出で データ分析の時短術

Excelには、データを並べ替えたり、
抽出したりする機能が用意されています。
これらの機能を使えば、大量データの整理や分析が可能です。
ここでデータ分析術を身に付けてさらにスキルアップしましょう。

データを複数列の組み合わせで並べ替える

カテゴリ 並べ替え

表は、任意の列を基準に並べ替えることができますが、複数列の組み合わせで並べ替えるには、[並べ替え] ダイアログボックスを使って優先順位の高い順に並べ替えの基準の列を指定します。表を並べ替えるとデータが整い、見やすくなります。

▨[並べ替え] ダイアログボックスで優先順に並べ替えの基準の列を指定する

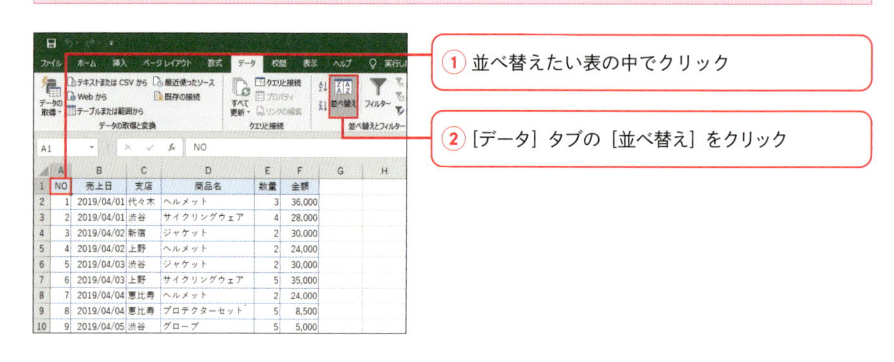

NO	売上日	支店	商品名	数量	金額
1	2019/04/01	代々木	ヘルメット	3	36,000
2	2019/04/01	渋谷	サイクリングウェア	4	28,000
3	2019/04/02	新宿	ジャケット	2	30,000
4	2019/04/02	上野	ヘルメット	2	24,000
5	2019/04/03	渋谷	ジャケット	2	30,000
6	2019/04/03	上野	サイクリングウェア	5	35,000
7	2019/04/04	恵比寿	ヘルメット	2	24,000
8	2019/04/04	恵比寿	プロテクターセット	5	8,500
9	2019/04/05	渋谷	グローブ	5	5,000

POINT

アクティブセルのある表全体が自動的に並べ替えの対象になります。

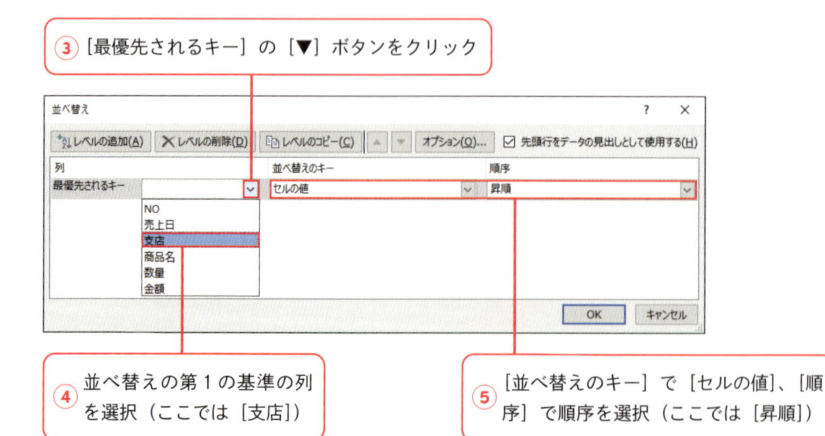

 [データ] タブの [昇順] / [降順] ボタンをクリックすると、アクティブセルのある列で並べ替わります。

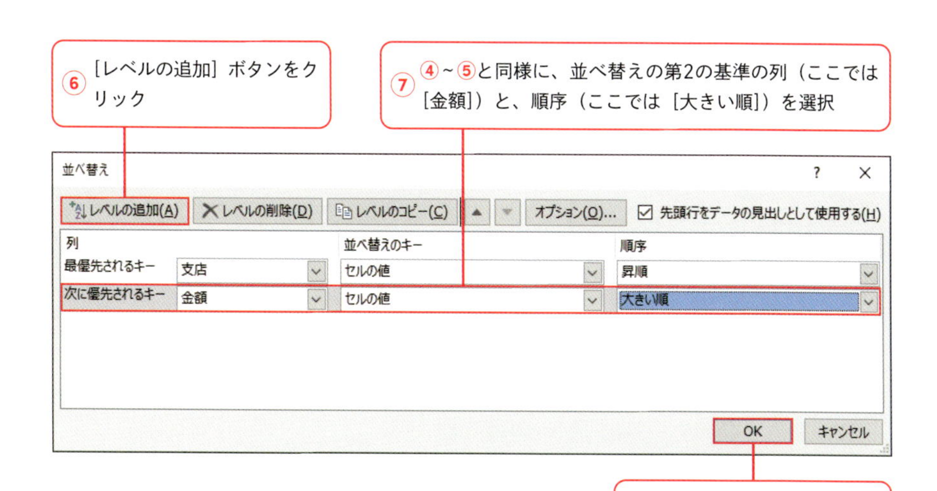

⑧［OK］ボタンをクリック

	A	B	C	D	E	F
1	NO	売上日	支店	商品名	数量	金額
2	6	2019/04/03	上野	サイクリングウェア	5	35,000
3	4	2019/04/02	上野	ヘルメット	2	24,000
4	12	2019/04/06	上野	グローブ	2	2,000
5	7	2019/04/04	恵比寿	ヘルメット	2	24,000
6	15	2019/04/08	恵比寿	サイクリングウェア	3	21,000
7	8	2019/04/04	恵比寿	プロテクターセット	5	8,500
8	13	2019/04/07	渋谷	ヘルメット	3	36,000
9	5	2019/04/03	渋谷	ジャケット	2	30,000
10	2	2019/04/01	渋谷	サイクリングウェア	4	28,000
11	9	2019/04/05	渋谷	グローブ	5	5,000
12	3	2019/04/02	新宿	ジャケット	2	30,000
13	11	2019/04/06	新宿	サイクリングウェア	2	14,000
14	14	2019/04/08	新宿	グローブ	3	3,000
15	1	2019/04/01	代々木	ヘルメット	3	36,000
16	10	2019/04/06	代々木	プロテクターセット	4	6,800

⑨指定した順番（［支店］が昇順、［金額］が大きい順）で並べ替わる

べ〜んり

COLUMN

＝ 並べ替えを解除する ＝

並べ替えを最初の順番に戻すには、表の中に「No」のような連番の列を用意しておき、「No」列内でクリックしてアクティブセルを移動して、［データ］タブの［昇順］ボタンをクリックし、「No」順に昇順（小さい順）で並べ替えてください。並べ替えの直後であれば［元に戻す］ボタンで戻すこともできます。

①でセル範囲を選択しておくと、選択された範囲内で並べ替えが実行されます。

オリジナルの順番で並べ替えたい!

カテゴリ 並べ替え

昇順（小さい順）でも降順（大きい順）でもないオリジナルの順番で並べ替えたい場合は、並べ替える順番を［ユーザー設定リスト］に登録しておきます。ワザ60を参照し、［ユーザー設定リスト］に並べ替えの順番を登録してから操作してください。

ユーザー設定リストの順に並べ替える

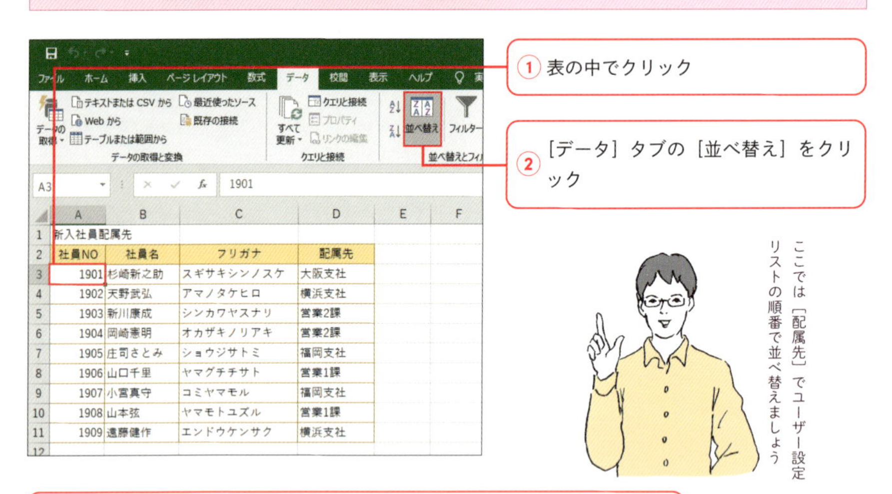

③［最優先されるキー］で並べ替えの基準の列（ここでは［配属先］）を選択

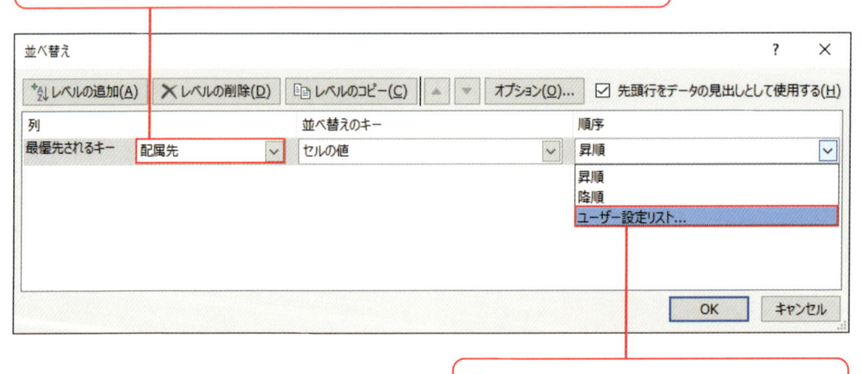

④［順序］で［ユーザー設定リスト］を選択

［並べ替えのキー］ではセルの値のほかにセルや文字の色、条件付き書式のアイコンを選択できます。

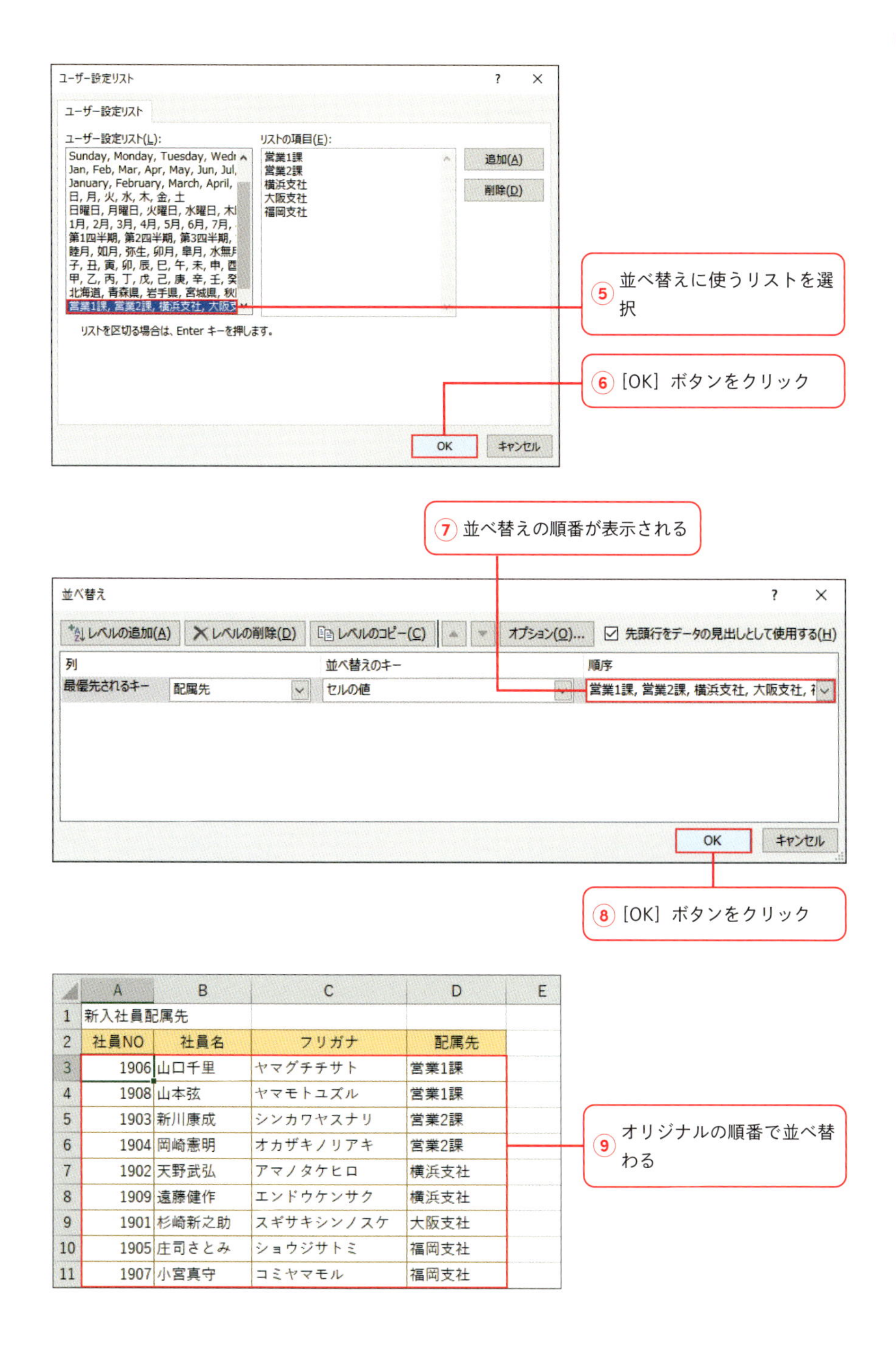

	A	B	C	D	E
1	新入社員配属先				
2	社員NO	社員名	フリガナ	配属先	
3	1906	山口千里	ヤマグチチサト	営業1課	
4	1908	山本弦	ヤマモトユズル	営業1課	
5	1903	新川康成	シンカワヤスナリ	営業2課	
6	1904	岡崎憲明	オカザキノリアキ	営業2課	
7	1902	天野武弘	アマノタケヒロ	横浜支社	
8	1909	遠藤健作	エンドウケンサク	横浜支社	
9	1901	杉崎新之助	スギサキシンノスケ	大阪支社	
10	1905	庄司さとみ	ショウジサトミ	福岡支社	
11	1907	小宮真守	コミヤマモル	福岡支社	

⑤で［リストの項目］に項目を改行しながら入力し、［追加］ボタンで並べ替え順を追加できます。

Technique 129

特定の値を持つデータだけを抽出したい

カテゴリ 抽出

オートフィルターは、表の見出し行に表示される［▼］ボタンを使って並べ替えや抽出ができる機能です。簡単な操作ですばやく目的のデータを表示することができます。ここでは、基本的な抽出と解除の方法を確認しましょう。

オートフィルターで［特別会員］のデータを抽出する

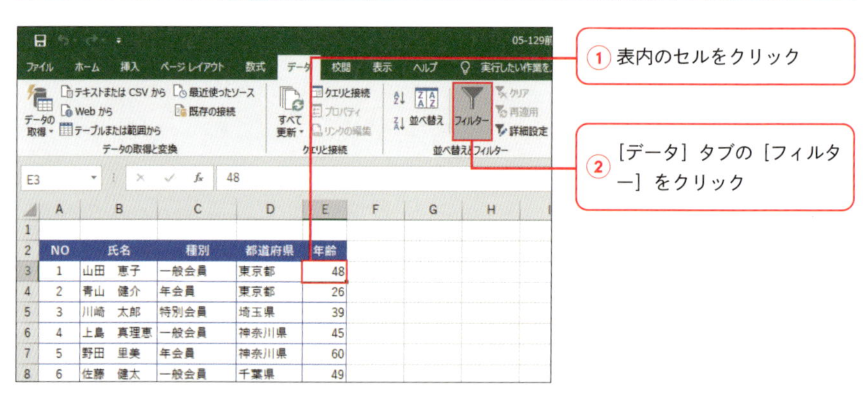

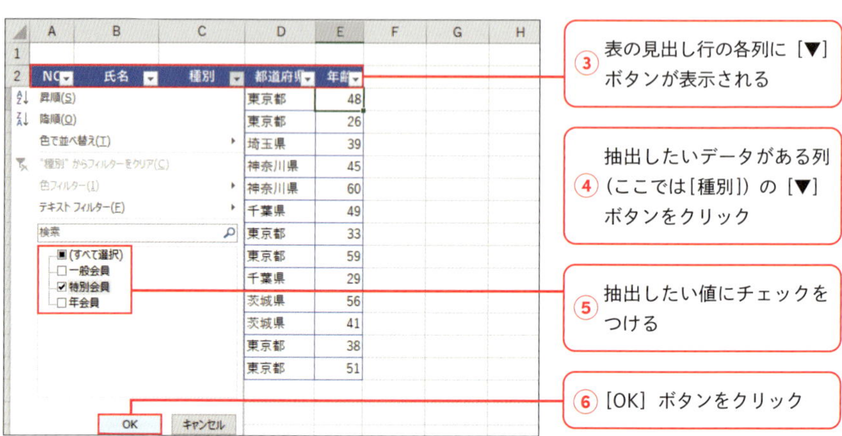

⑤で［昇順］や［降順］クリックすると、その列を基準に並べ替えできます。

	A	B	C	D	E	F
1						
2	NO	氏名	種別	都道府県	年齢	
5	3	川崎　太郎	特別会員	埼玉県	39	
9	7	稲田　伸吾	特別会員	東京都	33	
15	13	渡辺　雅治	特別会員	東京都	51	
16						

⑦ 目的のデータが抽出される

抽出を解除する

① 抽出した列の［ ］ボタンをクリック

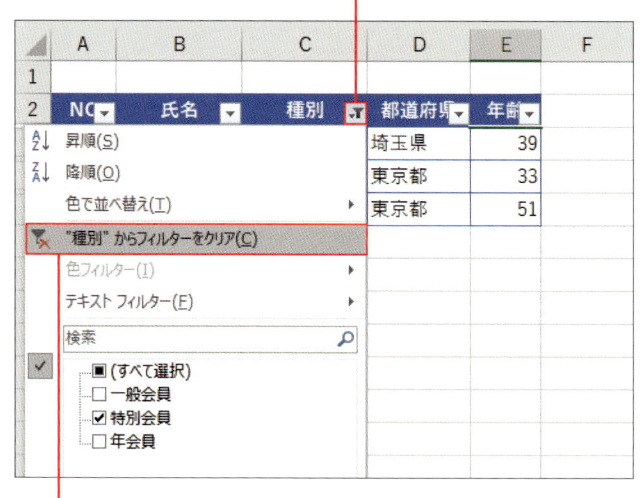

② ［(列名）からフィルターをクリア］をクリック

COLUMN

＝ オートフィルターを解除するには ＝

オートフィルターを解除するには、表内のセルを選択して［データ］タブの［フィルター］ボタンをクリックします。［フィルター］ボタンをクリックするたびにオートフィルターの設定、解除が切り替わります。

オートフィルターは、アクティブセルのある表を対象に設定されます。必ず先に表内を選択します。

条件に一致するデータを抽出する

カテゴリ 抽出

オートフィルターでは「○○を含む」とか「○○以上」のような条件でデータを抽出することもできます。文字列や数値など、対象となるデータの種類によって選択できるフィルターの種類が自動的に変更されます。

▨オートフィルターのテキストフィルターを使って抽出する

① ワザ129の①～②の手順でオートフィルターの［▼］ボタンを表示しておく

② 抽出する文字列データがある列（ここでは［商品名］）の［▼］ボタンをクリック

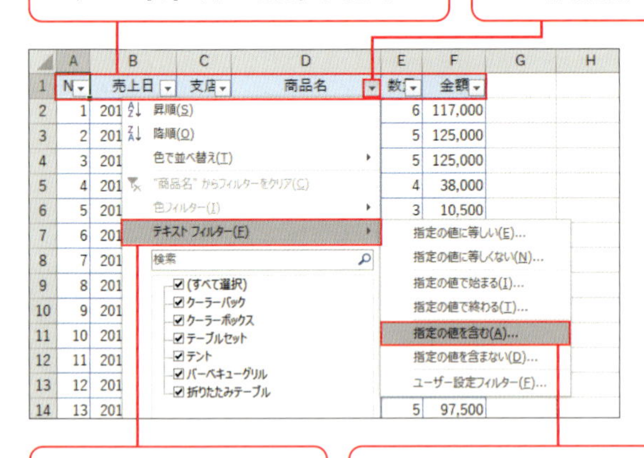

③ ［テキストフィルター］にマウスポインターを合わせる

④ 使用したい条件をクリック（ここでは［指定の値を含む］）

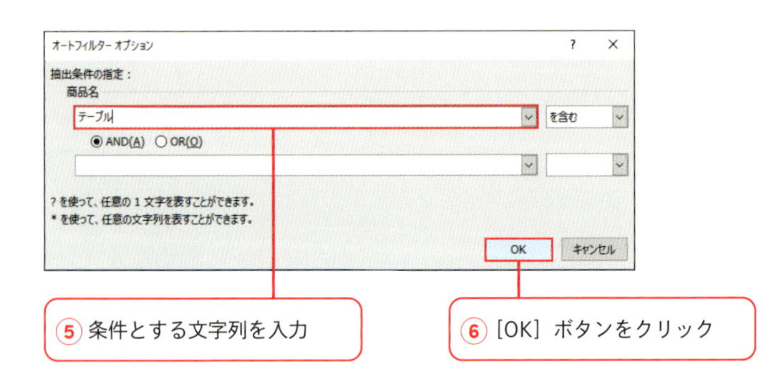

⑤ 条件とする文字列を入力

⑥ ［OK］ボタンをクリック

③で検索ボックスに文字を入力すると、その文字を含むデータで抽出できます。

	A	B	C	D	E	F	G
1	N	売上日	支店	商品名	数	金額	
2	1	2019/04/01	上野	テーブルセット	6	117,000	
5	4	2019/04/04	代々木	折りたたみテーブル	4	38,000	
9	8	2019/04/08	上野	折りたたみテーブル	2	19,000	
14	13	2019/04/13	恵比寿	テーブルセット	5	97,500	
17							

⑦ 条件に一致するデータが抽出される

▨オートフィルターの数値フィルターを使って抽出する

① 抽出する数値データがある列（ここでは［金額］）の［▼］ボタンをクリック

② ［数値フィルター］にマウスポインターを合わせる

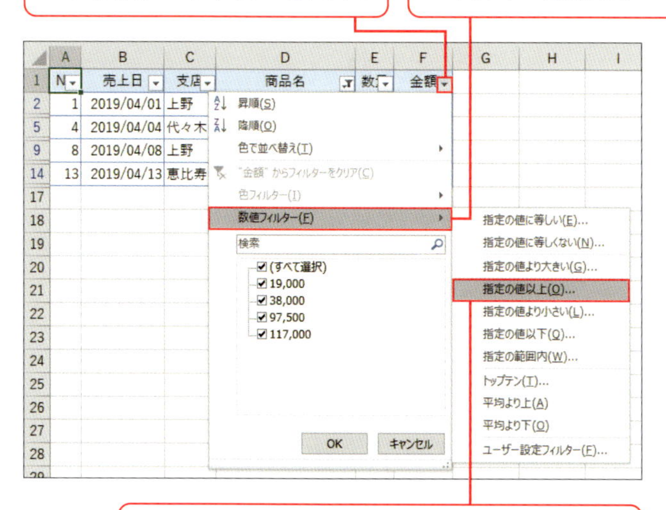

③ 使用したい条件をクリック（ここでは［指定の値以上］）

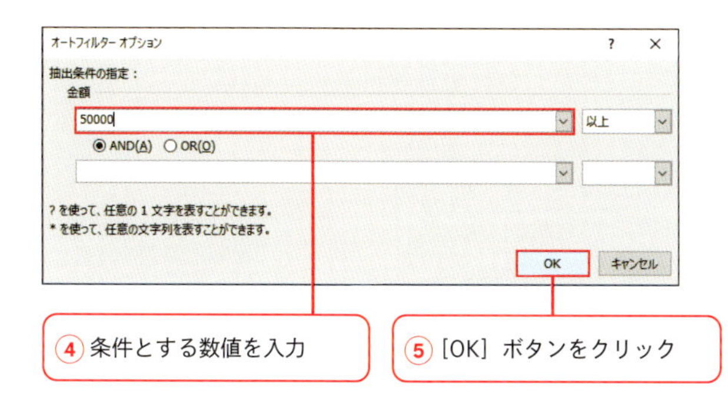

④ 条件とする数値を入力

⑤ ［OK］ボタンをクリック

テキストフィルター、数値フィルターのほかに、日付フィルター、色フィルターなどがあります。

複数の条件でデータを抽出するには？

カテゴリ 抽出

オートフィルターでは、複数の列で抽出する場合、各列の条件をすべて満たすデータが抽出されます。また、1つの列内で複数の条件を設定できます。その場合、すべての条件を満たすか、いずれか1つを満たすかを選択できます。

▨1つの列で複数の条件を設定する

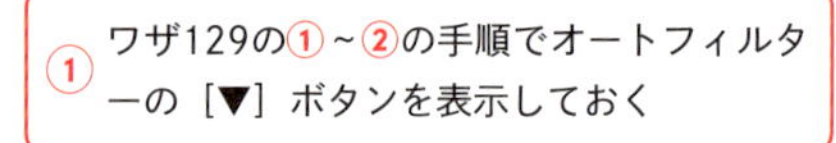

2 条件を設定したい列（ここでは「売上日」）の［▼］ボタンをクリック

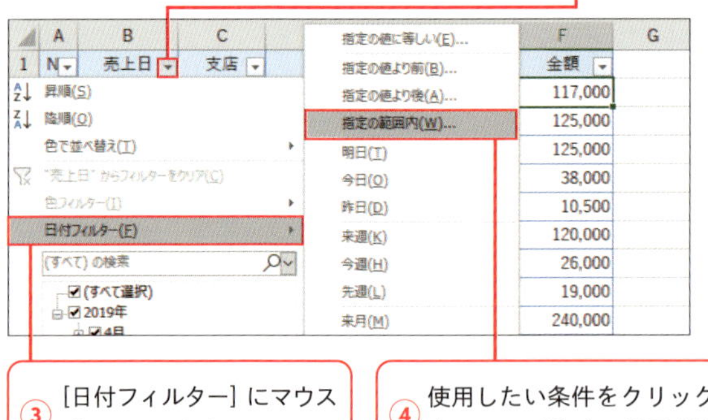

3 ［日付フィルター］にマウスポインターを合わせる

4 使用したい条件をクリック（ここでは［指定の範囲内］）

POINT

複数の条件をすべて満たす条件設定をAND条件、いずれか1つを満たす条件設定をOR条件といいます。

5 最初の入力欄で1つ目の条件を入力（ここでは「2019/05/01」）

6 ［AND］が選択されていることを確認

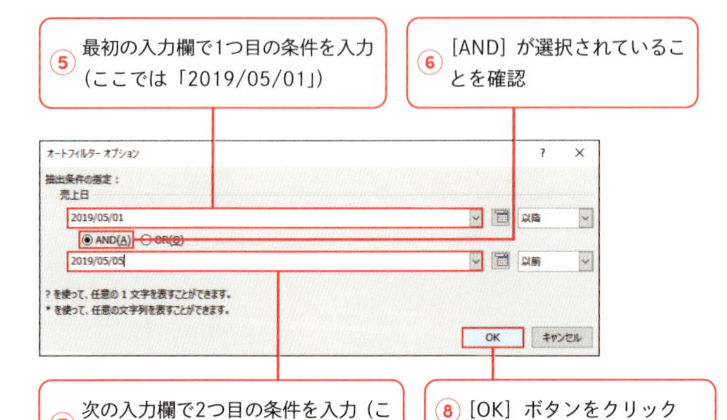

7 次の入力欄で2つ目の条件を入力（ここでは「2019/05/05」）

8 ［OK］ボタンをクリック

［オートフィルターオプション］ダイアログボックスの［AND］、［OR］でAND条件かOR条件かを選択します。

	A	B	C	D	E	F	G
1	N	売上日	支店	商品名	数量	金額	
31	30	2019/05/01	恵比寿	クーラーボックス	6	150,000	
32	31	2019/05/02	代々木	クーラーボックス	5	125,000	
33	32	2019/05/02	新宿	バーベキューグリル	4	26,000	
34	33	2019/05/02	上野	クーラーバック	3	10,500	
35	34	2019/05/05	上野	バーベキューグリル	3	19,500	
98							

⑦ 条件に一致するデータが抽出される

▨複数の列で条件を設定する

① さきほどの手順に続けて条件を設定したい列（ここでは「商品名」）の［▼］ボタンをクリック

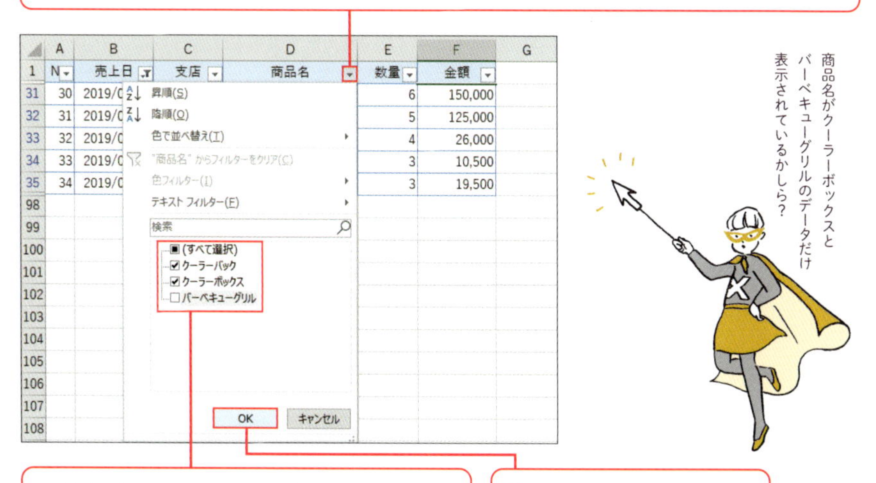

② 抽出したい項目にチェック（ここでは「クーラーボックス」と「バーベキューグリル」）

③［OK］ボタンをクリック

	A	B	C	D	E	F	G
1	N	売上日	支店	商品名	数量	金額	
31	30	2019/05/01	恵比寿	クーラーボックス	6	150,000	
32	31	2019/05/02	代々木	クーラーボックス	5	125,000	
33	32	2019/05/02	新宿	バーベキューグリル	4	26,000	
35	34	2019/05/05	上野	バーベキューグリル	3	19,500	
98							

④ 複数の列の条件を共に満たすデータが抽出される（ここでは「売上日」列が2019/5/1～5/5でかつ、「商品名」列がクーラーボックス、またはバーベキューグリルのデータ）

［オートフィルターオプション］では、2つまで条件を設定できます。

別表の条件をすべて満たすデータを抽出したい

カテゴリ 抽出

フィルターオプションの設定を使うと、シート上に作成した条件の表を元にデータを抽出できます。ここでは、売上日が2019/4/1～4/5でクーラーボックスの売上があったデータを抽出します。すべての条件を満たすときの設定方法を確認しましょう。

▨フィルターオプションの設定を使ってAND条件で抽出する

① 抽出元の表の上部に行を挿入し、条件設定に必要な見出しを使って表を作成

	A	B	C	D	E	F	G
1		売上日	売上日	商品名			
2		>=2019/4/1	<=2019/4/5	=クーラーボックス			
3							
4	NO	売上日	支店	商品名	数量	金額	
5	1	2019/4/1	上野	テーブルセット	6	117,000	
6	2	2019/4/1	恵比寿	クーラーボックス	5	125,000	
7	3	2019/4/2	渋谷	クーラーボックス	5	125,000	
8	4	2019/4/4	代々木	折りたたみテーブル	4	38,000	

② 表の2行目の「売上日」の列に「>= 2019/4/1」、「<=2019/4/5」、「商品名」の列に「="=クーラーボックス"」と入力

③ データを抽出する表内でクリック

④ ［データ］タブの［詳細設定］をクリック

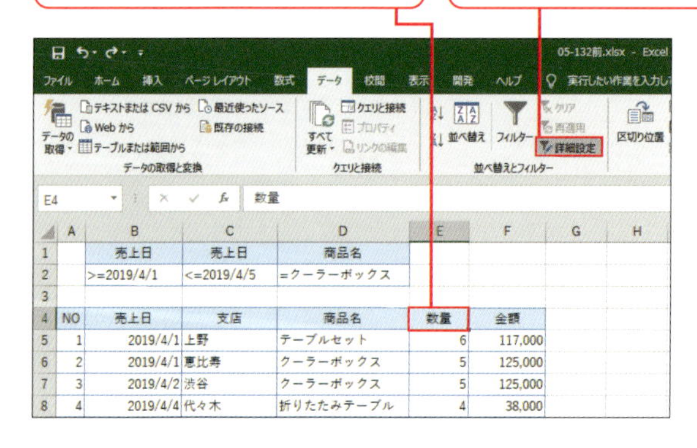

完全一致の条件は「="=クーラーボックス"」と記述します。条件設定の詳細はワザ115を参照してください。

⑤ ［フィルターオプション］ダイアログボックスで［選択範囲内］をクリック

⑥ ［リスト範囲］の欄に表全体のセル範囲が表示されていることを確認

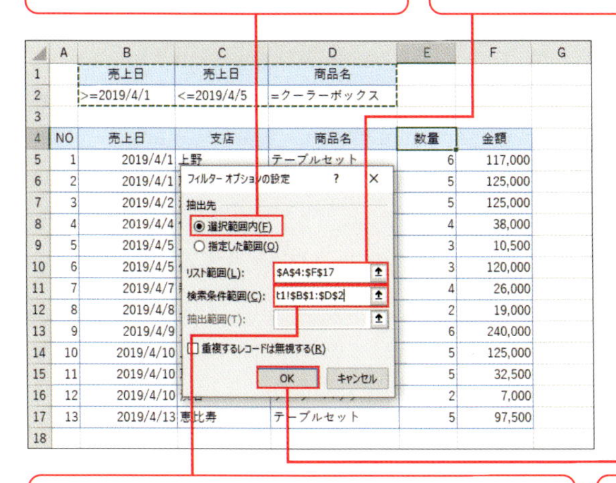

⑦ ［検索条件範囲］の欄をクリックし、条件用の表（ここではセルB1～D2）をドラッグするとセル範囲が設定される

⑧ ［OK］ボタンをクリック

	A	B	C	D	E	F	G
1		売上日	売上日	商品名			
2		>=2019/4/1	<=2019/4/5	=クーラーボックス			
3							
4	NO	売上日	支店	商品名	数量	金額	
6	2	2019/4/1	恵比寿	クーラーボックス	5	125,000	
7	3	2019/4/2	渋谷	クーラーボックス	5	125,000	
18							

⑨ 条件をすべて満たすデータが抽出される

(COLUMN)

＝ AND条件の設定方法 ＝

フィルターオプションの設定では、ワークシート上に作成した条件設定用の表を［検索条件範囲］に指定して抽出します。表は、1行目に抽出元の表（リスト）と同じ項目名を使い、2行目以降に条件式を設定します。複数の条件をすべて満たすAND条件にするには、条件を同じ行に設定します。売上日が「2019/4/1～4/5」のような場合は、サンプルのように同じ項目名を横に並べて設定します。

図 AND条件の条件の表

項目名1	項目名2
条件A	条件B

フィルターオプションの抽出を解除するには、［データ］タブの［クリア］ボタンをクリックします。

別表の条件を1つでも満たすデータを抽出したい

カテゴリ 抽出

フィルターオプションの設定を使って、複数の条件のうち１つでも満たすデータを抽出するには、抽出条件を縦に並べて設定します。ここでは、支店が恵比寿または渋谷で抽出します。複数条件のうち1つでも満たすときの設定方法を確認しましょう。

▨フィルターオプションの設定を使ってOR条件で抽出する

① 抽出元の表の上部に行を挿入し、条件設定に必要な見出しを使って表を作成

	A	B	C	D	E	F
1		支店				
2		=恵比寿				
3		=渋谷				
4						
5	NO	売上日	支店	商品名	数量	金額
6	1	2019/04/01	上野	テーブルセット	6	117,000
7	2	2019/04/01	恵比寿	クーラーボックス	5	125,000

② 表の２行目に「="=恵比寿"」、3行目に「="=渋谷"」と入力

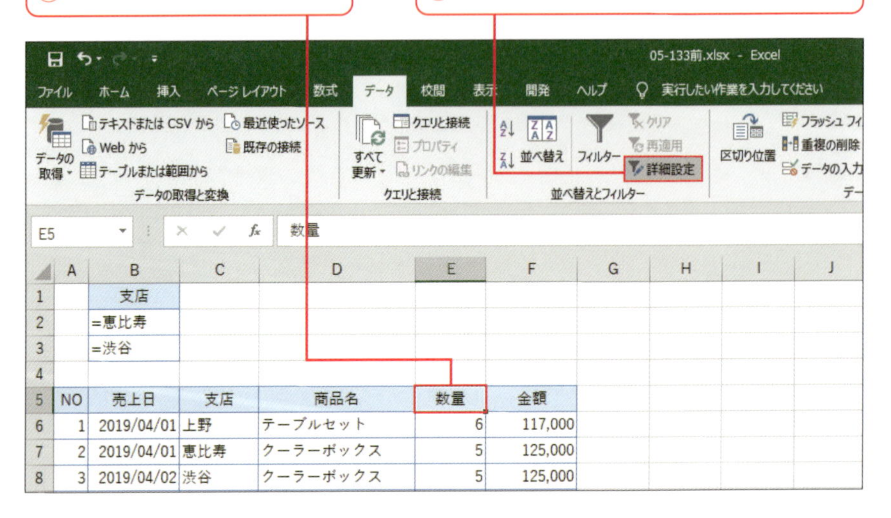

完全一致の条件は「="=恵比寿"」と記述します。条件設定の詳細はワザ115を参照してください。

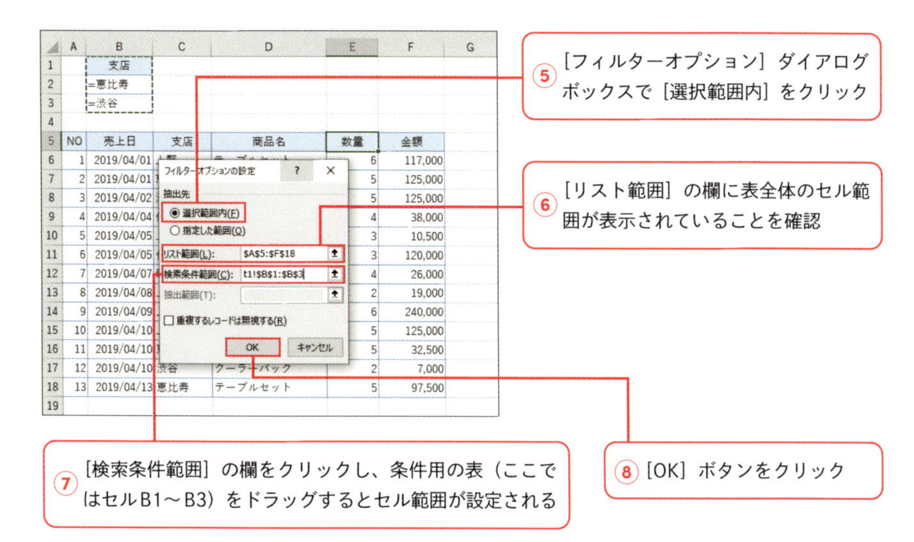

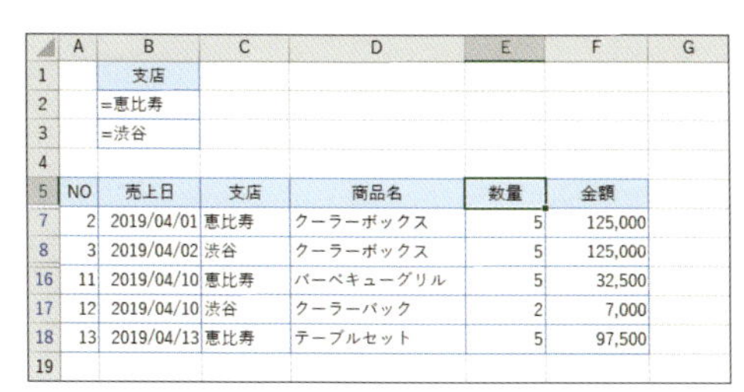

	A	B	C	D	E	F
1		支店				
2		=恵比寿				
3		=渋谷				
4						
5	NO	売上日	支店	商品名	数量	金額
7	2	2019/04/01	恵比寿	クーラーボックス	5	125,000
8	3	2019/04/02	渋谷	クーラーボックス	5	125,000
16	11	2019/04/10	恵比寿	バーベキューグリル	5	32,500
17	12	2019/04/10	渋谷	クーラーバック	2	7,000
18	13	2019/04/13	恵比寿	テーブルセット	5	97,500
19						

9 条件のどちらか一方を満たすデータが抽出される

(COLUMN)

＝ OR条件の設定方法 ＝

フィルターオプションの設定では、ワークシート上に作成した条件設定用の表を［検索条件範囲］に指定して抽出します。表は、1行目に、抽出元の表（リスト）と同じ項目名を使い、2行目以降に条件式を設定します。複数の条件のいずれか1つ満たすOR条件にするには、条件を異なる行に設定します。

図 OR条件の条件の表

項目名1
条件A
条件B

左表のように
別の行に書けば
OR条件よ

検索条件範囲に、空白行を含めるとすべてのデータが抽出されます。

売上実績のある商品を書き出したい!

カテゴリ 抽出

フィルターオプションの設定では、データの中から重複しないものを書き出すことができます。例えば、売上表の中から売上実績のある商品を書き出すことが可能です。条件を指定しなければ、すべてのデータを対象にして抽出できます。

フィルターオプションの設定を使って、重複しないデータを書き出す

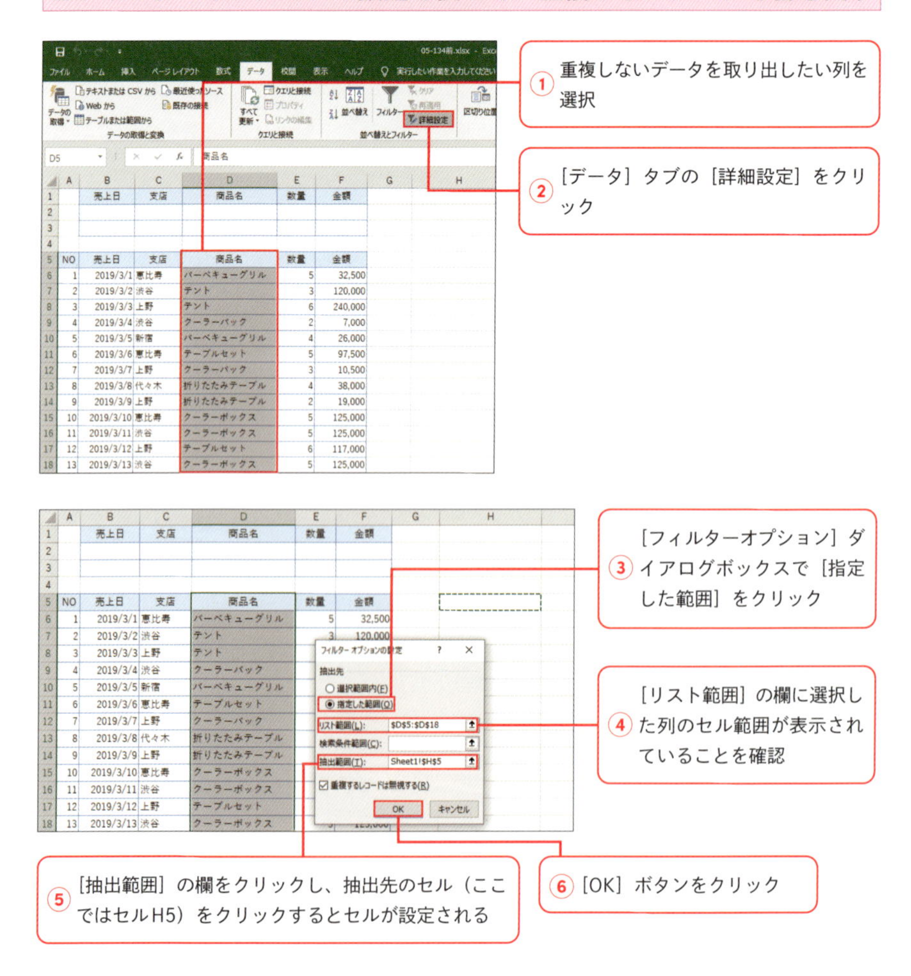

［リスト範囲］で複数列を指定すると、複数列の組み合わせで重複しないデータを抽出できます。

	A	B	C	D	E	F	G	H	I
1		売上日	支店	商品名	数量	金額			
2									
3									
4									
5	NO	売上日	支店	商品名	数量	金額		商品名	
6	1	2019/3/1	恵比寿	バーベキューグリル	5	32,500		バーベキューグリル	
7	2	2019/3/2	渋谷	テント	3	120,000		テント	
8	3	2019/3/3	上野	テント	6	240,000		クーラーバック	
9	4	2019/3/4	渋谷	クーラーバック	2	7,000		テーブルセット	
10	5	2019/3/5	新宿	バーベキューグリル	4	26,000		折りたたみテーブル	
11	6	2019/3/6	恵比寿	テーブルセット	5	97,500		クーラーボックス	
12	7	2019/3/7	上野	クーラーバック	3	10,500			

⑦ 重複しない商品名が書き出される

(COLUMN)

＝ 条件を満たすデータを別シートに書き出す ＝

条件を満たすデータを別シートに書き出すには、先に書き出し先となるシートをアクティブにした状態で操作を開始します。ここでは支店が恵比寿のデータを別シートに書き出します。①書き出し先シート（Sheet2）をアクティブにし、②［データ］タブの［詳細設定］をクリックして［フィルターオプションの設定］を表示し、［指定した範囲］を選択します。③［抽出範囲］で書き出し先となるセル（セルA1）をクリックします。④次に［リスト範囲］をクリックして、⑤抽出元となるシートに切り替えます（Sheet1）。⑥抽出範囲をドラッグで選択し（Sheet1のA5～F18）、⑦同様に［検索条件範囲］で条件範囲（Sheet1のC1～C2）を選択して、⑧［OK］ボタンをクリックします。

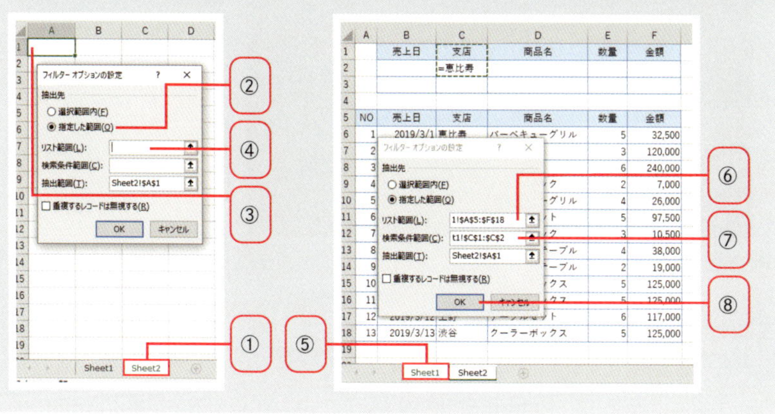

(COLUMN)

＝ Windows＋Lキーでパソコンをすばやくロックする ＝

お昼休みや打ち合わせなどで、自分の席からしばらくの間離れる場合、パソコンをロックしておくと、作業中のWordやExcelなどのソフトを終わらせることなく、他の人に操作されないようにすることができます。通常は、［スタート］ボタンをクリックし、［アカウント名］をクリックして、メニューから［ロック］をクリックしてロックしますが、ショートカットキーのWindows＋Lキーを使えば、マウスを持つことなく、あっという間にパソコンをロックできます。時短につながる大変便利なキー操作です。
なお、Windowsキーは、キーボードの左下にあるWindowsのロゴ（⊞）が表示されているキーです。

図 Windows＋Lで行うパソコンのロック

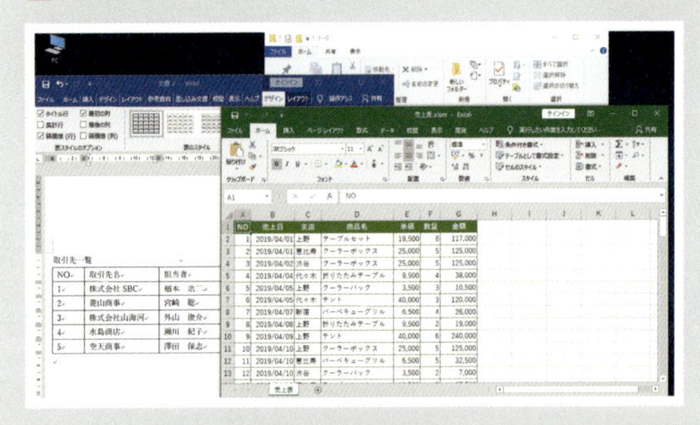

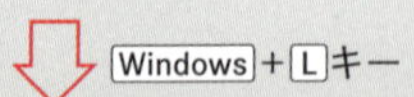

パソコンをロックすると、席を離れても、勝手に操作されることがないため安心です。ロックを解除するには、画面をクリックするか、Enterキーなど、いずれかのキーを押します。そのあと、サインインして作業画面を表示します。

魅力的なグラフの作成ワザ

作成した資料に表に加えてグラフが作成されていると、
その資料は格段にわかりやすくなり、質が向上します。
ここでは、グラフ作成の基礎から、
覚えておきたいグラフ作成のテクニックを紹介します。

グラフを作成する

カテゴリ グラフの作成

グラフは、表の数値を視覚化して見やすくしたものです。グラフを作成するとデータの傾向が一目でわかるため、資料作成には欠かせない要素の一つとなっています。ここでは、基本的なグラフの作成手順を確認しましょう。

▨グラフにしたい表の範囲を選択してグラフの種類を選択する

	A	B	C	D	E	F	G	H
1	支店別売上							
2		4月	5月	6月	合計			
3	新宿	47,000	104,000	110,000	261,000			
4	代々木	54,800	52,000	80,000	186,800			
5	渋谷	99,000	80,000	94,500	273,500			
6	恵比寿	53,500	72,800	60,500	186,800			
7	上野	61,000	42,100	67,000	170,100			
8	合計	315,300	350,900	412,000	1,078,200			
9								
10								
11								

① グラフ化するセル範囲を選択（ここではセル範囲A2～D7）

② ［挿入］タブの［グラフ］で作成したいグラフの種類をクリック

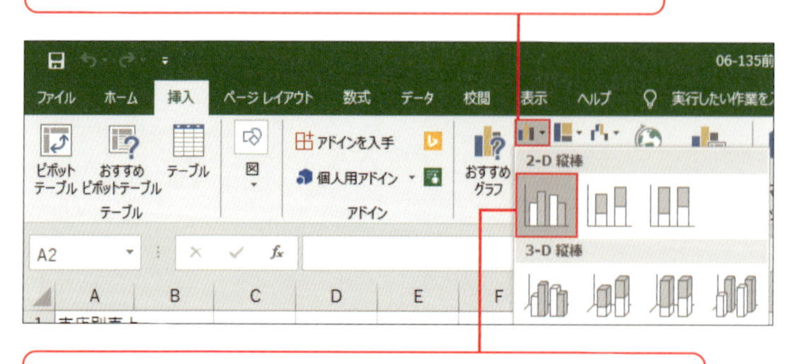

③ 表示されたグラフの一覧からグラフを選択（ここでは「集合縦棒」）

 範囲選択してから[Alt]+[F1]キーを押すと、標準グラフで埋め込みグラフが作成されます。

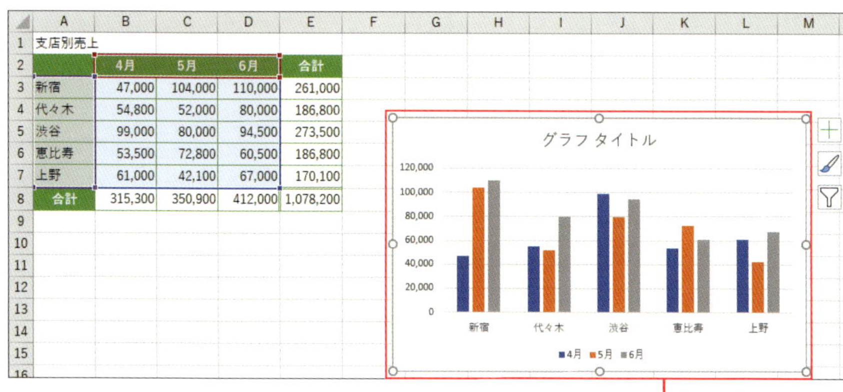

	A	B	C	D	E
1	支店別売上				
2		4月	5月	6月	合計
3	新宿	47,000	104,000	110,000	261,000
4	代々木	54,800	52,000	80,000	186,800
5	渋谷	99,000	80,000	94,500	273,500
6	恵比寿	53,500	72,800	60,500	186,800
7	上野	61,000	42,100	67,000	170,100
8	合計	315,300	350,900	412,000	1,078,200

④ ワークシート上にグラフが作成される

わあ～カンタン！

(COLUMN)

＝ グラフの構成要素 ＝

グラフを編集する場合は、まず編集したいグラフの要素を選択します。グラフ上で各要素にマウスポインターを合わせると要素名が表示されます。

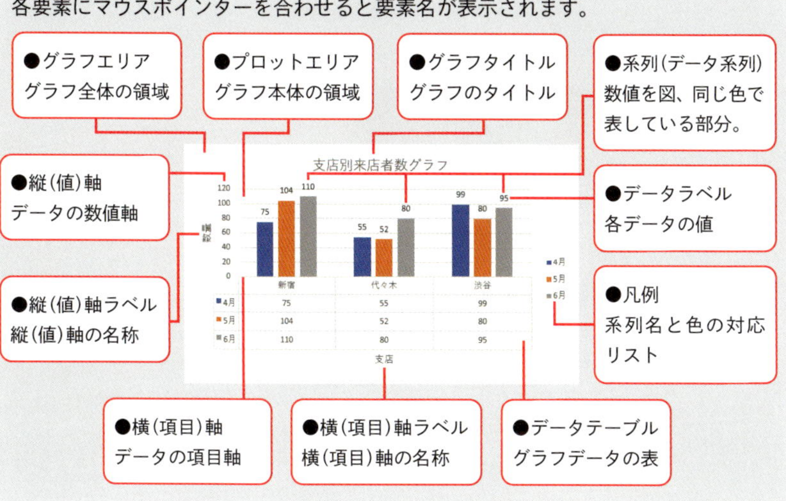

グラフを選択するには、グラフの領域内の何もないところ（グラフエリア）をクリックします。

タイトル、軸ラベルを設定する

カテゴリ グラフの作成

グラフ作成直後にグラフタイトルは表示されても仮の名前「グラフタイトル」と表示されていたり、軸ラベルが表示されていなかったりします。ここでは、グラフタイトルの修正と、軸ラベルを追加する手順を確認しましょう。

グラフタイトルの文字列を修正する

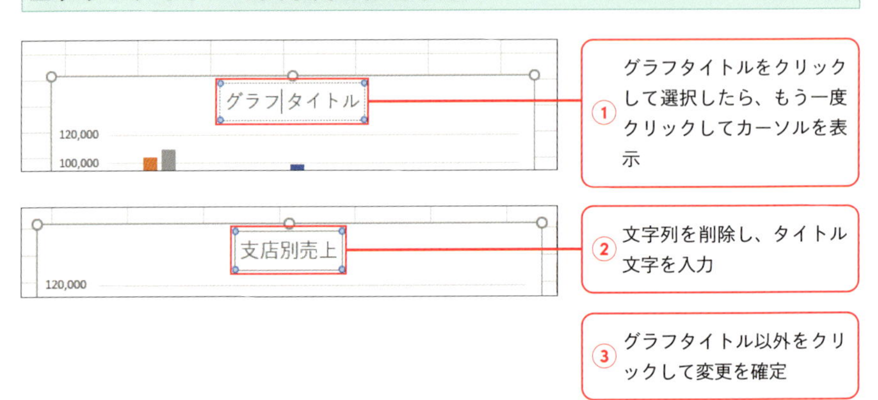

軸ラベルを表示する

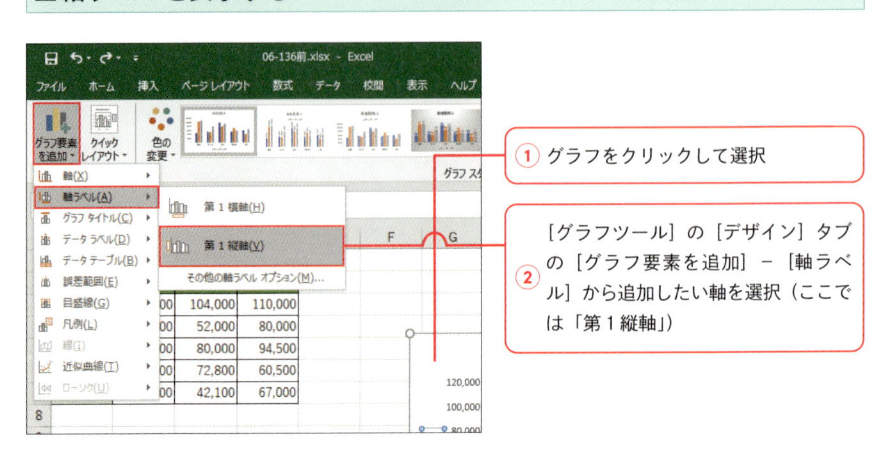

セルの値をタイトルにするには、タイトルを選択し数式バーに「=」を入力後セルをクリックします。

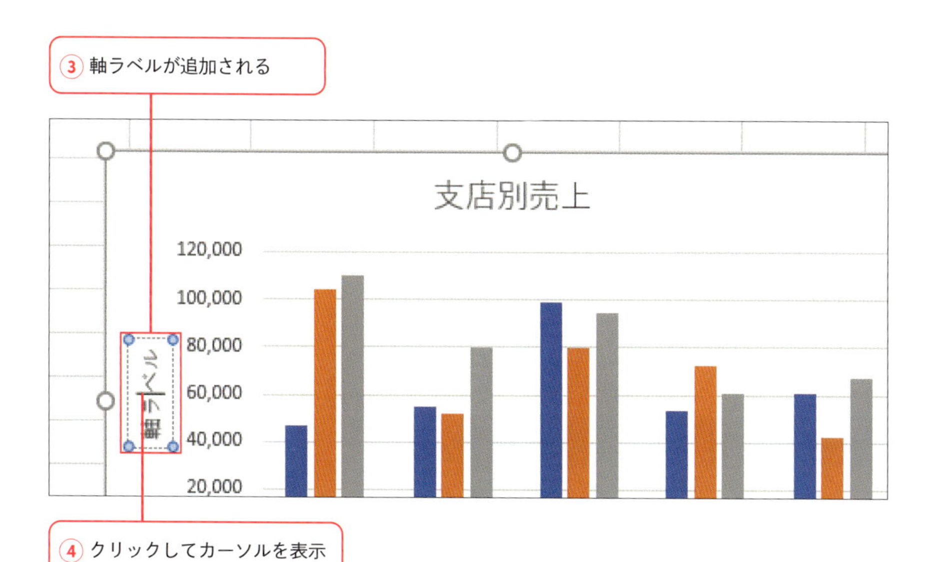

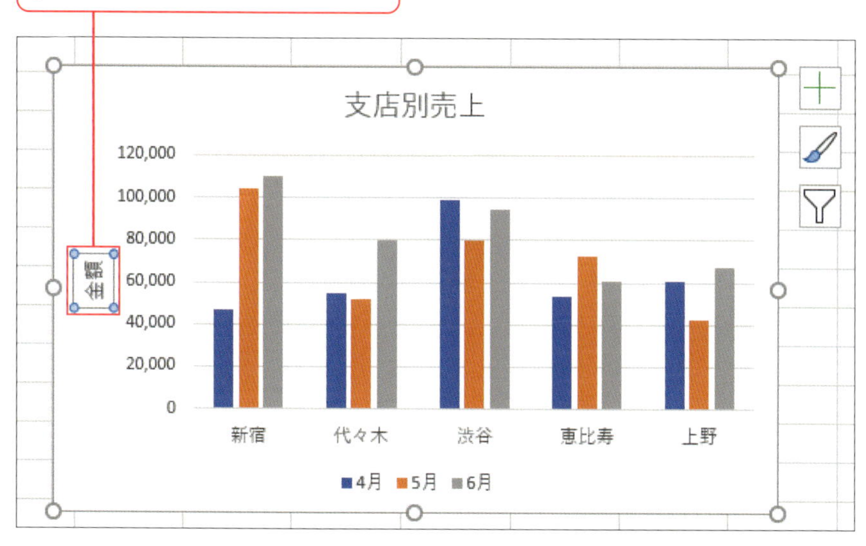

グラフタイトルが選択されているときに[Delete]キーを押すと削除できます。

グラフの軸を入れ替える

カテゴリ グラフの作成

グラフになるデータは、選択したセル範囲の行と列の項目数によって自動的に設定されます。［行／列の切り替え］を使うとグラフの軸が入れ替わり、グラフデータを見る方向を変更できます。

▨行／列の入れ替えでグラフの軸を入れ替える

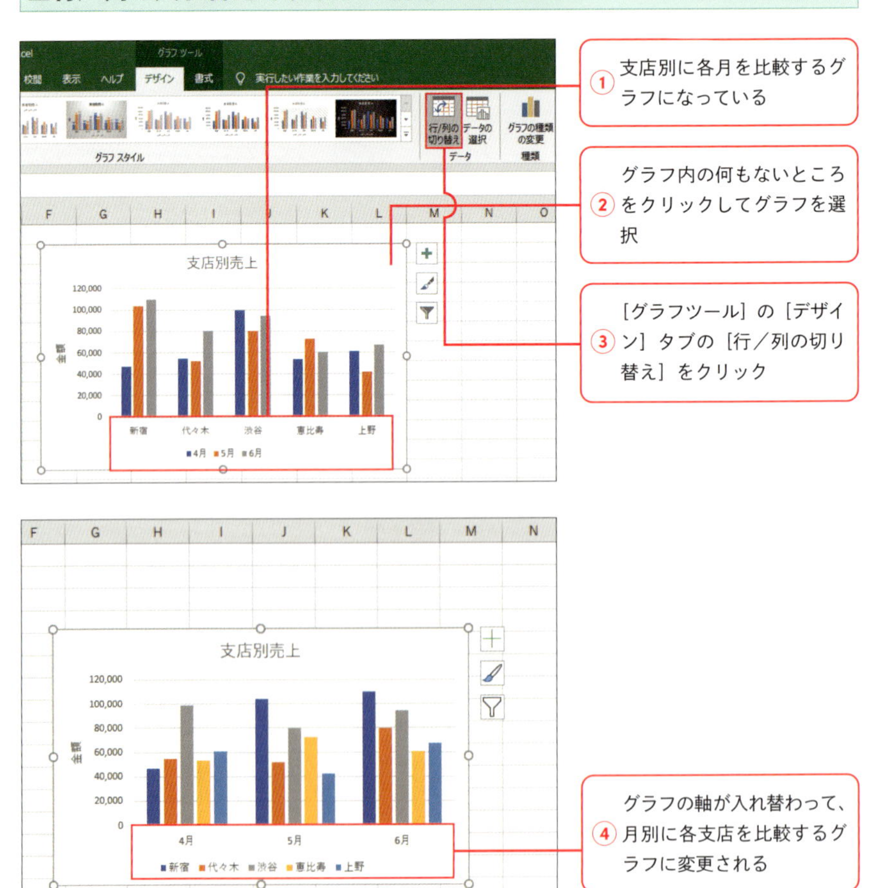

ワークシート上に作成されるグラフのことを「埋め込みグラフ」といいます。

グラフの位置やサイズを変更するには

カテゴリ グラフの作成

グラフ作成時は、サイズや位置を指定することができません。グラフ作成後、位置やサイズを調整し、バランスよく配置して見栄えを整えておきましょう。ドラッグするだけで任意の位置やサイズに変更できます。

グラフを移動する

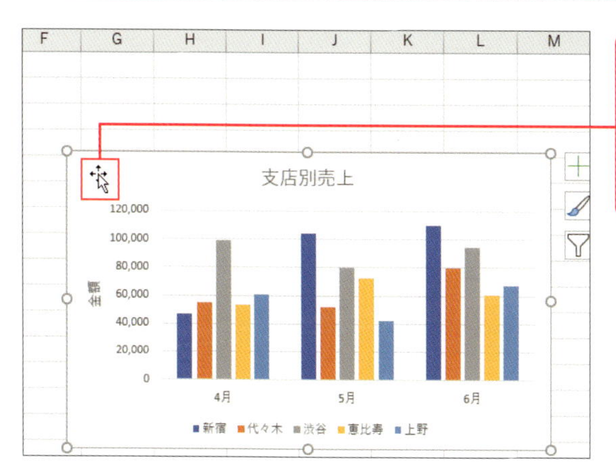

① グラフ内の何もないところにマウスポインターを合わせ、「」の形になったらドラッグするとグラフが移動する

グラフのサイズを変更する

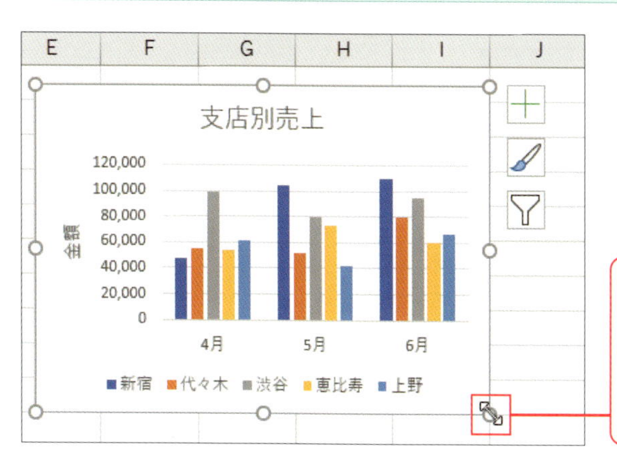

① グラフを選択し、周囲に表示されるハンドル（□）にマウスポインターを合わせ、「」の形になったらドラッグするとサイズ変更できる

Altキーを押しながらドラッグすると、セルに合わせて移動、サイズ調整ができます。

グラフの種類を変更するには

カテゴリ グラフの作成

グラフの作成後、グラフの種類を変更することができます。［グラフの種類の変更］ダイアログボックスには、多くのグラフの種類やパターンが用意されています。ダイアログボックスの中でグラフのパターンをクリックすればプレビューが確認できます。

［グラフの種類の変更］ダイアログボックスでグラフの種類を選択する

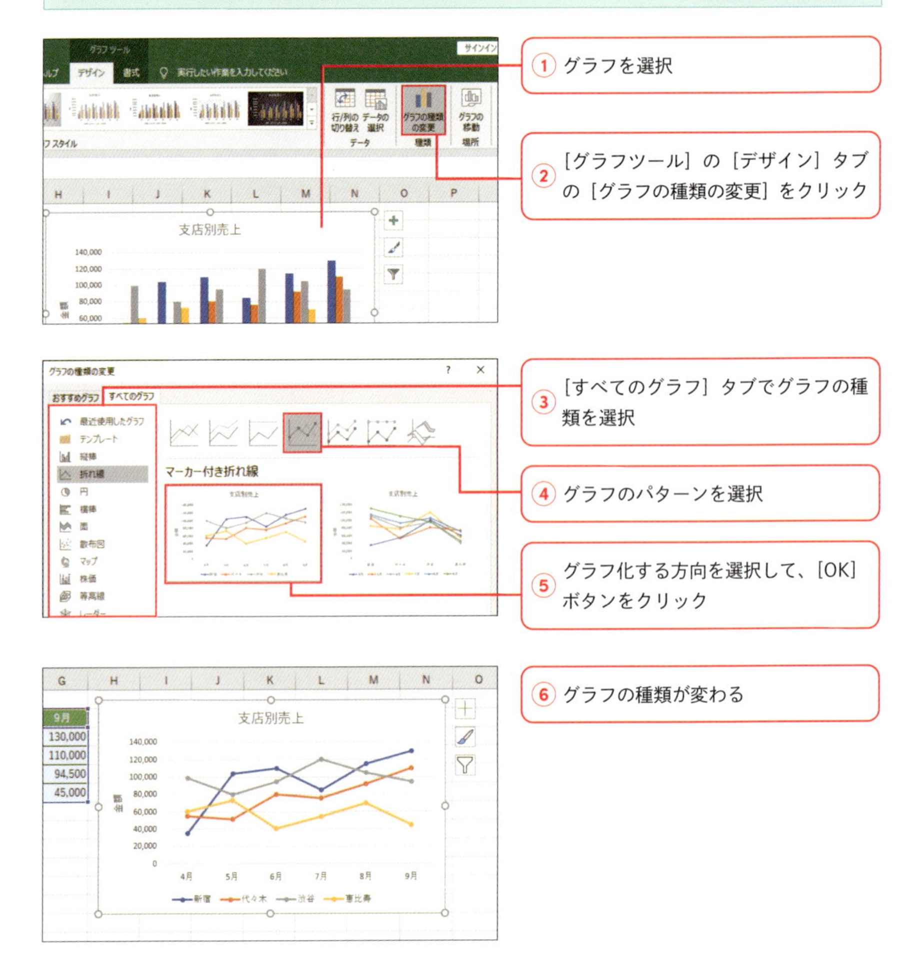

226 グラフの何もないところをクリックして選択し、Deleteキーを押すとグラフを削除できます。

グラフ上に値を表示する

カテゴリ グラフの作成

グラフに表示される数値のことをデータラベルといいます。データラベルを表示すると、グラフの数値の比較に表をたどる必要がありません。データラベルを表示するには、［グラフ要素を追加］を使います。

▨［グラフ要素を追加］からデータラベルを追加する

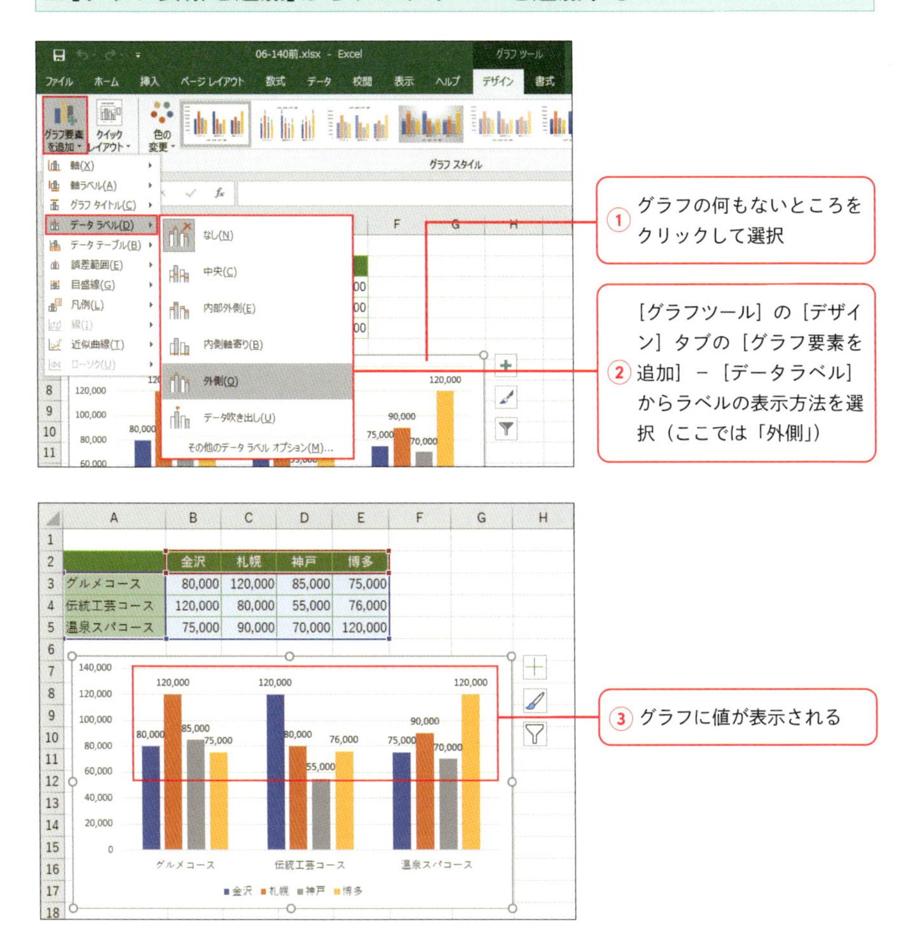

Technique 141

金額と数量を棒グラフと線グラフで組み合わせる

カテゴリ グラフの作成

金額と数量のような単位の異なる数値を1つのグラフで表示するには、1つのグラフの中に金額用のグラフと数量用のグラフを組み合わせます。このようなグラフを「複合グラフ」といいます。ここでは、金額は棒グラフ、数量は折れ線グラフに設定します。

▨複合グラフを作成する

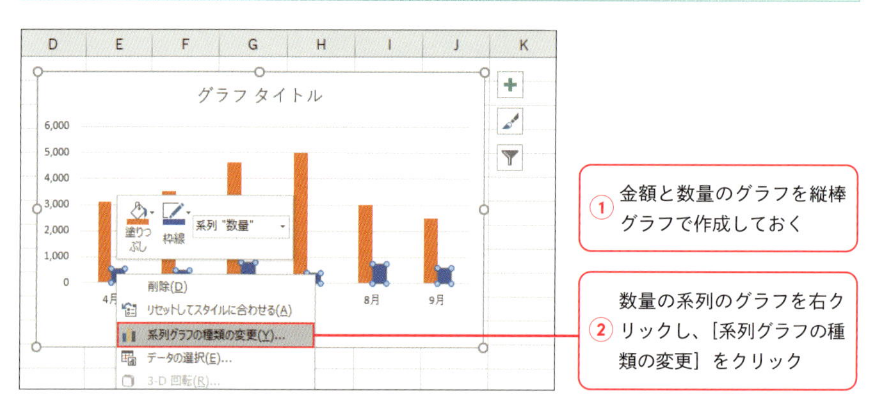

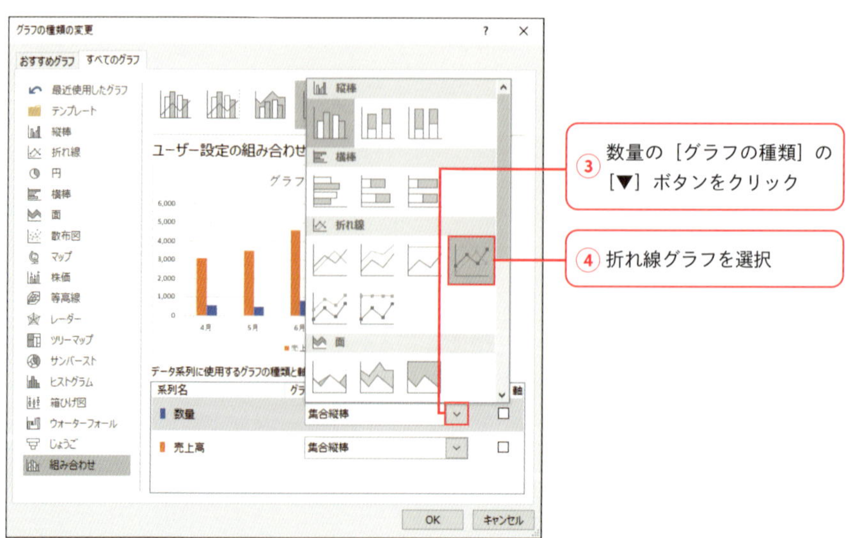

④で、折れ線グラフの中で「折れ線」または「マーカー付き折れ線」を選択します。

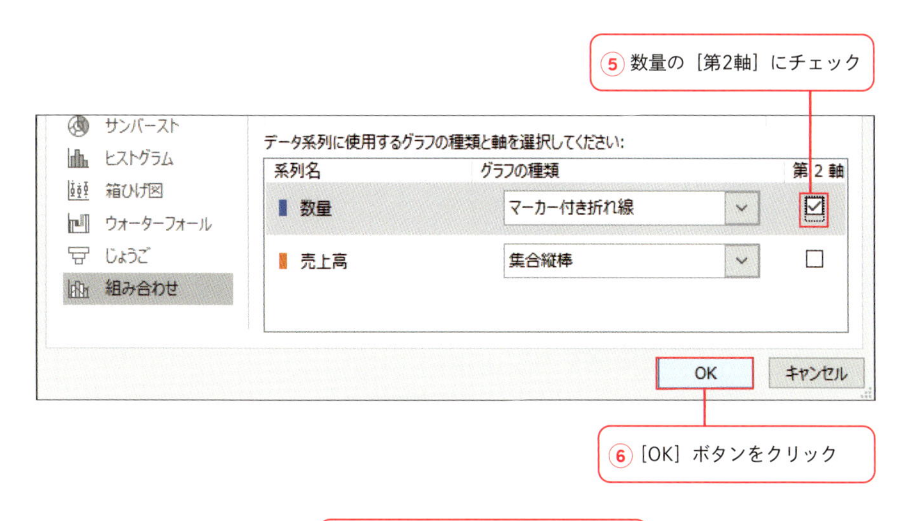

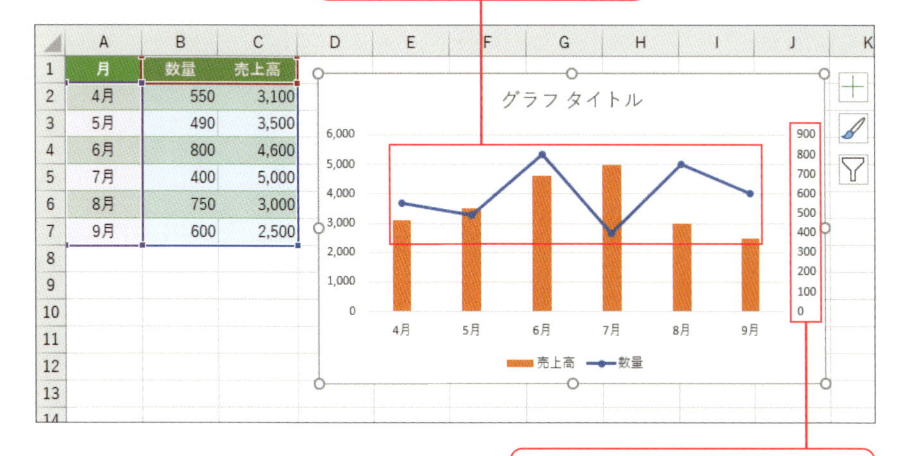

ワザ136の手順で［第1縦軸］と［第2縦軸］を表示し、単位を表示するとわかりやすいです。

グラフの見栄えを一瞬で整えたい!

カテゴリ グラフのデザイン

グラフには、書式やグラフ要素を組み合わせたグラフスタイルが数多く用意されています。好みのグラフスタイルを選択するだけで、グラフの見栄えを一瞬のうちに整えることができます。グラフ作成の時短に欠かせないツールとして活用しましょう。

グラフスタイルを選択する

① グラフの何もないところをクリックして選択

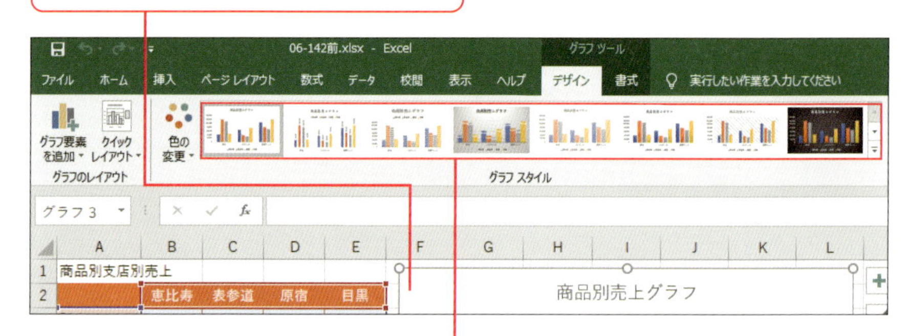

② [グラフツール] の [デザイン] タブの [グラフスタイル] でスタイルを選択 (ここでは「スタイル2」)

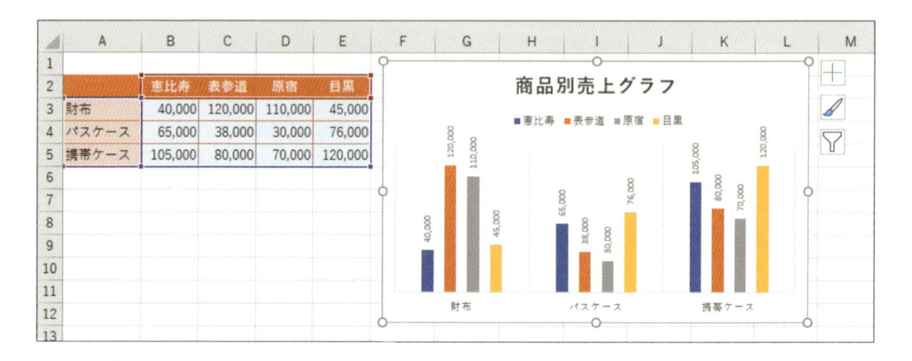

③ グラフにスタイルが適用され、見栄えが一瞬で変わる

[グラフスタイル] の右端にある [▼] ボタン、[▲] ボタンで他のスタイルを表示できます。

グラフの色合いを変更したい!

カテゴリ グラフのデザイン

グラフの色合いを変更したいときは、[色の変更] をクリックし、カラーパターンを選択します。いろいろな色やスタイルの組み合わせが用意されているので、選択するだけでグラフの色合いが変更になり、印象を変えることができます。

[色の変更]でカラーパターンを選択する

① グラフの何もないところをクリックして選択

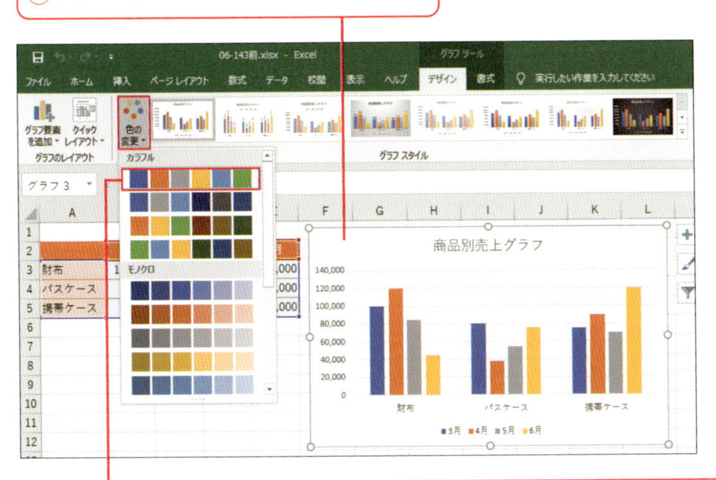

② [グラフツール] の [デザイン] タブの [色の変更] からカラーパターンを選択

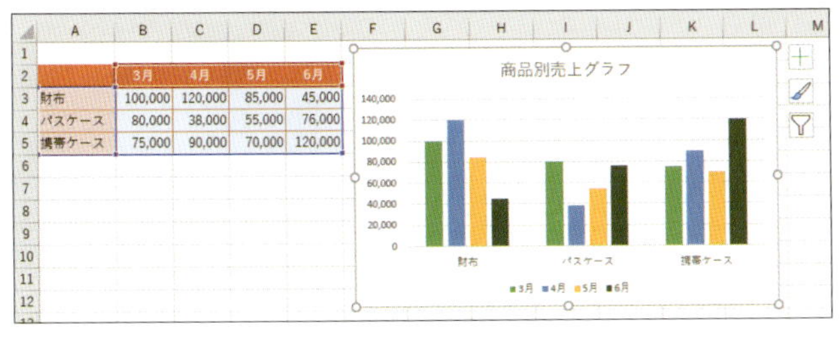

③ グラフの色合いが変わる

系列ごと、系列の要素ごとに色を変更することもできます(ワザ152参照)。

グラフのレイアウトをすばやく整えたい!

カテゴリ グラフのデザイン

クイックレイアウトには、凡例、軸、データテーブルなどのグラフの要素の組み合わせられたレイアウトのパターンがいくつも用意されています。パターンを選択するだけで、グラフのレイアウトがあっという間に整います。

クイックレイアウトからレイアウトを選択する

①グラフの何もないところをクリックして選択

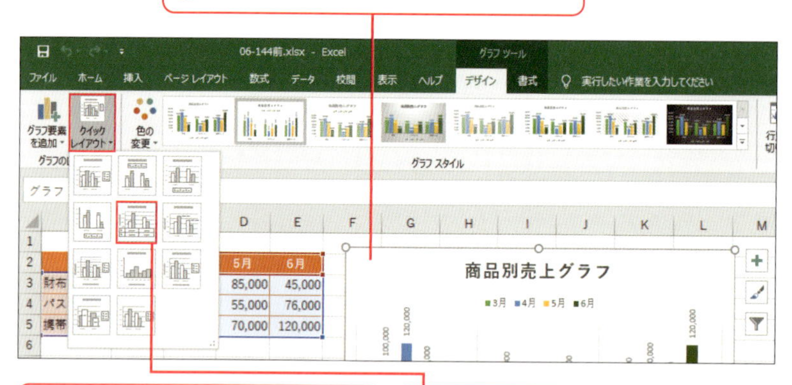

②［グラフツール］の［デザイン］タブの［クイックレイアウト］をクリック

③レイアウトのパターンを選択する（ここでは「レイアウト5」）

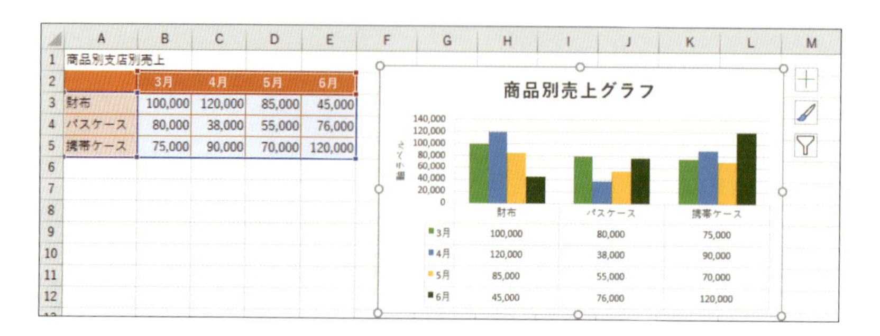

④レイアウトが変更される

軸ラベルなどのラベルが追加されたときは、ワザ136を参考にラベルの文字を変更しておきましょう。

グラフのデータ範囲を後から変更する

カテゴリ グラフの編集

グラフ作成後、表のデータ数を変更した場合は、表の項目と対応するようにグラフ範囲も変更しておきましょう。データ範囲の変更はドラッグするだけなのでとても簡単です。ここでは3月から6月までのグラフを8月までに範囲を変更しています。

▨グラフ範囲をドラッグで変更する

① グラフの何もないところをクリックして選択

	A	B	C	D	E	F	G	H
1								
2		3月	4月	5月	6月	7月	8月	
3	財布	100,000	120,000	85,000	45,000	60,000	95,000	
4	パスケース	80,000	38,000	55,000	76,000	55,000	60,000	
5	携帯ケース	75,000	90,000	70,000	120,000	75,000	80,000	
6								
7		商品別売上グラフ						

② 3月から6月のグラフ範囲の右下にマウスポインターを合わせ、8月までドラッグ

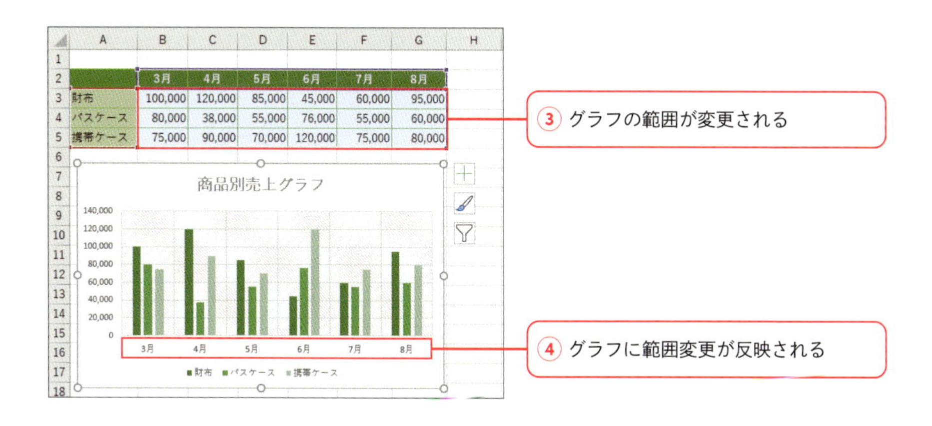

②で、左や上にドラッグすると、グラフ範囲を縮小することができます。

グラフの並び順だけを変更したい!

カテゴリ グラフの編集

グラフの並び順は、表の並び順を変更すると自動的に変更されますが、表の並び順に関係なく、グラフの中だけで任意の順番に変更することができます。ここでは、札幌と金沢の順番の入れ替えを例に変更手順を説明します。

凡例項目の順番を変更する

① グラフの何もないところをクリックして選択

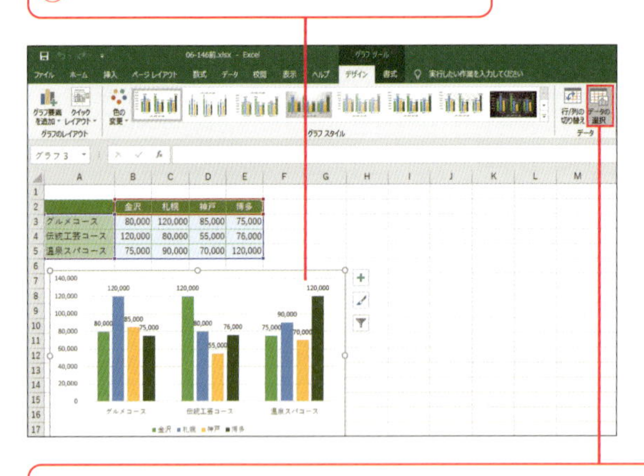

② [グラフツール] の [デザイン] タブの [データの選択] をクリック

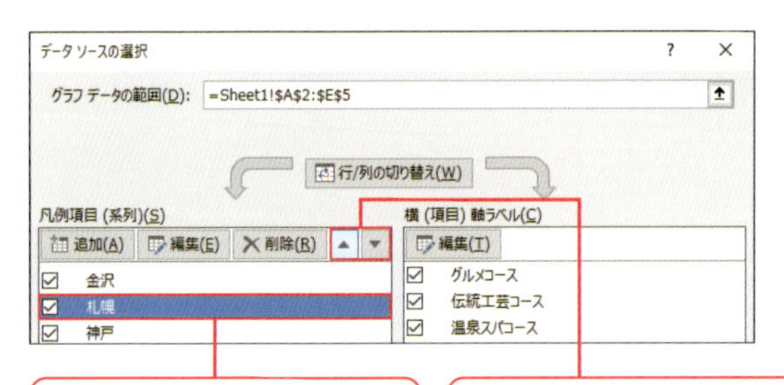

③ [凡例項目] で移動したい項目をクリック (ここでは「札幌」)

④ [▲] または [▼] ボタンをクリックして移動 (ここでは「▲」)

凡例項目、横軸ラベルの各項目のチェックを外すと、その項目を一時的に非表示にできます。

⑤ 項目が入れ替わる

⑥ [OK] ボタンをクリック

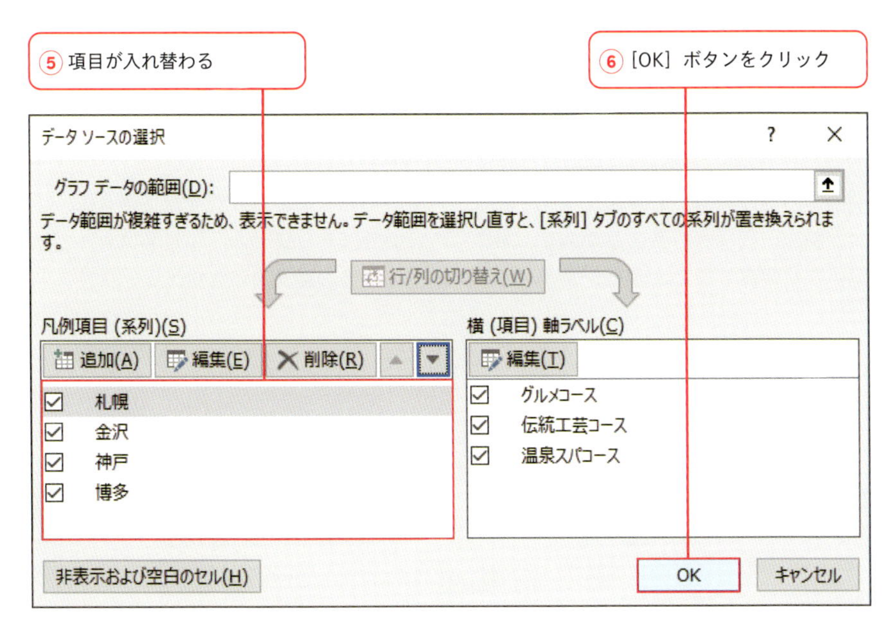

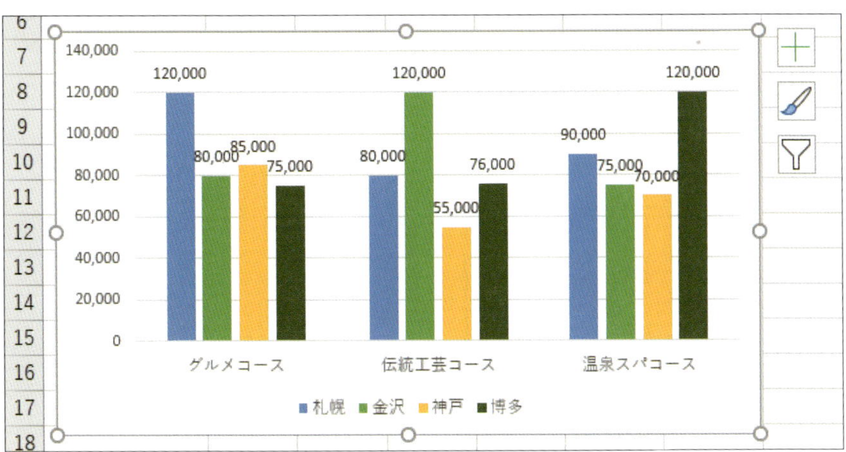

⑦ グラフの並び順だけが変更される

札幌、金沢の順になった〜

表で並べ替えを行うと、グラフの並びも同時に並べ替わります。

項目軸の項目名を短くしたい!

カテゴリ グラフの編集

グラフの項目名は、セルの文字列が表示されています。文字列が長すぎる場合は、項目が斜めに表示されることがあり、あまりきれいではありません。項目名はセルとは関係なく変更することができます。ここでは、項目名の変更方法を覚えましょう。

▨横（項目）軸ラベルの文字列を変更する

① グラフの何もないところをクリックして選択

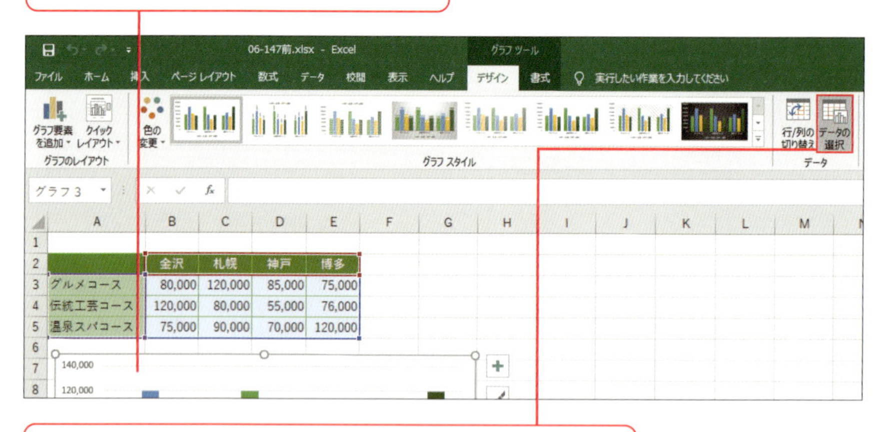

② ［グラフツール］の［デザイン］タブの［データの選択］をクリック

③ ［編集］ボタンをクリック

④で「={"グルメC","伝統工芸C","温泉スパC"}」と指定することもできます。

④［軸ラベルの範囲］に「グルメC, 伝統工芸C, 温泉スパC」のように入力

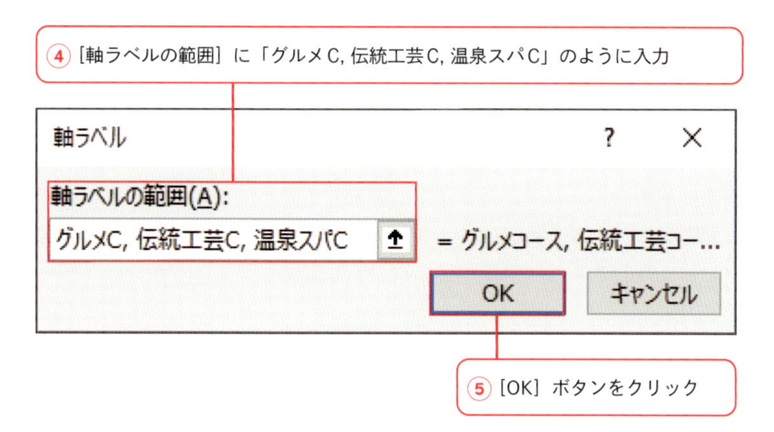

⑤［OK］ボタンをクリック

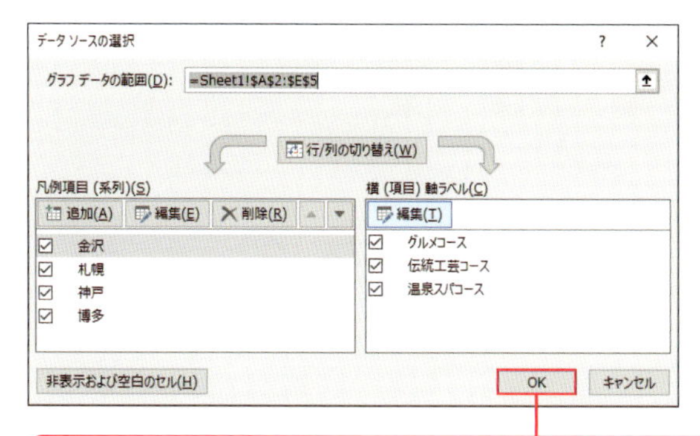

⑥［OK］ボタンをクリックして［データソースの選択］ダイアログボックスを閉じる

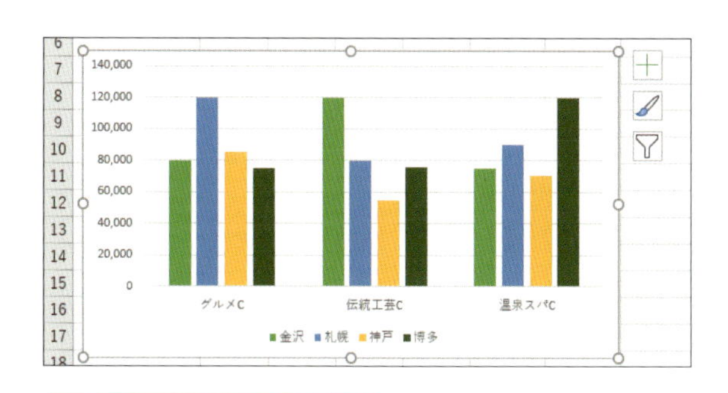

⑦項目名が変わる

設定を戻すには、④で表の項目部分のセル範囲をドラッグします。

列幅や行高が変わるとグラフのサイズも変わってしまう!

カテゴリ グラフの書式設定

表の列幅や行高を変更すると、グラスのサイズも連動して変わってしまいます。列幅や行高の変更に関係なくサイズを固定したい場合は、[グラフエリアの書式設定] 作業ウィンドウで「セルに合わせてサイズ変更はしない」設定にします。

▨グラフエリアの書式設定でセルに合わせてサイズ変更しない設定にする

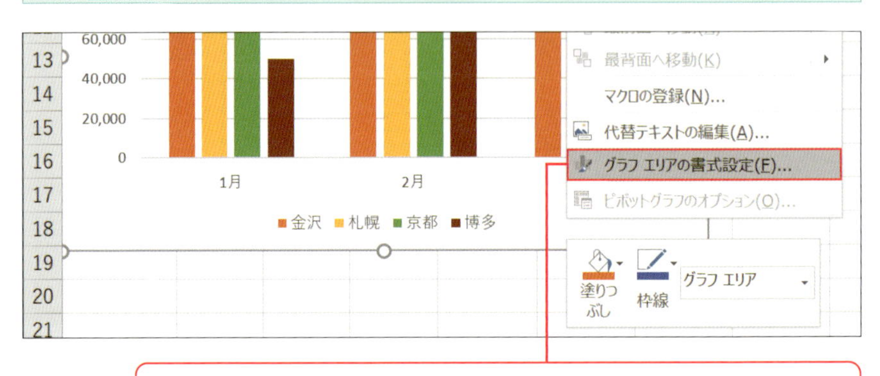

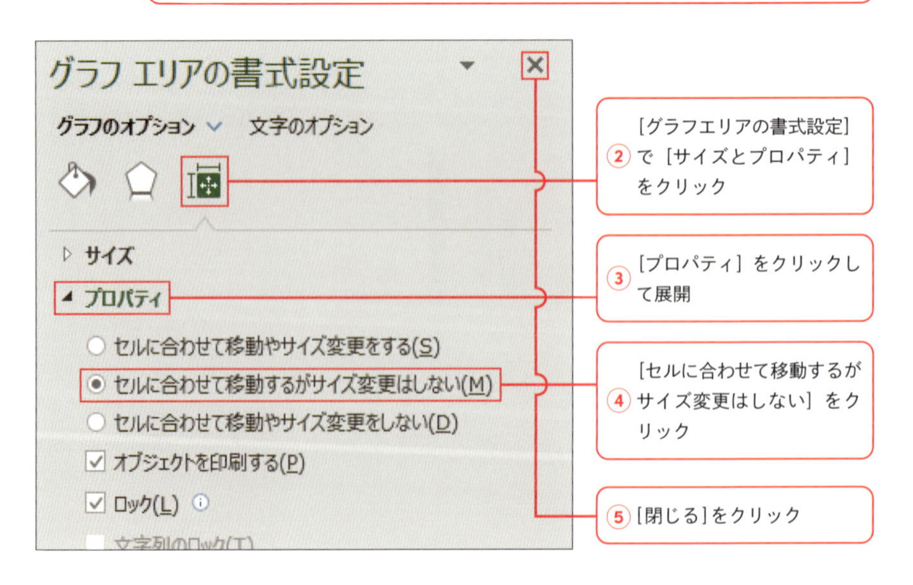

④で [セルに合わせて移動やサイズ変更をしない] を選択すると、移動もされなくなります。

データラベルに分類名とパーセンテージを並べて表示したい

カテゴリ グラフの書式設定

円グラフにパーセンテージや項目名が表示されていると、割合や内容がわかりやすくなります。このように複数のラベルを表示する場合は、ラベルを改行するときれいに揃います。ここでは、複数ラベルの表示と整列の仕方を確認しましょう。

データラベルの書式設定でラベルの内容と区切り文字を選択する

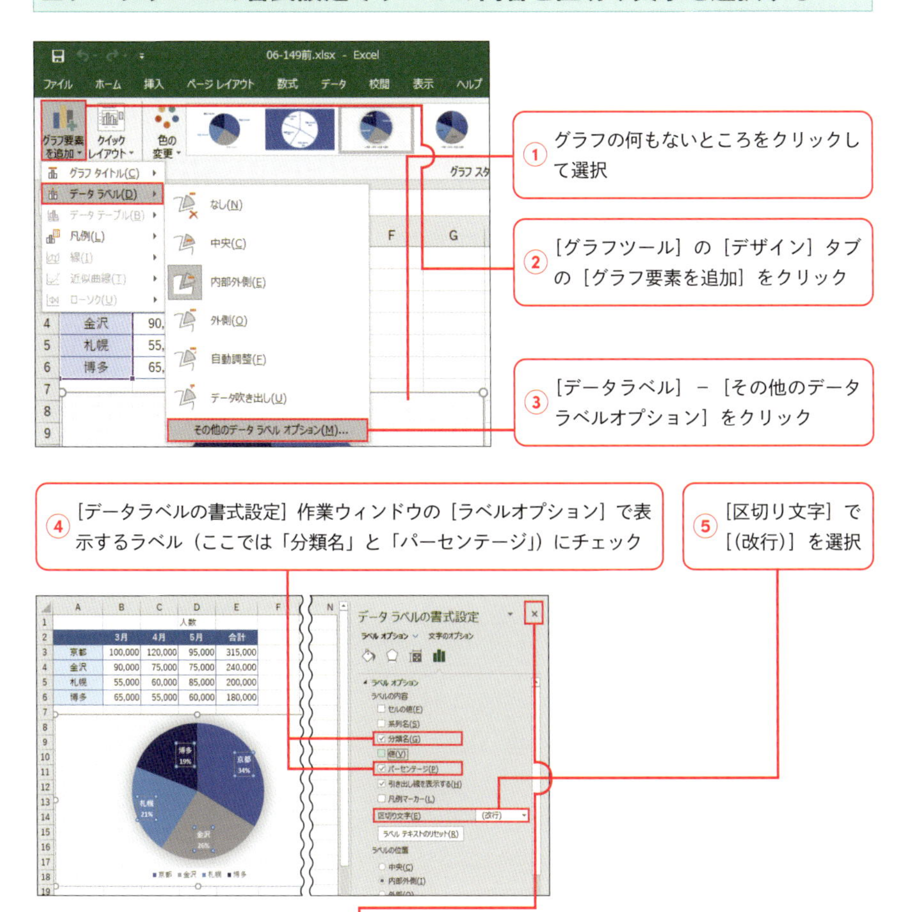

	3月	4月	5月	合計
京都	100,000	120,000	95,000	315,000
金沢	90,000	75,000	75,000	240,000
札幌	55,000	60,000	85,000	200,000
博多	65,000	55,000	60,000	180,000

各データラベルは、ドラッグで移動させることができます。

縦軸を千単位にしたい

カテゴリ グラフの書式設定

縦軸（数値軸）に表示する数値の単位を千単位に変更すると、数値軸の下3桁の0を省略できます。変更するには、［軸の書式設定］作業ウィンドウで［表示単位］を「千」に変更するだけです。［表示単位］では「百」から「兆」の範囲で単位が選べます。

▨軸の書式設定で表示単位を「千」に設定する

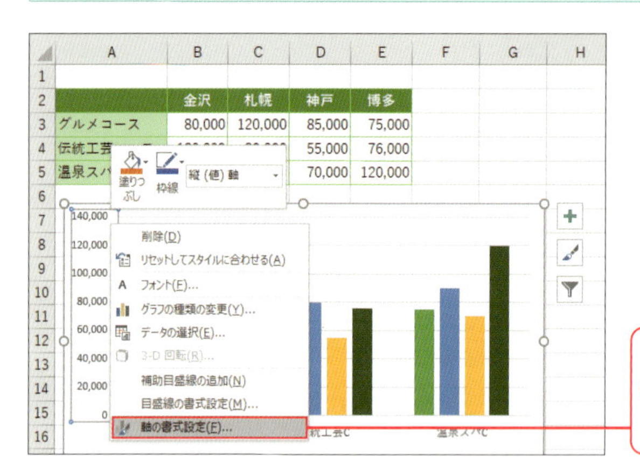

①グラフの数値軸上で右クリックし、［軸の書式設定］を選択

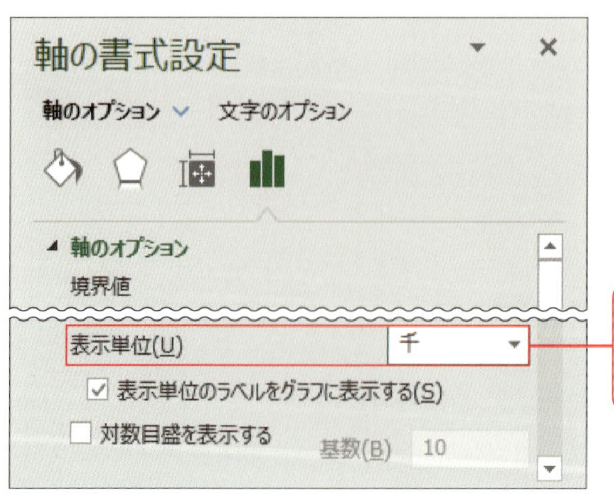

②［軸の書式設定］作業ウィンドウの［表示単位］で［千］を選択

表示単位を設定すると、数値軸に「表示単位ラベル」が表示されます。

Technique 151

数値軸のラベルの向きを縦書きにしたい!

カテゴリ グラフの書式設定

縦軸に表示する軸ラベルの文字列は、標準の場合、文字の向きが左に90度回転して横になっています。これを縦書きにするには、[軸ラベルの書式設定] 作業ウィンドウで [文字列の方向] を [縦書き] に変更します。

▨軸ラベルの書式設定で文字列の方向を「縦書き」にする

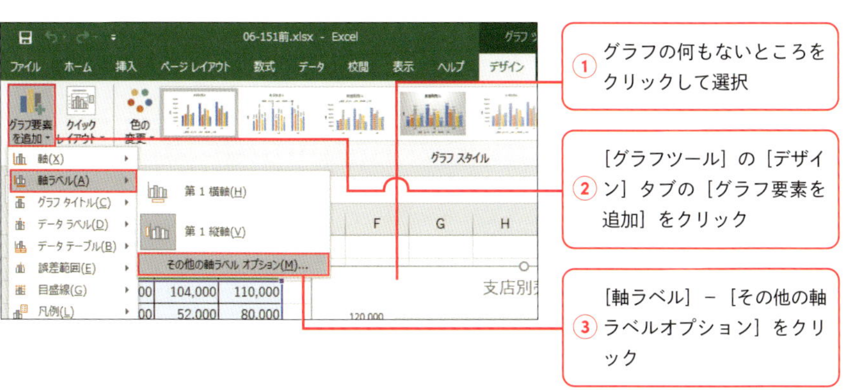

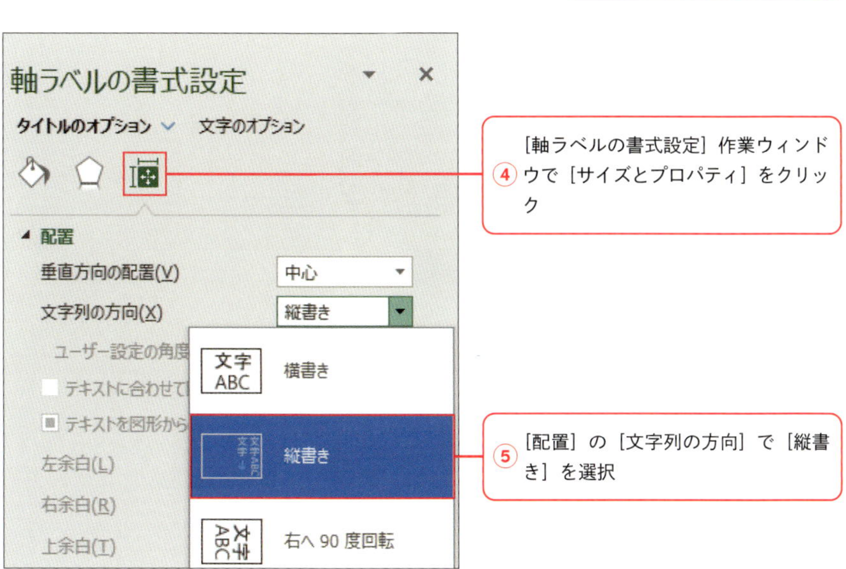

軸ラベルを選択し [ホーム] タブの [方向] をクリックして [縦書き] を選択しても同じです。

特定のデータ系列だけを目立たせたい

カテゴリ グラフの書式設定

グラフの系列の色を変更するには、変更したい系列を選択して塗りつぶしの色を設定します。塗りつぶしの設定は［ホーム］タブの［塗りつぶしの色］でも行えます。ここでは1つの系列と、系列の中の1つの要素の色を変更する手順を紹介します。

系列の塗りつぶしの色を変更する

① 色を変更したい系列内でクリックし、1つの系列を選択

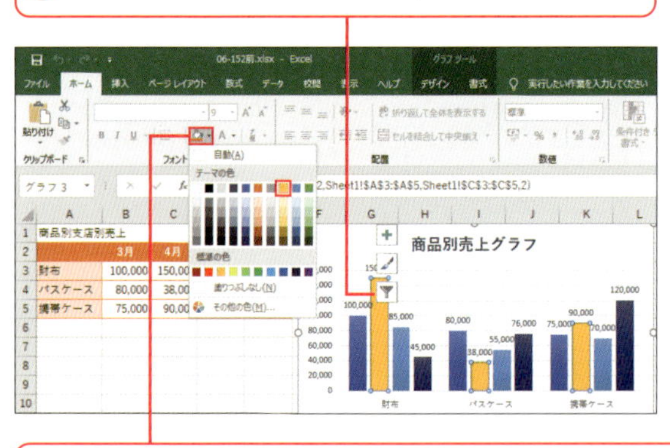

② ［ホーム］タブの［塗りつぶしの色］の［▼］ボタンをクリックし一覧から色をクリックすると、1つの系列全体の色が変更される

系列の要素の塗りつぶしの色を変更する

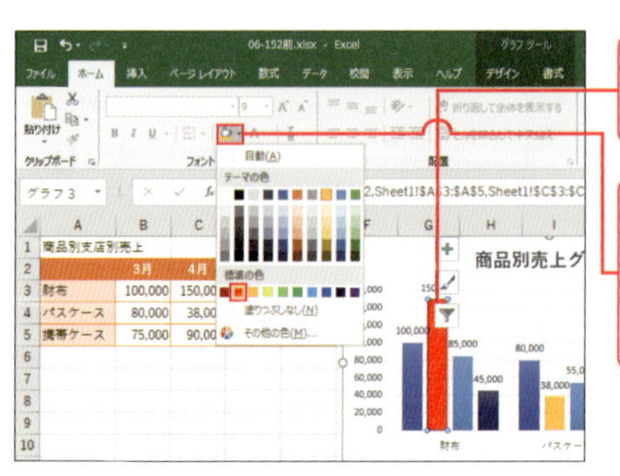

① 選択されている系列内の1つの要素をクリック

② ［ホーム］タブの［塗りつぶしの色］の［▼］ボタンをクリックし一覧から色をクリックすると、系列内の選択されている要素だけ色が変更される

系列を右クリックすると表示される［図形の塗りつぶし］からでも色を変更できます。

モノクロ印刷してもグラフを見やすくするには？

カテゴリ グラフのトラブル防止

グラフを印刷するときにモノクロ印刷をする場合、黒の濃淡だけだと印刷結果が見づらくなる場合があります。モノクロで印刷してもわかりやすくするには、グラフの系列に塗りつぶしパターンを設定します。

▨データ系列の書式設定で塗りつぶしパターンを設定する

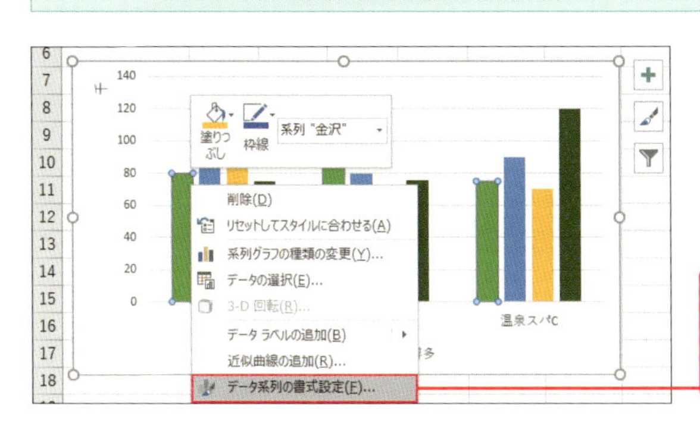

① グラフのデータ系列内で右クリックし、［データ系列の書式設定］をクリック

② ［データ系列の書式設定］作業ウィンドウで［塗りつぶしと線］をクリック

③ ［塗りつぶし］をクリックして展開

④ ［塗りつぶし（パターン）］をクリック

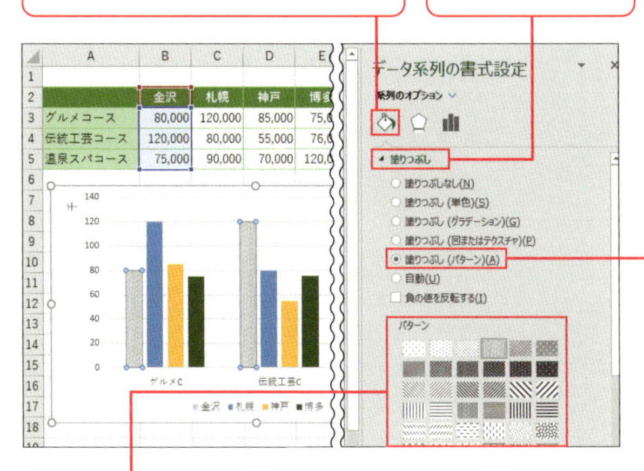

	A	B	C	D	E
2		金沢	札幌	神戸	博多
3	グルメコース	80,000	120,000	85,000	75,0
4	伝統工芸コース	120,000	80,000	55,000	76,0
5	温泉スパコース	75,000	90,000	70,000	120,0

⑤ いずれかのパターンをクリック

⑥ 系列にパターンが設定される

⑦ 他の系列も同様にパターンを設定

塗りつぶし（パターン）を解除するには、④で［自動］を選択します。

Technique 154

円グラフの値が小さい系列をひとまとめにするには?

カテゴリ グラフのトラブル防止

円グラフの中で数値の小さい系列は、比率が小さすぎて見づらくなります。円グラフでは、それらをまとめて補助円グラフとして表示することができます。ここでは、表の下から4つの項目を補助円グラフにまとめます。

補助円付きグラフに変更する

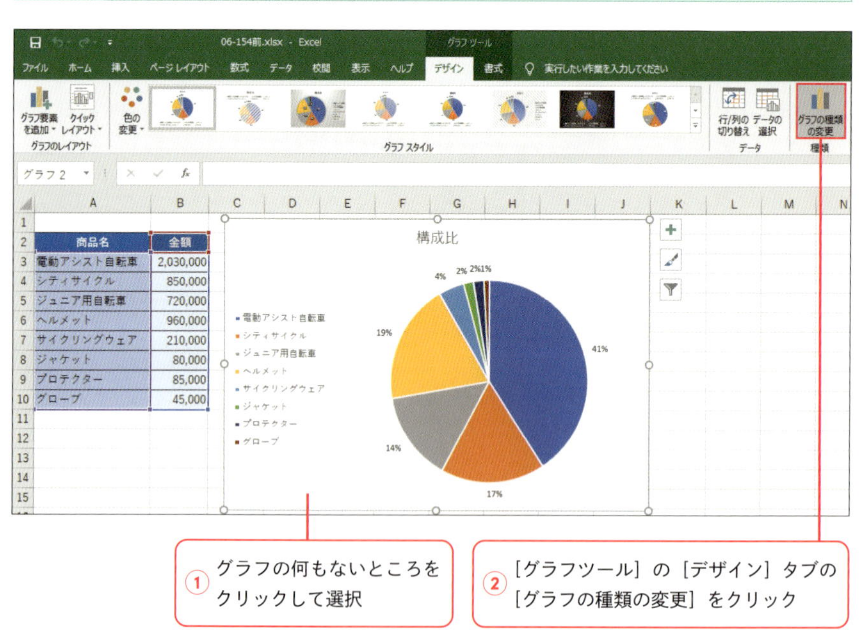

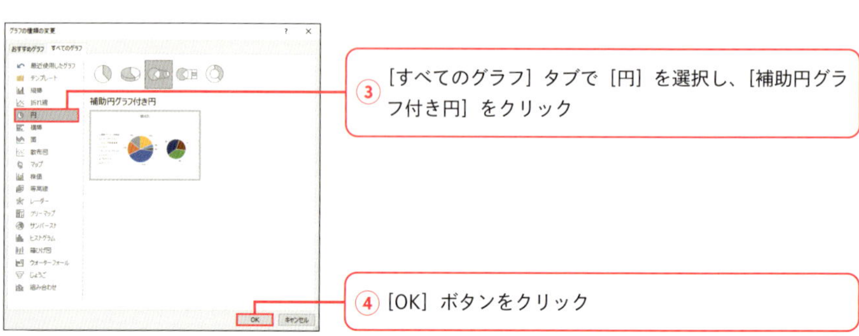

③で[補助棒グラフ付き円]を選択すると積み上げ棒グラフでまとめられます。

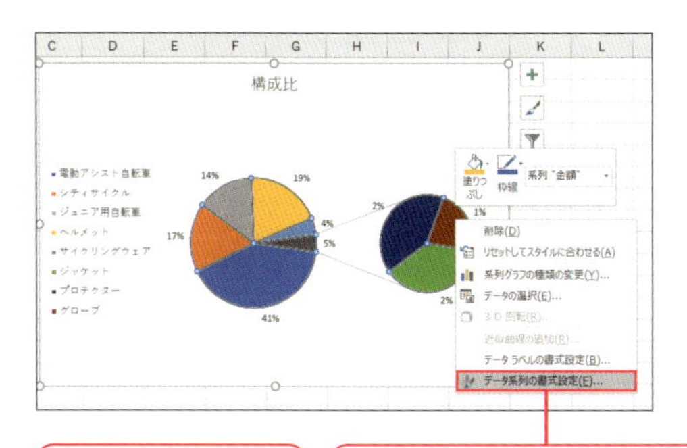

5 補助円グラフ付き円グラフに変わる

6 補助円グラフとする系列が「ジャケット」から「グローブ」までの3つになっているので、４つに変更する。補助円グラフの中で右クリックし、［データ系列の書式設定］をクリック

7 ［データ系列の書式設定］作業ウィンドウの［系列のオプション］をクリック

8 ［系列の分割］で分割方法を選択（ここでは［位置］）

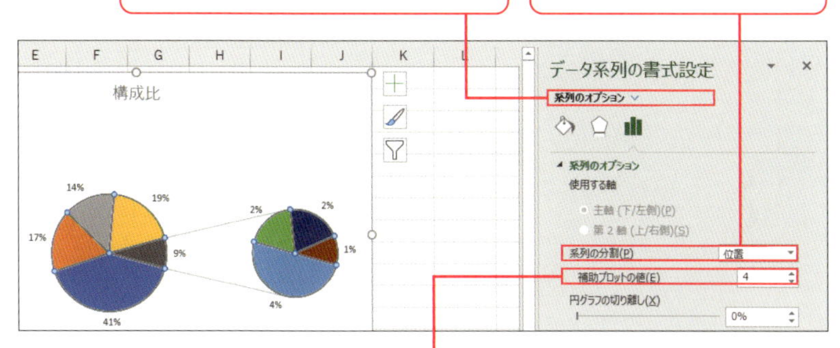

9 ［補助プロットの値］で「4」を選択

10 「サイクリングウェア」～「グローブ」までが補助円に含まれる

(COLUMN)

＝ 補助円への系列の分割方法 ＝

補助円付き円グラフで、補助円に分割する系列の選択方法は、［データ系列の書式設定］作業ウィンドウの［系列のオプション］の［系列の分割］で選択します。分割の種類には、「位置」「値」「パーセント」「ユーザー設定」があり、選択した分割の種類によって、どこまでを補助円に含むのか詳細設定ができます。

円グラフを作成する場合、元の表の数値が降順で並べ替えられていると構成比が見やすくなります。

折れ線グラフで途切れた線をつなぎたい!

カテゴリ グラフのトラブル防止

折れ線グラフの元の表の中で空白セルがあると、その部分の折れ線が途切れてしまいます。途切れた線をつなげて表示するには、[非表示及び空白セルの設定] で [データ要素を線で結ぶ] の設定をします。

▨[非表示および空白のセルの設定]でデータ要素を線で結ぶ

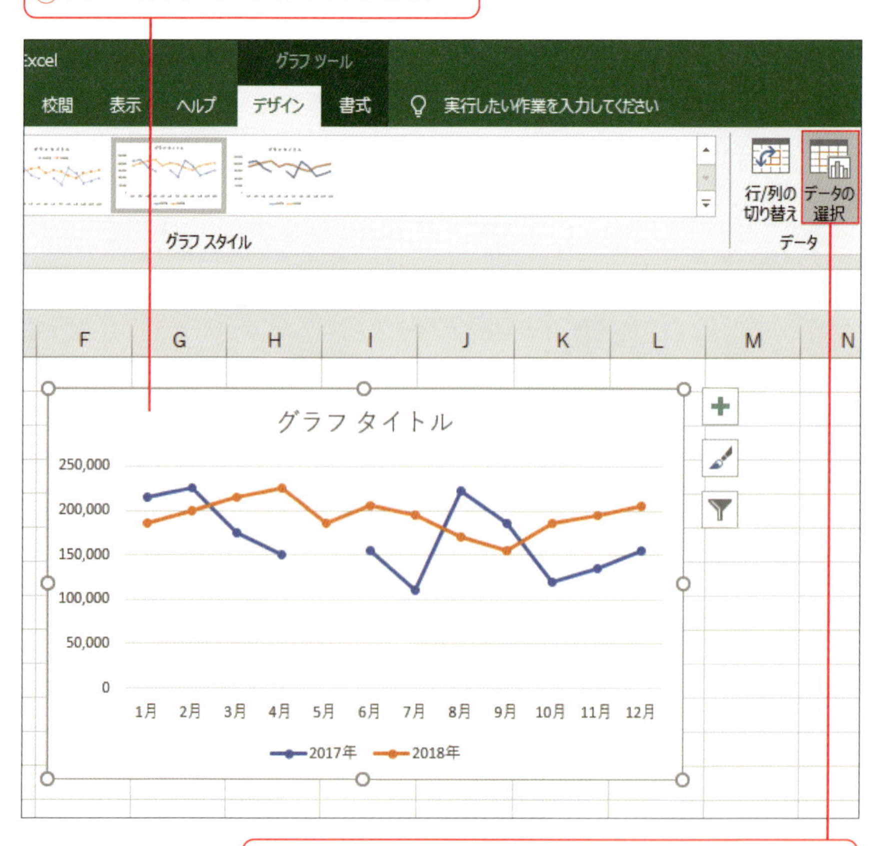

セルが空白ではなく、文字列が入力されている場合は、グラフにすると0として扱われます。

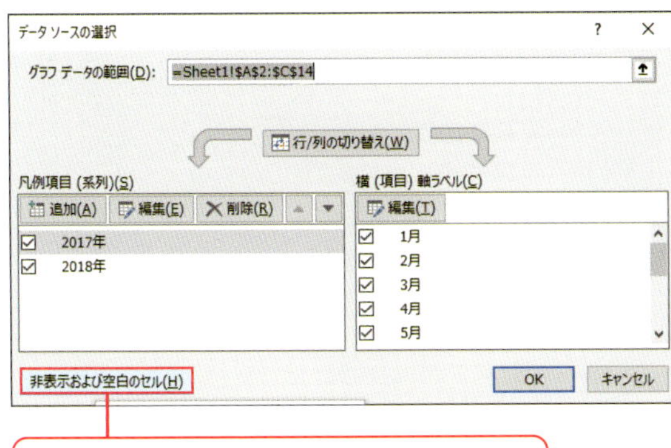

3 ［非表示および空白のセル］ボタンをクリック

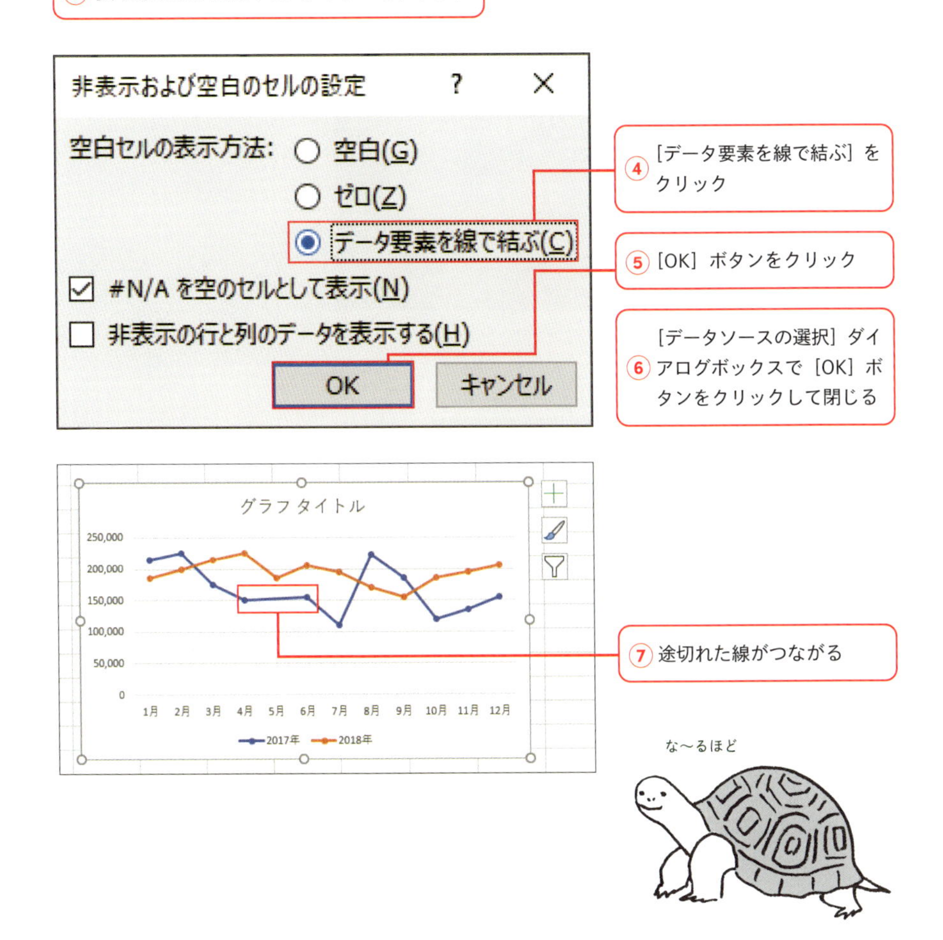

データの種類が時系列データの場合は、増減の推移や動向がわかる折れ線グラフが向いています。

COLUMN

＝ Windows＋Eキーでエクスプローラーをパッと表示 ＝

ファイルをコピー／移動するなどのファイル関連の作業はエクスプローラーを開いて行います。通常エクスプローラーは、タスクバーに表示されているフォルダーのアイコンをクリックして開きますが、頻繁に使用する場合は、ショートカットキーWindows＋Eキーを使うと便利です。Windows＋Eキーを押すたびにエクスプローラーのウィンドウが開きます。ちなみに、最前面に表示されているエクスプローラーを閉じるには、Alt＋F4キーを押します。
なお、Windowsキーは、キーボードの左下にあるWindowsのロゴ（⊞）が表示されているキーです。

図 Windows＋Eキーでエクスプローラーを開く

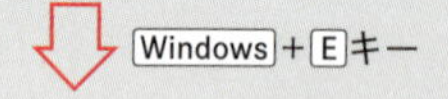

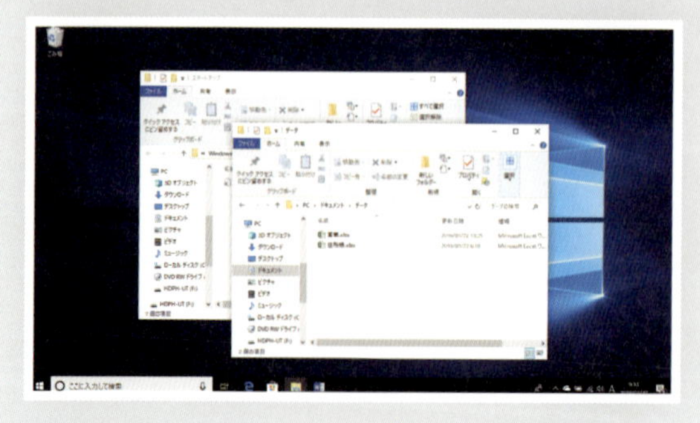

ファイルやフォルダーを表示するエクスプローラーも、ショートカットキーを使えばすばやく開けます。

ピボットテーブルで分析の達人になる

ピボットテーブルは、データを集計するのに欠かせない重要機能です。
ピボットテーブルを作成すれば、
大量のデータを瞬時に集計することができます。
ピボットテーブルを上手に活用し、集計の達人になりましょう。

ピボットテーブルとは

カテゴリ ピボットテーブルの作成

ピボットテーブルは、データベース形式の表を元に作成する集計表です。列の組み合わせや集計方法を自由に変更できるため、いろいろな角度からデータ分析が行えます。ドラッグやクリックだけで作成でき、面倒な書式設定や計算式の設定は不要です。

データベース形式の表を元に作成する集計表

ピボットテーブルは、データベース形式の表の選択した列（フィールド）を、ピボットテーブルの「列」エリア、「行」エリア、「値」エリアに配置するだけで、自動集計されて作成されます。

図 データーベース形式の表（売上表）

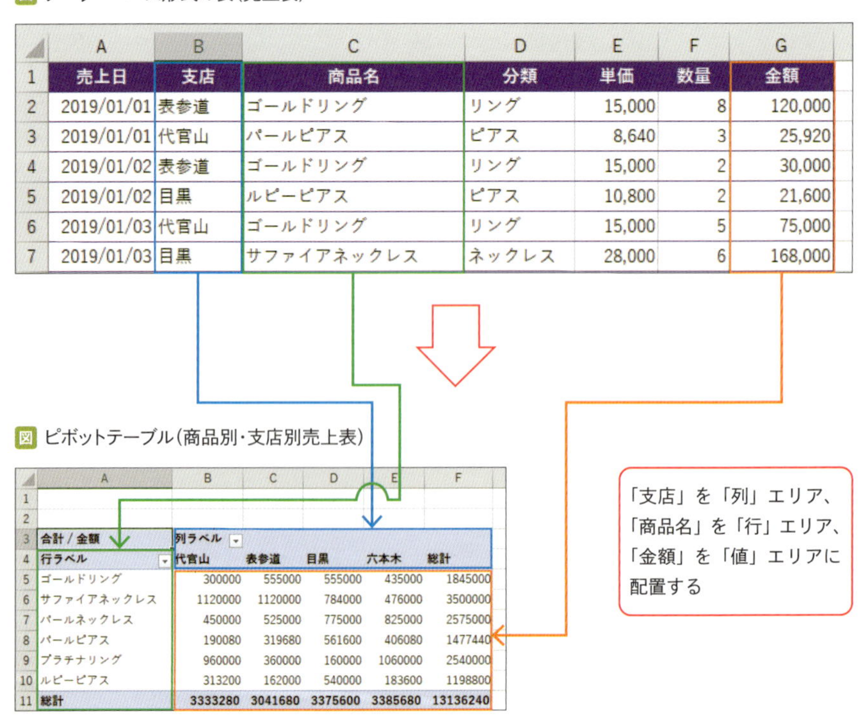

	A	B	C	D	E	F	G
1	売上日	支店	商品名	分類	単価	数量	金額
2	2019/01/01	表参道	ゴールドリング	リング	15,000	8	120,000
3	2019/01/01	代官山	パールピアス	ピアス	8,640	3	25,920
4	2019/01/02	表参道	ゴールドリング	リング	15,000	2	30,000
5	2019/01/02	目黒	ルビーピアス	ピアス	10,800	2	21,600
6	2019/01/03	代官山	ゴールドリング	リング	15,000	5	75,000
7	2019/01/03	目黒	サファイアネックレス	ネックレス	28,000	6	168,000

図 ピボットテーブル（商品別・支店別売上表）

	A	B	C	D	E	F
1						
2						
3	合計 / 金額	列ラベル				
4	行ラベル	代官山	表参道	目黒	六本木	総計
5	ゴールドリング	300000	555000	555000	435000	1845000
6	サファイアネックレス	1120000	1120000	784000	476000	3500000
7	パールネックレス	450000	525000	775000	825000	2575000
8	パールピアス	190080	319680	561600	406080	1477440
9	プラチナリング	960000	360000	160000	1060000	2540000
10	ルビーピアス	313200	162000	540000	183600	1198800
11	総計	3333280	3041680	3375600	3385680	13136240

ピボットテーブルに配置された元表のフィールドの値を使って、集計結果が表示される

データベース形式の表とは、1行目に項目名、2行目以降にデータが入力されている表のことです。

▨スタイル、形、計算方法が自由に変えられる集計表

ピボットテーブルは、様々な形式やスタイルで集計表が瞬時に作成できます。

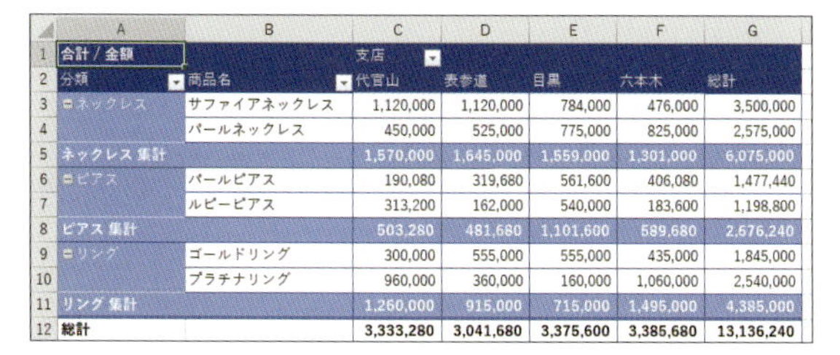

合計 / 金額		支店				
分類	商品名	代官山	表参道	目黒	六本木	総計
⊟ネックレス	サファイアネックレス	1,120,000	1,120,000	784,000	476,000	3,500,000
	パールネックレス	450,000	525,000	775,000	825,000	2,575,000
ネックレス 集計		1,570,000	1,645,000	1,559,000	1,301,000	6,075,000
⊟ピアス	パールピアス	190,080	319,680	561,600	406,080	1,477,440
	ルビーピアス	313,200	162,000	540,000	183,600	1,198,800
ピアス 集計		503,280	481,680	1,101,600	589,680	2,676,240
⊟リング	ゴールドリング	300,000	555,000	555,000	435,000	1,845,000
	プラチナリング	960,000	360,000	160,000	1,060,000	2,540,000
リング 集計		1,260,000	915,000	715,000	1,495,000	4,385,000
総計		3,333,280	3,041,680	3,375,600	3,385,680	13,136,240

表のスタイルやレイアウトのパターンを使って素早く見栄えを整えられる

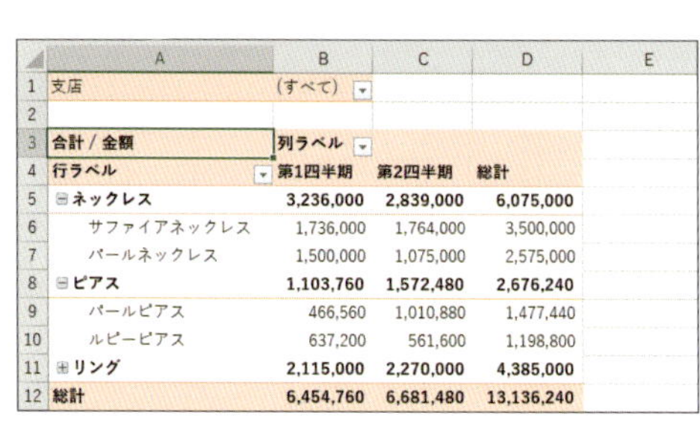

支店	(すべて)		
合計 / 金額	列ラベル		
行ラベル	第1四半期	第2四半期	総計
⊟ネックレス	3,236,000	2,839,000	6,075,000
サファイアネックレス	1,736,000	1,764,000	3,500,000
パールネックレス	1,500,000	1,075,000	2,575,000
⊟ピアス	1,103,760	1,572,480	2,676,240
パールピアス	466,560	1,010,880	1,477,440
ルビーピアス	637,200	561,600	1,198,800
⊞リング	2,115,000	2,270,000	4,385,000
総計	6,454,760	6,681,480	13,136,240

日付データから日、月、四半期、年単位で期間集計できる

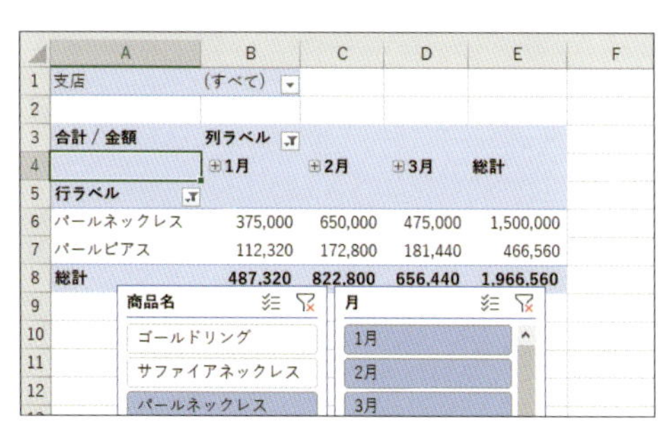

支店	(すべて)			
合計 / 金額	列ラベル			
	⊞1月	⊞2月	⊞3月	総計
行ラベル				
パールネックレス	375,000	650,000	475,000	1,500,000
パールピアス	112,320	172,800	181,440	466,560
総計	487,320	822,800	656,440	1,966,560

スライサーやタイムラインを使って集計項目を絞り込める

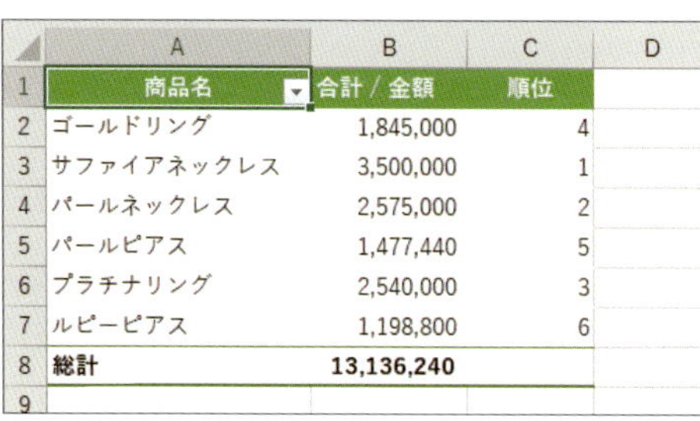

商品名	合計 / 金額	順位
ゴールドリング	1,845,000	4
サファイアネックレス	3,500,000	1
パールネックレス	2,575,000	2
パールピアス	1,477,440	5
プラチナリング	2,540,000	3
ルビーピアス	1,198,800	6
総計	13,136,240	

計算方法を変更して順位や比率が表示できる

ピボットテーブルを元にピボットグラフを作成することもできます（ワザ169）。

ピボットテーブルを作成するには

カテゴリ ピボットテーブルの作成

ピボットテーブルは元となる表の列見出し（フィールド名）を、ピボットテーブルの［列］エリア、［行エリア］、［値］エリアに配置するだけで作成できます。ここでは、支店別、商品別の売上集計表を例にピボットテーブルを作成します。

▨ピボットテーブルを作成する

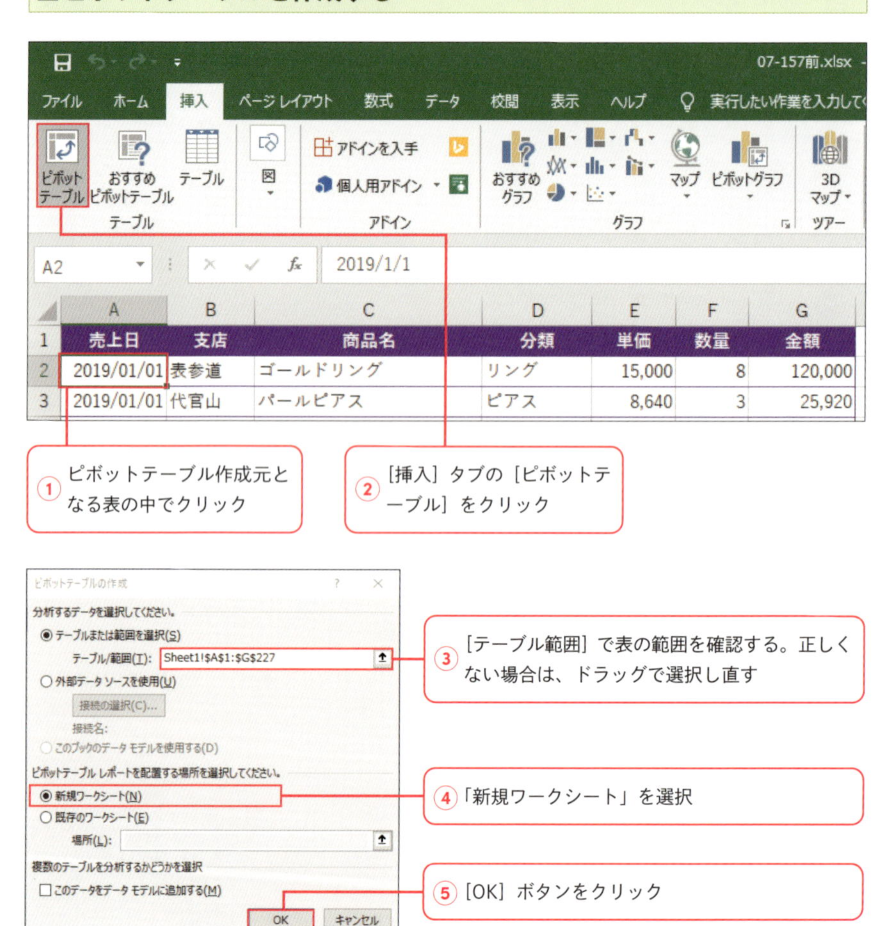

④で［既存のワークシート］を選択すると、元表と同じシートなど既存のシートに作成できます。

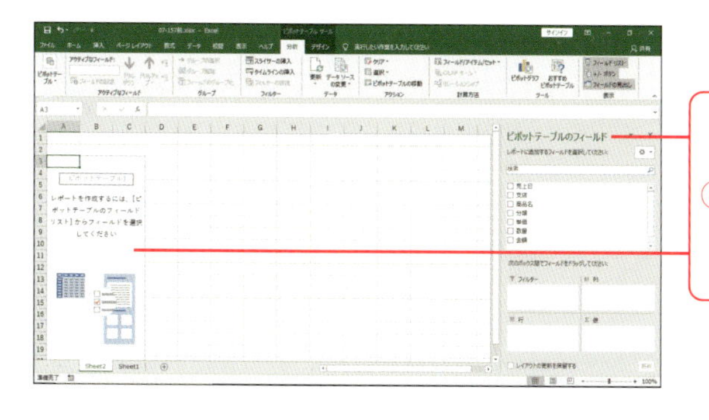

▨ピボットテーブルにフィールドを追加する

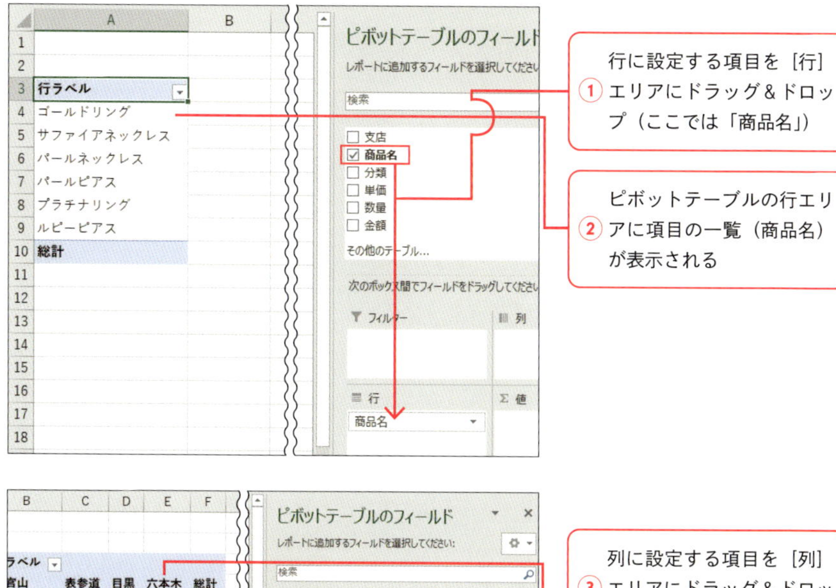

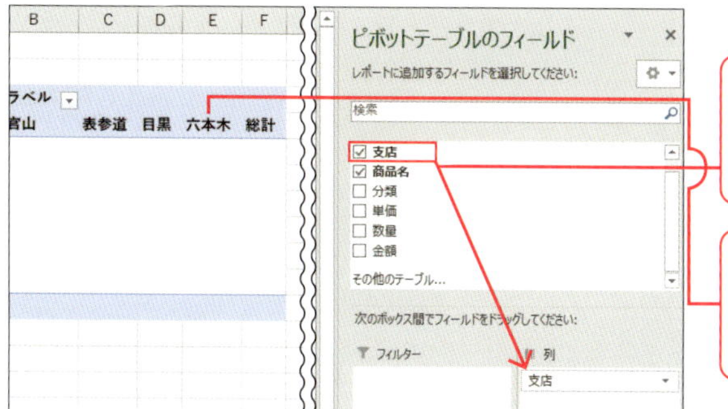

［ピボットテーブルのフィールド］作業ウィンドウは、ピボットテーブル選択時に表示されます。

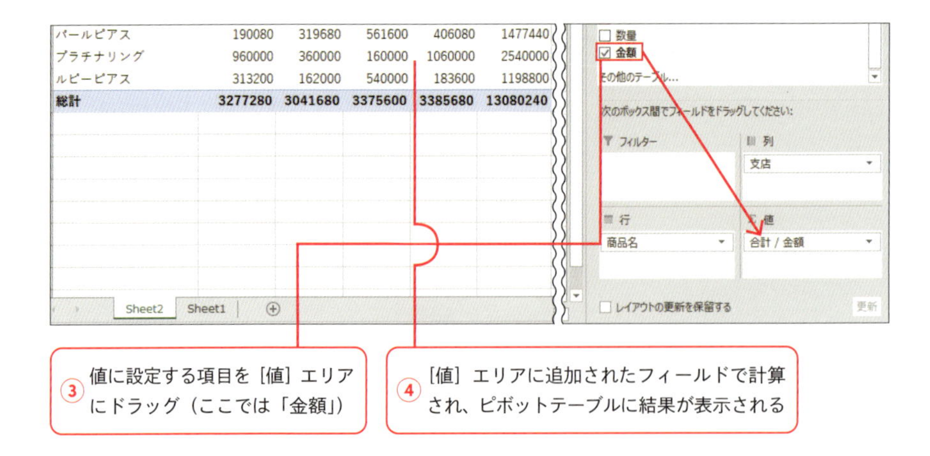

▨ピボットテーブルの画面構成

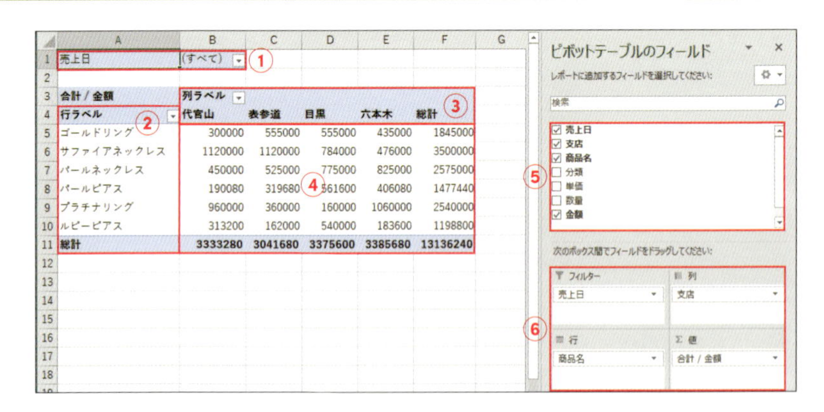

①レポートフィルター：ピボットテーブル全体の集計データを絞り込む。エリアセクションの［フィルター］エリアに追加されたフィールドが配置される

②行ラベルフィールド：ピボットテーブルの行見出し。エリアセクションの［行］エリアに追加されたフィールドが配置される

③列ラベルフィールド：ピボットテーブルの列見出し。エリアセクションの［列］エリアに追加されたフィールドが配置される

④値フィールド：ピボットテーブルの集計結果。エリアセクションの［値］エリアに追加されたフィールドの値で集計される

⑤フィールドセクション：ピボットテーブルの集計元の表のフィールド一覧が表示される

⑥エリアセクション：フィールドを配置するための4つのエリアで構成されている。フィールドセクションからフィールドを各エリアにドラッグで追加すると、ピボットテーブルに反映される

セクションで操作した内容がフィールドに反映されます。

▨ピボットテーブルを更新する

ピボットテーブルは、元データに変更があっても自動的に更新されません。元表のデータが増えたら、ピボットテーブルのデータ範囲を修正します。修正された場合は、ピボットテーブルを更新することで修正内容が反映されます。

○データ範囲を修正する

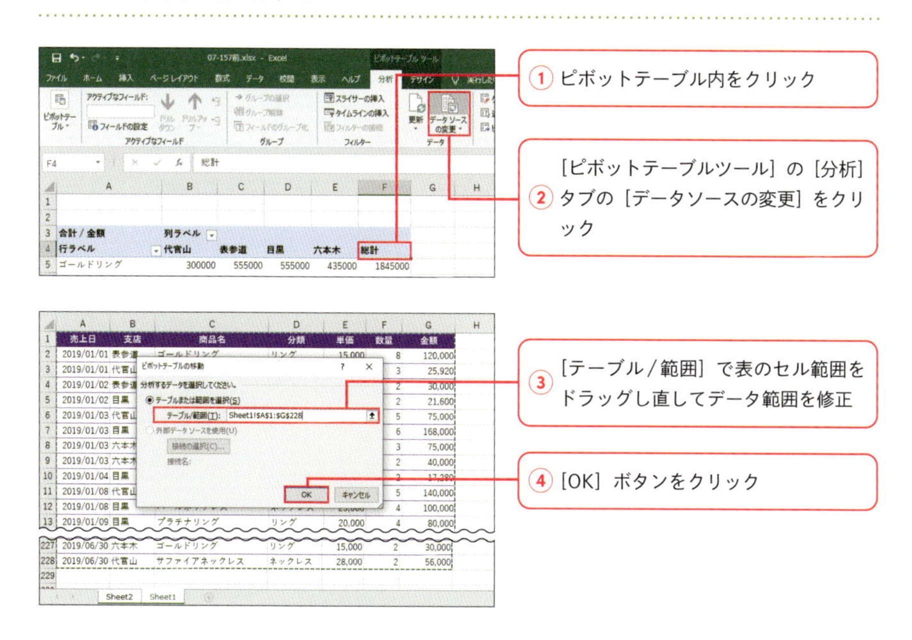

○データを更新する

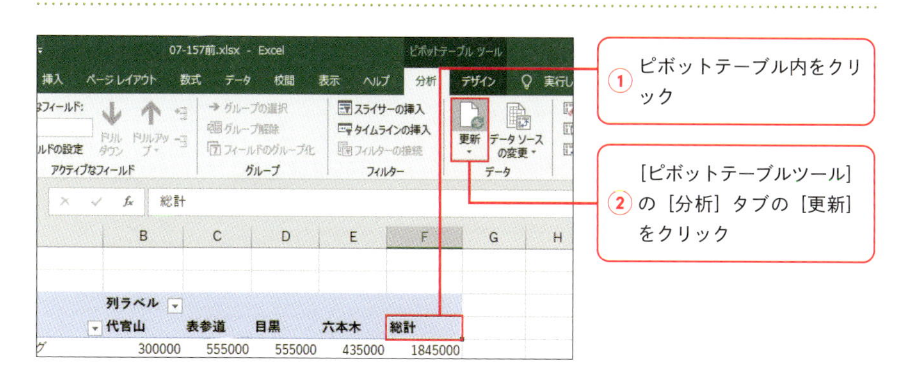

ピボットテーブル内のセルを選択し、Alt+F5キーを押しても更新できます。

ピボットテーブルのフィールドを変更したい!

カテゴリ ピボットテーブルの作成

ピボットテーブルは、フィールドをドラッグするだけで集計するフィールドを入れ替えたり、追加したりできます。また、同じエリアに複数のフィールドを配置することもでき、様々な形の集計表を瞬時のうちに作成できます。

▨フィールドの移動

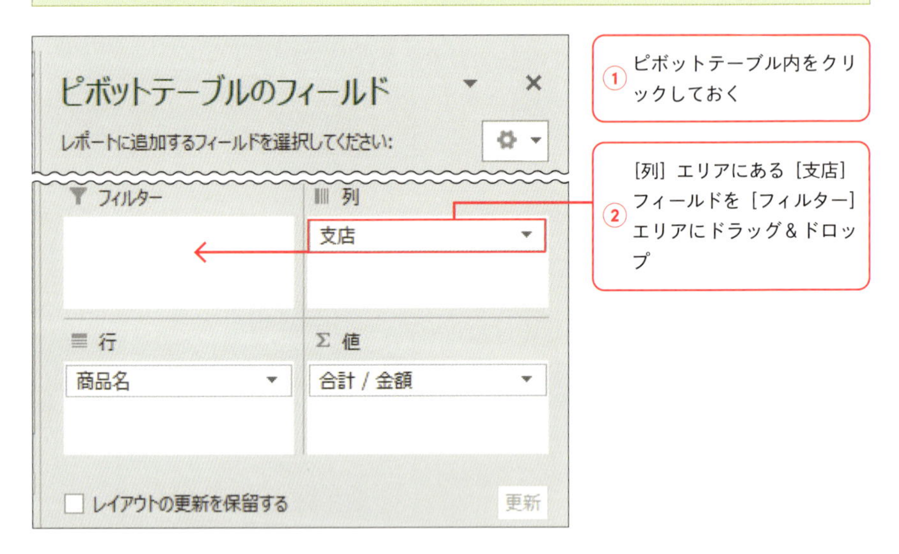

	A	B	C
1	支店	(すべて)	
2			
3	**行ラベル**	**合計 / 金額**	
4	ゴールドリング	1845000	
5	サファイアネックレス	3500000	
6	パールネックレス	2575000	
7	パールピアス	1477440	
8	プラチナリング	2540000	
9	ルビーピアス	1198800	
10	**総計**	**13136240**	
11			

③ ピボットテーブルの [支店] フィールドがレポートフィルターフィールドに移動

[レポートフィルターフィールド] で支店を選択すれば、支店別の結果に簡単に切り替えられます。

▨フィールドの追加

○ 売上日を列エリアに追加

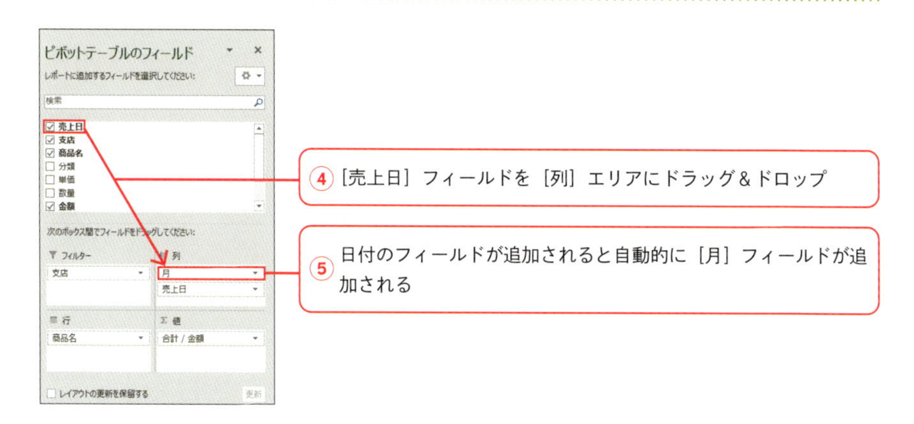

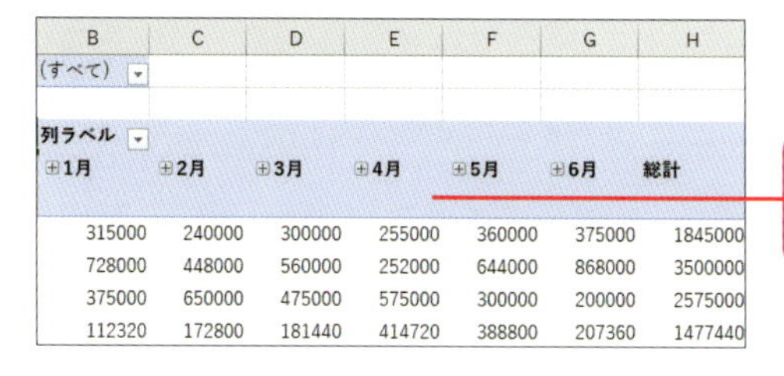

B	C	D	E	F	G	H
(すべて)						
列ラベル						
⊞1月	⊞2月	⊞3月	⊞4月	⊞5月	⊞6月	総計
315000	240000	300000	255000	360000	375000	1845000
728000	448000	560000	252000	644000	868000	3500000
375000	650000	475000	575000	300000	200000	2575000
112320	172800	181440	414720	388800	207360	1477440

⑥ 日付が月でグループ化された状態でピボットテーブルに表示される

○ 分類を行エリアに追加

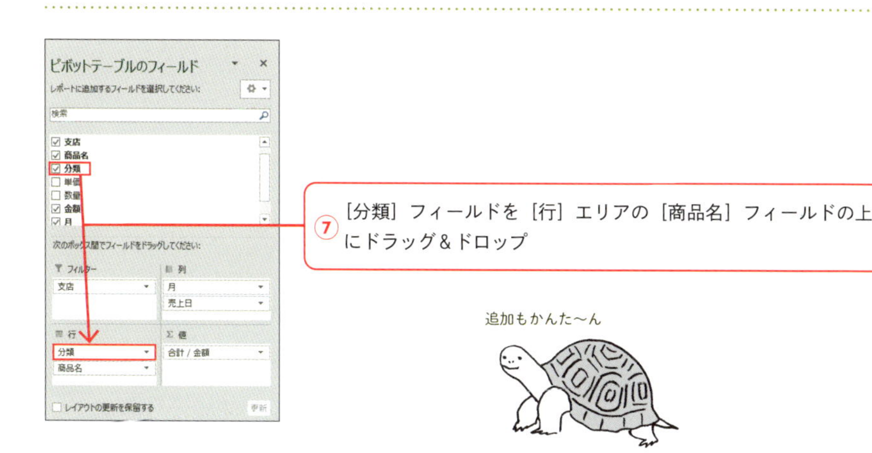

Excel2010/2013の場合は、自動的にグループ化されません。手動でグループ化の操作が必要です。

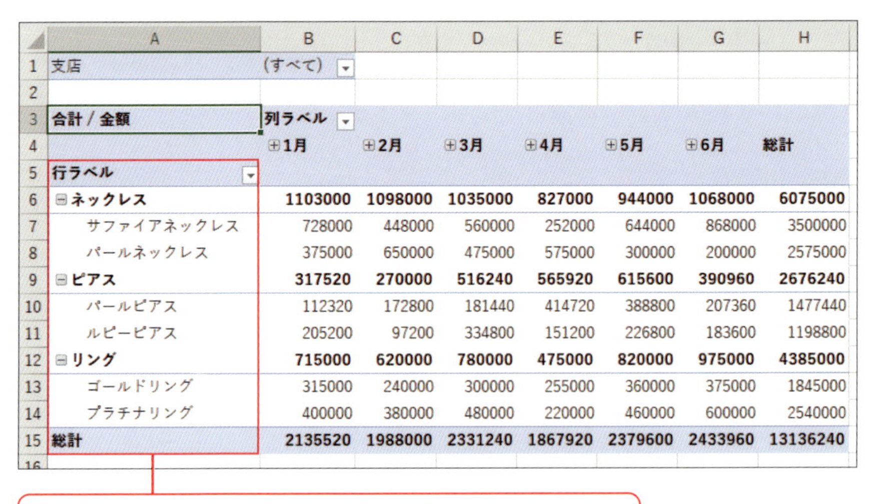

	A	B	C	D	E	F	G	H
1	支店	(すべて)						
2								
3	合計 / 金額	列ラベル						
4		⊞1月	⊞2月	⊞3月	⊞4月	⊞5月	⊞6月	総計
5	行ラベル							
6	⊟ネックレス	1103000	1098000	1035000	827000	944000	1068000	6075000
7	サファイアネックレス	728000	448000	560000	252000	644000	868000	3500000
8	パールネックレス	375000	650000	475000	575000	300000	200000	2575000
9	⊟ピアス	317520	270000	516240	565920	615600	390960	2676240
10	パールピアス	112320	172800	181440	414720	388800	207360	1477440
11	ルビーピアス	205200	97200	334800	151200	226800	183600	1198800
12	⊟リング	715000	620000	780000	475000	820000	975000	4385000
13	ゴールドリング	315000	240000	300000	255000	360000	375000	1845000
14	プラチナリング	400000	380000	480000	220000	460000	600000	2540000
15	総計	2135520	1988000	2331240	1867920	2379600	2433960	13136240

7 行レベルフィールドに分類が追加され、分類ごとに商品が分類される

▨フィールドの削除

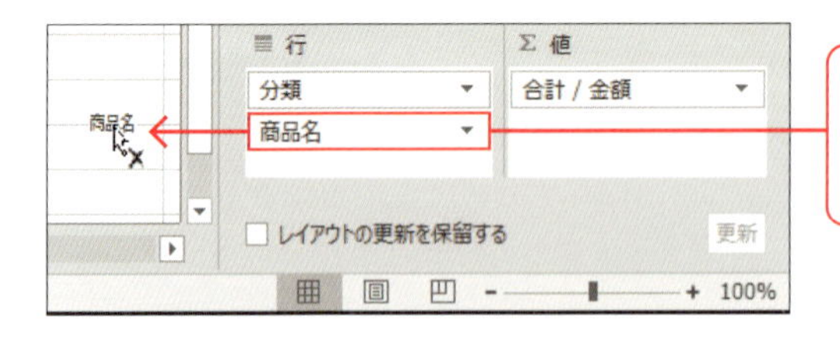

1 削除したいフィールドを［エリアセクション］の外にドラッグ＆ドロップ

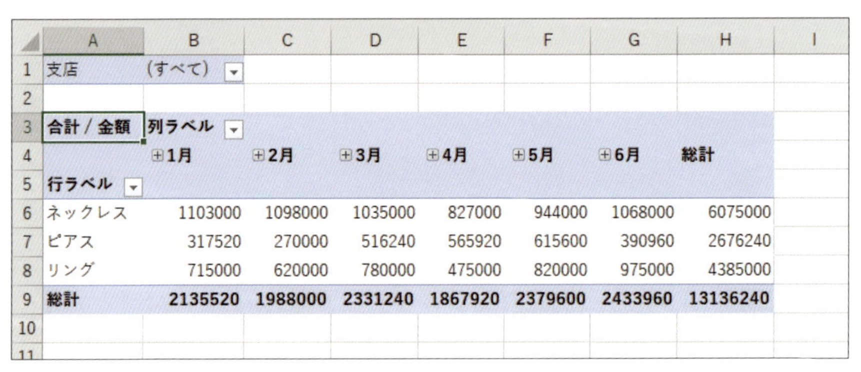

	A	B	C	D	E	F	G	H	I
1	支店	(すべて)							
2									
3	合計 / 金額	列ラベル							
4		⊞1月	⊞2月	⊞3月	⊞4月	⊞5月	⊞6月	総計	
5	行ラベル								
6	ネックレス	1103000	1098000	1035000	827000	944000	1068000	6075000	
7	ピアス	317520	270000	516240	565920	615600	390960	2676240	
8	リング	715000	620000	780000	475000	820000	975000	4385000	
9	総計	2135520	1988000	2331240	1867920	2379600	2433960	13136240	
10									

2 フィールドが削除される（ここでは「商品名」フィールド）

［レイアウトの更新を保留する］にチェックすると、［更新］ボタンをクリックしたときだけ更新されます。

数値の表示形式を変更する

カテゴリ ピボットテーブルの書式設定

ピボットテーブルの数値に桁区切りカンマを表示して、桁数が大きい数値でも読みやすくなるように表示形式を変更します。ピボットテーブル内の数値の表示形式は、数値全体を選択する必要はなく、数値内で右クリックして［表示形式］で設定できます。

▨表示形式から［桁区切り（,）を使用する］を選択する

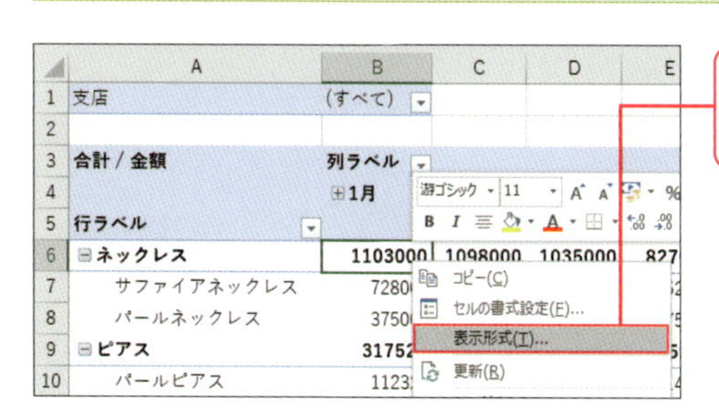

①ピボットテーブル内の任意の数値で右クリックし、［表示形式］をクリック

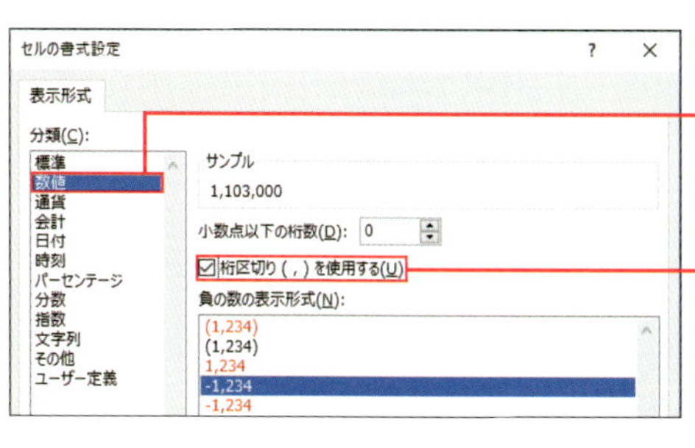

②［分類］で［数値］を選択

③［桁区切り（,）を使用する］をクリックしてチェックを付ける

④画面下の［OK］ボタンをクリック

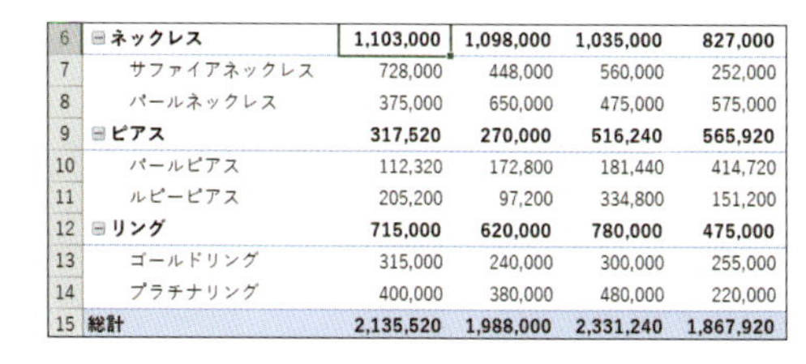

6	⊟ネックレス	1,103,000	1,098,000	1,035,000	827,000
7	サファイアネックレス	728,000	448,000	560,000	252,000
8	パールネックレス	375,000	650,000	475,000	575,000
9	⊟ピアス	317,520	270,000	516,240	565,920
10	パールピアス	112,320	172,800	181,440	414,720
11	ルビーピアス	205,200	97,200	334,800	151,200
12	⊟リング	715,000	620,000	780,000	475,000
13	ゴールドリング	315,000	240,000	300,000	255,000
14	プラチナリング	400,000	380,000	480,000	220,000
15	総計	2,135,520	1,988,000	2,331,240	1,867,920

⑤ピボットテーブル内の数値全体に桁区切りカンマが表示される

表示形式を解除する場合は、②で［標準］を選択します。

空白セルに0を表示する

カテゴリ ピボットテーブルの書式設定

ピボットテーブルでは、集計するデータがない場合は該当するセルが空白で表示されます。空白のセルに0を表示するには、［ピボットテーブルオプション］の［空白セルに表示する値］で「0」を設定します。

▨ピボットテーブルオプションで［空白セルに表示する値］で指定する

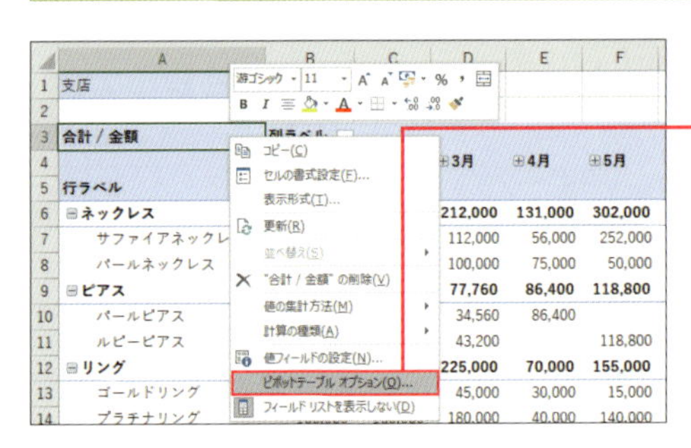

①ピボットテーブル内の任意のセルで右クリックし、［ピボットテーブルオプション］をクリック

ピボットテーブル オプション

ピボットテーブル名(N): ピボットテーブル8

レイアウトと書式　集計とフィルター　表示　印刷　データ　代替テキスト

レイアウト

☐ セルとラベルを結合して中央揃えにする(M)

コンパクト形式での行ラベルのインデント(C): 1 文字

レポート フィルター エリアでのフィールドの表示(D): 上から下

レポート フィルターの列ごとのフィールド数(F): 0

書式

☐ エラー値に表示する値(E):

☑ 空白セルに表示する値(S): 0

②［レイアウトと書式］タブの［空白セルに表示する値］にチェックを付け、「0」と入力

③画面下の［OK］ボタンをクリック

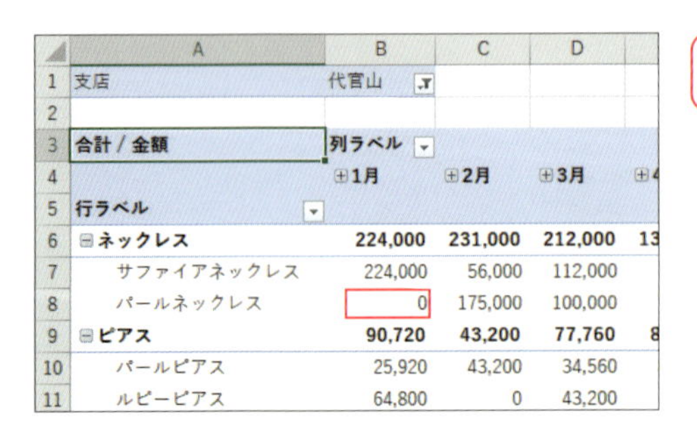

④空白セルに0が表示される

ピボットテーブル内の数値のセルには手入力で値を入力できません。

ピボットテーブルのデザインを変更したい!

カテゴリ ピボットテーブルデザイン

ピボットテーブルには、塗りつぶしや罫線などの書式を組み合わせた「ピボットテーブルスタイル」が数多く用意されています。一覧から好きなスタイルを選択するだけで簡単に見栄えを整えられます。

ピボットテーブルスタイルを設定する

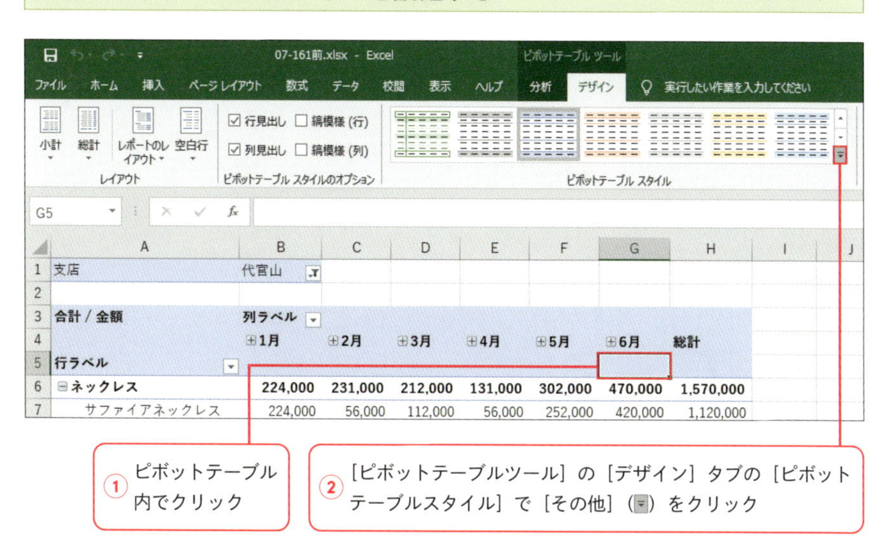

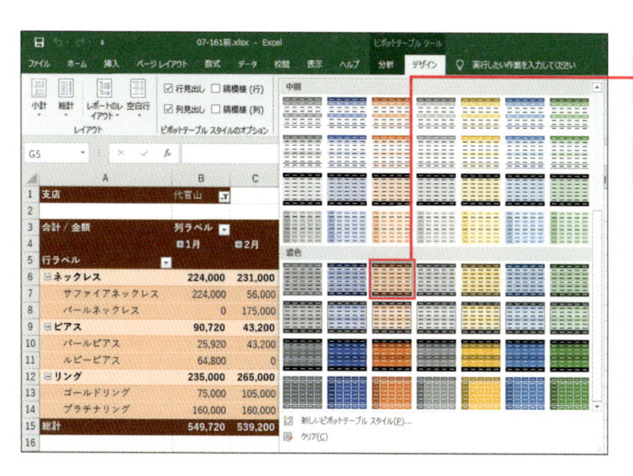

テーブルスタイルを削除するには、③で［クリア］を選択します。

ピボットテーブルのレイアウトを変更する

カテゴリ ピボットテーブルデザイン

ピボットテーブルの既定のレイアウトは「コンパクト形式」で、１つの列内に複数のフィールドがまとめられます。「表形式」や「アウトライン形式」に変更すると、フィールドの配置や小計の位置等が変更され、表組のイメージが変わります。

▨レポートのレイアウトで形式を変更する

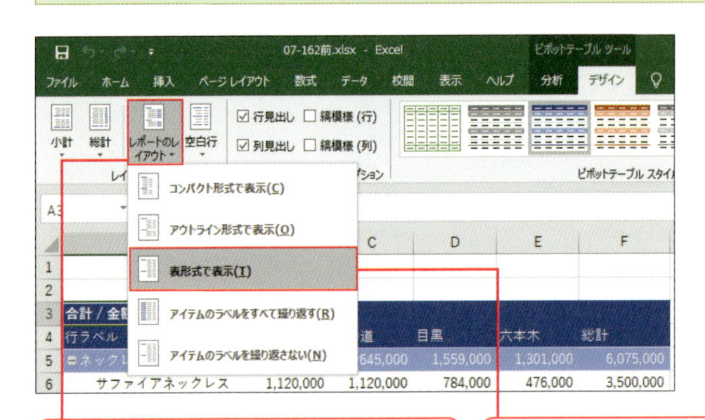

① ［ピボットテーブルツール］の［デザイン］タブの［レポートのレイアウト］をクリック

② 変更したいレイアウト形式（ここでは［表形式で表示］）をクリック

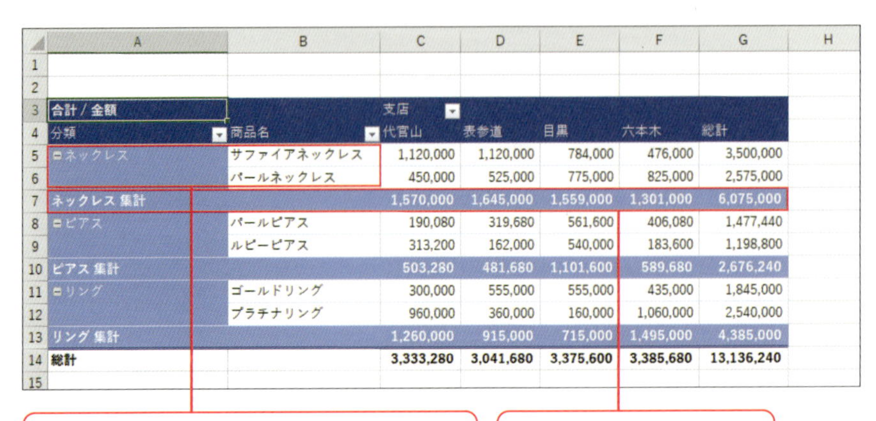

	A	B	C	D	E	F	G	H
1								
2								
3	合計 / 金額		支店					
4	分類	商品名	代官山	表参道	目黒	六本木	総計	
5	⊟ネックレス	サファイアネックレス	1,120,000	1,120,000	784,000	476,000	3,500,000	
6		パールネックレス	450,000	525,000	775,000	825,000	2,575,000	
7	ネックレス 集計		1,570,000	1,645,000	1,559,000	1,301,000	6,075,000	
8	⊟ピアス	パールピアス	190,080	319,680	561,600	406,080	1,477,440	
9		ルビーピアス	313,200	162,000	540,000	183,600	1,198,800	
10	ピアス 集計		503,280	481,680	1,101,600	589,680	2,676,240	
11	⊟リング	ゴールドリング	300,000	555,000	555,000	435,000	1,845,000	
12		プラチナリング	960,000	360,000	160,000	1,060,000	2,540,000	
13	リング 集計		1,260,000	915,000	715,000	1,495,000	4,385,000	
14	総計		3,333,280	3,041,680	3,375,600	3,385,680	13,136,240	
15								

③ 表形式に変更され、商品名が隣の列に分けられる

④ 分類の小計が下に移動する

アウトライン形式にすると、小計の位置は変わらず、１つのフィールドが隣の列に表示されます。

日付の集計期間を変更したい!

カテゴリ 集計方法

日付データは、月、四半期、年などの期間でグループ化して集計できます。また期間を指定した任意の日数でグループ化することもできます。グループ化するには、[グループ化] ダイアログボックスを表示して集計単位を指定します。

▨日付を月別四半期別にグループ化して集計する

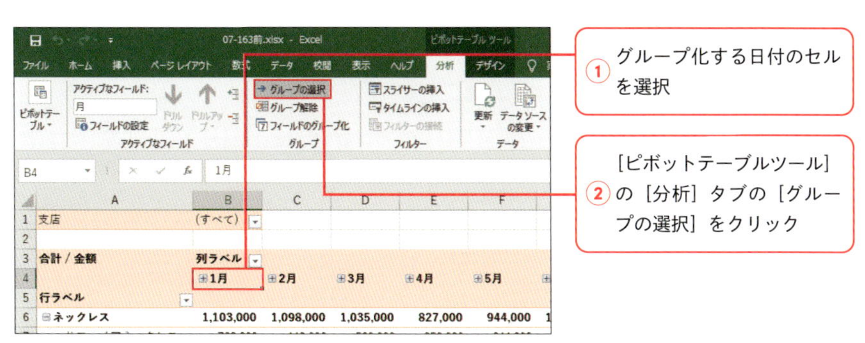

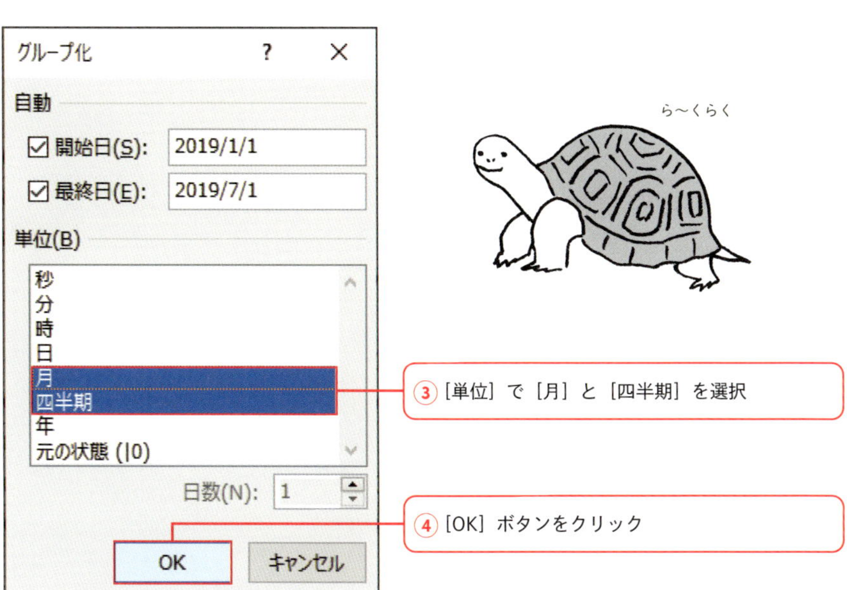

Excel2016以降は、日付のフィールドを追加すると自動で月でグループ化されます。

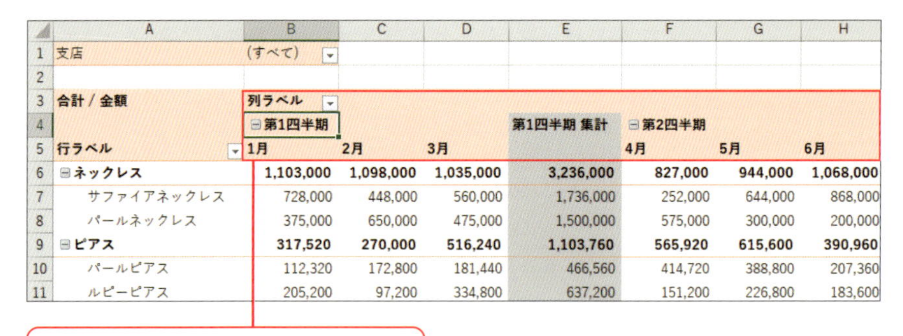

	A	B	C	D	E	F	G	H
1	支店	(すべて)						
2								
3	合計 / 金額	列ラベル						
4		⊟第1四半期			第1四半期 集計	⊟第2四半期		
5	行ラベル	1月	2月	3月		4月	5月	6月
6	⊟ネックレス	1,103,000	1,098,000	1,035,000	3,236,000	827,000	944,000	1,068,000
7	サファイアネックレス	728,000	448,000	560,000	1,736,000	252,000	644,000	868,000
8	パールネックレス	375,000	650,000	475,000	1,500,000	575,000	300,000	200,000
9	⊟ピアス	317,520	270,000	516,240	1,103,760	565,920	615,600	390,960
10	パールピアス	112,320	172,800	181,440	466,560	414,720	388,800	207,360
11	ルビーピアス	205,200	97,200	334,800	637,200	151,200	226,800	183,600

⑤ 月別、四半期別に集計期間が変更される

▨開始日と終了日を指定して7日ごとに集計する

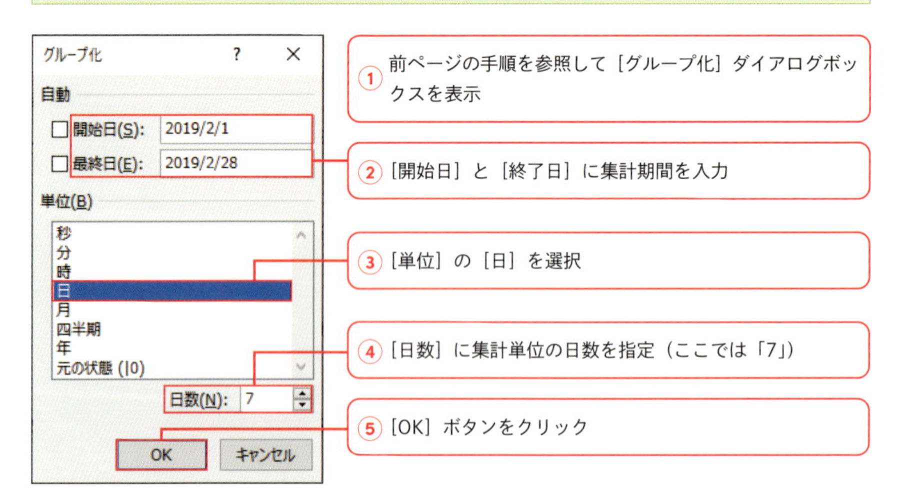

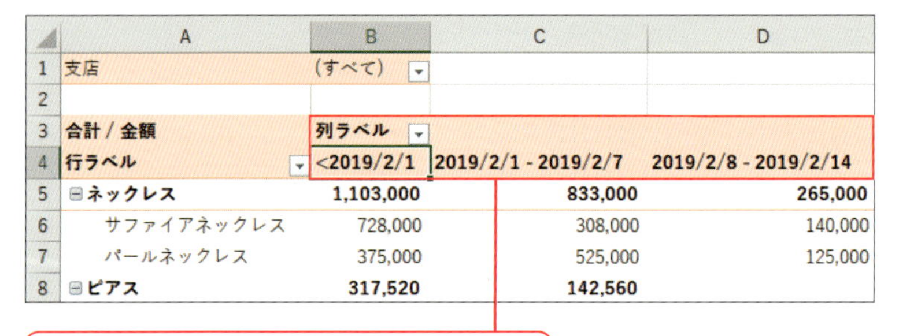

	A	B	C	D
1	支店	(すべて)		
2				
3	合計 / 金額	列ラベル		
4	行ラベル	<2019/2/1	2019/2/1 - 2019/2/7	2019/2/8 - 2019/2/14
5	⊟ネックレス	1,103,000	833,000	265,000
6	サファイアネックレス	728,000	308,000	140,000
7	パールネックレス	375,000	525,000	125,000
8	⊟ピアス	317,520	142,560	

⑤ 指定した日数でグループ化され、期間集計される

 グループ化を解除するには、［分析］タブの［グループ解除］ボタンをクリックします。

Technique 164

ピボットテーブルのデータの並べ替えや表示/非表示を切り替える

カテゴリ 集計方法

ピボットテーブルのレポートフィルター、行ラベル、列ラベルに表示されている［▼］ボタンは、集計する項目の選択や、並べ替えをするのに使います。また、項目前に表示される［+］［-］は、詳細の表示／非表示を切り替えるのに使います。

▨［▼］ボタンで集計項目を選択する

○ レポートフィルターでピボットテーブル全体で集計対象とするデータを選択する

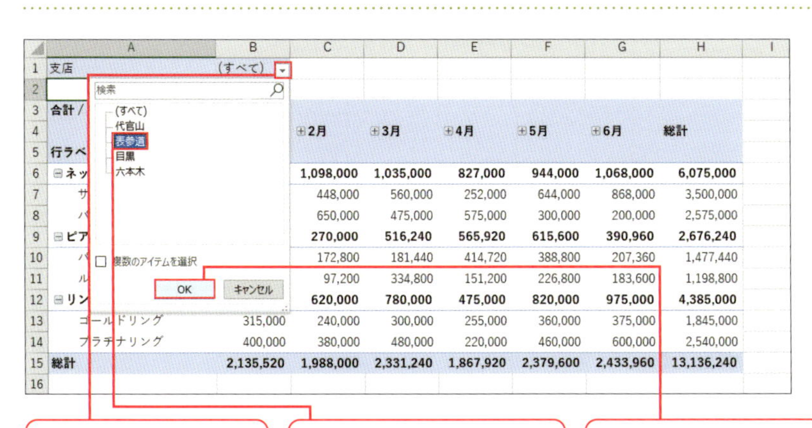

① レポートフィルターの［▼］ボタンをクリック

② 項目を選択（ここでは「表参道」）

③ ［OK］ボタンをクリック

［複数のアイテムを選択］にチェックを付けると、複数項目選択できます。

	A	B	C	D	E	F	G	H
1	支店	表参道						
2								
3	合計 / 金額	列ラベル						
4		⊞1月	⊞2月	⊞3月	⊞4月	⊞5月	⊞6月	総計
5	行ラベル							
6	⊟ネックレス	405,000	140,000	486,000	187,000	240,000	187,000	1,645,000
7	サファイアネックレス	280,000	140,000	336,000	112,000	140,000	112,000	1,120,000
8	パールネックレス	125,000		150,000	75,000	100,000	75,000	525,000

④ レポートフィルターに選択した項目（ここでは「表参道」）のデータで集計される

［分析］タブの［+/-ボタン］をクリックすると、［+］［-］ボタンの表示／非表示を切り替えられます。

行ラベルのフィルターで集計するデータを選択する

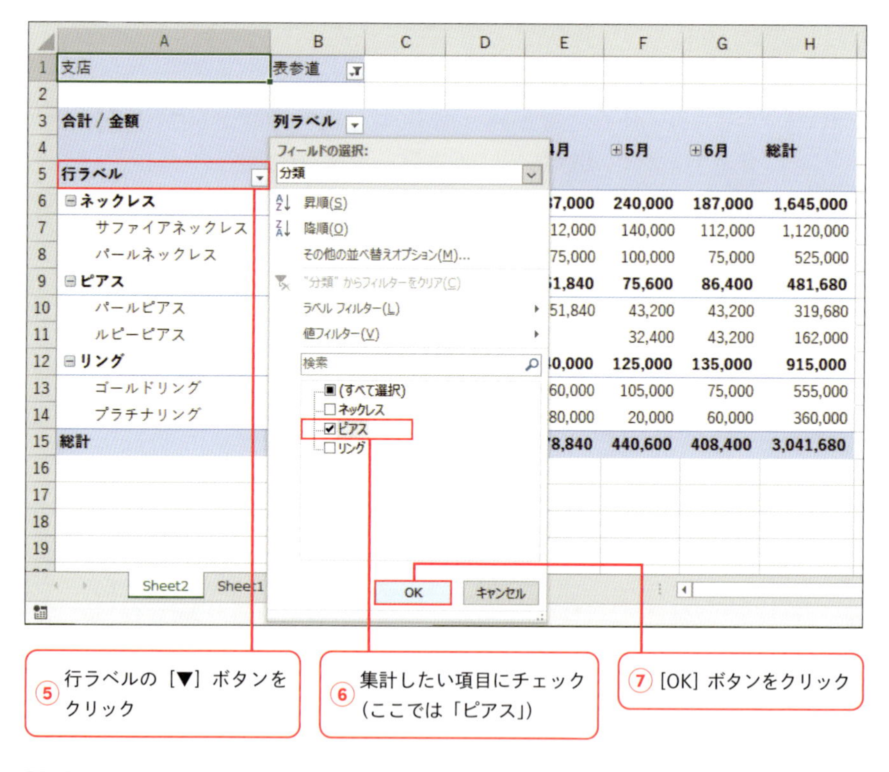

	A	B	C	D	E	F	G	H
1	支店	表参道						
2								
3	合計 / 金額	列ラベル						
4		⊞1月	⊞2月	⊞3月	⊞4月	⊞5月	⊞6月	総計
5	行ラベル							
6	⊟ピアス	82,080	51,840	133,920	51,840	75,600	86,400	481,680
7	パールピアス	60,480	51,840	69,120	51,840	43,200	43,200	319,680
8	ルビーピアス	21,600		64,800		32,400	43,200	162,000
9	総計	82,080	51,840	133,920	51,840	75,600	86,400	481,680

⑧ 選択した項目で集計される

［分析］タブの［フィールドの見出し］をクリックすると［▼］の表示/非表示を切り替えられます。

▨[+][−]ボタンで詳細の表示/非表示を切り替える

	A	B	C	D	E	F	G	H
1	支店	表参道						
2								
3	合計 / 金額	列ラベル						
4		⊞1月	⊞2月	⊞3月	⊞4月	⊞5月	⊞6月	総計
5	行ラベル							
6	⊟ピアス	82,080	51,840	133,920	51,840	75,600	86,400	481,680
7	パールピアス	60,480	51,840	69,120	51,840	43,200	43,200	319,680
8	ルビーピアス	21,600		64,800		32,400	43,200	162,000
9	総計	82,080	51,840	133,920	51,840	75,600	86,400	481,680

①項目の前にある［−］ボタンをクリック

	A	B	C	D	E	F	G	H
1	支店	表参道						
2								
3	合計 / 金額	列ラベル						
4		⊞1月	⊞2月	⊞3月	⊞4月	⊞5月	⊞6月	総計
5	行ラベル							
6	⊞ピアス	82,080	51,840	133,920	51,840	75,600	86,400	481,680
7	総計	82,080	51,840	133,920	51,840	75,600	86,400	481,680

②詳細が折りたたまれ、詳細行が非表示になる

［+］［−］ボタンはグループ化またはエリアに複数フィールドを配置時に表示されます。

集計の対象を簡単に切り替えたい!

カテゴリ 集計方法

スライサーは、クリックするだけで集計する項目を簡単に切り替えられる機能です。スライサーには、フィールド内のデータがボタンで表示されていて、ボタンのオン、オフの状態で現在の集計対象が一目でわかります。

▨スライサーを使って集計する項目を選択する

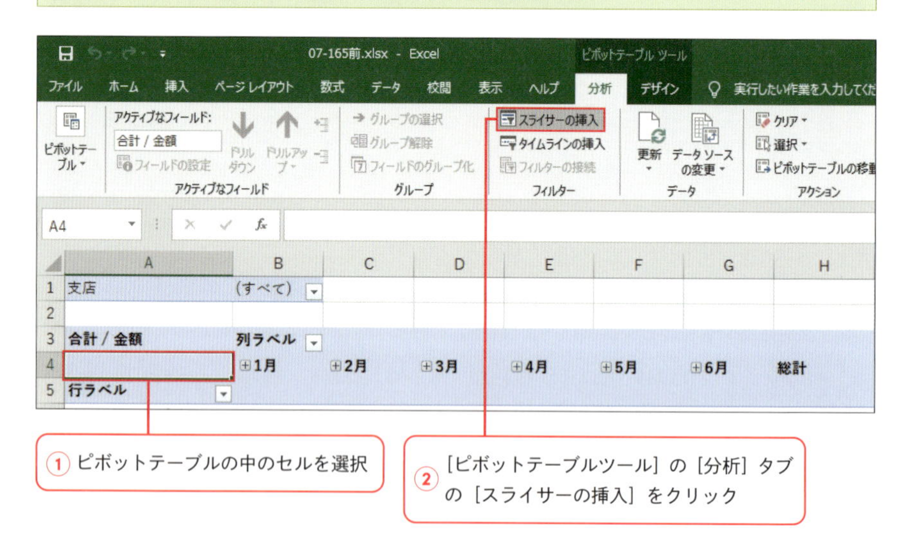

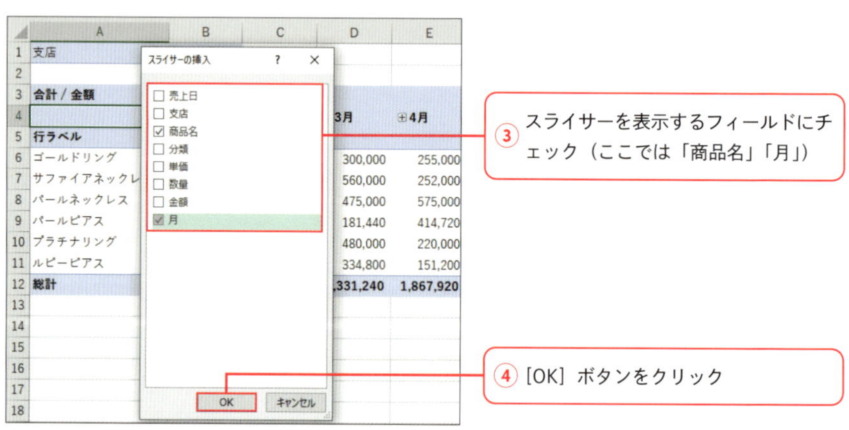

[スライサーの挿入] ダイアログボックスには、元表のすべてのフィールドが選択肢に表示されます。

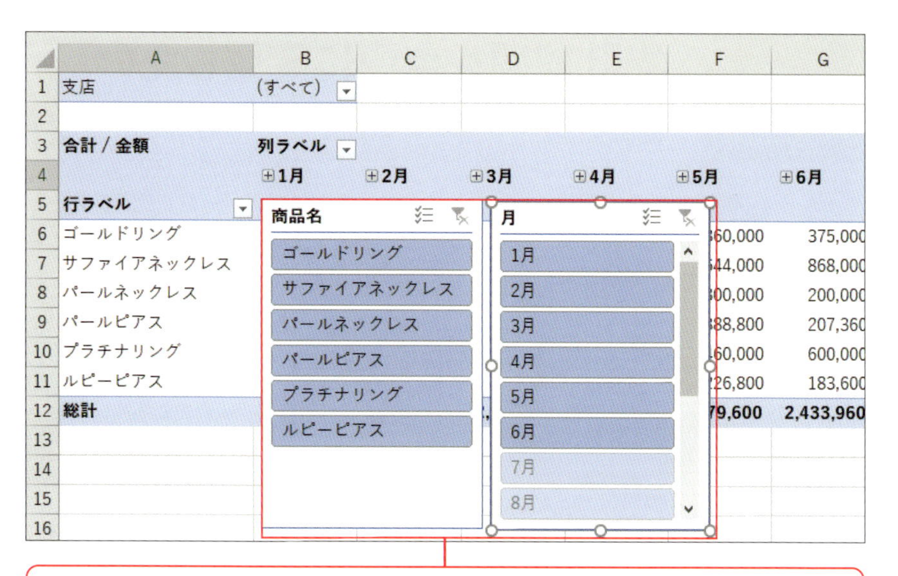

⑤ 指定したフィールドのスライサーが表示され、フィールド内のデータのボタンが一覧表示される

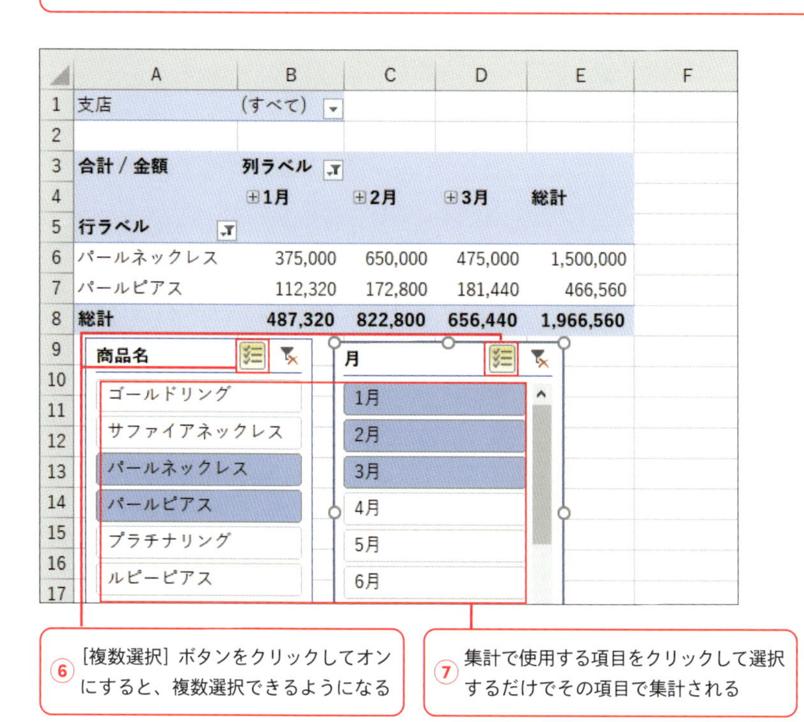

⑥ ［複数選択］ボタンをクリックしてオンにすると、複数選択できるようになる

⑦ 集計で使用する項目をクリックして選択するだけでその項目で集計される

Excel2013の場合、複数項目選択するにはCtrlキーを押しながらクリックします。

集計期間を自由に変更したい!

カテゴリ 集計方法

タイムラインは集計する期間を絞り込むための機能で、日付のバーをドラッグするだけで簡単に期間を変更できます。タイムラインの集計単位には、日、月、四半期、年があり、日単位の短い期間から、年単位の長い単位まで自由に変えられます。

タイムラインを使って集計する期間を変更する

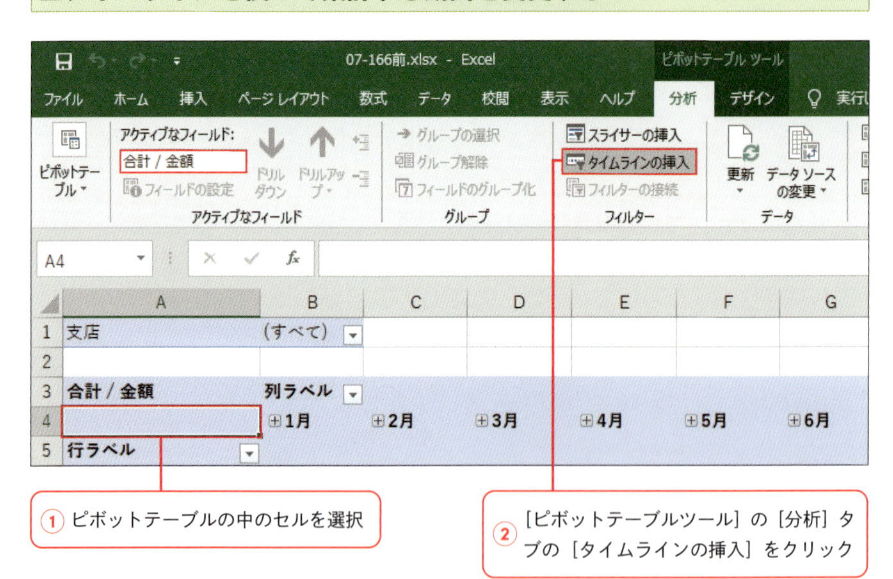

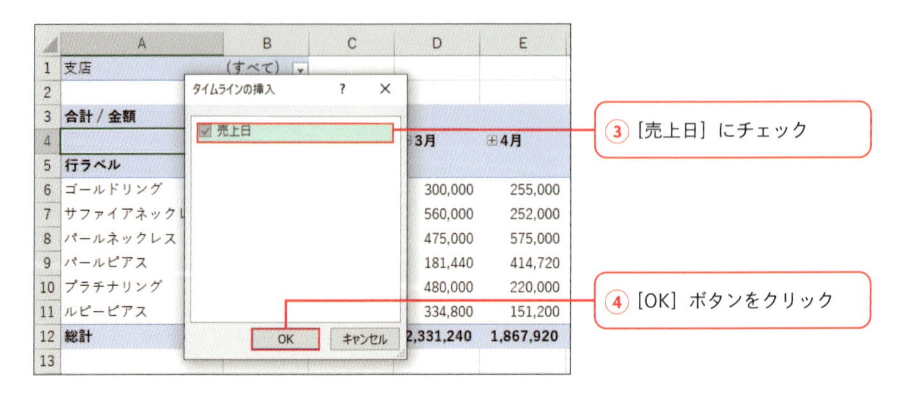

タイムラインを非表示にするには、タイムラインを選択しDeleteキーを押します。

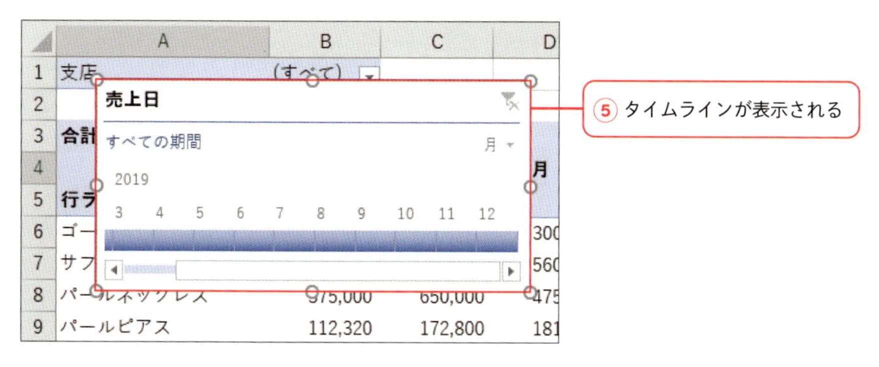

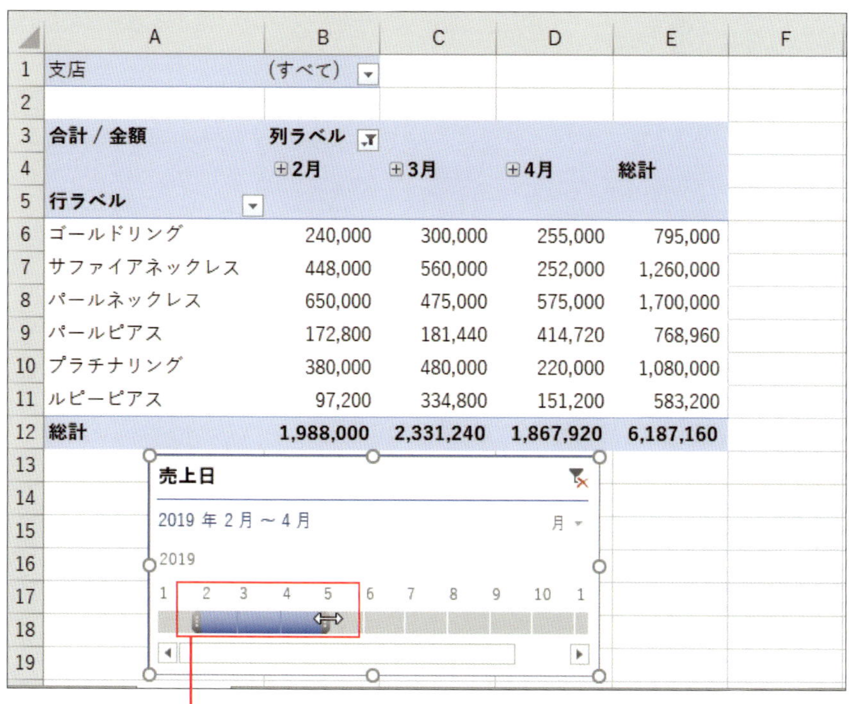

POINT

タイムラインの単位を変更するには、タイムラインの右上にある［月］をクリックすると表示される一覧から目的の単位を選択します。

タイムラインの右上端にある［フィルターのクリア］（ ）をクリックすると全期間で集計されます。

全体の構成比を表示したい!

カテゴリ 集計方法

ピボットテーブルの［値］エリアにフィールドを追加すると、数値データの場合は自動的に合計で集計されます。比率や累計など別の種類の計算をするには、計算の種類を変更します。全体の構成比を表示する場合は、［総計に対する比率］にします。

▨計算の種類を［総計に対する比率］に変更する

［列］エリアの［値］は、［値］エリアに2つ目の［金額］を追加すると自動で表示されます。

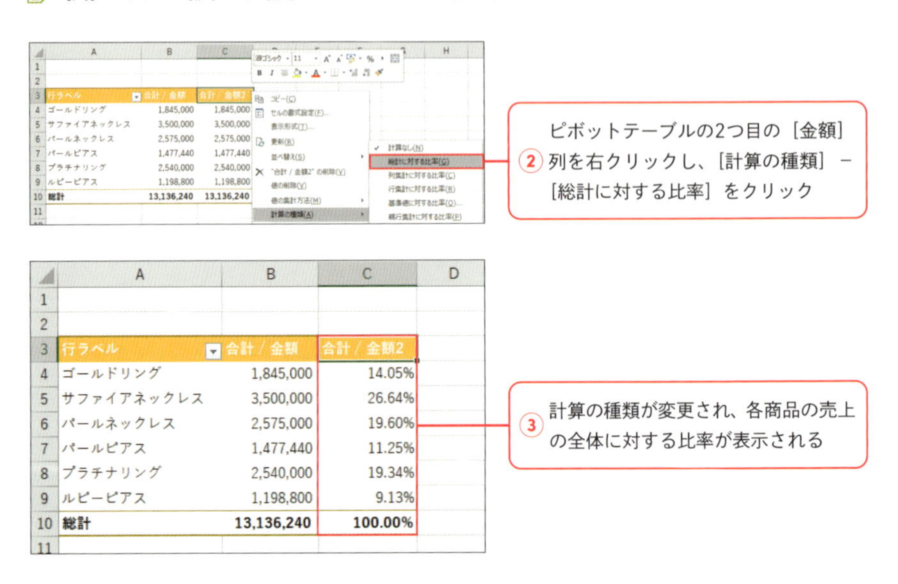

合計、個数、平均、最大/最小値などの計算は、②で右クリック後［値の集計方法］を選択します。

全体の順位を追加する

カテゴリ 集計方法

売上額の合計から全体の順位を表示したい場合、金額は大きい方が上位となるため、計算の種類を［降順での順位］に変更します。ここでは、［値］エリアに［金額］フィールドを2つ追加し、片方だけ計算の種類を変更して順位を表示しています。

▨計算の種類を［降順での順位］に変更する

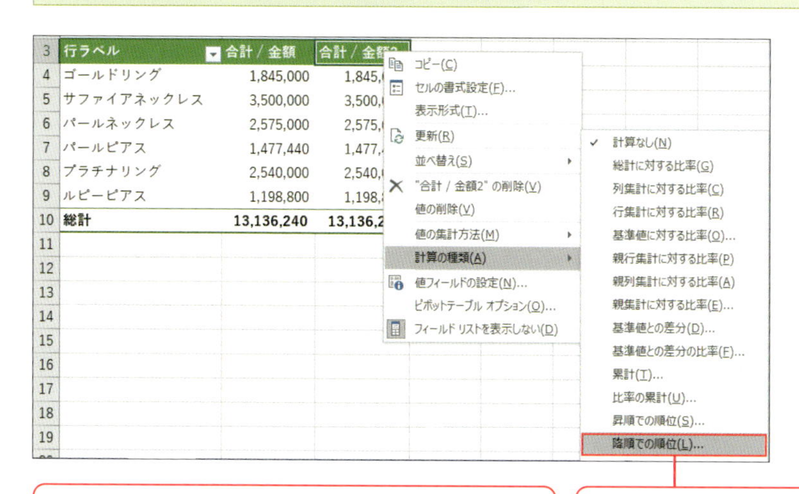

① ワザ167のように［行］エリアに［商品名］、［値］エリアに［金額］を2つ追加したピボットテーブルを作成

② 2つ目の［金額］列を右クリックし、［計算の種類］－［降順での順位］をクリック

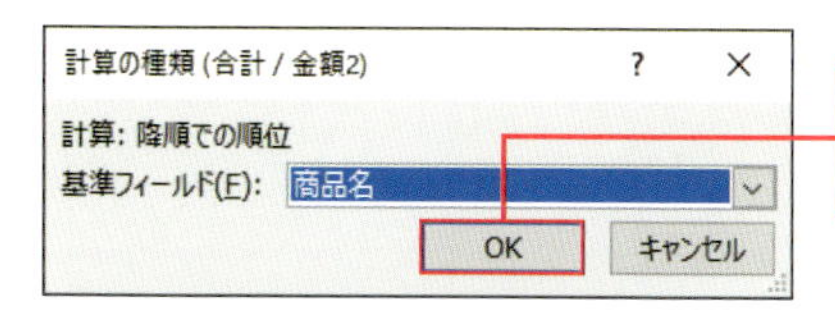

③ ［計算の種類］ダイアログボックスで基準フィールドを確認し、［OK］ボタンをクリック

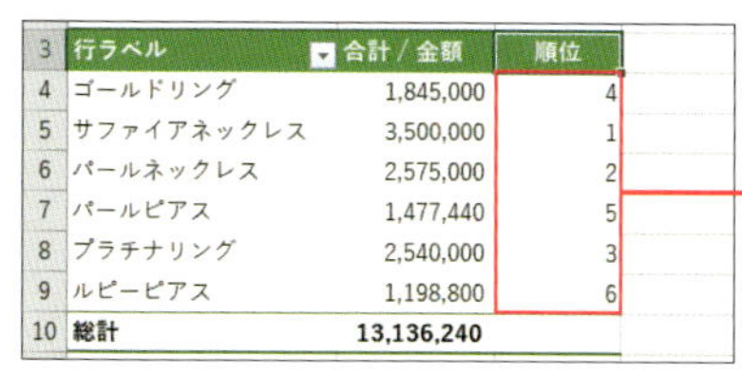

④ 売上金額の合計から全体の順位が表示される

ピボットテーブルの行ラベルや列ラベルの文字列は任意の文字列に書き替えや書式変更が可能です。

ピボットテーブルを元にグラフを作りたい!

カテゴリ ピボットグラフ

ピボットテーブルで集計表を作ったら、それを元にグラフを作成すると数値の増減や傾向が視覚化され、分析に役立ちます。ピボットテーブルからグラフを作るには、ピボットグラフを使います。通常のグラフと同様に編集可能です。

▨ピボットテーブルを作成する

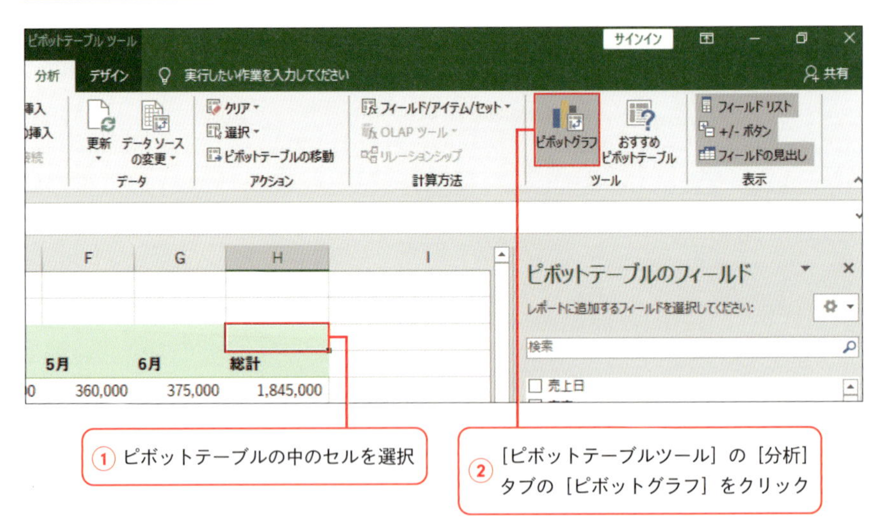

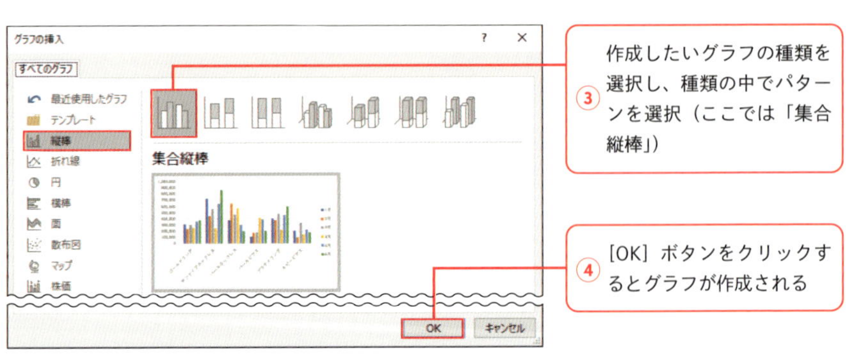

ピボットグラフは、ピボットテーブル全体が対象となり、グラフ範囲を変更することはできません。

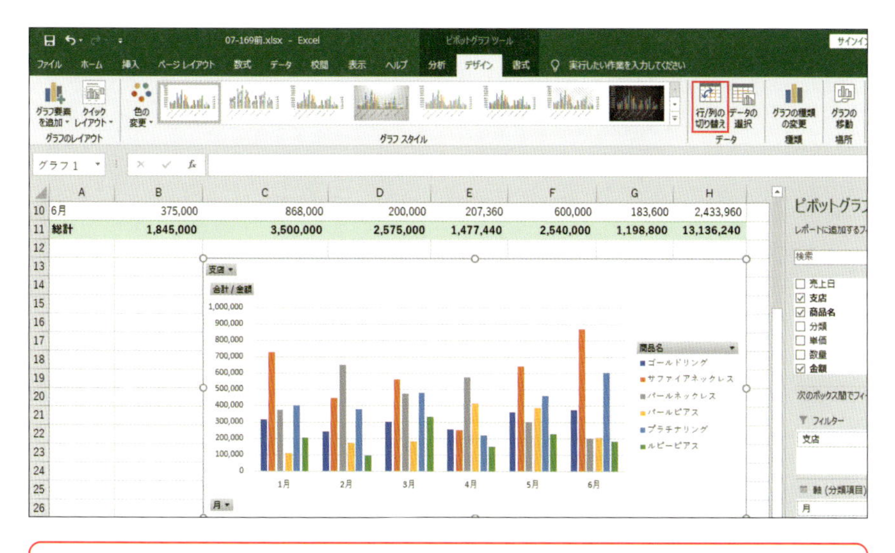

⑤ ピボットグラフは通常のグラフと同様に編集できる。ここでは、移動、サイズ変更をし、［デザイン］タブの［行/列の切り替え］をクリックして、系列を入れ替えている（Chapter6参照）。

▨ピボットグラフでグラフ化する系列を変更する

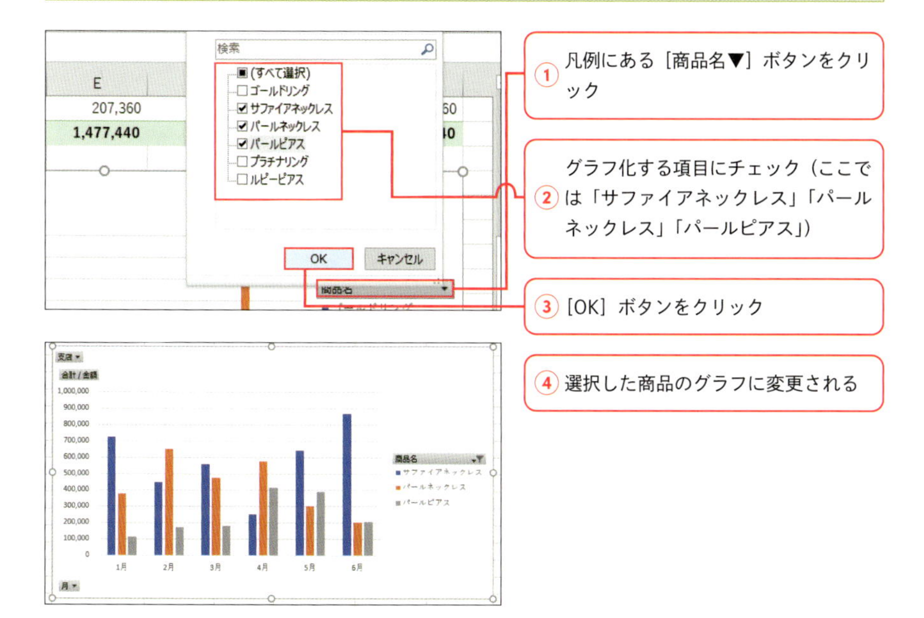

① 凡例にある［商品名▼］ボタンをクリック

② グラフ化する項目にチェック（ここでは「サファイアネックレス」「パールネックレス」「パールピアス」）

③ ［OK］ボタンをクリック

④ 選択した商品のグラフに変更される

ピボットグラフで系列や項目を変更すると、元表のピボットテーブルでも同じように変更されます。

(COLUMN)

＝ Windows＋Iキーで Windowsの設定画面表示 ＝

プリンターやディスプレイなどの設定やアカウントの設定など、パソコンの様々な設定を行うには、Windowsの設定画面を表示します。この画面は、ショートカットキーWindows＋Iキーで素早く開くことができます。設定画面を開いたら、Tabキーを押すと設定画面内のメニューが選択され、矢印キーで項目を移動し、Enterキーで選択した項目を開きます。キーボード操作に慣れると、マウスを持ち直すことがないため作業がスムーズです。

なお、Windowsキーは、キーボードの左下にあるWindowsのロゴ（⊞）が表示されているキーです。

図 Windows＋Iキーで Windowsの設定画面を開く

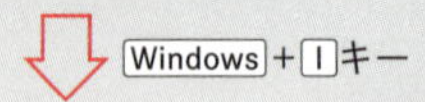

Windowsの各種設定時に必ず表示する設定画面です。Windows＋Iキーで設定画面を開いたら、Tabキー、矢印キー、Enterキーで設定画面内のメニュー選択ができます。

マクロを使った処理の自動化で究極の時短術

定期的に同じ手順で作る資料があるなら、
その操作を自動実行できれば究極の時短につながります。
Excelには、処理を自動実行するマクロという機能があります。
ここでは、簡単なマクロ作成を通じて、処理の自動化を体験してみましょう。

Technique 170

マクロとは

カテゴリ マクロの基礎

Excelには、処理を自動実行できる「マクロ」という機能があります。複数の処理をまとめて実行できるため、マクロを利用すれば面倒な作業もあっという間に終了させることが可能です。

マクロとは、処理を自動化する機能

例えば、セル範囲に表組を設定したい場合、以下のように4つの操作を行います。この4つの操作を連続して実行するマクロを作成しておけば、ボタンをクリックするだけであっという間に表組みが設定されます。また、別のセル範囲についても同じ表組が設定できます。

図 「セル範囲に表組の設定をする」というマクロの仕組み

1. 表全体のセル範囲を選択する
2. 格子の罫線を設定する
3. 表の1行目を選択する
4. 塗りつぶしの色を設定する

	A	B	C	D	E	F
1						
2	学生名	英語	数学	国語	平均点	合計点
3	田中　慎吾	76	80	94	83.3	250
4	藤川　凛子	99	83	77	86.3	259
5	斉藤　玲奈	62	72	66	66.7	200
6						

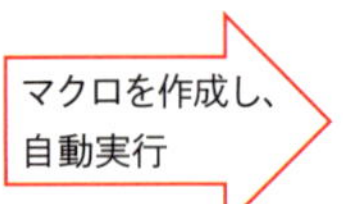

	A	B	C	D	E	F
1						
2	学生名	英語	数学	国語	平均点	合計点
3	田中　慎吾	76	80	94	83.3	250
4	藤川　凛子	99	83	77	86.3	259
5	斉藤　玲奈	62	72	66	66.7	200
6						

マクロの中身はプログラム

マクロはどのように作成するのでしょうか。実は、マクロの中身はプログラムです。マクロは、VBAとよばれるプログラミング言語を使って処理を自動化するための命令を記述して作成します。プログラムを作成するには専門の知識が必要ですが、初心者にとってうれしいのは、Excelには「マクロの記録」という機能が用意されていることです。プログラミングの知識がなくても、単純な処理であればマクロの作成が可能です。

VBAとは、Visual Basic for Applicationsの略で、Officeアプリケーション用のプログラミング言語です。

図 「セル範囲に表組の設定をする」というマクロの中身

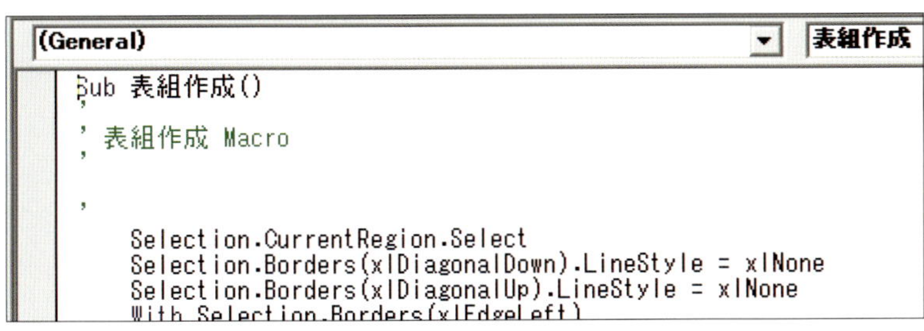

マクロはプログラムなので、マクロの中身を見ると処理を実行するための命令文が書かれているのがわかります。

▨初心者は「マクロの記録」で作成できる

[マクロの記録] とは、Excelで行った操作をそのまま記録してマクロを作成する機能です。頻繁に行う作業で、毎回同じ操作をするのが面倒な場合は、マクロの記録で操作を記録してマクロを作成することを検討するといいでしょう。

図 マクロの記録の操作ダイアログ

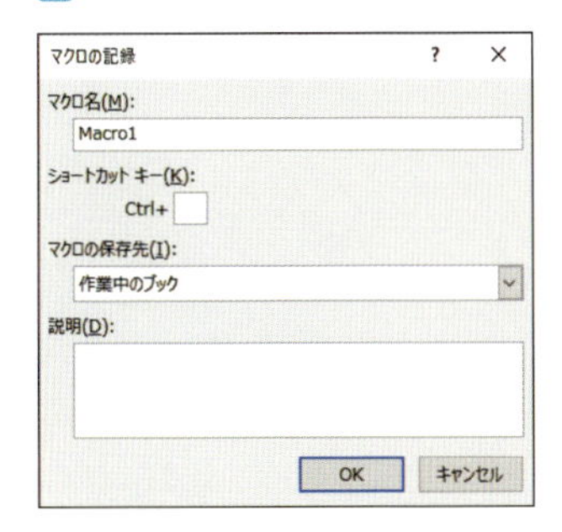

(COLUMN)

= プログラムとは？ =

プログラムとは、コンピューターに処理を実行させるための命令を記述したものです。ソフトと同じ意味で、ゲームソフトもプログラムです。また、プログラミング言語は、コンピューターを動かすために考えられたコンピューター用の言葉です。プログラミング言語を使ってプログラムを作成します。プログラミング言語には、Visual Basic、C+、C#、Pythonなどさまざまな言語があり、目的によって使い分けられています。

Excelは、マクロをVBEというツールを使って、VBAでプログラミングしますが、本書では解説していません。

マクロを始める準備をしよう

カテゴリ マクロの作成

[開発] タブにはマクロに関連するボタンがまとめられていますが、標準では非表示になっています。マクロ作成の準備として [開発] タブを表示しましょう。[開発] タブは、リボンのユーザー設定で表示できます。

[開発] タブを表示する

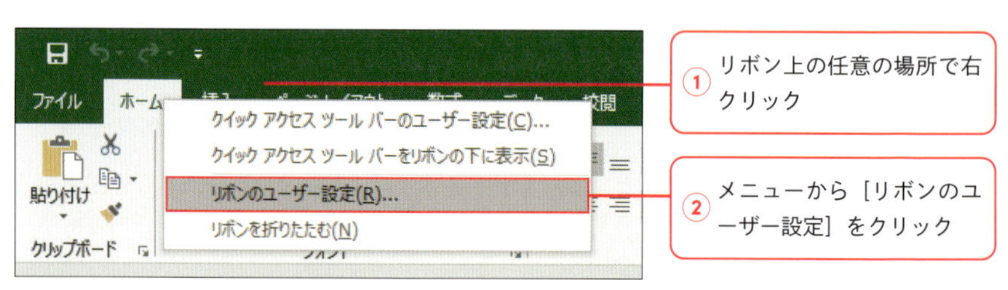

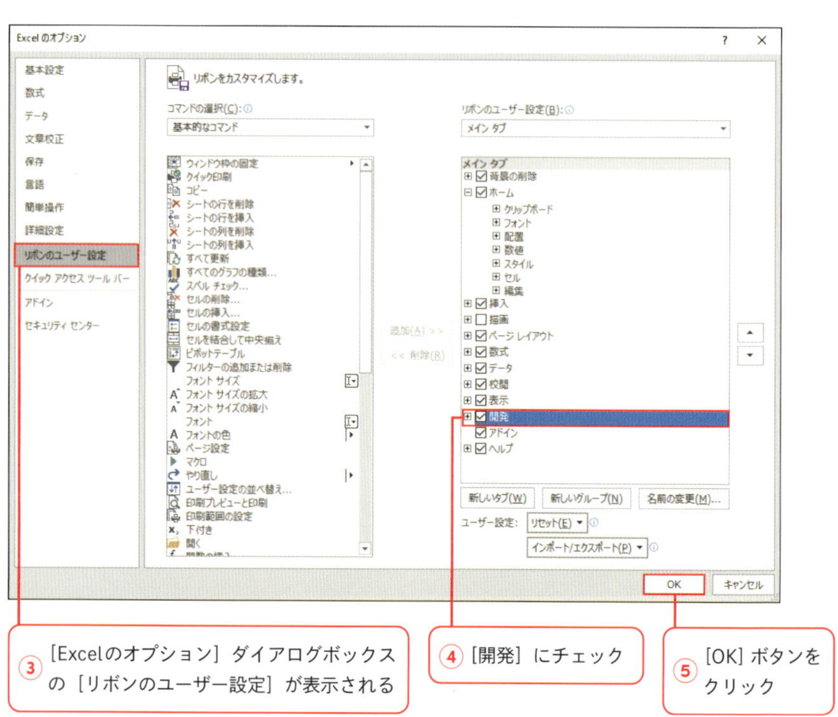

[表示] タブの [マクロ] にあるマクロ関連のボタンを使うこともできます。

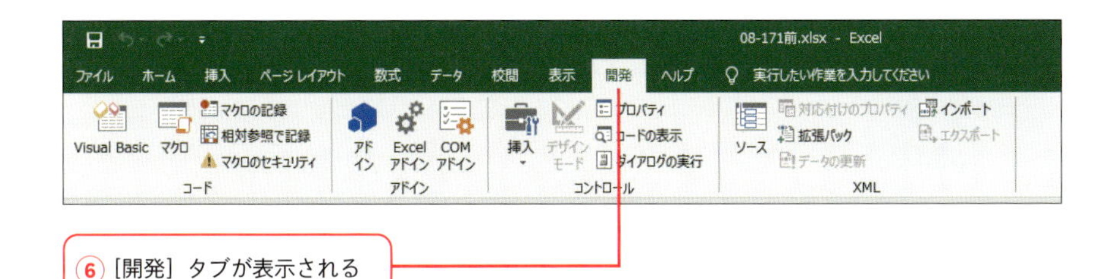

⑥［開発］タブが表示される

(COLUMN)

＝［開発］タブでよく使うボタン＝

マクロの記録でマクロを作成するときや、作成したマクロを操作するときに使用する主なボタンを紹介します。それぞれの場所や機能を確認しておきましょう。

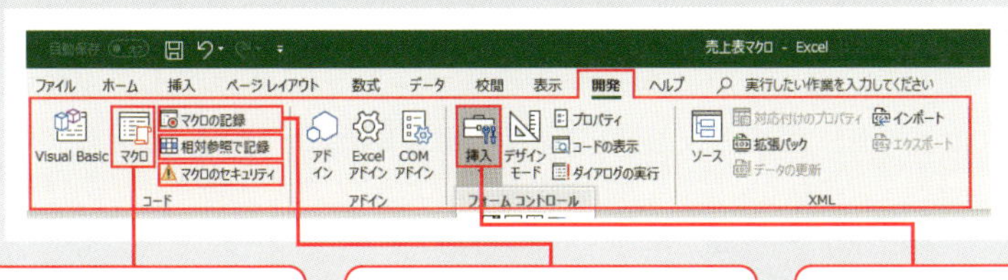

［マクロ］ボタン
［マクロ］ダイアログボックスを表示し、作成したマクロの実行、編集、削除など、マクロを操作できる

［マクロの記録］ボタン
［マクロの記録］ダイアログボックスを表示し、マクロ名、保存先などを指定してマクロの記録を開始する。また記録中は［記録終了］と表示され、クリックするとマクロ記録が終了する

［挿入］ボタン
マクロを実行するボタンなど、ワークシート上に配置できる部品の一覧が表示される

［相対参照で記録］ボタン
マクロの記録でマクロを記録する際、セルの参照方法を相対参照と絶対参照を切り替える。通常は絶対参照で記録されるが、ボタンがオンの間は相対参照に変更になる

［マクロのセキュリティ］ボタン
マクロのセキュリティレベルの確認、設定ができる

［Visual Basic］をクリックすると、プログラミング専用の画面（VBE）が表示されます。

Technique 172

マクロを作ってみよう

カテゴリ マクロの作成

「マクロの記録」機能を使い、Excelで行った操作を記録してマクロを作ってみましょう。実際に作成する前にマクロについての注意点を確認し、ここで例として作成するマクロの内容と操作手順を確認してください。

▨マクロの記録についての注意点

マクロ作成時や利用時に気を付けたいことをいくつか挙げておきます。事前に確認しておきましょう。

① 「マクロの記録」で記録中は、ほとんどすべての操作が記録されます。そのため、あらかじめ記録する操作を確認し整理しておきましょう。

② マクロ名には、英数字、ひらがな、カタカナ、漢字、アンダースコア（_）が使えますが、1文字目に数字は使えません。

③ マクロの記録だけではうまく動作しないマクロもあります。実際に操作するときは問題なくても、操作を記録してマクロを実行してみるとエラーになる場合や、正しく動作しない場合があります。例えば、ピボットテーブルを作成する操作を記録しても、マクロを実行するとエラーになります。そのような場合は、プログラミングをしてマクロを修正する必要があります。

④ マクロが実行した内容は、元に戻すことができません。大切なデータを守るために、あらかじめバックアップを作成した上でマクロを実行しましょう。

▨作成するマクロの確認

ここでは、売上表を支店別で並べ替えるマクロ「支店順」を作成します。並べ替えの範囲が拡張されても動作するようにオートフィルター機能の中の並べ替えを使って、以下の手順で記録します。手順の流れを確認してください。

手順

1．表の中（セルA1）でクリック
2．［データ］タブの［フィルター］ボタンをクリックし、オートフィルターを設定
3．表の「支店」列の▼をクリックして、［昇順］を選択
4．［データ］タブの［フィルター］をクリックしてオートフィルターを解除

［データ］タブの［昇順］の並べ替えでマクロを記録すると、記録時の表のサイズが対象になります。

▨マクロを記録する

○マクロの記録を開始

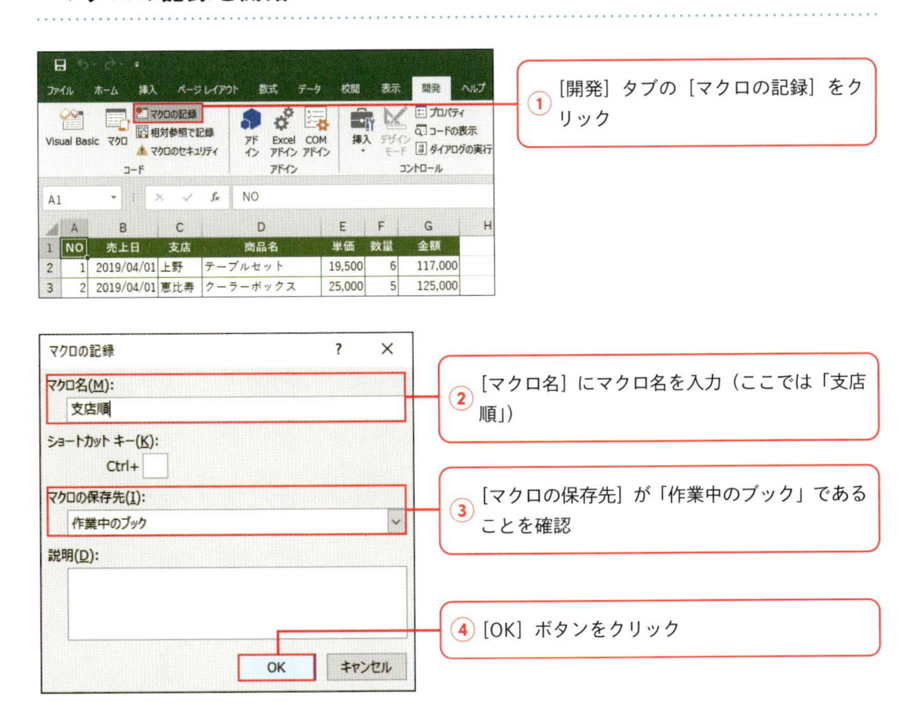

○操作を記録

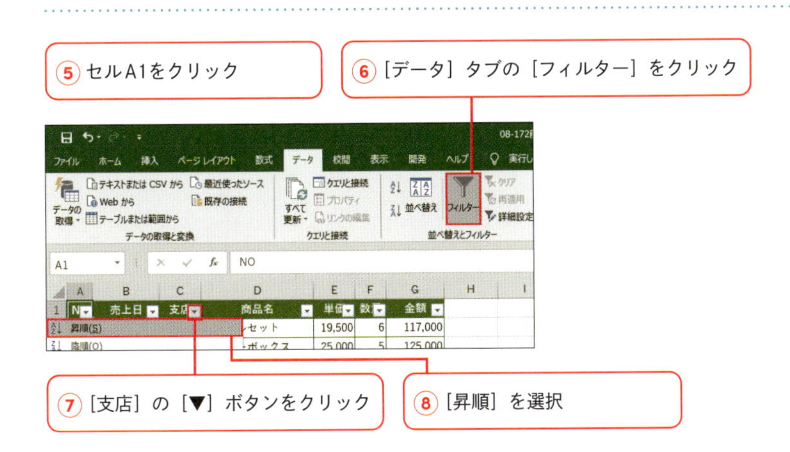

マクロ名は先頭文字が英文字、ひらがな、カタカナ、漢字、アンダースコア（_）のいずれかにします。

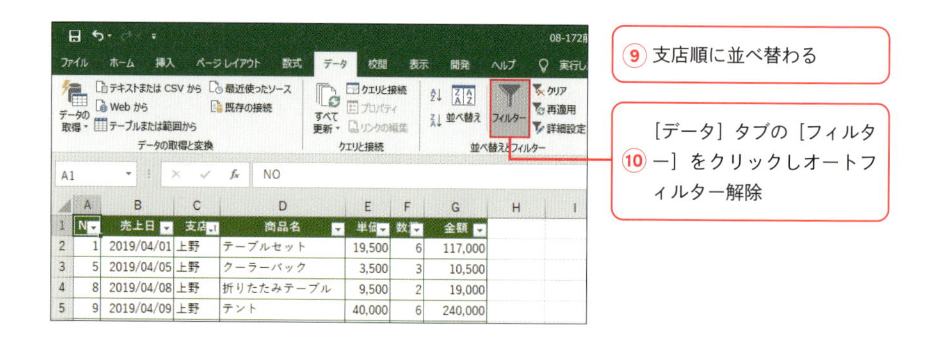

○記録を終了

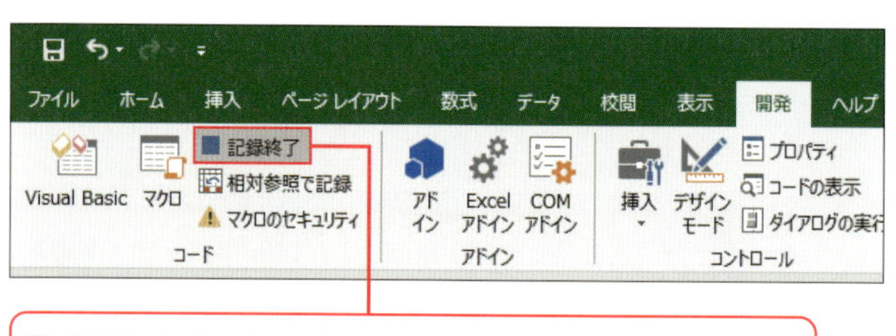

同様の手順で「NO」で昇順に並べ替えるマクロ「NO順」を作成しておきましょう。

▨マクロの動作を確認する

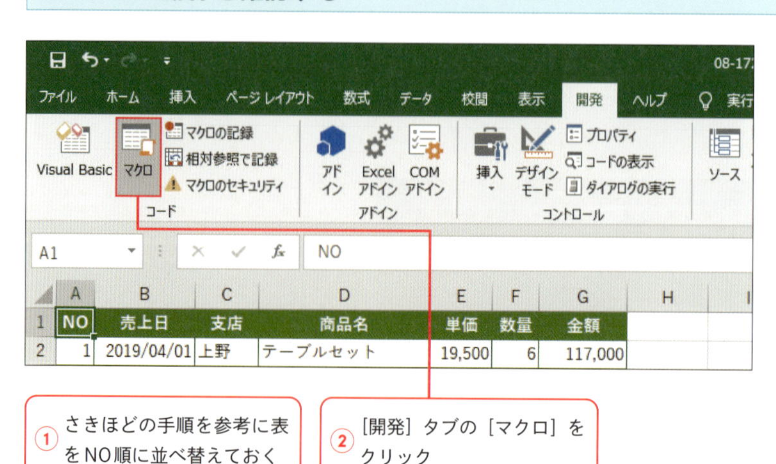

 ステータスバーの左端にあるアイコンをクリックしてもマクロの記録の開始と終了ができます。

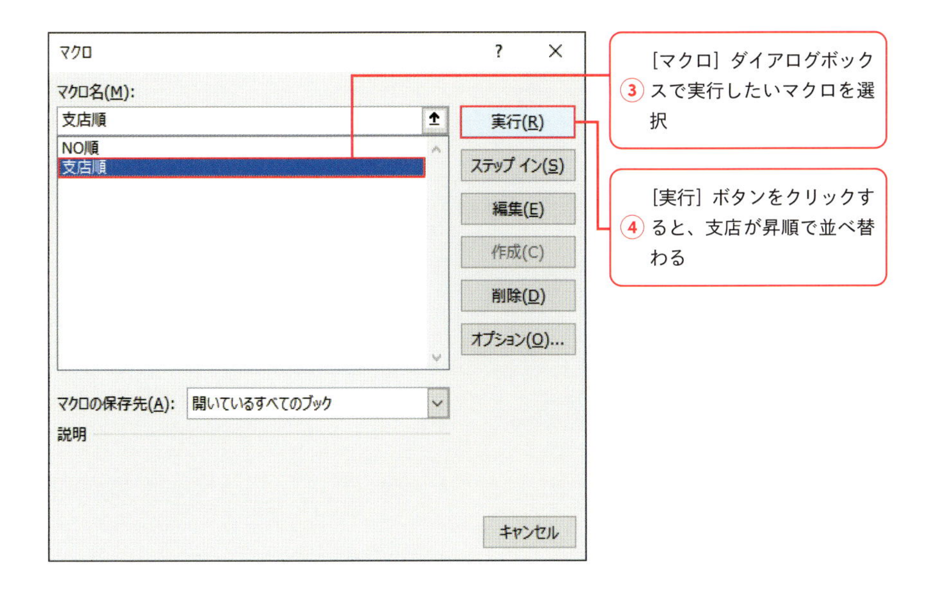

(COLUMN)

＝ マクロを削除する ＝

不要なマクロを削除するには、①［マクロ］ダイアログボックスで削除したいマクロを選択し、②［削除］ボタンをクリックします。削除確認のメッセージが表示されたら、［OK］ボタンをクリックしてください。

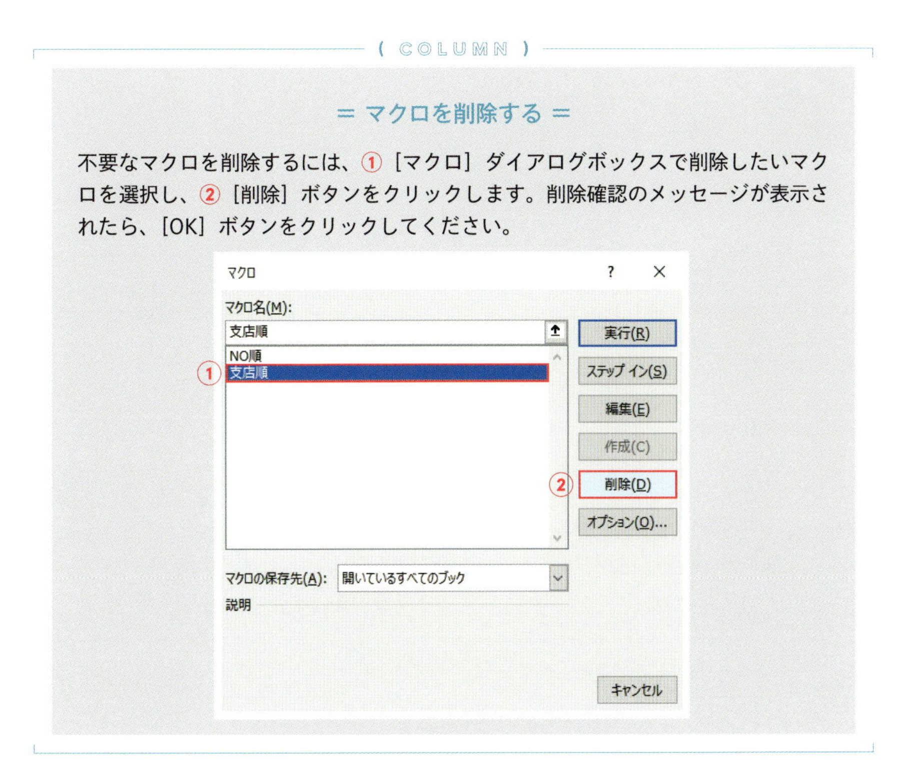

［マクロ］ダイアログボックスはAlt+F8キーでも表示できます。

Technique 173

マクロを作成したブックを保存する

カテゴリ マクロの作成

マクロを作成したブックは、通常の「Excelブック」(.xlsx) の形式で保存することはできません。ファイルの種類を「マクロ有効ブック」(.xlsm) の形式にして保存します。通常のExcelブックのまま保存しようとすると、マクロが削除されてしまいます。

▨マクロ有効ブックとして保存する

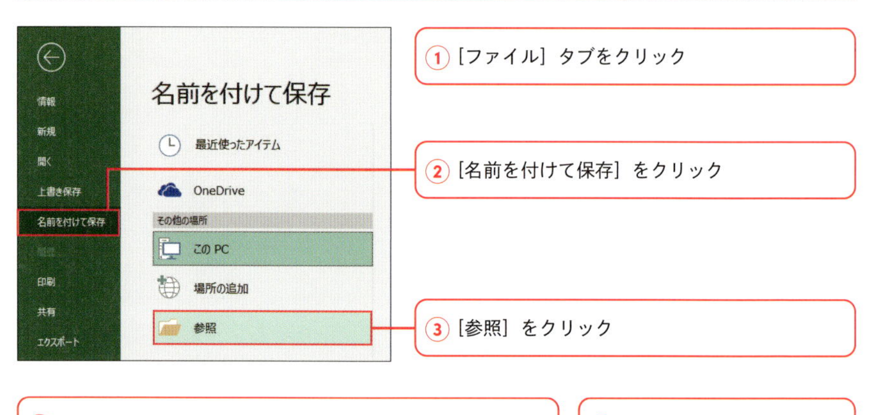

④ [名前を付けて保存] ダイアログボックスで保存場所を指定

⑤ ファイル名を入力

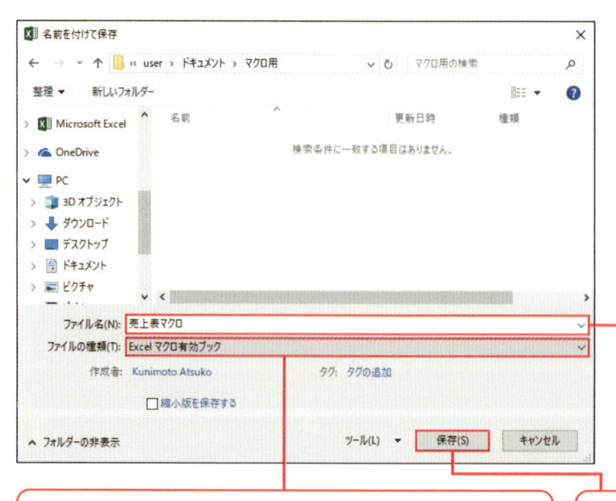

⑥ ファイルの種類で [Excelマクロ有効ブック] を選択

⑦ [保存] ボタンをクリック

 ワークシートが表示されている状態でF12キーを押すと [名前を付けて保存] 画面が開きます。

Technique 174

ブックを開いてマクロを有効にする

カテゴリ マクロの作成

マクロを含むブックを開くとマクロが無効な状態で開き、[セキュリティの警告] メッセージバーが表示されることがあります。マクロを使えるようにするには、[コンテンツの有効化] ボタンをクリックして、マクロを有効にします。

[コンテンツの有効化]をクリックしてマクロを有効にする

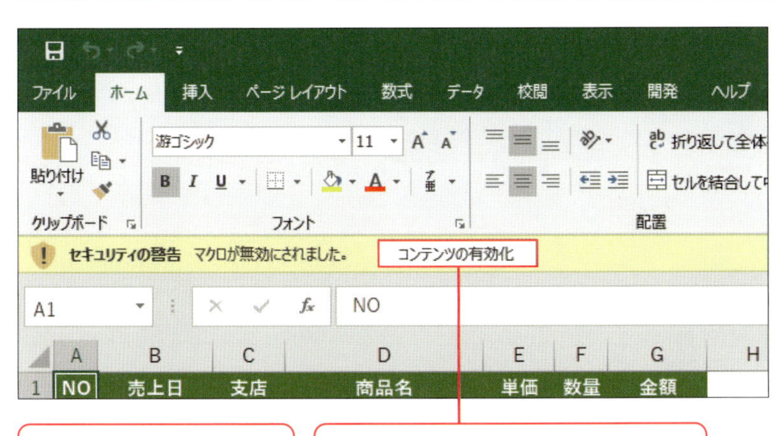

① マクロを含むブックを開く

② [コンテンツの有効化] ボタンをクリック

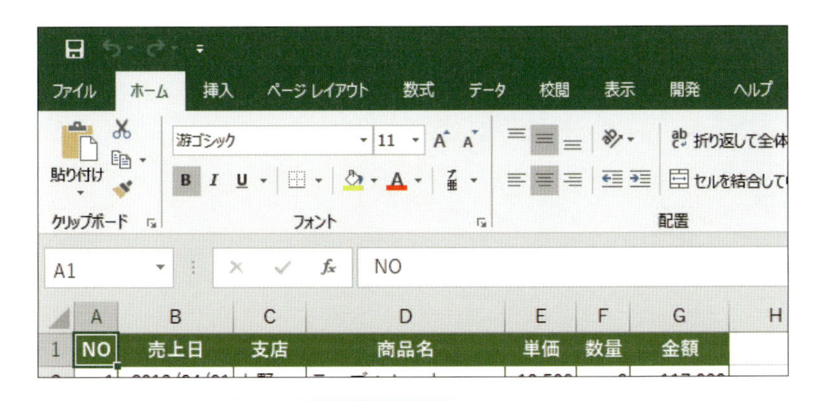

③ メッセージバーが閉じ、マクロが有効になる

一度マクロを有効にすると、次回からはマクロが有効な状態でファイルが開きます。

いろいろ使えるマクロを作りたい!

カテゴリ マクロの作成

マクロを相対参照で記録すると、セルがアクティブセルに対する相対的な位置で参照されます。例えば、「アクティブセルの1つ右のセルを選択する」という形で記録されるため、マクロ実行時のアクティブセルの位置によって処理対象が変わります。

相対参照でマクロを記録

マクロの記録を開始

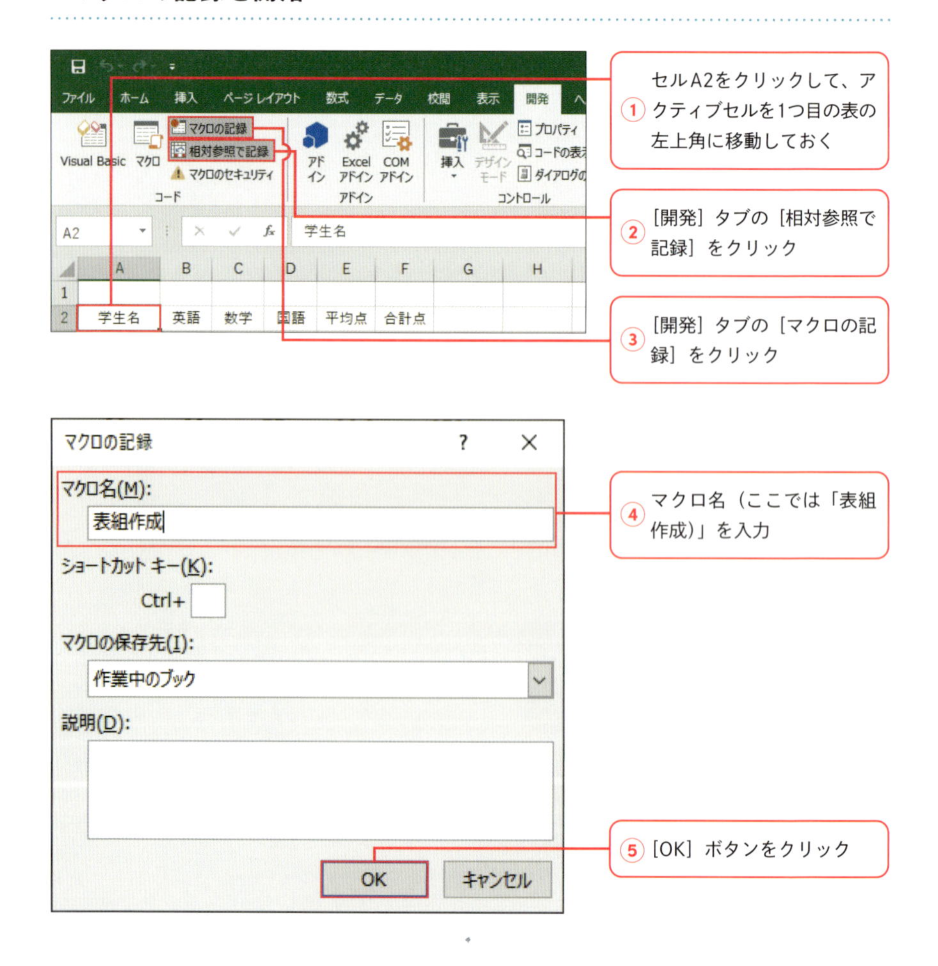

相対参照でマクロを記録する場合は、記録を開始する前にアクティブセルを移動しておきます。

○操作を記録

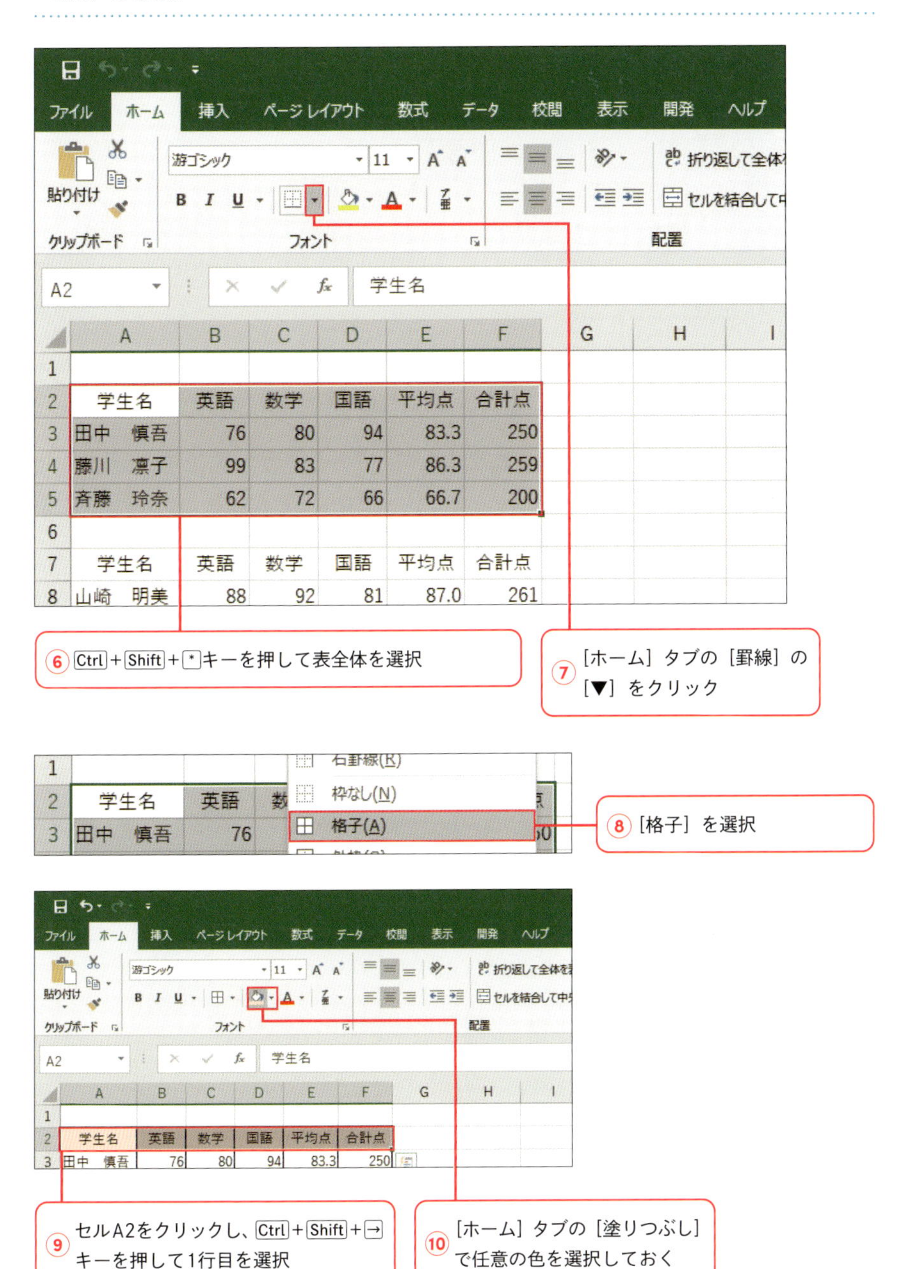

マクロの記録中に操作を間違えた場合、［元に戻す］ボタンで操作が取り消せ、記録もされません。

○ 記録を終了

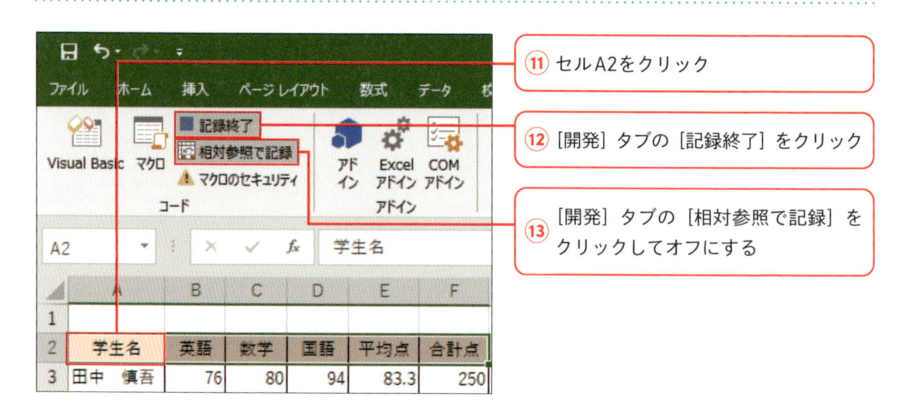

同じ手順で罫線を「枠なし」、色を「塗りつぶしなし」にして「表組解除」を作成しましょう。

○ 動作を確認

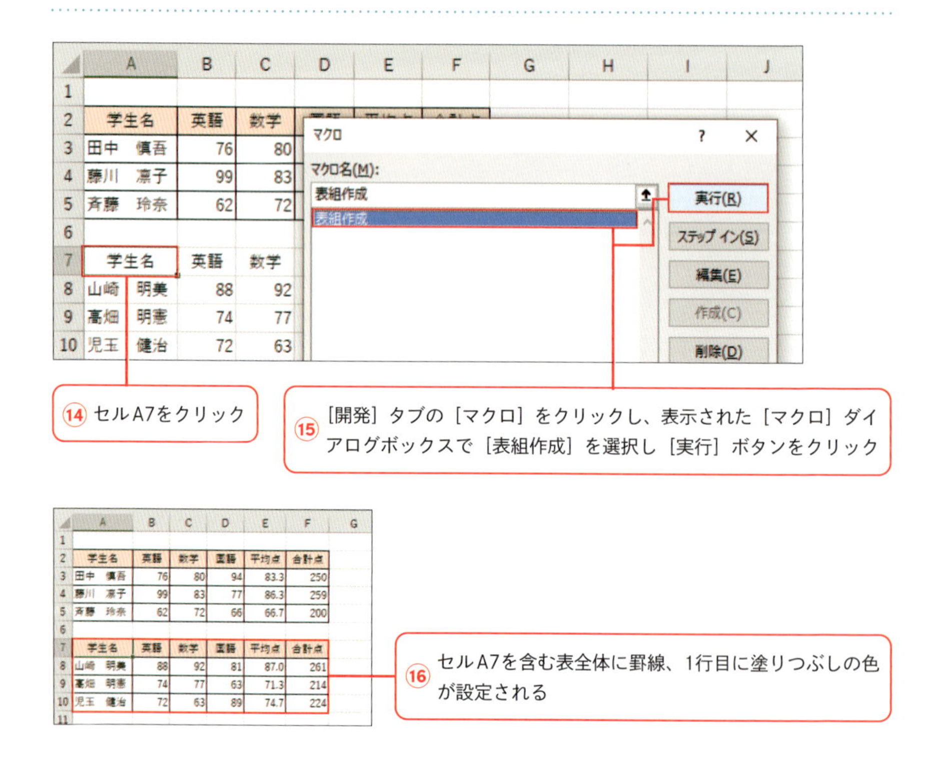

 このマクロは、必ず、表組にしたい範囲内にアクティブセルを移動してから実行します。

(COLUMN)

＝ 相対参照で記録する場合の動作の違い ＝

マクロ記録で、［相対参照で記録］ボタンをオンにすると、マクロ記録時のセル参照がアクティブセルに対して、相対的な位置が対象となります。通常のマクロ記録と、［相対参照で記録］ボタンをオンにした場合のマクロ記録の動作の違いは以下のようになります。

〈マクロ記録時の操作〉
セルA1がアクティブの状態でマクロ記録を開始
1．セルB1に「こんにちは」と入力
2．セルB2を選択

	A	B	C
1		こんにちは	
2			
3			

［相対参照で記録］がオフで記録した場合の動作
1．セルB1に「こんにちは」と入力
2．セルB2を選択

アクティブセルがどこにあっても常にセルB1、セルB2が処理対象になる

［相対参照で記録］がオンで記録した場合の動作
1．アクティブセルの1つ右のセルに「こんにちは」と入力
2．アクティブセルの1つ右、1つ下のセルを選択

アクティブセルの位置を基準に移動したセルが処理対象になる

また、［相対参照で記録］ボタンがオンのとき、Ctrl+Shift+*キーで表選択すると、アクティブセルを含む表全体が選択されます。Ctrl+Shift+→キーを押すと、アクティブセルから右方向にデータの切れ目まで選択されます。このキー操作を使うと、汎用性をもたせたマクロが作成できます。

［相対参照で記録］ボタンをクリックしてオンにしたら、再度クリックしてオフに戻してください。

Technique 176 ボタンをクリックしてマクロを実行したい!

カテゴリ マクロの利用

作成したマクロをワークシート上のボタンに登録し、マクロをすぐに実行できるようにします。ここでは、ワザ172で作成した並べ替えのマクロをボタンに登録する手順を例に作成方法を説明します。

▨ワークシート上にボタンを配置してマクロを登録する

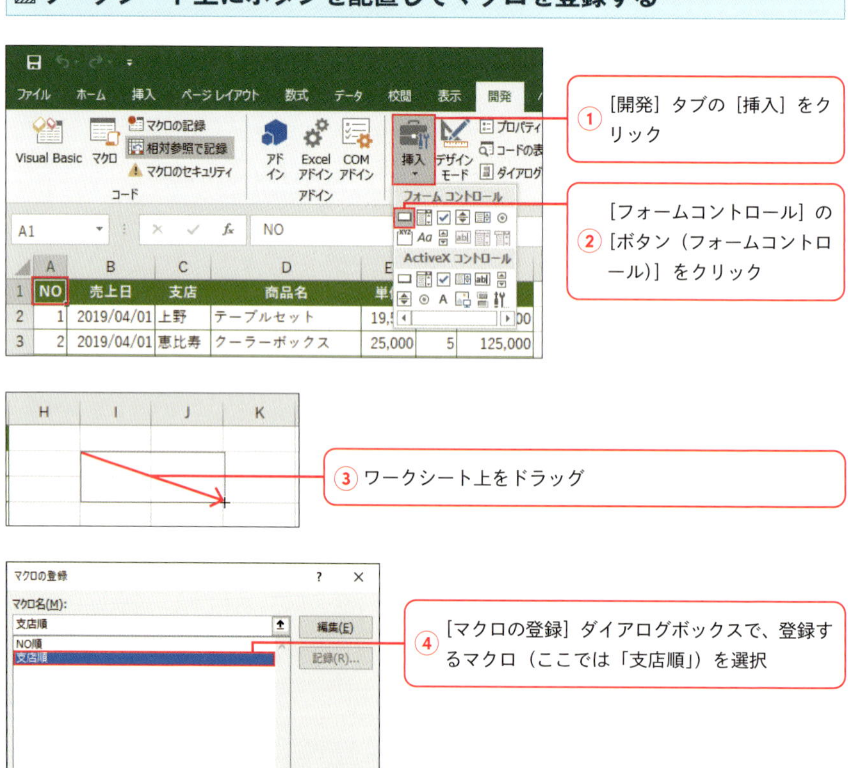

③でAltキーを押しながらドラッグするとセルの境界に合わせてボタンを作成できます。

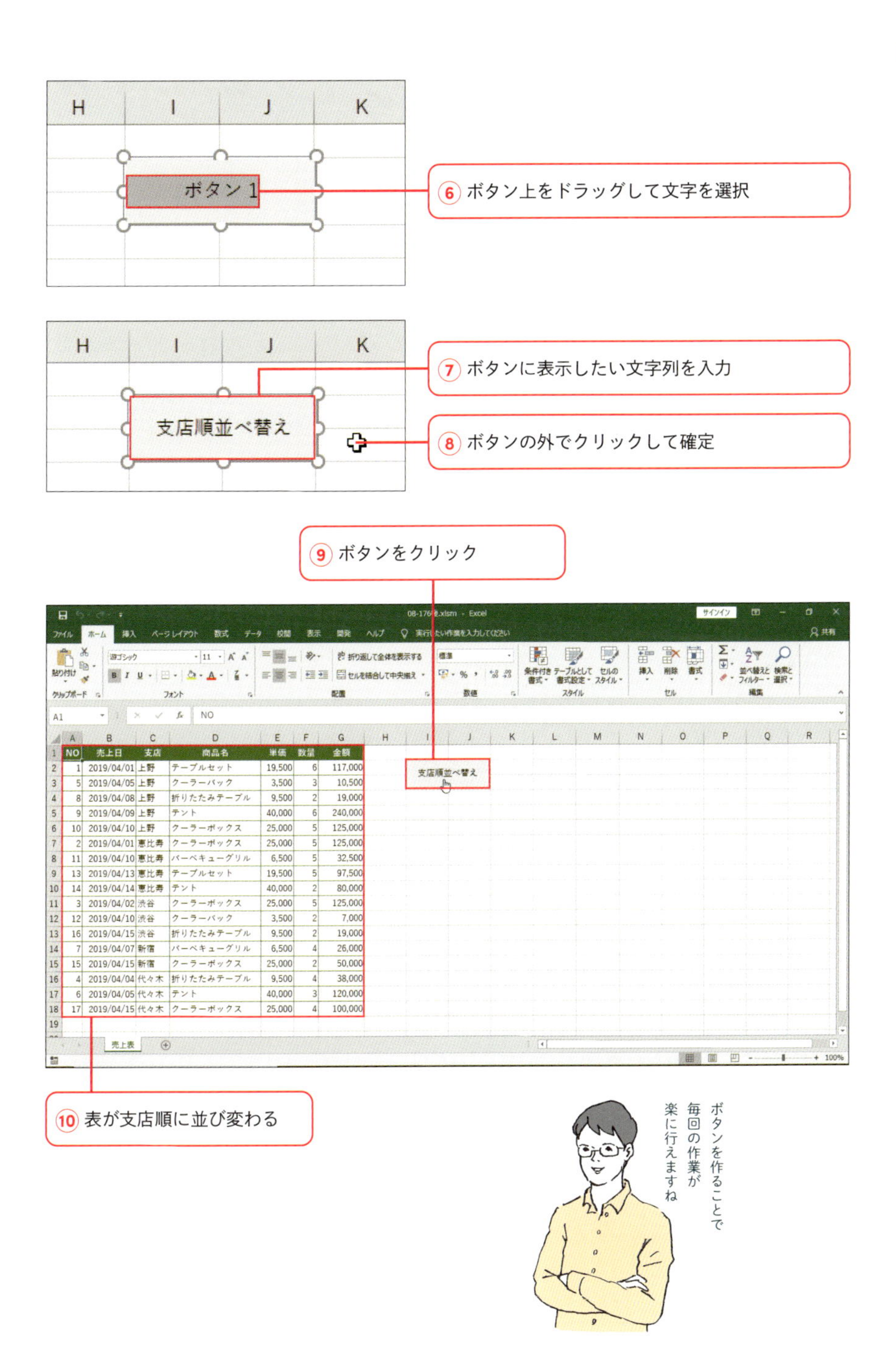

［NO順］マクロを作成している場合は、同様に［NO順で並べ替え］ボタンを追加しましょう。

マクロをクイックアクセスツールバーから実行したい!

カテゴリ マクロの利用

マクロをクイックアクセスツールバーのボタンに登録すると、どのシートが表示されていても共通にマクロを実行できます。ここでは、ワザ175で作成した［表組作成］マクロをクイックアクセスツールバーのボタンに登録してみましょう。

▨マクロを実行するボタンをクイックアクセスツールバーに表示する

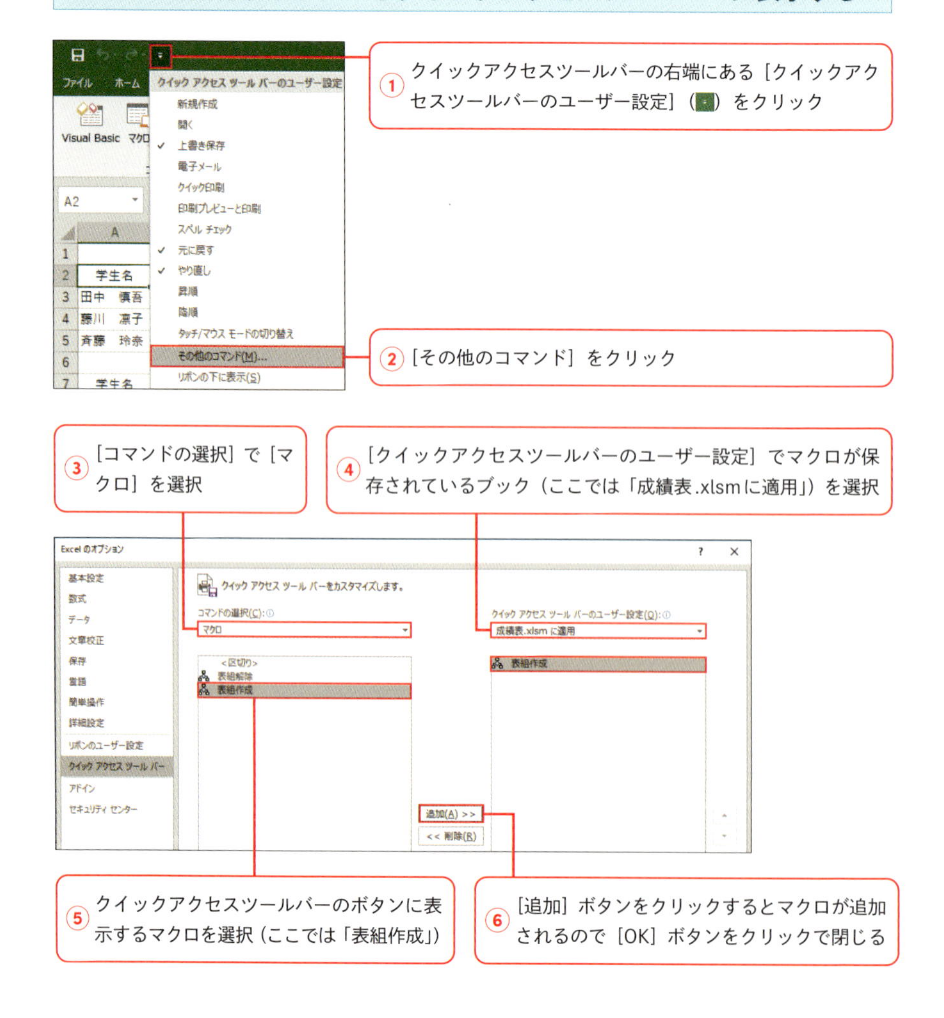

間違えて追加した場合は、追加したマクロを選択し［削除］ボタンをクリックして削除します。

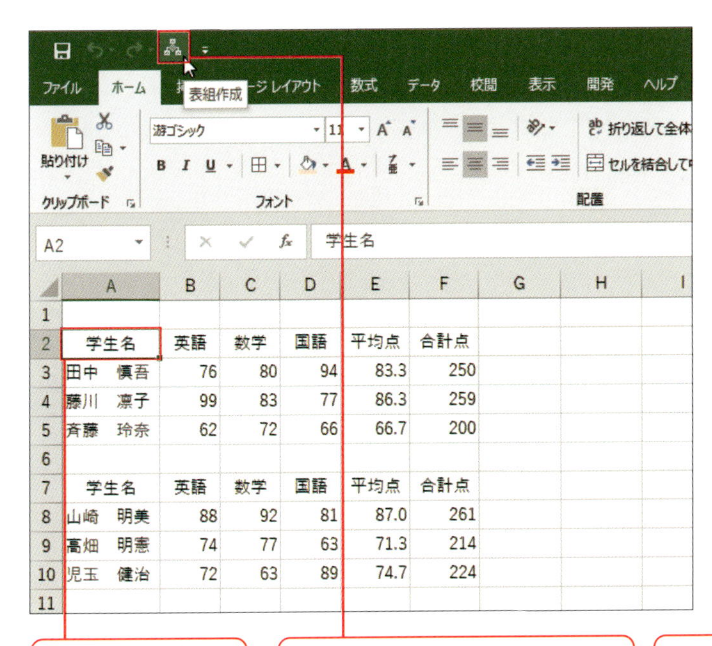

⑦ セルA2をクリック

⑧ 追加されたクリックアクセスツールバーの「表組作成」ボタンをクリック

⑨ マクロが実行される

(COLUMN)

＝ クイックアクセスツールバーのボタンの適用先について ＝

［Excelのオプション］ダイアログボックスで、マクロをクイックアクセスツールバーのボタンに追加するときの適用先について、［すべてのドキュメントに適用（規定）］にすると、開いているすべてのブックに対して使用できます。マクロを含むブックが開いていない場合でも、ボタンをクリックするとブックが開いてマクロが実行されます。［(ブック名) に適用］にすると、ブックが表示されているときのみボタンが表示され、使用することができます。

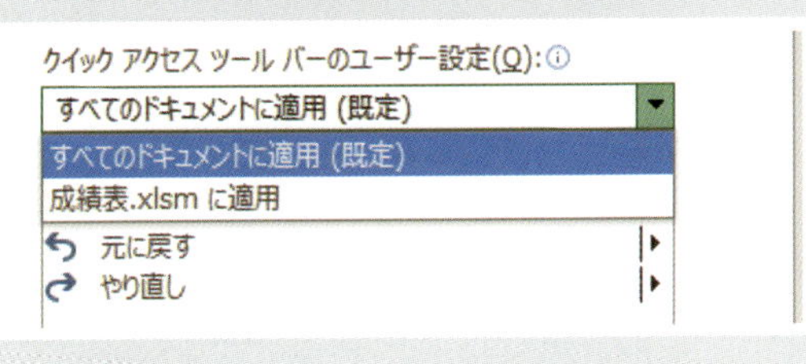

マクロを実行する前に表組を設定したい範囲の中でクリックしてアクティブセルを移動しておきます。

(COLUMN)

＝ パソコン起動時にアプリを自動起動する ＝

パソコン起動時にアプリを自動的に起動させるには、そのアプリのショートカットをユーザーの［スタートアップ］フォルダーに配置します。［スタートアップ］フォルダーは、「C:¥Users¥ユーザー名¥AppData¥Roaming¥Microsoft¥Windows¥Start Menu¥Programs¥Startup」（ユーザー名には各自のユーザー名を指定）にあるので、エクスプローラーからたどることもできますが、［ファイル名を指定して実行］画面で「shell:startup」を実行すれば簡単に開くことができます。ここでは、Microsoft Edgeを例にアプリを自動起動させる手順を紹介します。

図 パソコン起動時にMicrosoft Edgeを自動起動させる手順

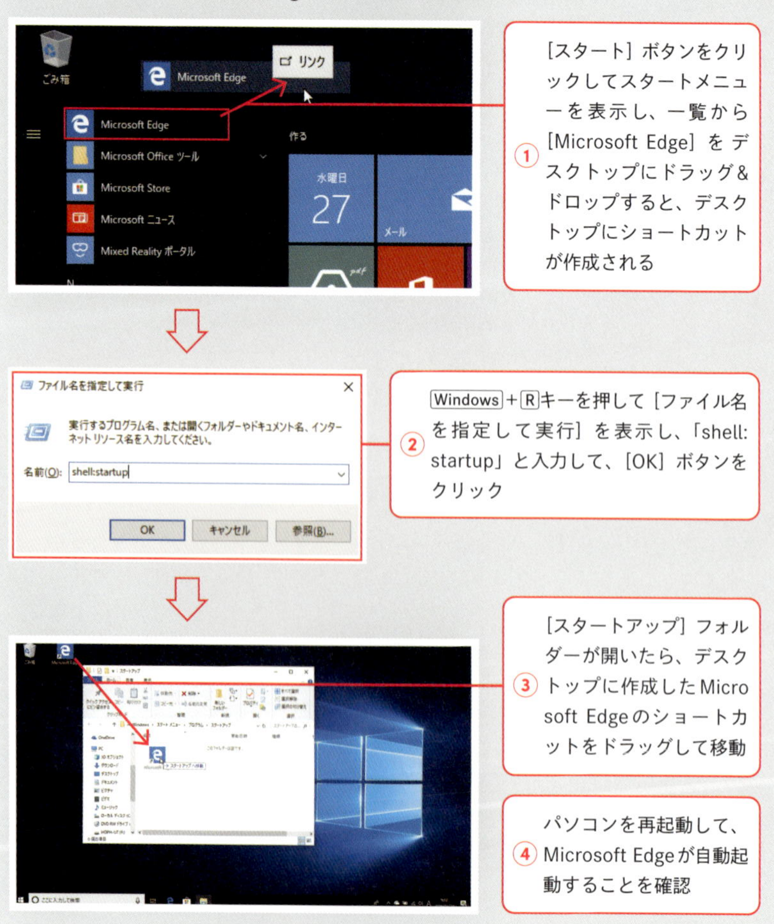

索引

ショートカット

関数

A

C

D

E

キーワード

著者紹介

国本 温子（くにもと あつこ）

テクニカルライター。企業内でワープロ、パソコンなどのOA教育担当後、Office、VB、VBAなどのインストラクターや実務経験を経て、現在はフリーのITライターとして書籍の執筆を中心に活動中。主な著書に「できる大事典 Excel VBA 2016/2013/2010/2007対応 できる大事典シリーズ」（共著：インプレス）、「今すぐ使えるかんたんEx Excelデータベース プロ技BESTセレクション［Excel 2016/2013/2010対応版］」（技術評論社）などがある。

イラスト……………ますこ えり

装幀……………西垂水 敦・市川 さつき（krran）

本文デザイン……………坂本 伸二

編集……………坂本 千尋

本書サポートページ
https://isbn2.sbcr.jp/00822/

本書をお読みいただいたご感想を上記URLからお寄せください。
本書に関するサポート情報やお問い合わせ受付フォームも掲載しておりますので、あわせてご利用ください。

手順通りに操作するだけ！ Excel基本＆時短ワザ［完全版］
仕事を一瞬で終わらせる 基本から応用まで 177のワザ

発行年月……………2019年　4月27日　初版第1刷発行
著者……………国本 温子
発行者……………小川 淳
発行所……………SBクリエイティブ株式会社
〒106-0032　東京都港区六本木2-4-5
Tel 03-5549-1201（営業）
https://www.sbcr.jp/
印刷・製本……………株式会社シナノ
組版……………株式会社エストール

落丁本、乱丁本は小社営業部（03-5549-1201）にてお取り替えいたします。
定価はカバーに記載されております。

Printed in Japan ISBN 978-4-8156-0082-2